普通高等教育"十二五"规划教材

高等职业院校重点建设专业系列教材

地质灾害防治技术

主 编 杨绍平 闫宗平
副主编 李学明 李 叶 张 德
　　　　赵 娜 代绍述
主 审 阳光辉

内 容 提 要

本书主要介绍与工程建设活动有密切关系的地质灾害知识，旨在使读者了解常见的地质灾害形成机理、调查和评价过程、对应的防治措施以及地质灾害危险性评估和治理工程预算编制，以便在工程活动中利用这些知识，保证工程活动的安全进行以及工程建筑物的正常运营。本书共分为6个项目，内容包括：崩塌的调查与防治、滑坡的调查与防治、泥石流的调查与防治、地面变形地质灾害的调查与防治、地质灾害危险性评估、地灾治理工程预算编制。

本书面向土木工程、水文与工程地质、岩土工程及相关专业在校学生和现场施工人员，既可作为职业技术院校的教学用书，也可以作为自学考试、岗位技术培训的教材。

图书在版编目（CIP）数据

地质灾害防治技术 / 杨绍平，闫宗平主编. -- 北京：
中国水利水电出版社，2015.6（2021.5重印）
　普通高等教育"十二五"规划教材　高等职业院校重
点建设专业系列教材
　ISBN 978-7-5170-3294-6

Ⅰ．①地… Ⅱ．①杨… ②闫… Ⅲ．①地质－自然灾害－灾害防治－高等职业教育－教材 Ⅳ．①P694

中国版本图书馆CIP数据核字(2015)第131258号

书　　名	普通高等教育"十二五"规划教材 高等职业院校重点建设专业系列教材 **地质灾害防治技术**
作　　者	主编　杨绍平　闫宗平　主审　阳光辉
出版发行	中国水利水电出版社 （北京市海淀区玉渊潭南路1号D座　100038） 网址：www.waterpub.com.cn E-mail：sales@waterpub.com.cn 电话：(010) 68367658（营销中心）
经　　售	北京科水图书销售中心（零售） 电话：(010) 88383994、63202643、68545874 全国各地新华书店和相关出版物销售网点
排　　版	中国水利水电出版社微机排版中心
印　　刷	北京市密东印刷有限公司
规　　格	184mm×260mm　16开本　18.5印张　438千字
版　　次	2015年6月第1版　2021年5月第3次印刷
印　　数	3001—5000册
定　　价	**56.00元**

凡购买我社图书，如有缺页、倒页、脱页的，本社营销中心负责调换
版权所有·侵权必究

前言

有史以来，地质灾害给人类带来了重大的伤亡和痛苦及财产的损失。地质灾害是世界性的重大问题，不分地域和政治界限，几乎所有的国家和地区都遭受到它的破坏和威胁。许多事例表明，目前人类在科学技术上要完全阻止地质灾害的发生是很难办到的，但它产生的灾难、导致的重大损失不是不可避免的。经验证明，人类已经有了一定的知识，无论是对灾害成因与危害的认识，还是对减轻灾害损失的技术方法的掌握运用，都已达到了相当高的水平，只要通过有效的合作，运用得当，就可能把人类面临地质灾害的危险极大程度地降低。

本书全面介绍了崩塌、滑坡、泥石流和地面变形地质灾害的认识、调查和评价，总结了对应治理措施，同时对地质灾害危险性评估和地灾治理工程预算编制也进行了系统的总结，力求做到内容新颖，既有较强的实用性，同时具有一定的专业深度。本教材由四川水利职业技术学院杨绍平担任第一主编，四川水利职业技术学院闫宗平担任第二主编，四川省地质工程勘察院阳光辉担任主审；具体编写分工为：前言、项目1由杨绍平编写，项目2由张德编写，项目3由赵娜编写，项目4由闫宗平编写，项目5由李叶编写，项目6由李学明编写；代绍述参加了部分章节的修订工作，主要对书中的工程项目案例和图形部分内容进行了编写。本书在编写过程中，得到四川水利职业技术学院资源环境工程系、建筑工程系等部门老师的大力支持和帮助，在此深表感谢。

本书编写主要由四川水利职业技术学院、四川省水利水电勘测设计研究院、四川矿产机电技师学院专兼职老师共同完成，同时还参考和吸收了国内外其他院校的研究与教学成果，书中还参考和引用了国内不同院校不同时期编写的部分材料，在此一并表示衷心的感谢。本书在编著与写作的过程中，还得到了成都理工大学、西南交通大学、四川省水利水电勘测设计研究院、四川省地质工程勘察院、中国电建集团成都勘测设计研究院、成都勘察测绘设计研究院、四川省交通运输厅交通勘察设计研究院、四川省乐山市水利电力建筑勘察设计院、四川省达州市水利电力建筑勘察设计院等单位专家的指导和审核，同时也得到了众多同仁的热情帮助。在此，谨对上述各位专家、同仁及有关单位以及引用文献的作者们致以最诚挚的谢意！由于编者水平所限，书中难免有疏漏与不足之处，敬请读者予以批评、指正。

编者
2015 年 5 月

目录

前言

项目 1 崩塌的调查与防治 ·············· 1
  任务 1.1 认识崩塌 ················ 1
  任务 1.2 崩塌调查 ················ 11
  任务 1.3 崩塌评价 ················ 18
  任务 1.4 崩塌治理措施 ············· 21
  项目小结 ······················ 39

项目 2 滑坡的调查与防治 ·············· 41
  任务 2.1 认识滑坡 ················ 42
  任务 2.2 滑坡调查 ················ 69
  任务 2.3 滑坡评价 ················ 81
  任务 2.4 滑坡防治措施 ············· 89
  项目小结 ······················ 112

项目 3 泥石流的调查与防治 ············ 114
  任务 3.1 认识泥石流 ·············· 115
  任务 3.2 泥石流调查 ·············· 133
  任务 3.3 泥石流评价 ·············· 142
  任务 3.4 泥石流治理措施 ··········· 146
  项目小结 ······················ 155

项目 4 地面变形地质灾害的调查与防治 ··· 157
  任务 4.1 地面塌陷 ················ 157
  任务 4.2 地裂缝 ·················· 176
  任务 4.3 地面沉降 ················ 192
  项目小结 ······················ 207

项目 5 地质灾害危险性评估 ············ 209
  任务 5.1 地质灾害危险性评估 ······· 210
  任务 5.2 规划区地质灾害危险性评估 ·· 220
  任务 5.3 建设场地地质灾害危险性评估 · 223

  任务 5.4 矿山地质灾害危险性评估 ･･ 225
  任务 5.5 地质灾害危险性评估成果 ･･ 229
  项目小结 ･･ 235

项目 6 地灾治理工程预算编制 ･･ 236
  任务 6.1 地质灾害治理工程费用的组成 ･････････････････････････････････････ 236
  任务 6.2 项目划分 ･･ 242
  任务 6.3 基础单价的编制 ･･ 258
  任务 6.4 工程单价分析 ･･ 269
  任务 6.5 地质灾害治理工程预算编制 ･･･････････････････････････････････････ 277
  任务 6.6 施工预算书 ･･ 280
  项目小结 ･･ 285

参考文献 ･･ 287

项目1 崩塌的调查与防治

【项目背景】

1980年6月3日,湖北省远安县盐池河磷矿突然发生了一场巨大的岩石崩塌(岩崩又称山崩,见图1.1)。山崩时,标高839m的鹰嘴崖部分山体从700m标高处俯冲到500m标高的谷地。在山谷中乱石块覆盖面积南北长560m,东西宽400m,石块加泥土厚度30m,崩塌堆积的体积共100万m^3,最大岩块逾2700t重。顷刻之间,盐池河上筑起一座高达38m的堤坝,构成了一座天然湖泊。乱石块把磷矿的5层大楼掀倒、掩埋,死亡284人,还毁坏了该矿的设备和财产,损失十分惨重。

图1.1 湖北远安盐池河磷矿巨型崩塌

任务1.1 认 识 崩 塌

崩塌是陡坡上的岩体或土体在重力作用下开裂并向临空面方向倾倒,产生断裂向下坠落、翻滚的现象。崩塌的岩体(或土体)顺坡猛烈地跳跃、滚动、相互撞击,最后堆积于坡脚。在自然界中,斜坡上已经出现变形、开裂,但尚未崩落的岩土体,对人们的生产、生活构成了威胁,常被称为危崖。因为方言的差异,"危崖"又常误称为"危岩"。

陡坡上被直立裂缝分割的岩土体,因根部空虚,折断压碎或局部滑移,失去稳定,突然脱离母体向下倾倒、翻滚,这一地质现象称为崩塌。它和典型滑坡有以下4点不同:

(1)滑坡运动多数是缓慢的,而崩塌运动快,发生猛烈。
(2)滑坡多数沿固定的面或带运动,而崩塌不沿固定的面或带运动。

(3) 滑坡发生后，多数仍保持原来的相对整体性，而崩塌体的完整性完全被破坏。

(4) 一般而言，滑坡的水平位移大于垂直位移，而崩塌体正相反。

崩塌是斜坡破坏的一种形式，它对房屋、道路等建筑物常带来威胁，酿成人身安全事故。尤其对交通线路的危害最严重，我国宝成、成昆、襄渝铁路和川藏公路沿线崩塌灾害常影响线路正常运营。图 1.2 所示为汶川地震引发绵阳至北川公路边坡崩塌，严重影响了抗震救灾工作。图 1.3 所示为宝成线甘肃省陇南徽县车站，由汶川地震引发的 1 号崩塌体堵断了嘉陵江，上下游水位相差 10m ［见图 1.3（a）］，3 号崩塌体砸坏了火车车头，引起燃烧，致两人受伤 ［见图 1.3（b）］。

图 1.2 汶川地震引发的公路边坡崩塌

（a） （b）

图 1.3 汶川地震引发的铁路边坡崩塌

1.1.1 崩塌的形成条件和影响因素

崩塌是长期地壳运动和地质作用的结果，崩塌的形成，受各种条件的控制。崩塌的形成条件和影响因素很多，主要有地形地貌条件、岩性条件、地质构造条件以及风化作用的影响、降雨和地下水的影响，还有地震的影响等，现说明如下。

1.1.1.1 地形地貌条件

（1）崩塌一般发生在江河湖海、冲沟岸坡、高陡的山坡和人工斜坡上，地形坡度往往大于45°，尤其是大于60°的陡坡。

（2）峡谷陡坡是崩塌密集发生的地段，因为峡谷岸坡陡峻，卸荷裂隙发育，易于崩塌。

（3）山区河谷凹岸也是崩塌较集中分布的地段，因河曲凹岸遭受侵蚀，易于造成崩塌。

（4）冲沟岸坡和山坡陡崖岩体直立，不稳定岩体较多，时有崩塌发生。

（5）丘陵和分水岭地段崩塌较少，原因是地形相对平缓，高差较小，如果开挖高边坡也会产生崩塌。

表 1.1 所列为宝成铁路凤州工务段辖区 57 个崩塌落石工点的边坡坡度的统计结果。

表 1.1　　　　　　　　　　崩塌落石与边坡坡度统计表

边坡坡度	<45°	45°~50°	50°~60°	60°~70°	70°~80°	80°~90°
崩塌落石次数	14	11	7	17	6	2
百分比/%	24.6	19.3	12.3	29.8	10.5	3.5

1.1.1.2 岩性条件

崩塌多发生在厚层坚硬脆性岩体中。石灰岩、砂岩、石英岩等厚层硬脆性岩石易形成高陡斜坡，其前缘由于卸荷裂隙的发育，形成陡而深的张裂缝，并与其他结构面组合，逐渐发展贯通，在触发因素作用下发生崩塌（见图1.4）。由缓倾角软硬相间岩层组合而成的陡坡，软弱岩层易风化剥蚀而内凹，坚硬岩层抗风化能力强而凸出，失去支撑的部分常发生崩塌（见图1.5）。岩浆岩构成的坡体常常被多组节理、裂隙、片理所切割，或被后期的岩墙、岩脉所穿插，容易发生崩塌。变质岩构成的坡体往往节理、劈理极为发育，容易发生崩塌。

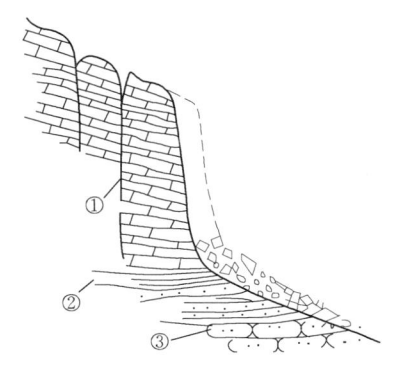

图 1.4　坚硬岩层高陡斜坡卸荷裂隙导致崩塌
①—石灰岩；②—页岩；③—砂岩

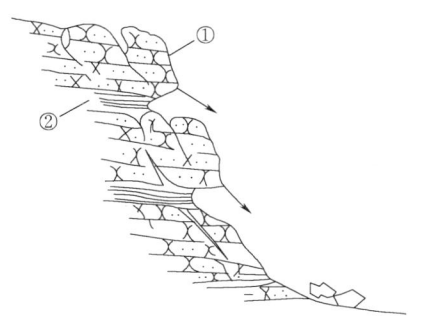

图 1.5　软硬岩层互层陡坡崩塌
①—砂岩；②—页岩

如果按沉积岩、岩浆岩、变质岩三大岩类考虑，岩性对崩塌落石的控制规律如下：

1. 沉积岩

如河谷陡坡由软硬相间岩层组成且较软岩层分布高度与水位变化相一致时，软岩易于被河水冲刷破坏，上部岩体常发生大规模崩塌。

河岸坡脚由可溶性岩石（石灰岩）组成时，由于河流长期的冲蚀和溶解作用，可溶岩常被掏空，易于形成岸边大崩塌。

巨厚的完整岩层如夹有薄层页岩，当岩层倾向临空面时，陡峻的边坡可能发生大规模的滑移式崩塌。

产状水平的软硬相间岩石组成的陡边坡，因差异性的风化，可能发生小型崩塌和落石。

2. 岩浆岩

当垂直节理（如柱状节理）发育并有倾向线路的构造裂面时，易产生大型崩塌。

岩浆岩中有晚期的岩脉、岩墙穿插时，岩体中形成不规则的接触面，这些接触面往往是岩体中的薄弱面，它们和其他结构面组合在一起，为崩塌落石提供了有利条件。

3. 变质岩

正变质岩的情况与岩浆岩类似。对副变质岩，在动力变质的片岩、板岩和千枚岩组成的边坡上常有褶曲发育，故弧形结构面较多，当其倾向临空面时，多发生沿弧形结构面的滑移式崩塌。此类岩石片理面及构造结构面很发育，把岩石切割成大小不等的岩块，故常发生大小各异的崩塌落石。表 1.2 所列为某铁路边坡 100 个崩塌工点的岩性统计。

表 1.2　　　　　　　　　　岩性与崩塌落石的关系

岩　性	花岗岩	灰岩、砾岩、砂岩	辉长—辉绿岩	厚板岩	千枚岩	页岩
崩塌落石工点数	39	38	11	6	4	2
百分比/%	39	39	11	6	4	2

1.1.1.3　地质构造条件

（1）构造节理和成岩节理对崩塌的形成影响很大。硬脆性岩体中往往发育两组或两组以上的陡倾节理，其中与坡面平行的一组节理常演化为拉张裂缝。裂缝的切割密度对崩塌块体的大小起着控制作用。坡体岩石被稀疏但贯通性较好的裂隙切割时，常能形成较大规模的崩塌，具有更大的危险性。岩石裂隙密集而极度破碎时，仅能形成小岩块，在坡脚形成倒石堆。构造节理与崩塌落石的关系：①崩塌多沿节理面发生，且多属于滑移式崩塌和落石；②构造节理面以上的潜在崩塌体的稳定性与节理面倾角、粗糙度和节理的充填物有关；③当构造节理面中有黏土或其他风化物充填时，易受雨水浸润而软化，更有利于崩塌。

（2）断裂构造对崩塌落石的控制作用：①当开挖方向与地质构造线平行时易产生崩塌落石；②在几组断裂线交汇的峡谷区，往往形成大型崩塌；③断层密集分布区岩层破碎，高边坡地段崩塌落石频频发生。

（3）褶曲对崩塌落石的控制作用：褶皱核部岩层常强烈弯曲，岩层破碎，形成各种潜在崩塌体，它们在重力或其他外力作用下，可能产生各种类型的崩塌落石，其规模主要取决于褶皱轴向与临空面坡向的夹角。当褶皱轴向垂直于坡面方向，多产生落石或小型崩塌。当褶皱轴向与临空面平行时，高陡边坡可能产生大崩塌，褶皱两翼为单斜岩层，当岩层倾向临空面时，易产生滑移式崩塌，特别是岩层内有软弱夹层，岩体两侧又有构造节理切割时，陡边坡可能产生大型崩塌。褶皱核部由于岩层强烈弯曲，岩石破碎，地表水渗入，易于产生崩塌，其规模主要取决于褶皱轴向与临空面走向的夹角。

（4）当建筑物的延伸方向和区域构造线一致，而且采用深挖方案时，崩塌较多。

1.1.1.4　风化作用对崩塌的影响

由于风化作用能使斜坡前缘各种成因的裂隙加深、加宽，对崩塌的发生起着催化作用。此外，在干旱、半干旱气候区，由于物理风化强烈，导致岩石机械破碎而发生崩塌。高寒山区的冰劈作用也有利于崩塌的形成。

1.1.1.5　降雨和地下水对崩塌的影响

（1）崩塌有 80％ 发生在雨季，特别是雨中和雨后不久；连续降雨时间越长，暴雨强度越大，崩塌次数就越多；阴雨连绵天气比短促的暴雨天气崩塌数量多；长期大雨比连绵细雨时崩塌数量多。

（2）边坡和山坡中的地下水往往可以直接从大气降水中得到补给，使其流量大大增加，地下水和雨水联合作用，进一步促进了崩塌的发生。

1.1.1.6　温度对崩塌的影响

温度变化对崩塌的发育有特殊的作用，主要有以下3点：

（1）构成坡体的地层都是由不同的导热性和膨胀系数的各种矿物所组成，这些矿物晶体的膨胀系数各有差异，引起温度变化的热源也不同。例如，由太阳辐射引起的日温变化、季节温差变化，以及年温差变化，主要是作用在坡的坡面上，而火山、地下煤层自燃等热源主要是作用于坡体的内部。这些作用的差异，都会使坡体处于受热不均匀状态，尤其是收缩应力的交替作用，更加快了坡体的风化过程，这种作用对软质岩体和裂缝中的充填特别显著。

（2）处在坡体上的块体，在温度变化过程中所产生的热胀冷缩效应，始终保持朝着坡下位移的总体趋势。

（3）温度变化对裂缝中水的影响非常明显。水由液态变为固态，其体积将增大 9.1％，1L 水所产生的膨胀力可达 6MPa。充满裂缝的水凝结成冰之后，会对坡体产生"冰劈作用"，这无疑加快了崩塌的发育。

1.1.1.7　地震对崩塌的影响

地震时由于地壳强烈震动，边坡岩体各种结构面的强度会降低；同时，因有水平地震力作用，边坡岩体的稳定性会大大降低，导致崩塌的发生。山区的大地震都伴随有大量崩塌的产生，汶川地震就诱发了大量崩塌，毁坏了房屋和公路。

1.1.2　湖北远安盐池河磷矿崩塌成因探讨

湖北省远安县境内的盐池河磷矿灾难性崩塌，是崩塌形成诸条件制约的典型事例。

1. 岩性条件

该磷矿位于一峡谷中，岩层为上震旦统灯影组（$Z_b dn$）厚层块状白云岩及上震旦统陡山沱组（$Z_b d$）含磷矿层的薄至中厚层白云岩、白云质泥岩及砂质页岩。

2. 地质构造条件

该磷矿岩层中发育有两组垂直节理，使山顶部的灯影组白云岩三面临空。

3. 强降雨的影响

1980 年 6 月 8—10 日连续两天大雨的触发，使山体顶部前缘厚层白云岩沿层面滑出形成崩塌，体积约 100 万 m^3，造成生命财产的严重损失。

4. 地下采矿的影响

除地质基础因素外，地下磷矿层的开采是上覆山体变形崩塌的最主要的人为因素。这是因为：磷矿层赋存在崩塌山体下部，在谷坡底部出露。该矿采用房柱采矿法及全面空场采矿法，1979 年 7 月采用大规模爆破房间矿柱的放顶管理方法，加速了上覆山体及地表的变形过程。采空区上部地表和崩塌山体中先后出现 10 条地表裂缝。裂缝产生的地方都分布在采空区与非采空区对应的边界部位。说明地表裂缝的形成与地下采矿有着直接的关系。后来裂缝不断发展，在降雨激发之下，终于形成了严重的崩塌灾害。

在发现山体裂缝后，该矿曾对裂缝的发展情况进行了设点简易监测，虽已掌握一些实际资料，但不重视分析监测资料，没有密切注意裂缝的发展趋势，因而不能正确、及时预报，也是造成这次灾难性崩塌的主要教训之一。

1.1.3 崩塌的运动特征

崩塌块体的运动与滑坡有很大的差别，几乎不存在滑移现象。崩塌体从地面开裂→向临空面倾倒→瞬间撕裂脱离母体，坠落高速运动，整个运动过程表现出自由落体、滚动、跳跃、碰撞和推动等多种方式并存的复合过程（图 1.6）。运动中由于跳跃、碰撞使大的岩土块碎裂、解体成小块。

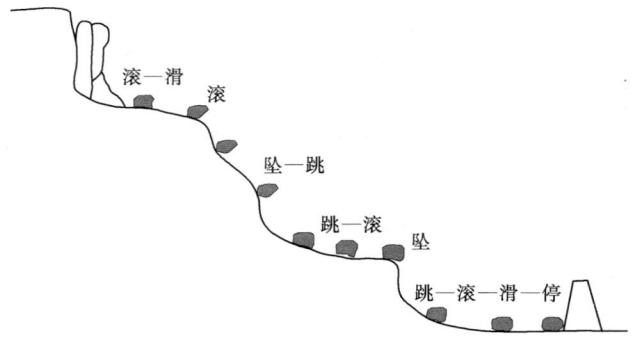

图 1.6 崩塌的运动特征

由于崩塌块体运动过程十分复杂，块体间的相互作用和能量传递至今难以测定，速度和坡面阻力系数也难以准确给出，所以很难建立公式进行计算。在实际工作中，根据大量调查、统计资料和经验，可作以下定性分析：

（1）崩塌块体落地以后的坡面在 25°以下，坡面上为草皮、灌木丛和凹凸不平的地形，崩塌块体在此斜坡上做减速运动。

（2）崩塌块体落地以后的地面坡度在 25°～30°内，坡面覆盖物、形态和特征与上述基本相同，崩塌块体在此斜坡上接近匀速运动。

（3）崩塌块体落地以后的地面坡度在 30°以上，坡面覆盖物、形态和特征与上述基本相同，崩塌块体在此斜坡上做加速运动。

应用上述基础知识，可对高陡危险斜坡发生崩塌的可能性和危险区范围，作出初步分析判断。

1.1.4 崩塌的分类

崩塌发生的地质条件及诱发因素是多样的，崩塌有不同的运动形式及特点。分类的依据不同，可以有不同的崩塌分类方案。

1.1.4.1 常见的崩塌分类方案

根据崩塌的破坏方式、体积、组成物质、发生机理和运动方式等，崩塌的常见分类方案见表1.3。

表 1.3　　　　　　　　　　　　崩塌的常见分类方案

分类依据	类型	特征简述
破坏方式	坠落式	悬空的岩土块体呈悬臂梁受力状态而发生断裂，以自由落体方式脱离母体（见图1.7）
	倾倒式	斜坡上的岩土体受力发生弯曲，最终断裂、倾倒而脱离母体
体积 /万 m³	山崩	大于1000
	特大型	100～1000
	大型	10～100
	中型	1～10
	小型	0.1～1
	落石	小于0.1
组成物质	岩崩	崩塌块体为岩质
	土崩	崩塌块体为土质
发生机理	崩塌	大规模整体性运动，范围大
	坠落	个别岩土块体的运动，范围小
	剥落	岩屑崩落后所暴露出的坡面依然不稳定的，又称撒落、散落、碎落
运动方式	跳跃式	崩塌块体碰撞地面后呈跳跃方式运动
	滚动式	崩塌块体顺坡面呈滚动方式运动
	滑动式	崩塌块体顺坡面呈滑动方式运动
	复合式	崩塌块体在坡面上呈现多种方式运动，如跳滚式、滚滑式、跳滑式等

图 1.7 坠落式崩塌

1.1.4.2 按起始运动形式分类

崩塌的产生是潜在崩塌体长期蠕动位移和不稳定因素积累的结果。崩塌体的大小、物质组成、结构构造、活动方式、运动途径、堆积情况、破坏能力等虽然千差万别,但是,从潜在崩塌体的蠕动位移到突爆崩塌的发展过程都遵循一定的基本模式。根据崩塌体的起始运动形式,把崩塌分为倾倒式崩塌、滑移式崩塌、错断式崩塌、拉裂式崩塌和鼓胀式崩塌。各类崩塌的特征见表1.4。

表 1.4　各类崩塌的特征

类型	主要特征						
	岩性	结构面	地貌	崩塌体形状	受力状态	起始运动形式	失稳主要因素
倾倒式崩塌	黄土、石灰岩及其他直立岩层	多为垂直节理、柱状节理、直立岩层面	峡谷、直立岸坡、悬崖等	板状、长柱状	主要受倾覆力矩作用	倾倒	静水压力、动水压力、地震力、重力
滑移式崩塌	多为软硬相间的岩层,如石灰岩夹薄层页岩	有倾向临空方向的结构面(可能是平面、楔形或弧形)	陡坡通常大于45°	可组合成各种形状,如板状、楔形、圆柱状等	滑移面主要受剪切力作用	滑移	重力、静水压力、动水压力
鼓胀式崩塌	直立的黄土、黏土或坚硬岩石下有较厚软岩层	上部为垂直节理、柱状节理,下部为近水平的结构面	陡坡	岩体高大	下部软岩受垂直挤压	鼓胀,伴有下沉、滑移、倾斜	重力,水的软化作用
拉裂式崩塌	多见于软硬相间的岩层	多为风化裂缝和重力拉张裂缝	上部突出的悬臂	上部硬岩层以悬臂梁形式突出来	拉张	拉裂	重力
错断式崩塌	坚硬岩石、黄土	垂直裂隙发育,通常无倾向临空面的结构	大于45°的陡坡	多为板状、长柱状	自重引起的剪切力	错断	重力

1. 倾倒式崩塌

在河流的峡谷区、岩溶区、冲沟地段及其他陡坡上,常见到在巨大而直立的岩体内,垂直节理或裂缝将岩体分割开来。这类岩块高而窄,横向稳定性差,失稳时岩体以坡脚的

某一点为转点,发生转动性倾倒。这种崩塌模式由以下几种原因形成:

(1) 长期冲刷淘蚀直立岩体的坡脚,由于偏压,使直立岩体产生倾倒蠕变,最后导致倾倒式崩塌。

(2) 当附加特殊水平力(地震力、静水压力、动水压力、冻胀力和根劈力等)时,块体可倾倒破坏。

(3) 当坡脚由软岩组成时,雨水软化坡脚产生偏压,引起崩塌。

(4) 直立岩体在长期重力作用下,产生弯折也能导致这类崩塌。

2. 滑移式崩塌

在某些陡坡上,在不稳定岩体下部有向对坡下倾斜的光滑结构面或软弱面。在开始时块体滑移,块体重心一经滑出陡坡,就会突然产生崩塌。这类崩塌产生的原因,除重力外,连续大雨渗入岩体裂缝,产生静水压力和动水压力以及雨水软化软弱面,都是岩体滑移的主要原因;在某些条件下,地震也可能引起这类崩塌。这类崩塌实际上是滑坡向崩塌转化的一种形式。

3. 鼓胀式崩塌

当陡坡上不稳定岩体下有较厚的软弱岩层,或不稳定岩体本身就是松软岩层,而且有长大节理把坡体分割开,在连续大雨或地下水补给的情况下,下伏的较厚软弱层或松散岩层会被软化。上部块体在重力作用下,当压应力超过软岩天然状态下的无侧限抗压强度时,软岩将被挤出,向外鼓胀。随着鼓胀的不断发展,不稳定块体将为断地下沉和外移,同时发生倾斜。一旦重心移出坡外,崩塌即会产生。因此,下部较厚的软弱岩层能否向外鼓胀,是这类崩塌能否产生的关键。

4. 拉裂式崩塌

当陡坡由软硬相间的岩层组成时,由于风化、河流冲刷淘蚀和人为开挖等作用,使上部坚硬岩层常以悬臂梁式凸出来。在重力的长期作用下,拉应力进一步集中在尚未产生节理裂隙的部位。一旦拉应力大于这部分块体的抗拉强度时,拉裂缝就会迅速向下发展,凸出的岩体就会突然向下崩落。除上述作用外,震动、根劈和寒冷地区的冰劈作用等,都会促进这类崩塌的形成。

5. 错断式崩塌

陡坡上的长柱状和板状的不稳定岩体,在某些因素作用下,因不稳定块体重量的增加或因其下部断面减小,都可能使长柱状或板状不稳定岩体的下部被剪断,从而发生错断式崩塌(见图 1.8)。一旦岩体下部因自重所产生的剪应力超过了岩石的抗剪强度,崩塌将迅速产生。

错断式崩塌通常有以下几种形成原因:

(1) 由于地壳上升,河流下切作用加强,使垂直节理裂隙不断加深。因此,长柱状和板状岩体的自重不断增加。

(2) 在冲刷和其他风化剥蚀营力的作用下岩体下部的断面不断减小,从而导致岩体被剪断。

(3) 由于人工开挖边坡过高、过陡,使下面岩体被剪断,产生崩塌。

从上述 5 种崩塌发展模式看,崩塌体所处的地质条件以及崩塌的诱发因素是多种多样

图1.8 错断式崩塌

的,但是,崩塌体刚失稳时的运动形式则是有规律可循的。大量调查证明,崩塌基本上就是倾倒、滑移、鼓胀、拉裂、错断5种。崩塌能否产生就在于这5种初始变形能否形成和发展。

1.1.5 崩塌的危害

(1) 大型崩塌造成人员的伤亡。例如,2014年7月17日14时45分左右,国道213线K774+600m处(四川省茂县石大关乡超限站附近)突发山体垮塌,塌方方量逾3000m³,造成长逾100m的道路被阻断,致使13辆车被砸,10人死亡,22人受伤。

(2) 崩塌掩埋公路、摧毁建筑物和民房。例如,1987年9月1日凌晨,重庆市巫溪县城南龙山发生大崩塌,摧毁县电力公司6层宿舍楼一栋,私人旅舍两家,民房20余户,掩埋公路干线逾70m,直接经济损失270万元左右。

(3) 崩塌致使铁路运输中断,造成严重的经济损失。例如,1992年5月,宝成线190km处发生大崩塌,造成运输中断长逾30d,抢险费用1000多万元;由于断道给四川省和成都市造成的间接损失达数亿元。

(4) 为整治崩塌落石增加大量基建投资。在居民点、建筑场地、工矿区、交通线上,为保证建筑物稳定和人身安全,需要对崩塌工点进行整治,整治一个大型崩塌工点,往往需要数十万、百余万甚至上千万元的投资。

1.1.6 崩塌体的识别判断

根据定义,陡坡上的岩体或土体在重力或其他外力作用下,突然向下崩落,崩落的岩(土)体顺坡向猛烈地翻滚、跳跃、相互撞击,最后堆积于坡脚的物质均可判为崩塌体。

地形地貌特征:崩塌山体的坡度一般在55°以上,且高差一般大于30m,坡体呈孤立山嘴、山峰或凹形陡坡。

块体结构特征:崩塌体坡脚有块石大小相差悬殊、结构零乱的堆积物,又称倒石锥,崩塌体前缘小型崩塌、坠落不断发生。坡体内部裂隙发育,尤其是垂直和平行斜坡延伸方向的陡倾裂缝发育,或顺裂隙、软弱带发育,坡体上部拉张裂缝发育,裂缝不断加长、加宽、速度突增,裂缝即将可能贯通,使之与母体(山体)形成分离之势。

1.1.7 崩塌临发前兆

崩塌发生前可能会出现以下征兆:

(1) 崩塌处的裂缝逐渐扩大,危岩体的前缘有掉块、坠落现象,小崩小塌不断发生。

(2) 坡顶出现新的破裂形迹,嗅到异常气味。

(3) 不时偶闻岩石的撕裂摩擦错碎声。

(4) 出现热、氡气,地下水质、水量等异常。

任务 1.2 崩 塌 调 查

1.2.1 崩塌调查的要点

崩塌调查目的是查明崩塌地质灾害,为灾害监测预报、减灾防灾、防治工程可行性研究等提供可靠的依据。首先调查崩塌区内自然地理(气候、水文、植被特征等)、地质环境(地貌类型、岩土体特征、地质构造、新构造运动、水文地质条件等)、人类工程活动等,同时重点要调查评价崩塌灾害体的形成、致灾及防治要素等内容。

(1) 调查的范围应包括崩塌落石工点和可能崩落的陡坡区及其相邻地段,以便准确圈定崩塌落石的范围,查明其规模。

(2) 调查崩塌落石区地形地貌和微地貌特征,植被情况以及崩塌类型、规模、范围、崩塌体的形态、大小、滚落方向和影响范围等。如裂缝宽度、深度、长度、产状均应测量准确;对边坡形态、坡度、高度以及陡坎、台阶的高度和宽度也应测量。

(3) 查明地层岩性,软岩和硬岩的分布范围,风化程度和风化速度。对软、硬岩层相间的高陡边坡,因风化速度的差异,是否有风化凹槽和突出的悬岩均应查清。

(4) 查明地质构造、岩体结构类型、岩体结构面的产状和裂隙性质、特征(力学性质、裂隙宽度、间距、延伸长度和深度、充填物的情况等),必要时对岩体结构面进行统计,作结构面统计图,还应查明结构面的组合情况及可能崩落体的形态和大小。

(5) 查明地表水和地下水对崩塌落石的影响。对地表水应查清汇集和流动情况,渗入崩塌体的部位,及在崩塌体内流动的途径,以及对潜在崩塌体稳定性的影响。对地下水应查清水量、出露位置、补给来源,特别是应查清在陡坡上出露的地下水情况。

(6) 调查访问崩塌前的迹象、发生发展的历史,分析崩塌产生的原因、形成条件、影响因素,如与地貌、岩性、构造、地震采矿、爆破、温差变化、水的活动等的关系,发展阶段及发展趋势;预测因工程活动或其他不利因素能否导致崩塌落石以及可能崩塌的范围、数量、岩块大小、滚落方向和影响范围等。对巨大的崩塌体还应预测在崩塌时是否会产生破坏性的冲击气浪。

(7) 搜集本地区的气象(重点是大气降水)、地震、水文(与河流冲刷旁蚀有关的)资料及防治崩塌的经验。

1.2.2 崩塌调查的技术方法

1.2.2.1 遥感图像解译

1. 基本要求

(1) 遥感图像解译应在搜集资料阶段完成,并编制工程地质解译图,为野外踏勘和设计编写服务。

(2) 区域性解译采用 1∶5 万~1∶6.7 万的航片,崩塌体部分选用大比例尺(1∶1 万~1∶1000)航片。一般采用目视解译,尽可能对航片进行化学处理和数字处理,突出有效信息,提高解译水平和效果。

(3) 建立不同航片的直接解译标志（形态、大小、阴影、灰阶、色调、花纹图形等）和间接解译标志（水系、植被、土壤、自然景观和人文景观等）；进行室内解译，编制解译地质图和相片镶嵌图，规划调查工作和要解决的重点问题。进行解译验证，建立准确的解译标志，同时建立健全解译卡片和验证卡片。

(4) 提交的成果为：①解译灾害地质图；②解译卡片；③验证卡片；④典型相片集；⑤解译报告；⑥调查所需的其他解译图件。

2. 解译内容

(1) 划分地貌单元，确立地貌形态、成因类型、微地貌形态及发育特征；确定地貌与地质构造、地层岩性与工程地质条件之间的关系；确定崩塌体产出的地貌单元，分析判断崩塌与地貌的关系。崩塌体产出的地层岩性特征。

(2) 解译崩塌与构造的关系。地表水、地下水对崩塌形成及其堆积物稳定性的作用及影响。判定大泉、泉群、地下水溢出带，确定洼地、漏斗、落水洞、天坑等岩溶现象的分布，圈定地表水体分布范围，了解水系发育特征。

(3) 解译崩塌体边界，推测其厚度和体积，判译其形成机制和类型。推断危岩体将来发生崩塌的体积、范围、方位、位移距离，圈定成灾范围，分析派生灾害，初步进行灾情评估。

1.2.2.2 工程地质测绘

1. 基本要求

(1) 比例尺根据《滑坡崩塌泥石流灾害详细调查规范》（1∶5万）：测绘平面图比例尺宜在1∶500～1∶2000；测绘剖面图比例尺宜在1∶100～1∶1000；对主要裂缝应专门进行更大比例尺测绘和绘制素描图。

(2) 崩塌体的测绘范围应为其初步判断长度的1.5～3倍，并应包含其可能造成危害及派生灾害成灾的范围。

(3) 使用的地形图必须是符合精度要求的同等或大于测绘比例尺的地形图。实测地质体的最小尺寸一般为相应图上的2mm。

(4) 开展测绘之前，应实测地层剖面，建立地层岩性柱状图，确定填图单元。测绘方法采用穿越和追索相结合。观测点布置应目的明确、密度合理，崩塌边界、地质构造、裂缝等要有足够的点控制。

(5) 野外记录要求：①采用专门的卡片记录观测点，分类系统编号，卡片编号与地点号一致；②描述应全面又突出重点；③记录须与野外草图相符；④进行点与点之间的路线描述和记录。

(6) 采集具代表性的岩土样、水样进行鉴定和室内试验。测绘过程应经常校对原始资料，及时进行分析，并编制各种分析图表。

(7) 测绘工作结束，提交原始成果：①实际材料图；②野外地质草图；③实测地层柱状图；④实测地层剖面图；⑤观测点记录卡片；⑥山地工程记录表及素描；⑦长观记录和监测记录；⑧岩土、水样试验成果一览表；⑨照片册；⑩文字总结；⑪数据化的资料。

2. 测绘内容

崩塌的调查包括危岩体的调查以及已有崩塌堆积体的调查，测绘的内容包括以下内容：

(1) 危岩体和崩塌类型、规模、范围，崩塌体的大小和崩落方向。

(2) 岩体基本质量等级、岩性特征和风化程度。

(3) 地质构造，岩（土）体结构类型，裂缝和结构面的产状、组合关系、闭合程度、力学属性、延展及贯穿情况。

(4) 新构造运动和地震、水文地质、人类活动等存在不良地质灾害调查。

(5) 崩塌区的调查：①查明崩塌区的地质结构，包括地层岩性、地貌、地质构造、岩土体结构类型、斜坡组构类型及其对崩塌形成的控制和影响，岩土体结构要重点记录软弱夹层、断层、褶曲、裂隙、裂缝、岩溶、采空区、临空区、侧边界、底边界；②查明崩塌区的水文地质特征，包括地表水入渗及产流情况，崩塌体内地下水水量、水质及侵蚀性；③早期崩塌的运移和堆积；④未来崩塌成灾条件下可能的运移和堆积；⑤本次崩塌灾害可能派生的灾害类型（如泥石流、滑坡、涌浪等）和规模、成灾范围、灾情预评估。

(6) 崩塌前的迹象和崩塌原因，孕灾因素调查：调查与崩塌形成有关的孕灾因素（如降雨、地表水冲蚀、地下水活动、人工爆破、地下开采、水渠渗漏等）的强度与周期。

1.2.2.3　地球物理勘探

物探技术要求按现行的专业标准执行，主要物探剖面应与工程地质剖面一致。

1.2.2.4　钻探

1. 基本要求

(1) 要编制钻孔设计书。钻孔深度应穿过崩塌体底界。进入稳定岩（土）体3m（土体）至5m（岩体）。

(2) 孔径应满足取心及测试要求。要进行钻空简易水文地质观测。

(3) 钻孔结束后应做封孔处理，按要求保留岩心。

2. 钻孔地质编录

这是最基本的第一手成果资料，应在现场及时地分回次进行记录；要注意残留岩心的分配和岩心采取率的计算；钻孔地质编录应使用统一的表格。

(1) 岩心的描述：坚硬岩层；卵、砾层；砂类土层；黏性土层等。

(2) 节理裂隙描述：确定节理裂隙类型、成因、连续性、张开程度、充填物、裂隙率。

(3) 断层描述：断层性质、破碎带宽度（深度）、擦痕、构造岩、岩心完整性、漏水和涌水情况等。

3. 钻探成果

钻孔终孔后，要及时整理并提交钻探成果，包括钻孔设计书、钻孔柱状图、岩心素描图、岩心照片、简易水文地质观测记录、取送样单、钻孔报告书等。钻孔柱状图的比例尺一般为1∶100～1∶200。

4. 钻探方法解决的主要问题

(1) 查明崩塌体的岩性、地质构造、岩土体结构、风化带、岩溶、边界条件和崩塌体的形态特征、规模。崩塌区的水文地质条件，采取地下水样。

(2) 探测隐伏裂隙、地表裂隙的深度、发育特征、充填情况、充水情况和连通情况。

(3) 采取岩土体物理力学室内试验样品，进行水文地质野外试验和长期观测，确定水文地质参数，查证崩塌带位置和特征。

(4) 进行物探综合测井和跨孔测井，扩展探测范围。进行崩塌变形长期监测和施工期变形监测。

1.2.2.5 山地工程

1. 山地工程解决的问题

(1) 试坑。深度小于3m。用于剥除浮土，揭露基岩，了解岩石及风化情况，或用作载荷试验及渗水试验。

(2) 探槽。深度一般不超过3m。用于剥除浮土，揭露基岩，多垂直于岩层走向布设。用于追索构造线、断层、崩塌体边界，了解残坡积层的厚度、岩性等。

(3) 浅井、竖井。浅井深度小于15m，竖井深度大于15m。用于探查风化岩体的划分、岩土体的结构构造、软弱夹层、裂缝和溶洞等，进行原位试验及变形监测。

(4) 平斜洞。一般断面为1.8m×2m，适用于岩层倾角较陡及斜坡地段。用于勘查地层岩性、岩体结构构造、断层、裂缝和溶洞等，并用于取样、现场原位试验及现场监测。

(5) 平巷、石门。没有直接地表面出口而与竖井相连接的近水平坑道，不常用。

2. 山地工程的地质工作

(1) 地质编录内容。

1) 揭露的岩土体名称、颜色、岩性、结构、构造、层面特征、厚度、接触关系、地质时代、成因类型、产状。岩石风化特征及风化卸荷带的划分。

2) 断层、裂缝、裂隙，记录其性质、壁面特征、成因等情况。崩塌带及重力变形带作为描述的重点，放大表示。要描述其厚度、岩性、物质组成、构造岩、产状、含水情况等。

3) 水文地质现象。注意滴水点、涌水点、渗水点、连通试验出水点、临时出水点。关注其产出位置、水量、与裂缝、裂隙、岩溶及老窿的关系，水量与降雨的关系。

4) 记录各种试验点、物探点、长观点、取样点、拍照点、监测点的位置、作用、层位、岩性及有关的地质情况。

(2) 地质素描图的有关规定：

1) 比例尺一般为1：20～1：100。

2) 探槽的素描绘制一壁一底的展示图。

3) 浅井、竖井的素描，展示图一般作相邻的两壁，平行展开，注明壁的方位。

4) 平洞素描展示图绘制洞顶和两壁。展开格式为以洞顶为准，两壁上掀的俯视展开法。

5) 开挖过程中的编录。及时记录掘进中遇到的裂缝、滑带、出水点、水量、顶底板变形等现象。

(3) 取样及原位试验。按有关规定和设计要求，原位试验洞段视需要进行地质素描及试件素描。

(4) 录像。有条件应对重型山地工程进行录像。录像时要记录方位及主要地质内容。

3. 山地工程提交的成果

地质素描图、重要地段施工记录、照片集、录像、取样送样单、各种点位记录、重型山地工程勘查小结等。

1.2.2.6 试验

目的是查明崩塌地质体及其赋存环境，为稳定性评价、模型试验、模拟试验和防治工程设计提供必需的岩土物理力学参数和水文地质参数。

1. 试验工作布置原则

（1）岩土成分鉴定和基本物理性质、水理性质测试。测试工作的重点应放在崩塌带。

（2）实验工作应与其他工作紧密结合，充分利用其他手段进行取样和试验。试验工作的布置应室内、现场相结合。

（3）对于初步选定的防治工程持力层的岩、土体，可根据防治工程的类型、荷载、受力方式和可能产生的变形形式选择测试项目。

2. 试验内容和方法

试验的对象、内容和方法，取决于工作阶段及其精度要求。

（1）初勘阶段。试验要能满足评价其变形破坏特征和稳定性计算，这个阶段以收集资料和室内试验为主。

（2）预可行阶段。对相关环境岩体要进行稳定性评价等所需的简要测试。对持力岩体要进行定性或半定量分析评价所需的有关简要试验。方法以现场测试为主，同时进行相应的室内试验。

（3）可行性研究阶段。对崩塌体要进行较为详细的试验，为变形分析、稳定性计算、模型试验和模拟试验提供所需的参数。试验方法以现场测试为主，同时进行相应的室内试验。

3. 试验项目的选择

应根据崩塌的失稳机制和变形破坏的力学机制分析，选择必需的试验项目。

（1）滑移式崩塌的测试项目：①岩土成分、物理性质、水理性质；②弹性波速；③弱面抗剪强度；④水文地质试验。

（2）倾倒式崩塌的测试项目：①岩土成分、物理性质、水理性质；②弹性波速；③底部弱面抗拉强度；④岩块间岩面摩擦强度；⑤岩体抗拉强度。

（3）拉裂式崩塌的测试项目：①岩土体成分和物理性质；②抗拉强度。

（4）鼓胀式崩塌的测试项目：①岩石成分、物理性质、水理性质；②弹性波速；③底部软弱层无侧限抗压强度。

（5）错断式崩塌的测试项目：①岩石成分、物理性质、水理性质；②弹性波速；③底部岩土体抗剪强度。

4. 测试方法和测试条件的选择

要根据崩塌岩土体的特征和赋存环境选择适宜的测试方法和测试条件。

（1）室内渗透试验适用于砂性土、黏性土。混合土和碎石土应考虑现场试验。

（2）室内压缩试验适用于粉土和黏性土，其他土类应选择现场试验。

（3）室内直剪试验适用于黏性土和砂土类（样品中大于2mm的砾、块石均要捡出）。

角砾状滑带土或级配混杂的碎屑状滑带土宜考虑现场试验。

（4）土样中粒径大于 10mm 的颗粒较多时，不宜做室内三轴剪切试验，宜选择现场试验。砂类土、黏性土和黄土类宜采用静力触探。

（5）浅埋防治工程选用的地基土，可采用承压板压缩试验；埋深较大（5～15m）的地基土，宜采用螺旋板荷载试验或旁压试验。

（6）土体崩塌不能采用钻孔压水试验；崩塌体内有一定水位和水量时，可进行提水试验或适当的抽水试验；崩塌体内无水或做含水条件下，稳定条件允许时可采用控制性钻孔注水试验或地表渗水试验。

（7）在岩体中进行现场试验难度极大，应根据弹性波观测和室内试验作选择。风化岩体和软岩土可做预钻式旁压试验。尚未形成贯通性弱面的危岩体应进行现场直剪试验；沿一定弱面滑移的危岩体应进行现场直剪试验。

（8）水库型岩崩—危岩体，岩体裂隙发育时，考虑水库高水位淹没部分危岩体，可做抽水试验或钻孔压水试验。人工快速对开裂岩土崩塌体裂缝内注水进行充水试验和连通试验，是十分危险且有害的，任何情况下都不能进行。

5. 试验成果的分析和应用

承担试验工作的单位应提交对崩塌地质体的综合测试报告，内容包括：①测试对象、试验方案、试验项目的确定及依据；②试验要求及有关规范；③试验技术及试验过程（试验概述、试件制备、试件数量及特征、试验仪器、试验程序、成果整理）；④试验成果及综合分析；⑤试验成果建议值。

试验成果只能作为稳定性计算和防治工程设计的参考。计算参数及设计参数取值应在反演分析及其他分析的基础上，结合试验成果、模型试验、模拟试验和专家经验等予以综合确定。

1.2.2.7　动态监测

动态监测的目的：①评价地质灾害的活动性及稳定性；②通过监测崩塌变形块体的分布、规模、位移方式、方向和速率等，为分析崩塌体的变形特征、变形机制进行稳定性评价服务，同时为防治工程设计提供重要依据；③为勘察施工安全提供预警预报，对重型山地工程施工对崩塌体的扰动及时反馈，控制勘察施工部位和施工强度，为防治工程设计提供参考；④为今后建站进行长期监测奠定良好的基础。

动态监测的任务：①查明崩塌体正在变形破坏的主要块体、主要部位、主要破坏方式、主要变形方向和变形速率；②进一步认识崩塌体的形体特征，分析其变形规律、发展趋势、形成机制，分析评价崩塌体的稳定性和论证防治工程设计；③监测崩塌相关成灾因素（如降雨、地表水、地下水和人类活动等）及其强度，分析评价它们对崩塌体稳定性的影响。

动态监测对围岩的变形类型、发展速度进行判断，为崩塌落石的预测和制定正确的治理方案提供依据。目前，国内外崩塌监测方法较多，监测仪器各种各样，现就简易的大地变形位移测量、裂缝位移测量、宏观地质调查法监测叙述如下：

1. 监测点的选定

（1）大地形变位移监测。其主要是了解崩塌的变化动态和发展趋势，研究其稳定性，预报崩塌险情。大地形变测量监测点选定应根据崩塌的平面形态布设监测网点，监测网点分控制点和监测点，控制点埋设在崩塌体区外围，为相对不动点，监测点布设在崩塌体内，一般布设上、中、下3条直线，主要是为控制崩塌滑体变形范围，用视准法测量监测点的位移变化动态。

（2）裂缝相对位移监测。裂缝相对位移监测是监测崩滑体中裂缝两侧相对张开、闭合变化，监测点选择在裂缝两侧，特别是主裂缝（崩塌母体与崩塌体之间裂缝）两侧，监测点一般两个一组，测量其距离或在裂缝两侧设固定标尺，以观测裂缝张开、闭合和垂直变化。此外，还可在建筑物（房屋墙、挡土墙、浆砌片石沟侧壁等）的裂缝上贴水泥砂浆片等观测该裂缝的变化情况（见图1.9）。

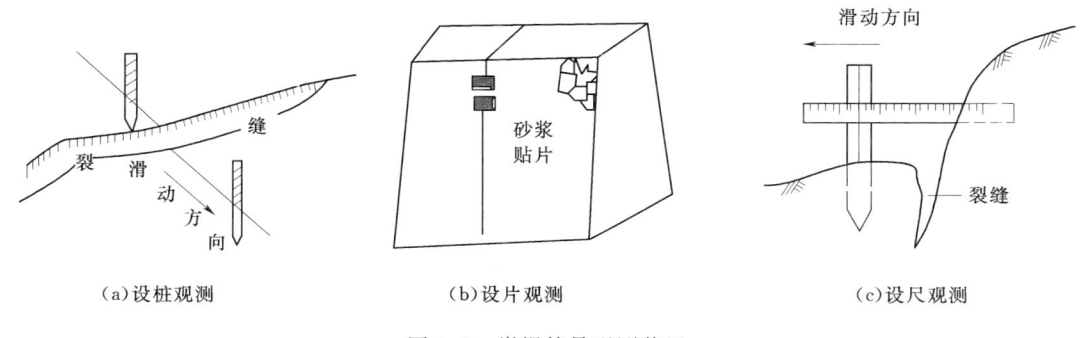

(a) 设桩观测　　　　　(b) 设片观测　　　　　(c) 设尺观测

图1.9　崩塌简易观测装置

（3）宏观地质调查法。宏观地质调查法是采用常规的崩塌变形形迹追踪地质调查方法，进行人工巡视，并发动当地群众报告崩塌区出现的各种微细变化。该调查方法选点宜在变化明显地段设固定点，包括调查路线应穿越、控制整个崩塌区。

2．确定测量工具和测期

监测点选定之后，需确定测量工具、观测次数和时间间隔。大地形变测量选用经纬仪和红外线测距仪；裂缝相对位移监测用钢卷尺，宏观地质调查用一般的地质罗盘钢卷尺等即可。测量次数和时间间隔，应随崩塌所处阶段以及崩塌主要动力破坏因素的不同而有所差异，崩塌变形缓慢阶段（蠕动阶段），简易监测宜每月一次，崩塌变形加快，监测次数相应加密。以降雨为主要动力破坏因素的崩塌，雨季应加密观测次数。监测观测工作应连续进行，直到经防治工程治理后不再变形为止。

3．记录、分析监测成果

每次观测，需认真做好野外记录，之后将其制成表格，并绘制观测时间—位移曲线图、平面位移矢量图以及时间—位移曲线图和降雨量关系图等，及时进行监测总结工作，为预测预报崩塌发展趋势和防治工程设计提供基础资料。

4．建立简单易行的险情警报系统、发现险情及时上报

监测的最终目的在于预报灾情，达到防灾减灾的目的，为保证人民生命财产安全，崩塌监测站应建立有线（电话、磁石单机）和无线（甚高频、短波单边带）通信联络险情警报系统，若发现险情，应立即上报主管部门，将险区内人员撤离，把灾害损失降低到最低限度，确保人民生命安全。

任务 1.3 崩 塌 评 价

1.3.1 崩塌稳定性评价

崩塌即硬质岩石裸露的陡峻坡体，因岩块自重在岩性、地质结构面、气候、地下水、地震和暴雨等综合因素作用下脱离母岩，有大的岩块突然而猛烈地由高处崩落的物理地质现象。大规模、大范围的山坡崩塌称为山崩；在岩体风化破碎严重或软质岩（特别是膨胀岩）边坡上发生小岩块、岩屑或碎裂土颗粒的散落现象称为碎落。崩塌是山区常见的不良地质现象，因其危及行车安全，给国民经济带来巨大损失而备受关注。认真做好崩塌边坡勘察工作，采取有效且经济技术可行的处治设计方案至关重要。崩塌体稳定性评价为崩塌成灾的可能性和危险性评价提供依据，为防灾抗灾和编制防治工程可行性报告提供依据。

1.3.1.1 稳定性评价的内容

1. 稳定性现状评价

即在综合分析调查资料的基础上，对崩塌体（危岩体）在现有因素作用下的稳定性进行评价。

2. 稳定性预测评价

包括：①崩塌稳定性发展趋势及破坏产生时段的预测；②主要致灾外动力作用（暴雨、地震、库水位升降、人工振动及其叠加作用等）的致灾强度、灵敏度分析与概率预测；③崩塌方式、规模及运动特征预测；④派生灾害的预测。

1.3.1.2 稳定性评价的方法

崩塌边坡稳定性评价的方法有地质历史分析法、工程地质类比法及力学计算法等。其中，地质历史分析法与工程地质类比法属于定性评价方法，力学计算法属于定量评价方法。

1. 地质历史分析法

地质历史分析法指根据调查获得的资料，运用工程地质学等多学科知识对崩塌体进行稳定性分析。该方法有变形历史分析法、岩体稳定的结构分析法等，包含理论分析和类比分析。在分析中应确立地质灾害研究的系统观，即地质灾害系统内部的有机联系原则、整体性原则、有序性原则和动态原则。

（1）岩体稳定的结构分析。岩体稳定的结构分析主要是研究结构面之间、结构面与临空面之间的组合关系，确定可能失稳的结构体的形态、规模与空间分布，判定不稳定块体可能移动的方向和破坏方式。该方法主要采用图解分析，包括摩擦圆法、玫瑰图法、极射赤平投影法、节理统计极点图与等密度图、平面投影法和实体比例投影法等。

（2）地质综合分析评价。地质综合分析评价是在以上分析的基础上，根据灾害地质学的理论，对崩塌体的形态特征、地质结构、成灾条件、成灾动力、成灾因素、变形破坏形式和特征、失稳条件和机制等进行全面、系统的分析，评价崩塌体现阶段的稳定性，预测其发展趋势，评价其失稳的必要条件、相关因素、失稳的可能性和失稳的规模、方式、方向，预测失稳的时间的一种评价方法。

2. 工程地质类比法

该方法根据相似性原则将已经发生过的崩塌体特征、成灾条件、成灾因素、成灾类型和成灾机制与被调查对象进行类比分析，评价其稳定性。相似性具体包括：①崩塌体岩性、主控结构面、岩土体结构、斜坡结构等相似性；②崩塌体赋存条件相似性；③孕灾因素、动力因素相似性；④发育阶段相似性。

对已有的崩塌或附近崩塌区以及稳定区山体形态、边坡坡度、岩体结构、地质结构面分布及其产状、闭合或充填胶结情况等进行调查对比，分析边坡稳定性，判断崩塌落石的可能性及破坏力。

3. 地质综合分析评价

在以上分析的基础上，根据灾害地质学的理论，对崩塌体的形态特征、地质结构、成灾条件、成灾动力、成灾因素、变形破坏形式和特征、失稳条件和机制等进行全面、系统的分析，评价崩塌体现阶段的稳定性，预测其发展趋势，评价其失稳的必要条件、相关因素、失稳的可能性和失稳的规模、方式、方向，预测失稳的时间。

4. 力学分析法

该方法在分析可能发生崩塌及落石受力因素的基础上，用"块体平衡理论"计算潜在可能崩塌岩块侧向压力值大小，计算时应考虑当时地震力、风力、爆破力、地面水和地下水冲刷力以及冰冻力等的因素。依该值评价崩坡稳定性及发生崩塌产生的破坏力，并为加固治理设计提供计算依据。

1.3.1.3 稳定性评价应提交的成果

（1）单项评价报告及附图，如有限元法、极限平衡法、模拟试验成果等。

（2）综合分析报告，包括崩塌体稳定性现状评价、崩塌体发展趋势及稳定性预测、派生灾害的预测。报告附图为：①崩塌稳定性评价图；②崩塌运移堆体分布预测图；③其他图件。

1.3.2 崩塌危险性分析

崩塌危险性分析内容包括崩塌体稳定性安全系数 K、致灾因素发生的概率、受灾对象、灾害体与致灾因素遭遇的概率和崩塌灾害目前发育阶段、监测预报分析等。其中崩塌体稳定性安全系数 K 的取值是关键。

1.3.2.1 安全系数的分析

安全系数 K 是人为地对地质灾害成灾可能性设定的评价标准和系数，不等同于稳定系数 F。从理论上讲，$K=F=1$ 即无危险。但因自然界的复杂性和人类认识的局限性，存在着由于地质模型、力学模型和参数取值而导致的评价误差，安全系数的界限应将这些误差考虑进去。设误差值为 u，则：若 $K>1+u$，表示无危险；若 $1<K<1+u$，表示略有危险；若 $1>K>1-u$，表示较危险；若 $K<1-u$，表示危险。

u 的取值应视评价方法的成熟、准确的程度，灾害的危险性、重要性而定，一般取 $0.15\sim0.20$。

1.3.2.2 主要致灾因素发生的概率分析

主要致灾因素发生的概率可用主要致灾动力达到致灾强度的概率来表示。如暴雨型崩塌或在暴雨条件下激发的崩塌，当其阈值与某种降雨强度（或降雨时间）相当时，可将该降雨发生的概率作为崩塌发生的概率。当崩塌在某级地震条件下的系数 $K<1$ 时，则可将该级地震的发生概率作为崩塌发生的概率。当崩塌体在强降雨和强地震叠加的条件下 K 值才小于 1 时，崩塌发生概率则为该强度的降雨概率与地震概率之积。

1.3.2.3 受灾对象与致灾作用遭遇的概率分析

（1）受灾对象与致灾作用遭遇的概率，可用受灾对象的存在或使用年限与致灾作用的年发生概率之积求得，即

$$P = RT \tag{1.1}$$

式中，R 为致灾作用的年发生概率；T 为受灾对象的存在年限。

（2）凡可运移的对象，如居民、公路、铁路、输电线路、通信线路等，其遭灾概率取决于不搬迁年限，其每年的遭灾概率即是致灾作用的年发生概率。

（3）永久性存在的对象，如土地、水路等，只要致灾作用在其上发生，其遭灾的概率就是 100%。应对长期监测资料进行分析，判断目前所处的变形阶段，根据预报模型初步预测可能成灾的时段。

1.3.3 崩塌风险分析

崩塌主要是岩土在重力条件下产生的，崩塌体为不规则的松散体，没有整体性。大型的岩石崩塌在岩石块体崩落后，会以流动的方式携带超过 10 万 m^3 以上的岩屑移动至远超过其原始岩坡高度的距离。随着中国改革开放进程的不断推进，城镇建设高速发展，市政工程建设、水利水电建设、矿产资源开发等人类活动日益强烈，崩塌、滑坡、泥石流等地质灾害也呈现明显上升的态势，而崩塌灾害因具有发生时间不确定、崩落速度极快、主要沿垂直方向坠落的特点，可在较短的时间内造成巨大的危害，给人民的生命和财产安全带来了极大的威胁。因此，研究单体崩塌灾害的风险评估方法具有重大的理论和现实意义。

1.3.3.1 危岩崩塌灾害易损性评估

危岩崩塌灾害可以定义为在一定区域和给定的时间段内，崩塌灾害可能导致的对该区域所有人、财、物的最大损失。在危岩崩塌灾害的影响范围内，财产价值越大、人口数量越多，崩塌灾害易损性就越大。

有的学者认为，房屋资产是城市财产的主体，房屋分布与人口密度、室内财产、城市生命线等有着密切的相关性，主张对资产的易损性进行评价。因此，应该在对崩塌危险影响范围内的承灾体类型、数量进行现场实际调研和室内统计分析的基础上，采用分类统计方法按式（1.2）的评估模型对崩塌灾害易损性进行评价，即

$$V(u) = \sum_{i=1}^{n} W_i F(s)_i \tag{1.2}$$

式中，$V(u)$ 为崩塌灾害承灾体的总易损性；W_i 为第 i 类易损体的平均单价；$F(s)_i$ 为第

i 类易损体的实际面积。

1.3.3.2 危岩崩塌灾害风险性评估

危岩崩塌灾害风险可以定义为危岩失稳破坏产生不良后果的可能性，即危岩崩塌风险，包括危岩发生破坏的可能性及其所产生的后果，可以表示为

$$R = f(P, C) \tag{1.3}$$

式中，R 为危岩崩塌风险；P 为危岩失稳破坏的概率；C 为危岩失稳后造成的损失。

危岩失稳破坏的概率在前面已作了分析论述，危岩失稳后造成的损失除了经济损失外，还包括人员伤亡的损失。经济风险主要内容为工程修复、处理及崩塌灾害造成的其他方面的损失，经济风险分级标准见表 1.5。

表 1.5　　　　　　　　经济风险等级划分

等级	一级	二级	三级	四级	五级
损失/万元	<20	20~50	50~100	100~500	>500

任务 1.4　崩塌治理措施

在稳定性评价、危险性分析和灾情预评估的基础上，对崩塌灾害防治的必要性和可能性进行分析论证，进行地质灾害防治的初步决策分析，为防治决策提供依据。

"防"是指防御灾害的产生，包含防止受灾对象与致灾作用遭遇和增强受灾对象抗灾能力两重含义。崩塌的防灾途径是主动撤离躲避灾害或在条件许可的情况下，采用拦挡工程措施，限制崩塌体的运动方向或范围，防止崩塌成灾。

"治"是指利用工程措施或其他手段，对孕灾地质体进行治理，稳定孕灾地质体或减缓其生成速度，制止灾情发生或扩大。一般认为，基于受灾对象不撤离情况下，对崩塌体动用工程措施和其他措施，均属"治"的范畴。

1.4.1　崩塌防治基本原则

1. 优先考虑防灾躲避的原则

人类认识自然、改造自然的能力尚不足与大规模的强烈的山崩等重大地质灾害抗衡或大量耗资。应以防灾为主，以主动撤离、躲避为主，应优先考虑躲避。

2. 及时把握防治时机

地质灾害的生成发展具有阶段性，经历着从生成、发展到暴发的过程。因此，防治工作一定要把握时机。防治过晚或过早都是不利的。崩塌的根治性防治，应在其慢速蠕动变形阶段进行。

3. 系统分析和针对性原则

地质灾害系统内部的相互有机联系原则、整体性原则、有序性原则和动态原则。应具体地系统分析崩塌灾害的形成机制和成灾因素，确定地质模型和力学模型，并分析其与环境地质体之间的相互作用，分析环境地质体及持力地质体的工程能力。针对变形破坏的主

要力学机制、致灾因素、环境岩土体和持力岩土体的具体情况，进行工程方案选择。

将要施工的防治工程和其他措施放置于孕灾地质体及环境地质体组成的稳定系统中进行系统分析，分析其设置过程中对稳定性的影响及设置后可能形成的后果，力求在不产生负面效应的前提下达到最佳防治效果。

4. 综合防治原则和整体最优的原则

孕灾地质体是十分复杂的多因素的集合体，地质灾害防治应是综合性的，应立足整体考虑，综合治理。不局限于对孕灾地质体采取支护、抗滑等工程措施，应投入一定的辅助手段和措施，如生物措施、环境措施和对致灾因素（降雨、地下水等）的措施，进行综合性治理。

整体最优原则是要求地质灾害防治诸措施组合作用的整体防治效益最优，而不追求每项局部措施水平都达到最优状态。多种措施巧妙组合，综合应用，力争以最低投入获得最佳防治效果。

5. 技术上可行性和经济上合理性原则

防治工程的方案能否成立，很大程度上取决于防治工程技术上的可行性。技术可行性包括施工技术方法、施工技术水平、施工机械的能力、施工设备和材料、施工条件、施工安全等因素的可行性，应针对防治工程的具体方案和具体施工条件进行详细调研论证。

经济上合理性包括投资水平的承受能力和减灾效益两个方面，我国地质灾害防治的投入与取得的效益比值一般为 1∶10～1∶20。基于政治上的原因和以社会效益、环境效益为主时，则另行考虑。

6. 力求根治的原则

对于地质灾害的治理，一般应一次性根治，不留后患。待工程竣工后发现问题再进行补强和再治理，往往造成很大困难且产生不良的社会影响。但对某些巨大的、地质条件复杂的崩塌体，在地质认识尚不清楚时，需通过一些监测才能作出正确评价时，应全面规划、分期整治、力求根治。

1.4.2 崩塌治理技术

1.4.2.1 主动防治技术

对危岩单体进行工程治理以避免其失稳的技术类型定义为主动防治技术，包括支撑、锚固、封填、灌浆、排水及清除等技术类型。

1. 清除技术

危岩体是指已有拉裂变形的陡坡或陡崖。危岩上有的岩块已出现松动，称为危岩松动体。陡坡上的拉裂变形和岩块松动都是危岩的主要特征。危岩一旦出现，考虑的首要工程措施就是清除危岩体，因为这是崩塌发生的时间往后推迟而已。对规模较小，便于清除的危岩，应及时清除，并做好坡面加固，防止崩塌落石的产生。在危岩体下方地表坡度比较平缓（20°以内）、具有 0.5～1.0 倍陡崖高度的地形平台且平台上无重要建、构筑物及居民居住或危岩下方具有有效防御措施条件下，可采用清除处理。可对整个危岩体或危岩体的局部进行清除。清除危岩时，可采用风枪凿眼、人工凿石、静态爆破剂、控制爆破等方法使危岩解体，化整为零，逐步清除。具备条件时，还可进行爆破清除。危岩清除过程中应加强施工监测，并避免暴露出的清除面存在不稳定危岩体残体或新生危岩体。危岩实施清除处理前应充分论证清除后对母岩的损伤程度，对于停留于坡表的孤立式危岩体，采用清除技术可达到根除危岩灾害的目的，但应注意清除后危岩体运动过程中可能存在的灾害风险，在条件许可情况下，可以对该类危岩体就地挖坑掩埋。常见的清除危岩体措施的具体办法如下：

（1）人工削方清除。若危岩松动带为强风化岩层，岩体破碎，无大岩块，可用此法清除危岩松动带。先从危岩松动带上缘逐层清除，直至危岩松动带全部清完。清除后的斜坡面最好呈阶梯状（见图1.10），以利稳定。平均坡度 β 的角度是岩质边坡在60°以下、土质边坡在45°以下。

（2）爆破碎裂清除。若危岩体前方无房屋和其他地面易损建筑，岩体坚硬、块体大，可用此法清除。仍从危岩松动带上缘开始，按设计打炮孔，用炸药碎裂逐层清除（见图1.11）。应控制药量，尽量用小爆破，注意施工人员和环境的安全，避免飞石伤人。

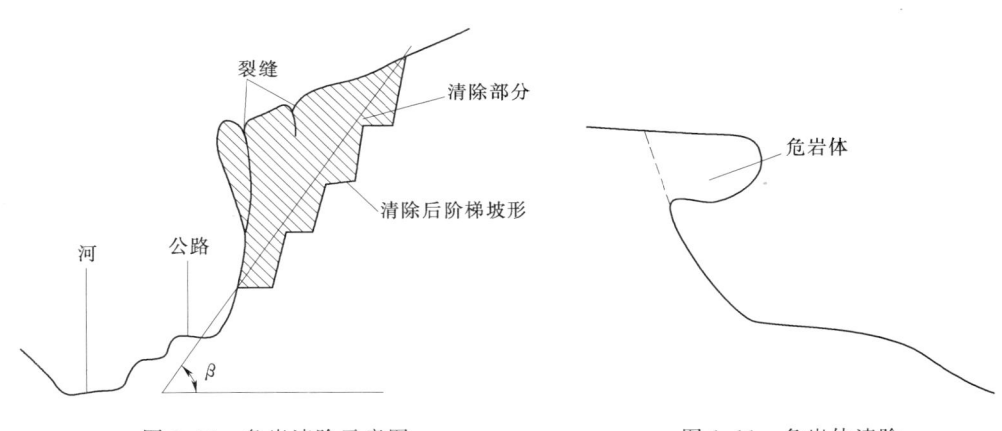

图1.10　危岩清除示意图　　　　图1.11　危岩体清除

（3）膨胀碎裂清除。若危岩体前方有房屋和其他地面易损设施，可用此法清除危岩松动带。具体做法是：在危岩松动带的上缘，垂直或微斜向下打若干炮孔，在孔中装约2/3孔深的静态膨胀炸药，上部1/3孔深用纯黏土填实密闭。当膨胀炸药吸湿后剧烈膨胀，使岩体碎裂，然后用人工将碎裂的石块清除到指定的位置。如此一层一层地剥下去，使清除的新鲜斜坡面也呈阶梯形。

膨胀碎裂清除危岩松动带，具有施工简单、安全、对环境无明显影响等优点；不足之处是投资略高于以上两种方法。

2. 支撑技术

当危岩体下部具有一定范围向内凹陷的岩腔、岩腔底部为承载力较高且稳定性好的中风化基岩、危岩体重心位于岩腔中心线内侧时，宜采用支撑技术进行危岩治理。支撑技术主要适用于坠落式危岩（见图1.12）；倾倒式危岩及基座具有岩腔的滑塌式危岩（见图1.13），在保证抗倾性能的条件下也可采用。危岩支撑包括墙撑和柱撑，墙撑可分为承载型墙撑和防护型墙撑两类。支撑体底部应分台阶清除至中风化岩层，确保支撑体的自身稳定性。支撑体与危岩体底部接触区域的一定厚度应采用膨胀混凝土（见图 1.14）。一般情况下，具有支撑条件时优先使用支撑技术。

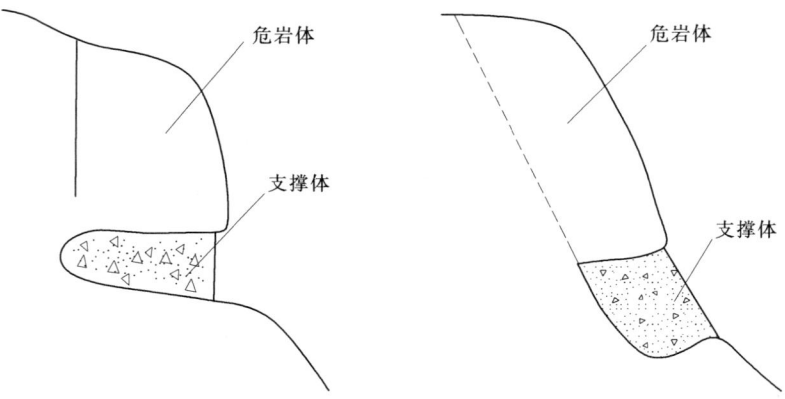

图 1.12　坠落式危岩支撑　　　　图 1.13　滑塌式危岩支撑

铁路岩质边坡防崩支撑建筑物根据其结构形式可划分为一般高支墙、明洞式支墙、柱状支墙、支撑挡土墙和支护墙 5 种。

（1）一般高支墙。为防止高陡山坡上的悬岩崩塌，常常修建高支墙。其设计原则是根据可能崩落石块重量、下坠力和支墙本身的重量对基础的压力而定，经常是地基允许承载力控制支墙的高度。支墙需与山坡密贴，在相当高度时，结合断面加一横条形成整体圬工，并用钢筋与山坡岩层锚固，以承担悬岩下坠时的水平推力，使墙身与山体构成一体，可增大支托能力（见图 1.15）。

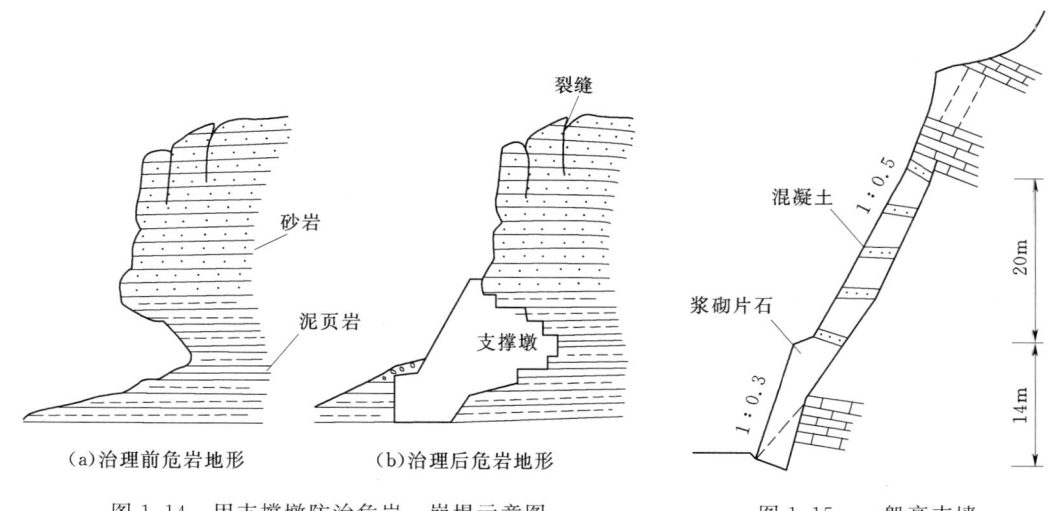

图 1.14　用支撑墩防治危岩、崩塌示意图　　　　图 1.15　一般高支墙

（2）明洞式支墙。在高陡边坡上部有大块危岩倒悬在边坡之上时，如果修建一般支墙，其断面要求较大，需要将线路外移，当外移无条件时，可建拱形明洞，其上设支墙以支撑大块危岩，见图 1.16。

（3）柱状支墙。对高陡边坡上的个别大块危岩，如果不便清除，在其他条件允许的情况下，可采用柱状支墙。

（4）支撑挡土墙。当山坡或路堑边坡上有明显不同的两种地层时，上层为较坚硬和节理发育的岩石，下层为软质岩石，且当山坡坡度较大时，下部软质岩石易于坍塌，上部岩体则发生崩塌落石，为保证山坡和路堑边坡的稳定，若采用下部修筑护墙，上部刷方，则无法保证山坡或路堑边坡的稳定，因为所修筑的护墙只能防止山坡或边坡岩石风化，但山坡和边坡的稳定仍无法保证。同时，由于边坡开挖高度增大，致使坡面暴露范围加大，如原山坡的植物保护层大量被砍伐，就更无法保证边坡的稳定；反之，若采用支撑拦挡墙情况就完全不同了。因为这样既可挡住下部软质岩石不致坍塌，又可支撑上部破碎岩石，从而使边坡稳定性得到保证（见图 1.17）。

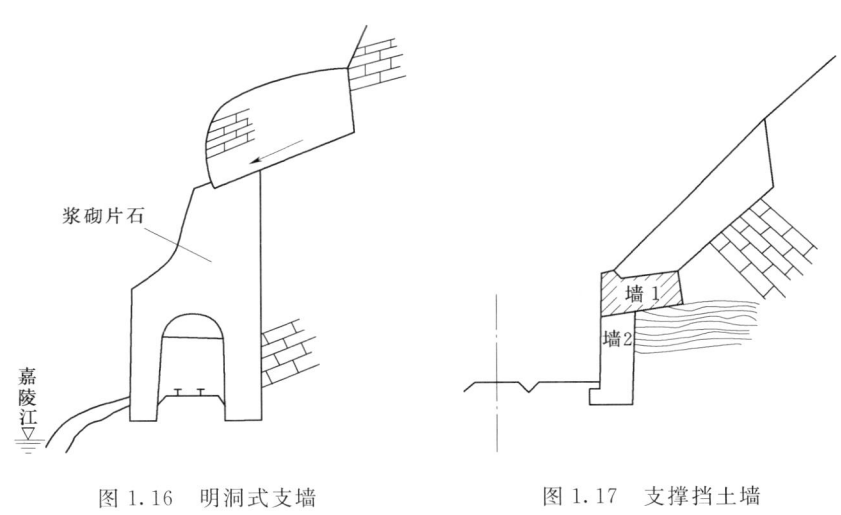

图 1.16　明洞式支墙　　　　图 1.17　支撑挡土墙

（5）支护墙。支护墙的主要作用是防止边坡岩体继续风化，同时还兼有对上部危岩的支撑作用。这种墙必须和边坡岩体密贴。

3. 锚固技术

锚固技术是指采用普通（预应力）锚杆、锚索、锚钉进行危岩治理的技术类型，包括预应力锚杆、非预应力锚杆、自钻式预应力锚杆及预应力锚索。正确选用锚固材料，设计锚固力。采用锚杆治理危岩时，对于整体性较好的危岩体外锚头宜采用点锚，对于整体性较差的危岩体外锚头，可采用竖梁、竖肋或格构等形式以加强整体性；对于规模较大、裂隙较宽的倾倒式危岩体，宜采用预应力锚索锚固；合理控制预应力锚杆和锚索的预应力施加。施工过程中，对每个危岩体应钻取 3～5 个超深孔，深度在地勘认定主控结构面基础上增加 8.0～9.0m。取出岩芯，判别危岩体内裂隙的发育密度，最内侧一条裂隙作为主控裂隙面，据此调整治理方案。同时还应考虑锚杆（索）的耐久性问题。

当岩体上部开裂，有向临空方向倾倒的危险，但岩体脚部较好，未风化成倒 V 形，在此情况下，可用预应力锚索（杆）加固（见图 1.18）。目前预应力锚索单根锚固力达 3000kN 以上，锚索长度达 80m。由于该工程的预应力锚固体系设计较为复杂，施工时还要有专门的锚杆钻机，所以不太适合广大农村推广应用。对于小型危岩体，有施工条件的乡村，由专家现场调查确定后，也是可以应用该技术的（见图1.19）。

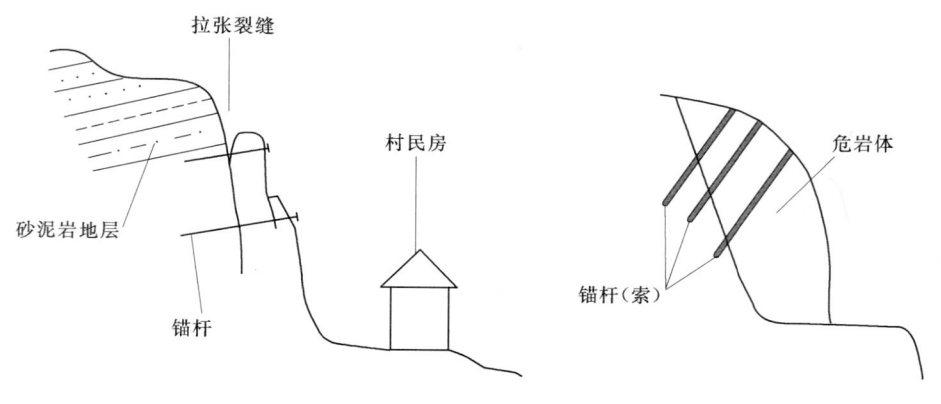

图1.18 预应力锚杆加固危岩　　图1.19 危岩体锚固技术

锚固工程应用十分广泛，适用面广，施工简便快捷，对崩塌体扰动小，补偿快，而且能主动施加不同方位、不同程度的抗力，在地质灾害防治中具有很大优势。缺点是其服务年限、防腐技术和应力松弛等问题需进一步解决。此外，囿于目前的施工能力，对于厚度大于60m的崩塌体，其应用受到一定限制。

4. 封填及嵌补技术

当危岩体顶部存在大量较显著的裂缝或危岩体底部出现比较明显的凹腔等缺陷时，宜采用封填技术进行防治（见图1.20）。顶部裂缝封填的目的在于减少地表水下渗进入危岩体的速度及数量，底部凹腔封填的目的在于显著减慢危岩体基座岩土体的风化速度；封填材料可以用低标号高抗渗性的砂浆、黏土或细石混凝土；对于采用柱撑、拱撑、墩撑等技术治理的危岩体，支撑体之间的基座壁面也应进行嵌补封闭（见图1.21），封闭层厚度宜为30~40cm；在对顶部裂缝封填时，若裂缝宽度在2cm以上时，应采用具有一定强度的砂浆或坍落度超过200mm的细石混凝土使其入渗裂缝内进行固化。若顶部表面裂缝宽度小且广泛发育时，用细石混凝土或黏土全面浇筑，厚度为20~30cm。

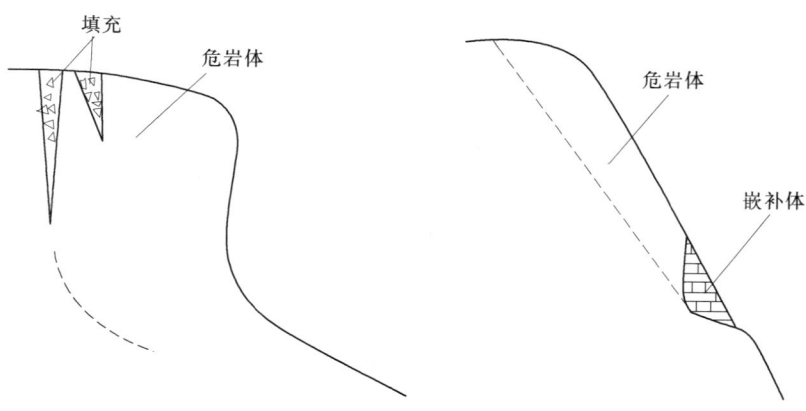

图1.20 危岩裂缝封填技术示意图　　图1.21 嵌补技术示意图

5. 灌浆技术

危岩体中破裂面较多、岩体比较破碎时,为了增强危岩体的整体性,宜进行有压灌浆处理。灌浆技术应在危岩体中、上部钻设灌浆孔,灌浆孔宜陡倾,倾角不大于45°,并在裂缝前后一定宽度(一般为3.0~5.0m)内按照梅花桩形布设,灌浆孔应尽可能穿越较多的岩体裂缝面,尤其是主控结构面;灌浆材料应具有一定的流动性,锚固力要强。灌浆孔倾角为10°~90°,孔径直径为60~110mm,灌浆压力为50~100kPa即可,灌浆材料中加入适量的缓凝剂。经过灌浆处理的危岩体不仅整体性得到提高,而且主控结构面的抗剪强度参数得以提高,裂隙水压力减少。灌浆技术宜与其他技术联合使用。

对于危岩体四周的裂缝,可以采用灌浆技术进行加固(见图1.22)。对于顶部出现显著裂缝,且稳定性差的危岩体,应谨慎采用灌浆技术,防止灌浆产生的静、动水压力造成危岩体的破坏失稳。若需采用灌浆技术,可采用分段无压灌浆,灌浆过程中注意检测危岩体的变形。通过灌浆处理的危岩体不仅整体性得到提高,而且也使主控裂隙面的力学强度参数得以提高、裂隙水压力减少。灌浆技术宜与其他技术共同使用。

对于危岩四周的裂缝,可以采用灌浆法进行加固,以提高它的稳定性。这种方法常和其他加固措施相配合。在使用上述加固措施的地段,所有危岩裂缝都应用水泥砂浆灌注并勾缝。

6. 排水技术

根据实际工程经验,降雨量与崩塌落石次数有明显的关系。这就说明降雨和地表水渗入不稳定的岩体,将降低其稳定性,诱发崩塌落石的产生。滑塌式危岩和倾倒式危岩的稳定性主要受控于裂隙水压力。排水技术包括危岩体周围的地表截水、排水和危岩体内部排水。地表截水、排水沟应根据危岩体周围的地表汇流面积确定,

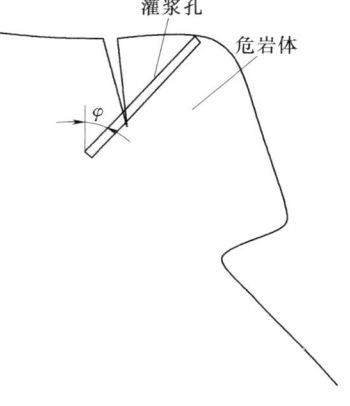

图1.22 危岩裂缝灌浆技术示意图
φ—灌浆孔倾角

通常采用地表明沟,其断面尺寸由地表汇流面积计算确定,由浆砌石或浆砌条石构成,底部地基填土体时压实度不小于85%,也可在危岩体侧部稳定岩体内凿槽作排水沟。危岩体中地下水较丰富时,宜在危岩体中、下部适当位置钻设排水孔,排水孔应在较大范围内穿越渗透层结构面。

(1) 地表排水工程。包括:防渗工程,即疏干并改造崩塌体范围内的地表水塘和积水洼地,封闭地表裂缝,对易渗入地段进行坡面防渗(喷浆、抹面等);排水工程,即修筑集水沟和排水沟,拦截并排出地表水;生态工程,即通过增加地表植被,减缓雨水的直接冲刷。

1) 降雨与崩塌体变形有密切关系时,应立即进行地表排水工程。一般情况下,土体崩塌、暴雨型滑坡式岩崩、降雨型滑坡式岩崩、倾倒式岩崩、膨胀式岩崩应设置地表排水工程。

2) 对于地表形成的裂缝,均应封闭式回填,不使地表水注入其中形成静水压力。对于近临空面的高倾角张裂缝,不宜注浆,尤其是高压注浆,稍有不慎将造成严重变形甚至

崩塌。

3）地表排水首先设置外围截水沟拦截崩塌体以外的地表水，使之不能流入崩塌体。截水沟应修建在崩塌体可能发展的边界以外 5m 处，其断面大小应根据其拦截地坡面的汇水面积和洪峰流量进行设计。在覆盖层内的截水沟，其迎水面沟壁应设置泄水孔。

4）崩塌体内集水沟、排水沟的设置可参考下列原则：

a. 斜坡上陡下缓处。

b. 上部斜坡入渗系数大，下部斜坡入渗系数小的交界处。

c. 泉水等地下水出露点的下方，使出露的地下水迅速排走而不能再次入渗。

d. 排水沟应充分利用天然沟谷加以改造，以利于地表水的尽快排泄。

（2）地下排水工程。包括：地下防渗工程（用防水帷幕截断地下水）；地下排水工程（水平排水孔、水平排水隧洞、竖直集水井、泄水洞、洞孔联合、井洞联合）等。

1）根据勘查查明的地下水情况以及形成机制分析和稳定性检算，当地下水作用对崩塌体的稳定性有一定影响时，根据定性—定量分析决定地下排水工程的设置。一般来说，对滑坡式崩塌均应采取一定的地下排水措施。对于倾倒式崩塌、鼓胀式崩塌、洞掘式崩塌，当勘查表明其有地下水在崩滑带赋存时，宜进行一定的地下排水工程。当勘查表明由于给水度很小而地下排水效果不佳时，亦可以不设置地下排水工程。

2）地下排水工程的目的应是迅速降低崩塌体内地下水水位，尽量疏干崩塌带，提高抗剪强度和有效应力，从而提高其稳定性。排水工程设计应充分依据勘查资料，分析崩塌带内含水层的性质、分布、地下水的补、迳、排及运移富集情况以及工程服务年限内最大地下次水量进行设计。

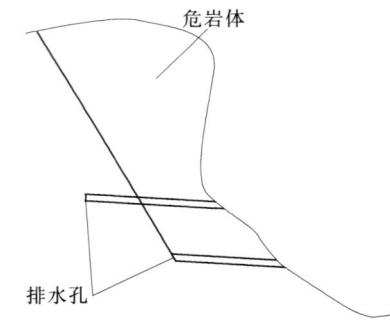

图 1.23　危岩体排水示意图

3）地下排水工程要考虑自身的安全性和可靠性。在排水功能上要求应满足服务年限内功能可靠，因为一旦排水孔被堵塞等失效则修复往往很困难（见图 1.23）。在自身安全上应有足够保证，若地下排水平（斜）洞破裂而造成地下水集中泄漏，很可能造成负效应并产生严重后果。因此，地下排水平（斜）洞一般应使洞底低于崩塌面，洞口应尽可能在稳定基岩内。

7. 钢轨插别与串联技术

实用圆钢和钢轨插别对加固陡坡上的分散的中、小型危岩起很大作用，是我国山区铁路常采用的加固措施之一。与其他圬工支护加固技术相比，它具有造价低、工程量小、操作简单、与行车无干扰的特点，其适用条件如下：

（1）被插别的危岩体必须是体积不甚大的中、小型危岩体，且为不易风化的坚硬岩石，如未风化和风化轻微的花岗岩、大理岩、石灰岩、坚硬的砂岩等。

（2）岩质边坡本身是稳定的，只是由于一组和几组节理，把岩层局部切割成块状，形成不稳定的危岩体，而危岩体本身是完整或基本完整的；或者由于软硬岩层互层，不厚的软岩层置于底层，因分化剥落的关系形成悬挂式危岩体，危岩体本身是完整或基本完整的。

（3）危岩体有错动缝，或有层理面倾向坡外的断脚节理。

（4）陡崖上的危岩体，往往距离危害区有一定的高度，其下方又常常是无支撑基础，为了避免清除危岩体时引发灾害，或影响上部岩层的稳定，采圆钢、钢轨或钢筋混凝土桩插别危岩体具有更好的技术经济效果。有时虽然有条件采用其他加固方案，但不如插别方案经济。

当整个岩质边坡是稳定的，只是因为层理、节理把边坡岩层切割成厚度不大的板状，且节理、层理或构造面倾向坡外，其上覆岩层有顺层面下滑的可能而下方受地形限制，没有设置支撑结构的基础，或虽有设置支撑结构的条件，但工程艰巨、造价高，在这种情况下，采用圆钢或钢轨串联加固危岩体是经济合理的。

钢轨插别的长度、根数，可根据危岩的体积大小、边坡陡度、节理切割程度、控制危岩的结构面的产状要素等，经过近似计算确定。一般情况下，钢轨外露长度不宜小于危岩厚度的 2/3（见图 1.24），埋入完整岩体的深度不得小于 $(0.4\sim0.5)l$，外露部分为 $(0.5\sim0.6)l$。插别孔眼位置的分布，可根据危岩的重心进行布置。插别的钢轨必须保持与危岩密贴，不能使钢轨扭曲。应将钢轨四周的空隙和危岩的裂缝用 1：2～1：2.5 水泥砂浆灌注捣实，勾缝封闭。钢轨外露部分除锈后，应涂刷防锈油漆。

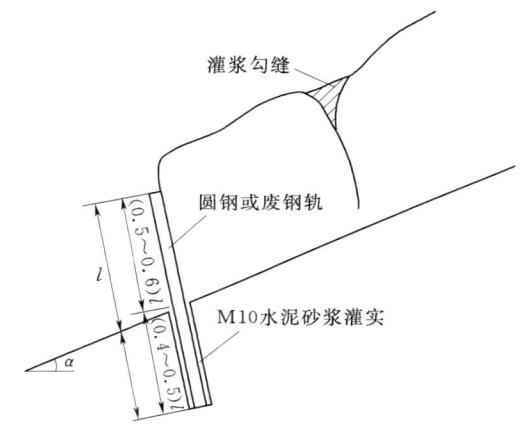

图 1.24　危石插别示意图

钢轨串联危岩体的施工顺序，先在岩层的适当位置凿出一些深度、形状、大小符合要求的孔眼（平面上孔眼宜交错布置），然后插入圆钢或钢轨，并灌注强度等级不低于 M7.5 的水泥砂浆或 C15 级素混凝土，使其与稳定的岩层连接成一个整体。采用圆钢或钢轨串联加固薄层危岩体，如果使用得当，其技术经济效益是显著的。

8. SNS 主动防护系统技术

SNS 主动防护系统主要由锚杆、支撑绳、钢绳网、格栅网、缝合绳等组成，通过固定在锚杆或支撑绳上施以一定预紧力的钢丝绳网和（或）格栅网对整个边坡形成连续支撑，其预紧力作业使系统紧贴坡面并形成阻止局部岩土体移动或在发生较小位移后，将其裹缚于原位附近，从而实现其主动防护功能。该系统的显著特点是对坡面形态无特殊要求，不破坏或改变原有的地貌形态和植被生长条件，广泛用于非开挖自然边坡，对破碎坡体浅表层防护效果良好。对于不能采用清除或被动拦截措施进行治理的孤立式或悬挂式危岩体，采用 SNS 主动防护系统技术往往是非常有效的，系统构成见图 1.25。

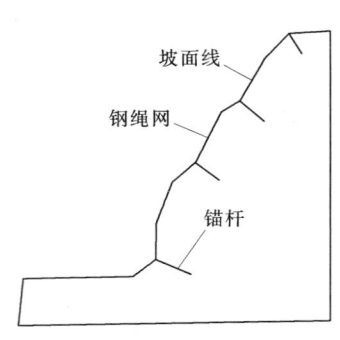
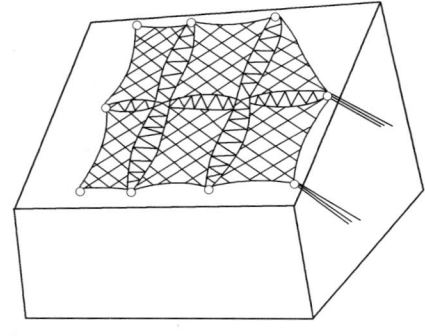

图 1.25　SNS 主动防护系统示意图

9. 钢筋（铁丝）捆扎

当坚硬的危岩体具有垂直的、张开的节理或裂缝时可以采用钢筋（铁丝）捆扎法处理危岩体（见图 1.26）。一般将危岩拴在母岩上。钢筋（铁丝）的直径、根数和锚入母岩的深度，应根据危岩的下滑力经计算确定。钢筋（铁丝）应做防锈处理。

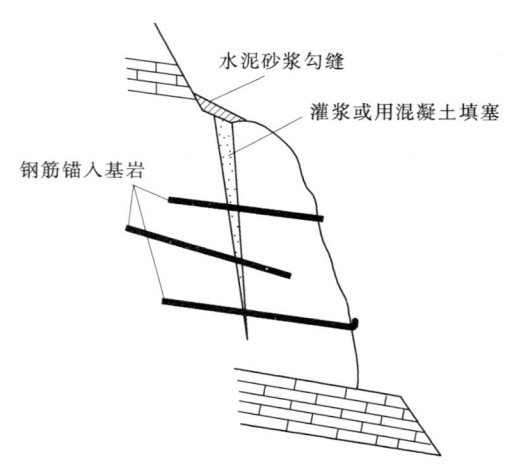

图 1.26　钢筋（铁丝）捆扎示意图

10. 刷坡及护面技术

对于边坡坡度不大，裂隙发育，表层岩土体破碎且有危岩体突出坡面，但整体稳定性较好的边坡，可先对表层破碎岩土体进行刷坡，然后采用浆砌条石、混凝土或插筋挂网喷混凝土保护坡面，防治坡表落石和表层岩土体继续风化。

常用的护面技术有护墙和护坡，两种均适用于易风化剥落的边坡地段。对陡边坡可以采用护墙，对缓坡可以采用护坡。

采用刷坡来放缓边坡时，必须注意以下几点：

（1）如危岩体位于构造破碎带、边缘接触带或节理裂隙极度发育的陡山坡地带，一般不宜刷方。

（2）刷方边坡不宜高于 30～40m。

（3）刷坡时对边坡上或坡顶的大孤石、危岩可采用局部爆破清除。

（4）对于位于已建好工程附近的大孤石，宜采用火烧办法，使岩石（指石灰岩、大理岩、石英岩等）熔解破裂，而后加以清除。

1.4.2.2　被动防护技术

当山坡上的岩体节理裂隙发育，风化破碎，崩塌落石物质来源丰富，崩塌规模虽不大，但可能频繁发生者，则宜根据具体情况采用从侧面防护的拦截措施（如落石平台或落石槽、拦石堤或拦石墙、钢轨栅栏等）。对危岩失稳可能出现的崩塌及落石灾害进行工程结构防治的技术类型定义为被动防护技术。其主要作用是把崩落下来的岩体或岩块拦截在线路的上侧,使其不能侵入限界。这些措施的设计,必须根据崩塌落石地段的地形、地貌情况,崩落岩体的大小及其位置进行落石速度、弹跳距离的计算,然后进行设计。

1. 遮挡建筑物

在崩塌落石地段常采用的遮挡建筑物就是明洞。按结构形式的不同,明洞可分拱形明洞和棚洞两类。分述如下:

(1) 拱形明洞。拱形明洞由拱圈和两侧边墙构成。这是一种广泛使用的明洞形式,其结构较坚固,可以抵抗较大的崩塌推力,适用于路堑、半路堑及隧道进出口处不宜修建隧道的情况。洞顶填土,土压力经拱圈传于两侧边墙。因此,两侧边墙均须承受拱脚传来的水平推力、垂直压力和力矩。其中外边墙所承受的压力更大,故截面较大,基底压应力也大。要求线路外侧有良好的地基和较宽阔的地势,以便砌筑截面较大的外边墙。在一般情况下,开采用钢筋混凝土的拱圈和浆砌石边墙。但在较大崩塌地段或山体压力较大处,则拱圈和内外边墙以采用钢筋混凝土为宜,见图 1.27 和图 1.28。

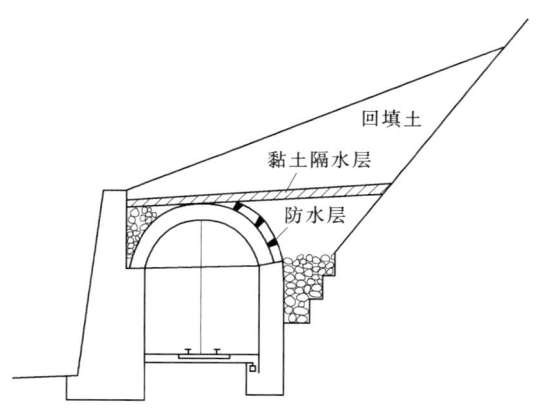

图 1.27 拱形明洞

图 1.28 拱形明洞实景

(2) 板式棚洞。板式棚洞由钢筋混凝土顶板和两侧边墙构成(见图 1.29)。顶部填土及山体侧压力全部由内边墙承受,外边墙只承受由顶板传来的垂直压力,故墙体较薄。适于地形较陡的半路堑地段。由于侧压力全部由内边墙承受,强度有限,故不适用于山体侧压力较大处。因而只能抵抗内边墙以上的中、小崩塌,所以一般是使内边墙紧贴岩层砌筑,有时在内边墙和良好岩层之间加设锚固钢筋。

(3) 悬臂式棚洞。悬臂式棚洞,其结构形式与板式棚洞相似,只因外侧地形狭窄,没有可靠的基础可以支承,故将顶板改为悬臂式。其主要结构由悬臂顶板和内边墙组成,见图 1.30。内边墙承担全部洞顶填土压力及全部侧向压力,故应力较大。适用于外侧没有基础,内侧有良好稳固不产生侧压力的岩层。这种明洞的优点是结构简单,施工较方便;缺点是稳定性较差,不宜用于较大的崩塌之处。

2. 落石平台

落石平台是最简单、经济的拦截建筑物之一。落石平台宜设在不太高的山坡或路堑边

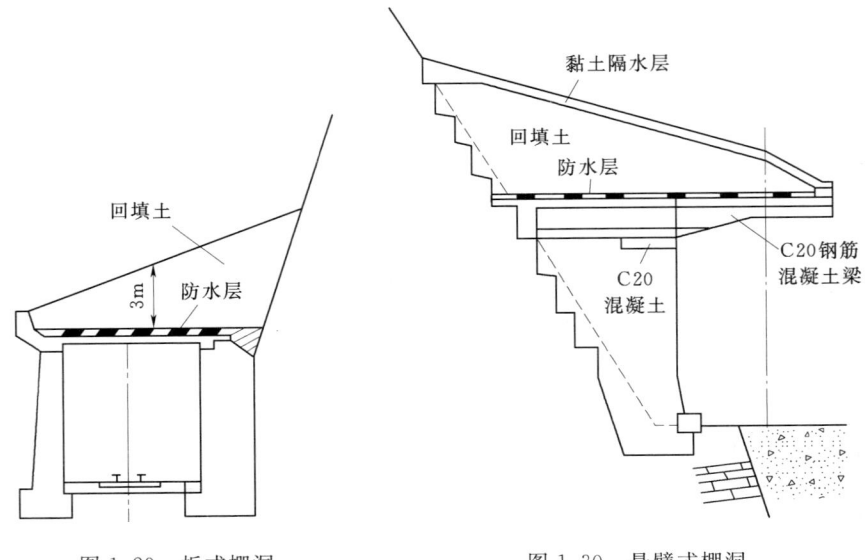

图 1.29　板式棚洞　　　　　　图 1.30　悬臂式棚洞

坡的坡脚。当坡脚有足够的宽度，或者对于运营线可以将线路向外移动一定距离时，在不影响路堑边坡稳定，不增加大量土石方的条件下，也可以扩大开挖半路堑以修筑落石平台。当落石平台标高与路基标高大致相同或略高时，宜在路基侧沟外修拦石墙和落石平台联合起拦截崩塌落石的作用，见图 1.31。当落石平台标高低于路肩标高时，通常在路堤边缘修路肩挡土墙，见图 1.32。

落石平台的宽度可根据落石计算确定，也可以据现场试验确定。

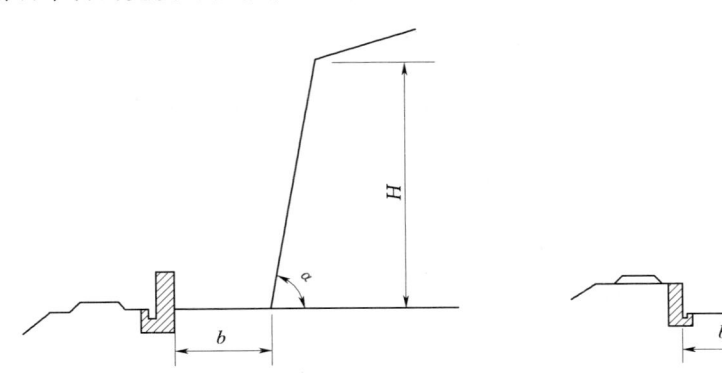

图 1.31　落石平台与拦石墙　　　　　　图 1.32　落石平台与路肩挡土墙
α—边坡坡角；b—落石平台的宽度；H—边坡坡高　　　α—边坡坡角；b—落石平台的宽度；H—边坡坡高

3. 落石槽

当路堤距离崩塌落石山坡坡脚有一定距离，且路堤标高高出坡脚地面标高较多（大于 2.5m）时，宜在坡脚修筑落石槽，或者当落石地段堑顶以上的山坡较平缓，则在路基和有崩落物的山坡之间，宜修筑带落石槽的拦石墙，或带落石槽的拦石堤，见图 1.33 和图 1.34。

落石槽断面尺寸以及拦石墙和拦石堤的尺寸均可据有关计算和现场调查试验确定。

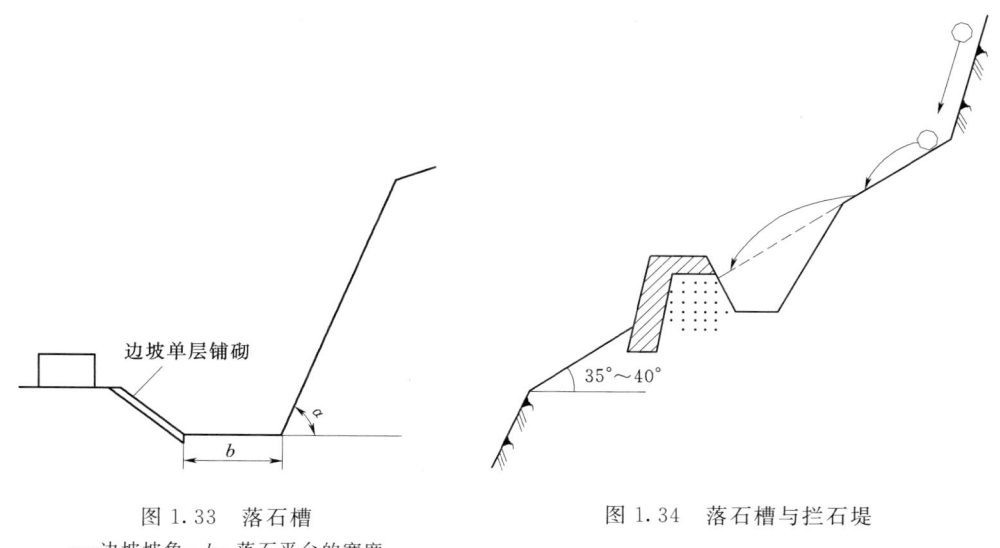

图 1.33　落石槽

a—边坡坡角；*b*—落石平台的宽度

图 1.34　落石槽与拦石堤

4. 拦石堤和拦石墙

当陡峻山坡下部有小于 30°的缓坡地带，而且有较厚的松散堆积层，当落石高程不超过 60～70m 时，在高出路基不超过 20～30m 处，修筑带落石槽的拦石堤是适宜的，见图 1.35。

拦石堤通常使用当地土筑成，一般采用梯形断面，其顶宽为 2～3m。其外侧可以根据土的性质，采用不加面的较缓的稳定边坡，也可以采用较陡的边坡，予以加固。其内侧迎石坡可用 1：0.75 的坡度，并进行加固。若山坡坡度大于 30°，落石高度超过 60～70m 时，则以修筑带落石槽的拦石墙为宜。拦石墙按材料组成分为土堤、浆砌石、混凝土结构等类型。土堤式拦石墙由加筋土堤或素填土堤、落石槽及堤顶的防撞栏三部分组成。墙体基础埋入较稳定的地基中的深度：基岩不小于 0.5m。墙背填土采取分层填筑，分层厚度为 30～50cm，压实度不小于 80%；落石

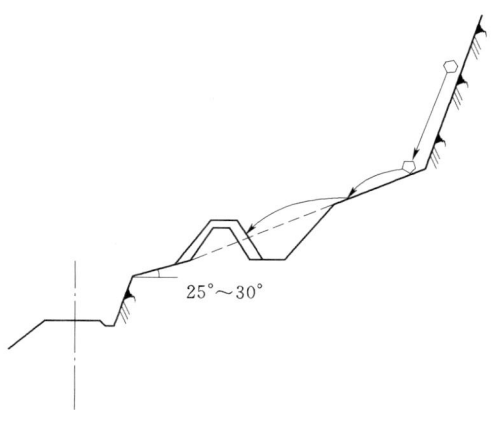

图 1.35　带落石槽的拦石堤

槽断面为倒梯形，槽底铺设不小于 60cm 后的缓冲土层，墙体迎石面坡比为 1：0.5～1：0.8，并用块石护坡，山体面坡比一般为 1：1 左右，在不具备放坡条件的地段可将坡比增大为 1：0.5，并用锚钉或块石护坡；拦石墙的高度及距离陡崖脚步的水平距离应根据落石运动路径确定；拦石墙体的厚度应根据落石冲击力确定（见图 1.36）。

5. 钢轨栅栏

采用钢轨栅栏可以代替拦石墙起拦截落石的作用，它可以用浆砌片石或混凝土作基础，用废钢轨作立柱、横杆。立柱一般高3～5m，间隔3～4m，基础深1～1.5m。横杆间距一般为0.6m左右。立柱、横杆用直径20mm的螺栓连接，栅栏背后留有宽度不小于3.0m的落石沟或落石平台。

钢轨栅栏基本克服了拦石墙的圬工量大、工程费用高、劳动强度大的缺点。但是，当落石太大时（超过$2m^3$），虽然也能拦住落石，常常把立柱、横杆打断，打弯或打倾斜。为此，可以采用双层钢轨栅栏给予加强。

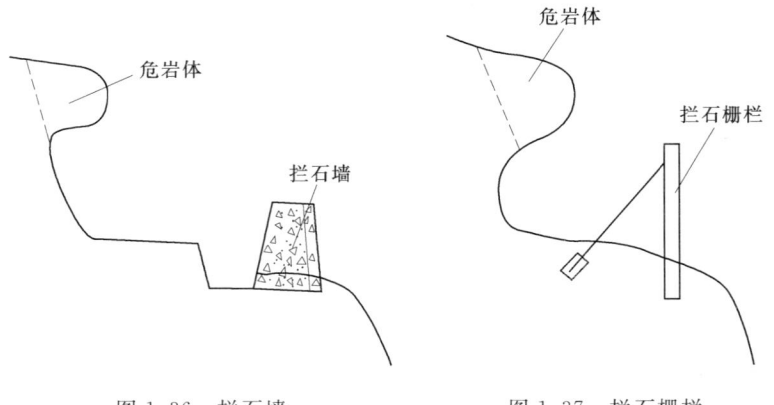

图1.36　拦石墙　　　　　图1.37　拦石栅栏

6. 拦石网及拦石栅栏

当陡崖或山坡下部坡度大于35°且缺乏一定宽度的平台而不具备建造拦石墙的条件时，可采用拦石网及拦石栅栏（见图1.37）。拦石网包括半刚性和柔性两大类，前者主要由钢轨作立柱，钢轨或角钢、型钢作横梁相互焊接而成，一般称为拦石栅栏；后者由角钢作立柱、缓冲钢索和柱间钢绳网组成，为一般所指的狭义拦石网，缓冲钢索一端与立柱顶部相连，另一端锚固在稳定岩土体中；拦石网的能级应根据落石冲击动能选用，当落石动能超过800kJ时应以主动防治为主。

7. SNS被动防护系统技术

SNS被动防护系统是一种能拦截和堆存落石的柔性拦石网，其显著特点是系统的柔性和强度足以吸收和分散所受的落石冲击动能，并使系统受到的损失趋于最小，改变传统系统的刚性结构为高强度柔性结构。

该系统由钢丝网（和铁丝格栅）、固定系统（拉锚、基座、支撑绳）、减压环和钢柱4个主要部分组成。系统的柔性主要来自钢丝绳网、支撑绳、减压环等结构。减压环是迄今为止所能实现的最简单、有效的消能元件。它为一在节点处按预先设定的力箍紧的环状钢管。实用钢丝绳顺钢管内穿过，当与减压环相连的钢丝绳受到拉力达到一定程度时，减压环启动并通过塑性位移来吸收能量。当冲击能量在设计范围内时，能多次接受冲击功产生位移，从而实现过载保护功能，系统构成见图1.38。

8. 生态防护

当陡崖或斜坡坡脚的斜坡不太陡峻，并有一定厚度的覆土，且崩塌体威胁不太严重

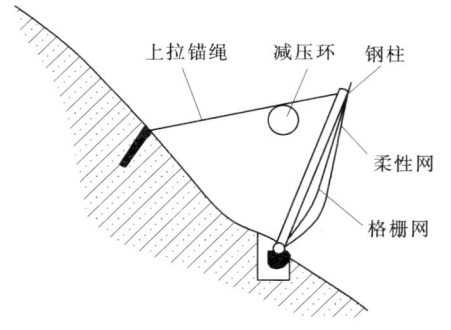 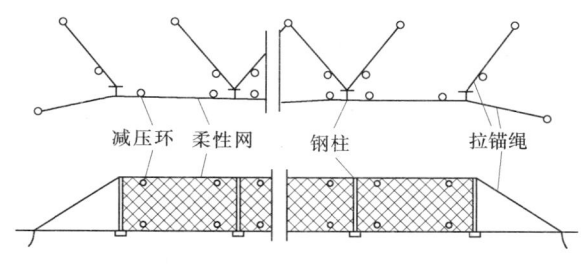

图 1.38　被动防护系统示意图

时，可以通过植树造林防治危岩崩塌。但在种植初期，防护效果尚未显示，须依靠其他防护设施。森林防护的根本出发点在于增大地表下垫面的粗糙度，减缓落石体在林中的运动速度。森林类型应为乔木，尽可能构建乔、灌、草相结合的生态系统。乔木成林后可用建筑纽扣将钢绳织网固定在树木主干上，将森林防护系统构成整体，提高防护有效性，见图 1.39。

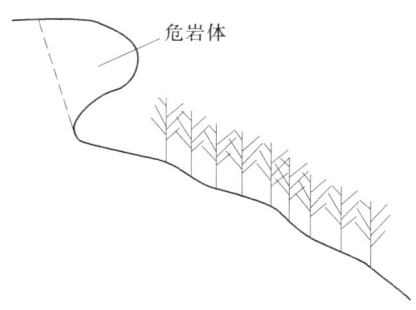

图 1.39　生态防护

1.4.2.3　主动-被动防护技术

崩塌体的防治是一项复杂的系统工程，即使对单个崩塌体的防治而言，单一的防治技术往往不能取得令人满意的防治效果。因此，在崩塌体防治过程要两种或两种以上的防治技术联合使用。多种防治技术的联合可以是主动治理技术与主动治理技术的联合或被动防治技术与被动防护技术的联合，也可以是主动与被动防治技术的联合，如锚固-支撑联合技术、锚固-灌浆联合技术、护面-排水联合技术、落石平台-拦石墙联合技术和主动与被动防治技术的联合等。因此，在危岩崩塌防治工程中，存在主动-被动联合防治问题。以下介绍锚固-拦挡联合技术和锚固-支撑技术。

1. 锚固-拦挡联合技术

锚固-拦挡联合技术主要针对整个危岩防治工程而言，体现了危岩治理与拦挡相结合的防治理念。将危岩单体的锚固防治和危岩单位之间漏勘危岩防治共同考虑，弥补了目前危岩勘查精度不高而可能造成灾害的不足。将危岩单体和拦挡结构之间的区域界定为地质灾害危险区，宜植树造林，杜绝人类工程活动。拦挡结构可以采用拦石墙、拦石网或面状森林防护，如图 1.40 所示。

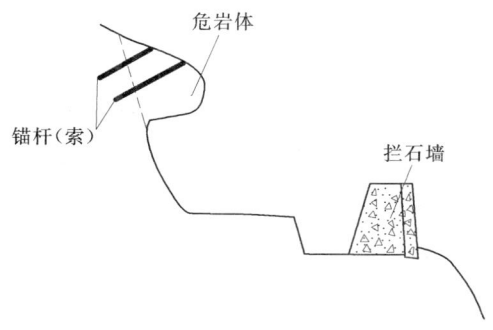

图 1.40　锚固-拦挡联合技术

2. 锚固-支撑联合技术

锚固-支撑联合技术主要针对复合危岩体，在采用单一防治技术效果较差时，可采用本技术，锚固-支撑联合技术尤其适用于同时具有滑塌和倾倒性能的危岩体。防治设计过程中，应将锚固力和支撑力联合考虑，使二者有机组合；当支撑体在危岩滑动力作用下存在滑移失稳的可能性时，为了确保支撑体的稳定，应在支撑体上布设锚杆。对于仅采用支撑技术便能基本达到有效防治目的的坠落式危岩或倾倒式危岩，为了提高危岩治理的效果，也可在危岩体上布设一定数量的锚杆，作为安全储备，防止其在随机荷载作用下失稳。当危岩体后部裂缝断续贯通且地下水比较发育时，宜在支撑体内设置直径为60～110mm的PVC排水管，见图1.41。

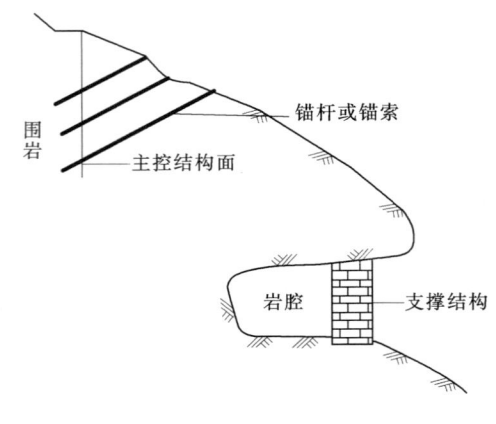

图1.41 支撑—锚固联合技术

值得重视的是，应将危岩工程的治理视为一个有机体综合考虑，切勿将拦石墙、拦石网等被动防护措施作为可有可无的辅助措施。对于危岩单体而言，同时具有滑塌与倾倒性能的复合型危岩体，应坚持微观尺度的主动—被动联合防治。

主动与被动防治技术的联合在崩塌防治工程中有着重要的地位。主动防治技术是针对单个崩塌体或具有相同特点的崩塌体群采用的防治措施。被动防护技术是对整个片区的崩塌体进行整体的防护措施。由于地质条件和崩塌体的复杂性，不可能对研究区所有潜在失稳的崩塌体进行主动加固治理，也可能由于漏勘或主动加固技术施工难度大而没能进行主动加固治理，此时，被动防护技术就显得尤为重要。

总之，崩塌体防治措施的选择需要综合考虑各种影响因素，防治措施的选择也可以是多种多样的，但最终采取的防治措施应该是技术可行、安全可靠、经济合理、环保实用的。

1.4.3 内昆铁路沙沙坡站至岔河站段崩塌落石治理

内昆铁路起于四川盆地腹地内江，经宜宾至云南水富县、过大关县至昭通地区，终止于昆明，全长872km。内昆铁路沙沙坡站（K249+500）至岔河站（K271+800）段主要穿行于横江深切峡谷边缘，地质条件复杂，交通条件恶劣，崩塌、滑坡、泥石流等山地自然灾害频发。其中，尤以崩塌落石最为严重，影响范围最为广泛，对铁路运营造成较大的影响。根据王波的研究，阐述如下：

1.4.3.1 区域地质条件

1. 地形地貌

该段铁路区间地处横江右岸，属侵蚀中、低山峡谷区，河岸陡峻，河床呈V形，海拔700～1500m，相对高差500～900m。横江属金沙江下游一级支流，流向自南向北，在云南省水富县汇入金沙江。横江河谷两侧发育不连续阶地和对称岩堆体，岩堆规模通常较大，或覆盖于阶地之上，或延伸至河床。河岸上部山坡以基岩为主，相对较陡，部分地段甚至直立或倒悬，自然坡度为 70°～85°，陡壁处基岩裸露，仅在石缝中生长少量植物；下部山体多为岩堆体，相对较缓，自然坡度为 30°～50°，坡面植被发育，多生长低矮灌木或杂树。河谷地貌见图 1.42，横江左岸建有国道 213 线，道路常受地质灾害影响而阻断。

2. 地层岩性和地质构造

该段区间地质条件复杂，岩性以古生代志留系至二叠系的碳酸盐岩、玄武岩、砂页岩、泥岩为主，其次为第四系崩坡积堆积体。碳酸盐岩、玄武岩和部分砂岩岩质坚硬，性脆，不易风化；砂页岩、泥岩性质相对较软，常夹于硬岩之间，易风化剥蚀，工程性质较差。

该段区间在大地构造上属扬子准台地次级构造单元中的四川台拗，该台拗由一系列走向 N55°～80°E 的宽缓褶曲组成。该区断裂不发育，主要发育的区域性地质构造为黄荆坝—吉利铺背斜。该背斜轴向大致为 N68°W 沿横江河床展布，轴向有所扭曲，与铁路线大致平行；背斜两翼宽缓，在喇叭溪棚洞附近与区域构造回沈向斜交汇，核部受横江深切，形成典型的"背斜谷"地貌。

3. 地震

据《中国地震烈度区划图》，该区地震基本烈度Ⅷ度，地震活动较频繁，性质多属浅源地震，相应的地震动峰值加速度为 0.20g，地震动反应谱特征周期为 0.45s。

1.4.3.2 崩塌落石基本特征及其分类

内昆铁路沙沙坡站至岔河站段长约 22.3km，受崩塌落石病害影响较严重的区域约有 8 段，里程合计约 2628m，其典型病害情况见图 1.42，现状调查情况汇总于表 1.6 中。

1.4.3.3 整治方案

崩塌落石的整治目的是通过使用有效的防治方案，避免或尽力消除落石病害对铁路运营的影响。根据实际调查结果，结合具体铁路工程工点，围绕"防治结合"的方针分别提出了各段的整治方案，采用多种防治手段相结合的综合治理，主要的治理方案见表 1.7。

表 1.6　　　　　　　　受崩塌落石严重影响的区段调查情况表

序号	铁路里程	影响范围/m	崩塌落石类型	现状	危害程度
1	K249+850～K250+372	522	倾倒式崩塌	高陡边坡岩块坠落形成崩塌落石，曾有岩块砸坏防护设施、逼停列车、落石上道等情况，崩塌落石发生的可能性大	严重
2	K254+692 隧道出口	30	坡面浮石	上部岩块崩落后停滞于中下部斜坡，其稳定性较差，易受外界扰动发生滑动或滚动，形成落石的可能性中等	中等
3	K259+247～K259+923	676	倾倒式崩塌、坡面浮石	坡面浮石零星分布于斜坡面，块体一般较大，暂时处于稳定状态，受外界扰动失稳滚落的可能性较大，对桥墩形成严重威胁；河岸陡崖距离线路较近，岩体节理裂隙发育，崩塌落石时有发生，雨季出现小型溜塌两处，设专人看守	严重

续表

序号	铁路里程	影响范围/m	崩塌落石类型	现　状	危害程度
4	K260+970～K261+278	308	倾倒式崩塌、坡面浮石	落石来源于左侧附近的高陡悬崖，自然坡度大于70°，岩体受结构面切割，形成楔形体和凹腔，局部呈倒悬体，岩块易在重力和外部营力作用下失稳崩落。落石沿路线分布，坡脚拦截较多岩块，在暴雨或地震影响下形成大规模崩塌的可能性大	严重
5	K263+760～K263+925	165	倾倒式崩塌	崩塌落石主要来源于左侧边坡基岩崩塌，距线路较近，坡面和坡脚发现较多掉块，一般直径为0.5～1m，个别达2m。该病害点为正在发育的倾倒式崩塌，岩块掉落现象时有发生，近期有较大落石砸穿棚洞、打坏棚洞锁扣、翻越拦石网等记录	严重
6	K264+090～K264+320	230	倾倒式崩塌	山坡岩层缓倾坡外，结构面将岩体切割成块状，差异风化使灰岩、砂岩在临空面形成多处探头，曾发生多起落石上道情况，信号房被落石砸坏，后增设拦石墙和拦石网并设专人看守	严重
7	K267+620～K267+640	20	倾倒式崩塌	隧道口上方陡峭山体基岩被结构面切割成岩块，临空面现多处探头，易受外界扰动而发生崩落	中等
8	K271+143～K271+820	677	倾倒式崩塌	高陡的河岸边坡临空面基岩探头较多，受节理裂隙切割形成岩块，在重力和外界扰动下易发生崩落。坡脚拦截较多岩块，坡面部分稳定性较差的岩块已经做了支撑	严重

(a) 陡峭的岩质边坡　　　　　　　　　　(b) 暴雨引发的边坡崩塌

(c) 被落石砸断的电杆　　　　　　　　　　(d) 被动防护网拦截的块石

图1.42　崩塌落石现状调查照片

表 1.7　　　　　　　　各区段崩塌落石防治方案和效果评述

序号	铁路里程	治理措施	防治效果评述
1	K249+850～K250+372	坡面浮石支撑，增设主动网，增设棚洞300m及截水沟	对斜坡表面不稳定和欠稳定的岩块进行混凝土片石支撑，能提高其自稳能力和抗外界扰动能力，防止其失稳滚落，防治效果明显；对高陡基岩临空面挂主动防护网从源头减少落石来源，堑顶增设截水沟，防止雨水汇入边坡导致边坡变形、破坏；增设棚洞提供直接、有效防护
2	K254+692隧道出口	清理坡面危岩，隧道口接长棚洞20m	该点落石主要来源于坡面浮石，清理和支撑坡面危岩、岩块，能基本消除落石病害，洞口接长棚洞能提供直接、有效的防护，防止遗漏的危岩上道
3	K259+247～K259+923	清除、支撑、嵌补松动岩块，增设被动拦石网，挂主动防护网	坡面可见较多欠稳定危岩，部分开裂需要嵌补，通过片石混凝土支撑能显著增加其自稳能力；对上部陡崖危岩集中部位挂主动网能有效控制落石来源，下部增设被动网拦截小体积岩块，减少落石上道风险
4	K260+970～K261+278	危石清理、支撑，增设被动拦石网，挂主动防护网，增设棚洞20m	清除坡面不稳定危石、支撑欠稳定的较大岩块，能基本消除坡面浮石的影响；对上部陡崖危岩集中部位挂主动网能有效控制落石来源，下部增设被动网拦截小体积岩块，减少落石上道风险；接长棚洞防止隧道仰坡浮石上道
5	K263+760～K263+925	危石清理、支撑，增设被动拦石网，挂主动防护网，增设棚洞165m	清除坡面不稳定危石、支撑欠稳定的较大岩块，能基本消除坡面浮石的影响；对上部陡崖危岩集中部位挂主动网能有效控制落石来源，下部增设被动网拦截小体积岩块，减少落石上道风险。增设棚洞提供直接、有效的防护，防止遗漏的危岩破坏行车设备
6	K264+090～K264+320	危石清理、支撑，增设被动拦石网，挂主动防护网，增设棚洞230m	
7	K267+620～K267+640	增设棚洞20m	接长棚洞防止隧道仰坡浮石上道，提供直接、有效的防护
8	K271+143～K271+820	危石清理、支撑，增设被动拦石网，挂主动防护网	清除坡面不稳定危石、支撑欠稳定的较大岩块，能基本消除坡面浮石的影响；对上部陡崖危岩集中部位挂主动网能有效控制落石来源，下部增设被动网配合既有拦石墙等防护措施，最大程度减少落石上道风险

通过对内昆铁路沙沙坡站至岔河站段崩塌落石地质灾害现状进行调查和研究，分析了其形成条件和危害程度，并结合现场情况提出治理方案，最大程度降低了崩塌落石风险，减少了地质灾害造成的财产损失和人员伤亡，保障了既有铁路的良好运营。

项 目 小 结

崩塌是在一定的岩性、地质构造、地形和气候等条件组合下发生的，条件组合不同，崩塌类型不同，调查评价的要点和方法以及防治措施也不同。应该针对不同条件下产生的不同类型崩塌的特点，采用最适宜的调查评价方法，采取最合理的防治措施，才能取得最好的防治效果。成果资料的整理是调查评价工作中的重要环节，是工作成果的最终体现，要注意综合分析论证以及成果编制的规范性。常见崩塌的治理是地质工作者必须掌握的技能。

思 考 题

1. 崩塌的形成条件是什么？
2. 崩塌调查评价的要点是什么？
3. 崩塌稳定性评价的内容和方法是什么？
4. 崩塌灾情预评估的主要内容是什么？
5. 崩塌防治的基本原则和措施是什么？
6. 崩塌调查评价报告应包括的内容有哪些？

拓 展 思 考

随着崩塌勘查治理的逐步实施，其勘查技术及工程防治技术必将得到不断的发展，崩塌防治措施很多，任何一项技术和方法不是万能的，各自具有自身的特性和适用条件，要使其在满足技术上可靠、合理，经济合理的技术措施，需要考虑哪些地质因素？

建 议 参 考 的 文 献

[1] 潘学标，郑大玮. 地质灾害及其减灾技术 [M]. 北京：化学工业出版社，2010.
[2] 潘懋，李铁锋. 灾害地质学 [M]. 北京：北京大学出版社，2012.
[3] 门玉明，等. 地质灾害治理工程设计 [M]. 北京：冶金工业出版社，2011.
[4] 王明伟，等. 地质灾害调查与评价 [M]. 北京：地质出版社，2008.

项目2 滑坡的调查与防治

【项目背景】

2013年7月10日上午10时30分左右,四川都江堰市中兴镇三溪村一组五显岗一处山体突发特大型高位山体滑坡。该滑坡呈现高位特征,后缘松散,滑坡体向NE顺层下滑了310m后,剧烈撞击并铲刮对面小山坡,偏转后转化为碎屑流高速下滑约950m,撞击并铲动了沟道内的浅表层第四系残坡积物,致使沟道内的11户村民房屋被掩埋,最终形成了这起地质灾害低易发区的高位山体滑坡-碎屑流灾害。滑坡总滑程约1.26km,总体积超过150万m³。造成43人遇难,118人失踪。三溪村滑坡-碎屑流平面位置及其特征分别见图2.1和图2.2。

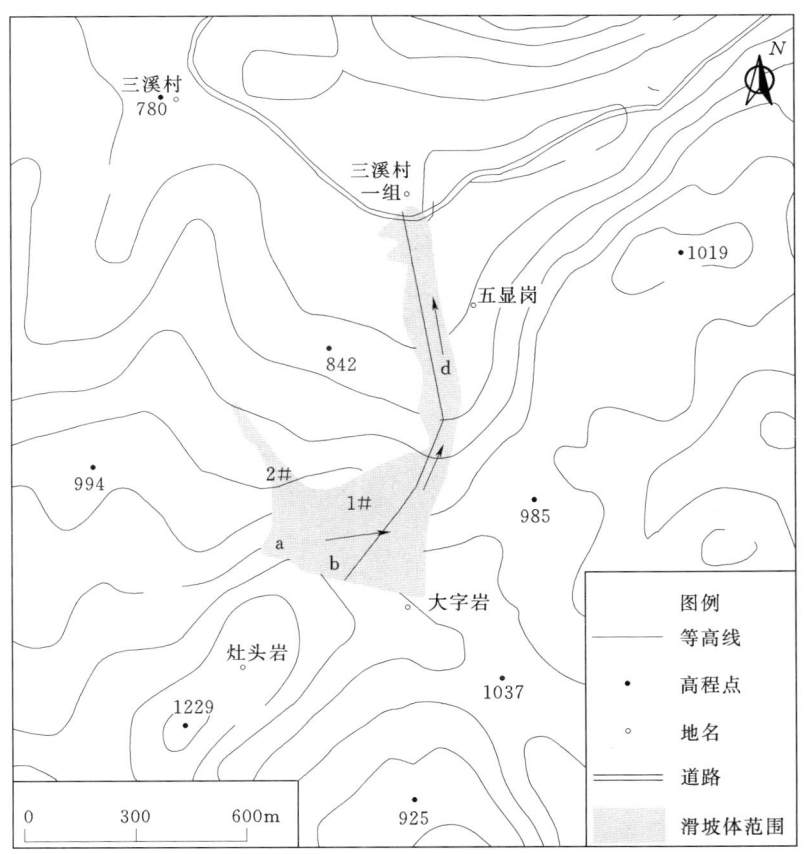

图2.1 三溪村滑坡-碎屑流平面图

(a) 滑动运动分区（Ⅰ—滑动区；Ⅱ—铲滑区；Ⅲ—覆盖区）及运动路径（箭头）

(b) 后缘拉裂缝及松散堆积体　　(c) 后缘残留堆积体中的巨大砂岩块体　　(d) 碎屑流体重的巨大块石

图 2.2　三溪村 1 号滑坡-碎屑流特征

任务 2.1　认　识　滑　坡

在自然地质作用和人类活动等因素的影响下，斜坡上的岩土体在重力作用下沿一定的软弱面整体或局部保持结构面向下滑动的过程和现象，称为滑坡。滑坡通常具有双重含义，可指一种重力地质作用过程，也可指一种重力地质作用的结果。

滑坡的速度有快有慢，有的滑坡时滑时停，速度缓慢，每月仅几厘米；有的速度很快，每秒几十米。滑坡体的体积有大有小，小的只有几百立方米，大的可达百万立方米、千万立方米，有的甚至高达数亿立方米。滑坡是斜坡破坏形式中分布最广、危害最为严重的一种，包括我国在内的世界上不少国家和地区深受滑坡灾害之苦，并且它经常与地震相伴而生。

2.1.1　滑坡的形态要素

滑坡的发生、发展过程中都将呈现出一系列的地貌形态，如滑坡壁、滑坡台阶、滑坡舌、滑坡鼓丘等。此外，滑坡地表裂缝也是表征滑坡的重要宏观现象，它既是滑坡特征的一部分，又是滑坡力学特征在地表的反映。不同类型的滑坡有着不同的地貌形态和地表裂缝特征，同一类型的滑坡在不同的发育阶段也有各自不同的地貌和地表裂缝特征。因此，通过滑坡地貌形态和地表裂缝的综合分析，不仅能识别出滑坡的存在，而且还能鉴别出滑坡的类型和滑坡的发育阶段，乃至滑坡稳定性现状和发展趋势。

一个典型滑坡所具有的基本形态要素见图 2.3，现说明如下。

1. 滑坡体

脱离斜坡母体、发生移动的那部分岩土体，称为滑坡体，简称滑体。岩土体内部相对

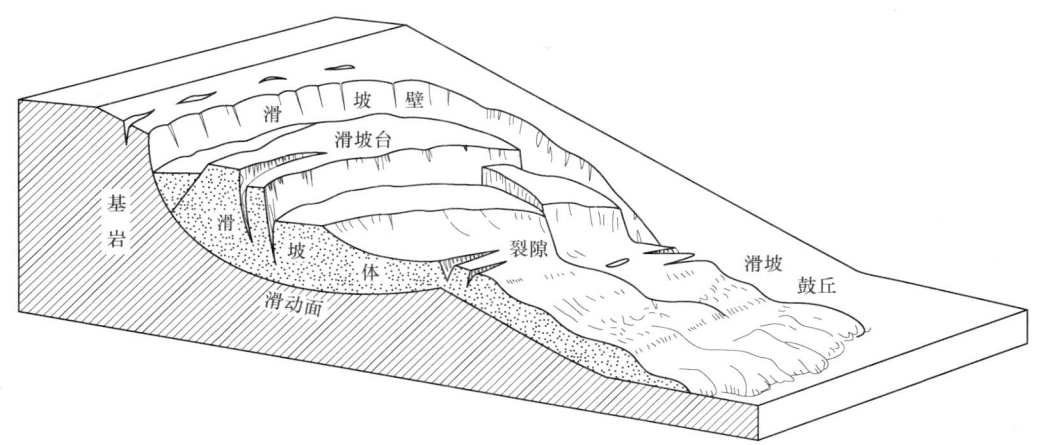

图 2.3 滑坡形态要素示意图

位置基本不变,还能保持原来的层序和结构面网络,但由于滑动作用,在滑坡体中有时出现褶皱和断裂现象,岩土体结构也会松动。

2. 滑坡床

滑坡体以下未滑动的稳定岩土体称为滑坡床,简称滑床。它保持原有的结构而未变形,只是在靠近滑坡体部位有些破碎。

3. 滑动面(带)

滑坡体与滑坡床之间的分界面称为滑动面(带)。由于滑动过程中滑坡体与滑坡床之间相对摩擦,滑动面附近的土石受到揉皱、碾磨作用,可形成厚数厘米至数米的滑动带。所以滑动面往往是有一定厚度的三维空间。根据岩土体性质和结构的不同,滑动面的形状是多种多样的,大致可分为圆弧状、平面状和阶梯状等(见图 2.4)。一个多期活动的大滑坡体,往往有多个滑动面,一定要分清主滑面与次滑面、老滑面与新滑面,尤其要查清高程最低的那个滑动面。

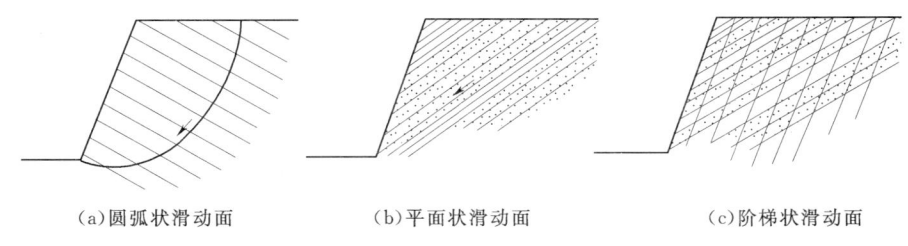

(a)圆弧状滑动面　　　(b)平面状滑动面　　　(c)阶梯状滑动面

图 2.4 滑动面形状示意图

4. 滑坡周界

在斜坡地表上,滑坡体与周围不动体的分界线,称为滑坡周界。它圈定了滑坡的范围。

5. 滑坡壁

滑坡体后缘由于滑动作用所形成的母岩陡壁,其坡角多为 35°~80°,平面上往往呈

"圈椅状"。滑坡壁上经常可以见到铅直方向的擦痕。

6. 滑坡台阶

滑坡体下滑时各部分运动速度不同而形成的一些错台。大滑坡体上可见到数个不同形状的台面和陡坎。

7. 滑坡舌和滑坡鼓丘

滑坡体前部伸出如舌状的部位。它往往深入沟谷、河流，甚至对岸。如果滑坡舌受阻，形成隆起的小丘，则称为滑坡鼓丘。

8. 滑坡洼地与滑坡湖

滑坡洼地形成于滑坡鼓丘后缘、滑坡阶地之间和滑坡阶地与滑坡壁之间，可集水成湖——滑坡湖。滑坡切穿潜水面形成滑坡泉，泉水流入滑坡洼地形成滑坡湖。陕西宝鸡卧龙寺滑坡壁上形成滑坡悬挂泉，泉水形成 10m 深的滑坡湖。

9. 滑坡主轴线

通过滑坡体两侧边界之间的中点所连成的一条看不见的连线，称为滑坡主轴线。此线上的各点通常是滑坡体运动速度最快的位置。有的滑坡主轴线为直线形，其方向与坡向平行或斜交。因受到滑床的制约，有的滑坡主轴线为折线形或弧形。

10. 滑坡裂缝

由于滑坡体在滑动过程中各部位受力性质和大小不同，滑速也不同，因而不同部位会产生不同力学性质的裂缝。滑坡裂缝是滑坡发育过程中最早出现的地表特征，它能及时提供滑坡信息，为人们避灾自救赢得宝贵时间。

(1) 拉张裂缝。由滑坡体向前、向下移动而在滑坡后缘形成的主要裂缝，称为拉张裂缝。拉张裂缝最早是断续出现，继而连成一整条裂缝（带）。它是发生滑坡的标志，又称主裂缝。岩质滑坡的后缘裂缝呈直线形或锯齿形，土质滑坡的后缘裂缝呈弧形。后缘裂缝的长度因滑坡宽度而不同，后缘裂缝的宽度因滑坡的移动距离而异。而且，因滑坡体的滑动方向偏移，使后缘裂缝两端的宽度相差较大。后缘裂缝的深度只能是可见深度，其深浅因滑坡体的厚度和移动距离的不同而各有差异。在主裂缝前后的岩、土体上，也常见到拉张裂缝，位于主裂缝前方的拉张裂缝为滑坡体分级解体的标志。位于主裂缝后方的拉张裂缝通常是滑坡后壁上的岩、土体松动、失稳的标志。

(2) 剪切裂缝。剪切裂缝位于滑坡体的中部和前部的两侧，是因滑坡体的移动呈 X 形、雁行状排列。随着滑坡的发展，最终在滑坡体两侧各发育成一条剪切裂缝（带）。

(3) 鼓张裂缝。滑坡体经过剪出口时，因地形坡度变化和地表摩阻增大而发生上拱断裂所造成的横向裂缝。

(4) 扇形裂缝。扇形裂缝位于滑坡体舌部，是因前部岩土体向两侧扩散而产生的，作放射状分布呈扇形。

2.1.2 滑坡的形成条件

自然界中，无论是天然斜坡还是人工边坡都不是固定不变的。在各种自然因素和人为因素的影响下，斜坡一直处于不断的发展和变化之中。滑坡形成的条件主要有地形地貌、地层岩性、地质构造和外部条件等。

2.1.2.1 地形地貌条件

斜坡的坡度、高度、形态和有效临空面与斜坡的稳定性有着密切的关系。斜坡的地形地貌条件反映了斜坡的成因、形成历史和发展趋势。因此，斜坡的地形地貌是研究滑坡必不可少的一个主要条件。

1. 滑坡发生的最佳斜坡坡度

据四川攀西地区调查资料，方量在 10 万 m^3 以上的滑坡 816 个，按斜坡平均坡度分级进行统计，其结果见表 2.1。由表中数据可知，斜坡坡度在 10°以下的滑坡没有；发生在 10°~20°的滑坡有 60 个，占滑坡统计数的 7.4%；21°~25°的滑坡有 208 个，26°~30°的滑坡有 324 个，31°~35°的滑坡有 175 个，分别占 25.5%、39.7%、21.4%，三者合计占统计数的 86.6%。可以看出，坡度从 21°开始，滑坡的数量急剧增大，是滑坡大量开始发生的一个转折点（突增点）。而坡度在 35°以上多数为崩塌或崩塌性滑坡，典型的滑坡很少发生。由此得出，斜坡坡度在 21°~35°为滑坡形成、发生的最佳坡度。

表 2.1　　　　　　　　　　攀西地区 10 万 m^3 以上滑坡统计资料

斜坡坡度	滑坡数量/个	滑坡数量占统计总数的百分比/%
10°以下	0	0
10°~20°	60	7.4
21°~25°	208	25.5
26°~30°	324	39.7
31°~35°	175	21.4

根据滑坡发生的斜坡坡度特征，可将斜坡分为 4 级：

（1）滑坡少发地形，斜坡坡度小于 10°。

（2）滑坡多发地形，斜坡坡度为 10°~20°。

（3）滑坡极多发地形，斜坡坡度为 21°~35°。根据调查统计，大部分滑坡发生在坡度为 21°~35°的斜坡上，攀西地区有 86.6% 的滑坡发生在 21°~35°的斜坡上。所以将坡度 21°~35°定为滑坡发生的最佳坡度。

（4）滑坡少地形，崩塌多发地形大于 35°。35°以上的斜坡滑坡分布逐渐减少，而崩塌分布逐渐增多。

2. 坡高的影响

调查发现，滑坡的体积与相对坡高有明显的关系。相对坡高在 10m 以下一般不会发生滑坡；10~50m 会发生小型滑坡；50~100m 发生的多为中型滑坡，100m 以上才会发生大型滑坡。因此，高山峡谷段岸坡、曲流的凹岸、冲沟沟壁、陡崖等处都是容易发生滑坡带。

3. 滑坡发生的最佳斜坡形态

自然界的斜坡形态多种多样，可从两方面进行分析：

（1）斜坡横向上。斜坡横向上（顺沟河延伸方向）有"凸"形坡、"凹"形坡和顺直坡之分。其中"凸"形坡较陡峭，利于大型滑坡的发育。若是单薄的山嘴，有利于崩塌的发生，但不利于大型滑坡的发育；"凹"形坡大多数是古崩塌的残留后壁或老滑坡体后壁，地表水和地下水容易汇集，诱发碎石土滑坡或老滑坡复活的可能性很大；顺直坡一般较稳定。

（2）斜坡纵向形态。斜坡纵向上（垂直于沟河延伸方向）可分为线状陡坡形、阶梯状陡坡形、缓坡形和陡坡形4种形态。其中阶梯状陡坡形和缓坡—陡坡形有利于中、大型滑坡的发育，缓坡—陡坡形还利于崩塌的发生。许多冲沟源头沟掌地形也属缓坡—陡坡形。由于强烈的沟头的溯源侵蚀作用，使沟掌地形很容易产生滑坡，如四川会理县沙坝沟沟头的滑坡。

缓坡—陡坡形是河流宽谷段典型的斜坡标志，一般不会有大量的滑坡、崩塌发生。直线状陡坡形斜坡多在冲沟的中游和上游，一般不会发生大型滑坡和崩塌，但小型残积滑坡和坡崩积碎石土滑坡则到处可见（俗称山剥皮）。

如果横向的"凸"形坡与纵向的缓坡—陡坡形相复合，则是大型滑坡发生的最佳坡形，我国大型滑坡山崩发生前的坡形多属于此类。

4. 有效临空面

临空面就是斜坡坡面，当斜坡岩土体被结构面切割、与其周围母体的连接减弱或分离并与临空组合时，这个斜坡就有可能形成危险斜坡。此类临空面便是有效临空面。然而，并不是所有的坡面都能使那些能转化为滑动面的坡体结构面得以暴露，因此也就不可能都是有效的临空面，其中一部分坡面只能是一般临空面。由此可见，发育滑坡的必要条件不仅仅是指坡体是否处于一面临空、两面临空或三面临空状态，关键在于坡体是否具备有效临空面。

对于滑坡发育来说，一个坡体往往只有一个临空面，但在有些情况下，可能有一个以上的有效临空面，这时有效临空面就有主要和次要之分，坡向与将要转化为滑动面的软弱结构面倾向一致或接近一致的有效临空面，是主要的有效临空面。

2.1.2.2 地层岩性条件

地层岩性是滑坡产生的物质基础。虽然几乎各个地质时代、各种地层岩性中都可能有滑坡产生，但滑坡产生的数量和规模与岩性有密切关系。

在自然界中，并非所有的岩土物质都容易产生滑坡或经常发生滑坡。在一个滑坡广布的区域内，一定可以发现滑坡的发生与某些岩性密切相关。滑坡的分布范围极其严格地被局限于这些岩性的分布范围内。这些地层不仅本身极易发生滑坡，而且它们的风化破碎产物也极易滑动，甚至覆盖在它们之上的外来堆积层，也容易沿着基岩或风化破碎产物的顶面发生滑动。这些地层被称为"易滑岩组"，与易滑岩组相对应的还有一些属于"偶滑岩组"。在偶滑岩组分布范围内可能发现一些滑坡，而且也只能发现一些为数有限的基岩滑坡，很少（或不能）发生覆盖层滑坡。偶滑地层滑坡的分布往往是零星的，不具有区域集中性特征。除易发岩组、偶滑岩组之外的岩组归为稳定岩组。

1. 易滑岩组（又称易滑地层）

易滑岩组是指容易发生滑坡的岩性组合。易滑岩组并非都已经发生了滑坡，只要已经显示出了易滑岩组的所有特性的岩性组合，不论这类岩性组合在当地是否已发生滑坡，仍应划为易滑岩组。一般说来，易滑岩组包括呈区域性分布的黏性土、页岩、泥岩、泥质粉、细砂岩、断线灰岩、软弱岩偶夹硬质岩地层、某些变质岩（千枚岩、板岩、片岩）和富含泥质的岩浆岩（见表2.2）。

表 2.2　　　　　　　　　我国主要易滑岩组与滑坡分布的关系

类　型	易滑地层名称	主要分布地区	滑坡分布状况
黏性土地层	成都黏土	成都平原	密集
	下蜀黏土	长江中下游	有一定数量
	红色黏土	中南、闽、浙、晋南、陕、豫	较密集
	黑色黏土	东北地区	有一定数量
	新、老黄土	黄河中游北方诸省区	密集
半成岩地层	共和组	青海	极密集
	昔格达组	川西地区	极密集
	杂色黏土岩	山西	极密集
成岩地层	泥岩、页岩、泥质岩、细砂岩	西南地区、山西	密集
	煤系地层	西南地区等地	极密集
	砂板岩	鄂、湘、藏、云、川	密集
	千枚岩	川西北、甘南等地	密集至极密集
	富含泥质（含风化后富泥质）的岩浆岩	福建等省	较密集
	其他富含泥质成岩地层	零星分布	较密集

注　1. 地层本身是软弱岩层，甚至是松散堆积物。即使是硬质岩层，其中也必然夹有软弱岩层。这些岩层抗风化能力差，风化产物含有大量的黏土、泥质颗粒。如半成岩的昔格达组页岩中的黏粒含量可达30%，在泥岩中含量可达51%。这些岩层遇水后发生软化和泥化，形成极薄的黏粒层，即使含水量增加很少，抗剪强度也会急剧下降很多。
　　2. 黏粒中含有水云母、蒙脱石、高岭石，以及绢云母、石墨（或炭质）、绿泥石、滑石、石膏等黏土矿物，它们易形成薄层状定向排列。吸附水量的能力也很大，而且胀缩性、崩解性很强，致使抗剪强度很低。

自然界中，在易滑岩组出露区内，覆盖层滑坡数量大体上与易滑岩组本身发生滑坡的数量相当，甚至覆盖层滑坡数量多于易滑岩组本身的滑坡数量。由此可以认为，易滑岩组的易滑特性在很大程度上是以大量出现覆盖层滑坡体现出来，这是由其自身特点决定的。

2. 偶滑岩组（又称偶滑地层）

偶滑岩组是由硬质岩（偶夹软弱岩）组成的岩性组合，仅在偶然情况下才能发生硬质岩沿着某一薄层软弱岩夹层滑动，滑坡很难发生在硬质岩层内。

3. 稳定岩组

稳定岩组是指那些不能发生滑坡的岩性组合。也就是说，在任何情况下，稳定岩组内部都不可能形成主滑动面而发生滑动。至于稳定地层呈整体性的沿着下伏易滑岩组或偶滑岩组一起发生滑动，则是有可能的。但这绝不意味着稳定地层本身具备易滑特性。

2.1.2.3 地质构造条件

地质构造条件与滑坡的形成和发展关系十分密切，主要表现在：构造破碎带为滑坡产生提供了大量滑体物质；各种构造结构面（如断层面、层间错动面、节理面、片理面及不整合面等）控制了滑动面的空间位置及滑坡范围。地质构造在一定程度上决定了滑坡区地下水的类型、分布、状态和运动规律，对滑坡的产生和发展具有重要影响。地质构造复杂区内的滑坡多；反之则少，如川滇构造带、秦岭构造带、喜马拉雅山构造带等就是滑坡多发区。

顺层、缓坡、陡坡甚至直立的坡体软弱结构面（层面、节理、裂隙等）是发生滑坡的重要条件。岩土体在重力作用下的弯曲滑移过程中，这些软弱结构面成为控制滑坡规模及其性质的重要条件。所以，在自然界中，断层破碎带就是容易发生滑坡的地带之一。在背斜轴部或遭受强烈挤压的向斜核部地区，节理裂隙十分发育，也是容易发生滑坡的场所。当斜坡走向平行于褶皱方向，且地层倾向与坡向一致时，可能发生各种规模的滑坡。

以下几种情况可以发展成为滑动面的主要软弱结构面：

（1）不同岩层的堆积层界面，如外来堆积层与本地堆积层的界面、本地堆积层内部的界面。

（2）覆盖层与岩层的界面，这种界面多为古地形面，覆盖层与岩层之间的差异使它们既是岩性界面，又是水文地质界面，较容易发展成为滑动面。

（3）缓倾的岩层层理面。

（4）软弱夹层面。

（5）被泥质、黏土充填的层理面、裂隙面。

（6）缓倾的大型切理面。

（7）某些断层面、断层错动形成的界面。

（8）潜在的软弱面，如均质黏土中的弧形破裂面等。

以下几种情况可以发展成为滑坡后壁、侧壁的主要软弱结构面：

（1）各种陡倾节理。

（2）陡倾的断层面。

（3）沉积边界面。

值得指出的是，在实际工作中，应十分重视坡体卸荷裂隙在滑坡发育中的作用。坡体中普遍存在着卸荷裂隙，即使在坡高仅数米的坡体中，卸荷裂隙的作用也十分显著。坡体卸荷作用不仅可使坡体原有的原生结构面和构造结构面增长和扩宽，使坡体被切割得更加破碎，而且还可能产生平行于坡面或略陡于坡面的新的缓倾角卸荷裂隙，并且进一步发育成剪切面，使原本难以滑动的坡体发生滑坡。

2.1.2.4 滑坡形成的外部条件

1. 降雨

暴雨或长期降雨以及冰雪融水可使斜坡岩土体饱和水分，增强润滑作用，降低斜坡的稳定性，因此滑坡多发生在雨季或春季冰雪融化时，尤其是大雨、暴雨、久雨中发生的滑坡更多（见图2.5）。降雨历时越长，滑坡、崩塌事件也就越多。所以，连续降雨比短时间降雨更容易发生滑坡，即使是连绵细雨也比短时暴雨更容易发生滑坡。降雨强度越大，越容易发生滑坡。降雨强度曲线为由小到大的上升曲线，则发生滑坡的数量也是由少到多的上升曲线，两者的曲线基本吻合。

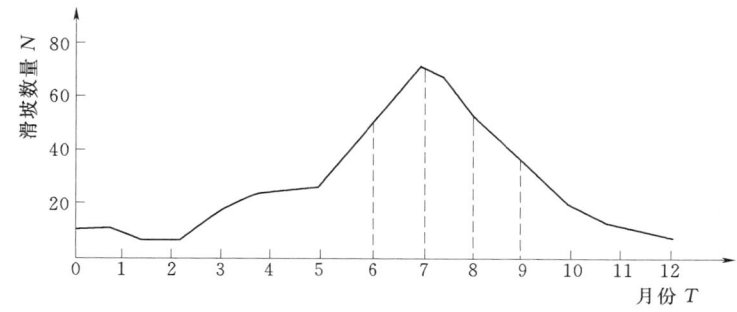

图2.5 滑坡数量随月份的分布规律

雨季是滑坡的多发季节，尤其是在降雨过程中或雨后一段时间内更容易发生滑坡。据调查统计，80%以上的滑坡发生在雨季。可见，降雨是滑坡形成的主要外部条件。雨水降到地表后，对坡面会产生3种作用。

（1）侵蚀、软化作用。雨水渗透到地下，对岩土颗粒产生侵蚀软化，使岩土的抗剪强度（黏聚力c、内摩擦角φ值）迅速减小，尤其是在不透水的软弱结构面上，雨水可以有短时的滞留，侵蚀软化作用会更加充分，从而使颗粒强度减小的幅度更大。

（2）增重作用。雨水渗透到地下可迅速增大岩土体的重力，并产生静水压力和动水压力，使处于极限平衡的坡体立即转化为滑动。

（3）水劈作用。当遇到大雨或大暴雨时，雨水会迅速进入到滑坡后壁裂缝和危岩体拉张裂缝，使裂缝中充水而产生较大的侧向压力作用在裂缝壁上，使滑坡立即启动。例如，1981年四川中、北部特大暴雨，苍溪县某村滑坡的形成是水劈作用的典型实例。这个滑坡发生前两个月，山坡上就有一条宽20cm多的弧形裂缝，滑坡发生的当天连续降中、小雨，裂缝增宽到1m以上，深不见底，大量雨水进入裂缝，使该滑坡在大暴雨中立即启动，滑移近20m（因滑动面倾角近4°～5°，所以滑动距离很小）。类似的例子还有1980年川东云阳县发生的鸡扒子滑坡，也是因特大暴雨的水劈作用而启动。

2. 地下水

各种软弱层、强风化带因组成物质中黏土成分多，容易阻隔、汇聚地下水，如果山坡上方或侧方有丰富的地下水补给，这些软弱层或风化带就可能成为滑动带而诱发滑坡。地下水在滑坡的形成和发展中所起的作用表现为：

（1）地下水进入滑坡体增加了滑体的下滑力，滑动带内的土在地下水的浸润下抗剪强度降低。

（2）地下水位上升产生的静水压力对上覆不透水岩层产生浮托力，降低了有效正应力和摩擦阻力。

（3）地下水与周围岩体长期作用改变岩土的性质和强度。

(4) 地下水运动产生的动水压力对滑坡的形成和发展起促进作用。

3. 地表水

地表水在滑坡发育中的作用较为复杂，主要表现在以下几个方面：

(1) 降雨产生的坡面径流渗入坡体而成为地下水，促进滑坡的发育。

(2) 坡脚处的地表水体（江、河、湖、海）对岸坡的冲刷淘蚀作用，尤其中软质岩层位于正常高水位和最低水位之间时，更容易发生滑坡。

(3) 在我国东部地区的大江大河土质岸坡上，受地球自转力的影响，河流右岸容易发生塌岸。

(4) 当河流凹岸遭受横向环流的冲刷作用时，容易发生滑坡。

(5) 我国北方春融期的浮冰对岸坡塌岸有明显的促进作用。

(6) 地表水体的水位升降（如汛期山洪的猛落、库水位调节等）直接影响到岸坡内部地下水位的变化，从而影响岸坡滑坡的发育。

4. 地震

地震力对坡体的影响有两种相互交替的作用，其中指向坡外的水平作用力对滑坡发育的影响最大，交替指向坡内和坡外的水平振动力及震中区发生的上、下交替振动的垂直地震力使坡体更加松散，有助于滑坡的发育。滑坡主要集中发生在Ⅷ～Ⅸ度烈度区，其次为Ⅶ度烈度区，Ⅵ度烈度区没有滑坡、崩塌现象。可以认为，Ⅵ度是诱发滑坡的下限烈度。汶川地震时，北川老县城的烈度为Ⅻ度，强烈的震动导致县城周围许多山体发生了大规模滑坡，造成了重大人员伤亡和财产损失（见图 2.6）。

图 2.6　汶川地震诱发北川老县城山体滑坡

5. 植被

植被在滑坡的发育过程中具有两种作用。一是粗大的树干能够减缓崩塌块体的运动速度，缩短运动距离。根深的草和灌木有固坡、防治表层滑坡的作用。二是生长在裂缝中的植物根系具有根劈作用，使裂缝不断扩大，加速滑坡的发育。此外，根系分泌的有机酸能够分解矿物。植被的这些作用尤其在热带和温带气候区更为明显。

6. 触发滑坡的人为因素

常见不合理的人为因素有以下几种：

（1）人类的开挖工程活动是最常见的诱发因素。在道路、矿山、生活区建设过程中，不合理的开挖工程活动常会引发滑坡等地质灾害。

（2）大量炸药爆破作业。能震松边坡表部，使处于极限平衡的边坡产生滑坡。

（3）生产生活用水渗入坡体，在软弱结构面和夹层上富集，并软化岩土形成滑动面，如四川汉源县富林镇东沟昔格达组地层滑坡。

（4）坡面上随意增加荷载，增加坡体重量。其中以人工堆积体（废弃矿渣、生活垃圾等）沿其内部或底面发生滑动者为最多。

（5）地表人工水体（水池、水库、渠道等）浸润、渗漏、冲刷岸坡坡脚，使坡脚抗滑力减弱。

不难看出，人为因素在滑坡的发育中有明显作用。首先，许多人为因素都与自然因素相对应。例如，开挖坡脚与河流的下切侧蚀作用相当；生活生产用水入渗坡体与坡面径流入渗一样，都转化为坡体内的地下水；坡面加载等同于自然界的加载作用，都加重了坡体的自重。此外，从坡体的应力来看，人为因素能够快速改变坡体的环境条件。因此，不合理的人为因素要比自然因素更能促进滑坡的发生。

2.1.3 滑坡的成因

1. 滑坡产生的原因

滑坡的产生是斜坡的一定岩土体的滑动力超过抗滑力的结果。滑动力一般是由滑动面以上的斜坡外形决定的，抗滑力则取决于滑动带泥土的抗剪强度。而这种抗剪强度不仅受地质条件（岩性和构造）、地形地貌条件、降雨、冲刷、振动和其他人为作用等，外界因素及其变化都对滑坡的产生起着重要作用。一般来说，地质结构和地形地貌是内在条件，降雨、地震、冲刷等属于外部诱发因素。滑坡的产生也与组成斜坡的岩石和泥土的性质密切相关。

产生滑坡的基本条件是斜坡体前有滑动空间，两侧有切割面。从斜坡的物质组成来看，具有松散土层、碎石土、风化壳和半成岩土层的斜坡抗剪强度低，容易产生变形面下滑；坚硬岩石中由于岩石的抗剪强度较大，能够经受较大的剪切力而不变形滑动，但是如果岩体中存在滑动面，特别是在暴雨之后，由于水在滑动面上的浸泡，使其抗剪强度大幅度下降而易滑动。

2. 滑动面（带）与斜坡稳定性的关系

滑动面（带）是滑坡形成演化的关键要素。滑动面（带）的埋深在很大程度上决定了滑坡体的规模，其形状直接控制着滑坡体的稳定状态，是滑坡研究、勘测、稳定性分析、灾害预测预报以及工程处理的重要对象或依据。

典型的滑坡滑动面由陡倾的拉张段（后段）、缓倾的滑移段（中段）和平缓以至反翘的阻滑段（前段）三部分组成，在剖面上状似船底形。受各种因素的影响，滑动面的总体真实形态可表现为直线形、折线形、圈椅形、阶梯形等形状。

直线形滑动面主要形成于具有单一结构面的坡体中，即多形成于层状岩体（包括层状火山岩）内或堆积层下伏基岩面和堆积层内的沉积间断面上。其特点是地层倾角小于坡面倾角，前缘在坡脚附近及以上位置剪出，后缘与上方斜坡面相交，呈一倾斜的平面。直线形滑动面不存在前缘反翘抗滑段，故稳定性差、危害大。

折线形或阶梯形滑动面多发生在滑动面坡角大于岩层倾角的斜坡地带，滑动面由节理或层理等软弱结构面组成，在纵剖面上呈阶梯状折线。

圈椅形滑动面的中部顺层段一般不发育，前缘段的长短取决于滑坡规模和所处岩层结构面的发育程度，对滑坡的稳定起着重要作用。

船底形滑动面滑坡多发育在土质边坡，其后缘较陡，倾角大多在60°以上。在蠕变阶段，滑坡后缘首先出现弧状拉张裂隙，是滑坡预报的重要依据。中部滑面一般比较平缓，倾角多小于20°，但长度占整个滑动面的一半以上，是滑坡的主滑段。前缘平缓甚至反倾，形成抗滑段。当主滑体滑至滑动面前缘时，大多数滑坡已趋于稳定。

2.1.4 四川都江堰三溪村"7·10"高位山体滑坡成因探讨

四川都江堰市中兴镇三溪村"7·10"突发特大型高位山体滑坡，该滑坡点植被茂密，此前从未发生过地质灾害，具有很大的隐蔽性，多家地勘单位分别在2005年、2008年、2009年、2010年、2012年、2013年多次地质灾害排查和调查中，均未确定此处为地质灾害隐患点。2008年后都江堰市针对滑坡等隐患设立了400个观察点，但事发的五里坡并未设置观测点，因为这里植被茂盛，被排除在易发生次生灾害的山体范围外。因此，该滑坡的成因就具有一定的典型性。

1. 地形地貌条件

"7·10"高位山体滑坡区位于四川省中部的青藏高原东缘龙门山到成都平原的过渡地带，地势西北高、东南低，从龙门山到成都平原海拔相对高差达3990m（见图2.7）。中兴镇属于过渡带上的中山区（海拔1000～3500m），地层主要由砂岩、灰岩及部分砾岩组成。地貌明显受地层岩性和地质构造的控制，以河谷构造侵蚀堆积地貌、褶皱断裂构造侵蚀地貌、侵入构造侵蚀剥蚀地貌为主，陡坡坡长，厚层砂岩及厚层砾岩常形成陡坎或陡崖，斜坡稳定性较差；处于断裂构造部位有大型的滑坡或崩塌发生。滑坡区处于五里岗自然缓倾白垩系砂砾岩顺层斜坡上，走向N15°E，岩体节理、裂隙、层面受地震和风化影响较破碎，为滑坡的发生提供了有利的地形条件。

滑坡位于一自然斜坡的反倾坡地带，滑坡点植被茂密，坡体位置高差逾200m，难以抵近观测，此前多次地质灾害排查时，均没有发现这里有地灾隐患，历史上也未发生过大型地质灾害。而且滑坡点与三溪村一组最近的房屋相距约500m，有足够的安全距离，实难预料会造成如此大的损失。

2. 地质构造

区内受青藏高原挤压变形和龙门山山前断裂、映秀-北川断裂的影响，地质构造复杂，断裂带发育。NE向的茂汶断裂（F_1）、映秀-北川断裂（F_2）和彭灌断裂（F_3）为区域性大断裂，贯穿研究区的中部和西部，长约40km。断裂破碎带及破碎影响带较宽（约

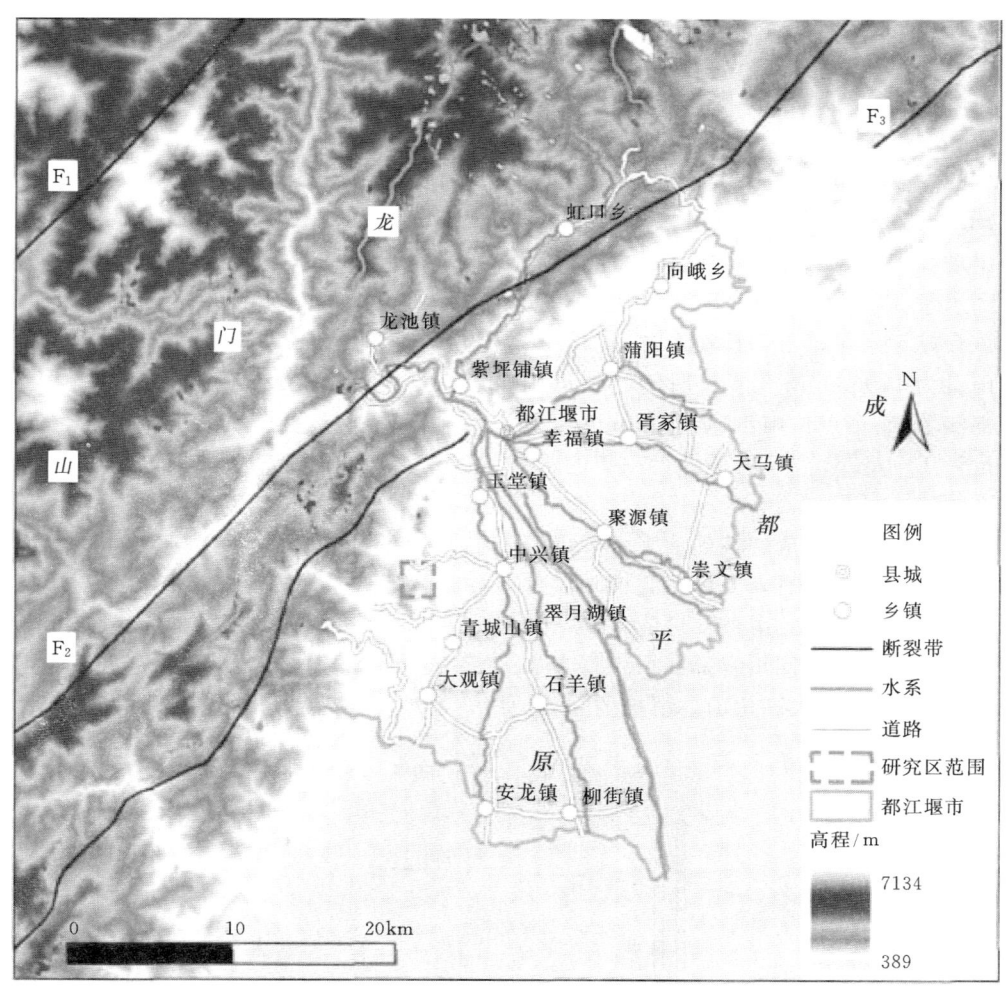

图 2.7 滑坡区位置及邻区地质环境
F_1—茂汶断裂；F_2—映秀-北川断裂；F_3—彭灌断裂

30km）。断裂壁、断层三角面较发育，常切割较坚硬的岩层而形成陡坎和陡崖，为地质灾害发育提供了基本条件。其中映秀—北川断裂在区内断层面向北西倾斜，倾向300°~330°，倾角50°~60°，彭灌断裂在区内长约50km，走向为NE30°~60°，平均约为45°，断面倾向310°~330°，倾角45°~53°，属压扭性断层。

3. 地层岩性条件

滑坡点出露基岩为砾岩，岩体强度大，加之植被极为茂密，灾害具有很强的隐蔽性。区内地层除缺失奥陶系外，从元古界到第四系均有出露，总厚度达 2 万 m，分布面积最广泛的有三叠系、侏罗系、白垩系、第三系、第四系地层。出露的砂砾岩等地层抗风化能力弱，被强烈风化、破碎，形成陡坎或陡崖导致斜坡上岩体的自稳性较差，容易发生滑坡崩塌等灾害。

4. 降雨

滑坡所在的都江堰地区雨量充沛，多年平均降雨量为 1225.4mm，最多年份达 1605.4mm（1978 年）。降雨的月份分配不均；5—9 月为雨季，降雨量占全年的 77.7%，其中 7—8 月最多，占全年雨量的 45.9%，接近全年雨量的一半。本次"7·10"高位山体滑坡的发生时间就是 7 月。月降雨最大 592.9mm（1981 年 8 月），单日降雨量最大 213.4mm（1980 年 6 月 29 日）。降雨天数极端最多月达 30d（1961 年 10 月），全月无雨日仅出现在 1963 年 1 月。一次最大连续降水日数为 33d（1954 年 9 月 8 日—10 月 10 日），累计降水量 339.3mm。距离三溪村滑坡最近的雨量站位于都江堰市幸福镇幸福村气象台站，该台站记录了 7 月 7 日晚 8 时到 10 日早 8 时累计雨量为 920mm，截至 11 日早 8 时的累计雨量为 1105.9mm，为长时间特大暴雨量级。据统计，2013 年 8 日 20 时—10 日 20 时，都江堰 35 个点位雨量达到 250mm 以上，12 个点位雨量达到 500mm 以上，累计最大降雨量为 1059mm，"三天下了近一年的雨"，是 1954 年当地有气象记录以来雨量最大的一次降雨。

持续特大暴雨形成的坡面地表水大量汇入山体内部的贯通性裂缝，形成高水头压力，地表水迅速下渗土体后，土体达到饱和，自重增加，降低抗剪强度，产生动水压力和孔隙水压力。在此推动下，滑坡体突发高位下滑超过 100m、平滑超过 50m，掩埋了 500m 外三溪村一组的农房。四川省都江堰市官方 2013 年 10 月 11 日召开发布会称，长时间特大暴雨是"7·10"特大高位山体滑坡的主要原因，滑坡发生前后降雨量见图 2.8。

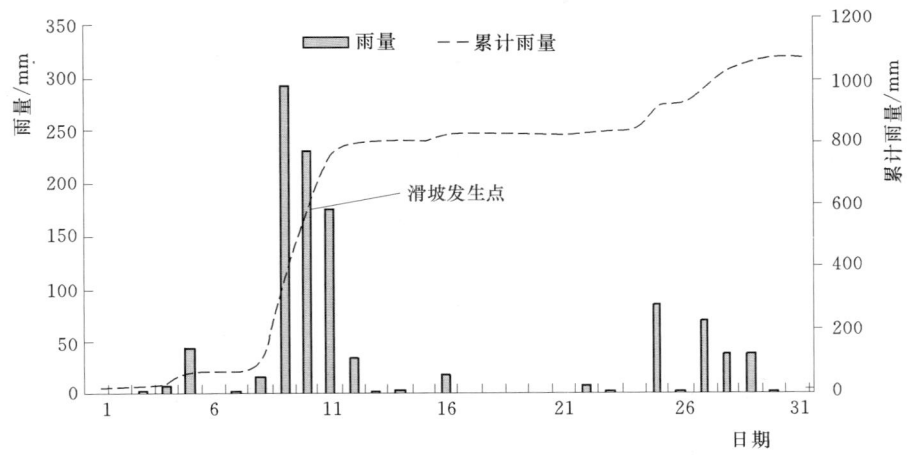

图 2.8 都江堰三溪村滑坡发生前后降雨量图（7 月降雨情况）

5. 地震

汶川地震造成山体震裂，山顶形成了裂缝，而当地植被条件又非常好，裂缝没有被发现，7 月 8 日以来的持续特大暴雨形成的坡面地表水，大量汇流渗入到震裂山体的贯通性裂缝，形成高水头压力，在其推动下，坡体突发高位滑动。因此，该滑坡为一特殊地质和降雨条件下形成的特大型高位滑坡自然灾害。

2.1.5 滑坡活动的阶段性

滑坡的发生、发展演化，是一个累进性变形破坏过程，具有多次周期性活动的特点。根据每一期次滑坡活动的运动学特征，可划分为4个阶段。

1. 蠕滑阶段

蠕滑阶段即为变形阶段。此阶段表现为斜坡坡肩附近及坡体某些部位出现拉张裂缝；坡体内局部剪切破坏面亦出现，并向贯通性的滑动面方向发展。蠕滑阶段的持续时间与斜坡中应力集中和分异的速度以及外力作用的强度有关，一般持续时间较长。

2. 滑动阶段

滑动面已贯通，前缘出现剪出口；滑体的前后及两侧出现了不同力学机制的裂隙，并有局部坍塌。这些都标志着斜坡处于滑动阶段。此时滑坡的位移速率不断加大。

3. 剧滑阶段

滑移速率急剧加大，后缘拉裂缝急速张开和下错，后壁不断坍塌；两侧及前缘表部坍塌。滑动面（带）上岩土体结构进一步破坏，含水量增大，有时随滑舌伸出而流出大量泥水。滑坡体以较大速率向前滑移，滑速可达到每秒数十米，滑距较大。在滑速很大时甚至产生气浪（见图2.9）。此阶段的持续时间很短。

图2.9　滑坡产生的气浪摧毁树木

4. 稳定阶段

经过大量滑移后，滑体重心降低，滑动时产生的动能逐渐消耗于克服滑移阻力和滑体的变形中。滑体中部分地下水排出，使滑动面强度有所提高，滑移速率渐减以至停止滑动。此时滑坡处于稳定阶段。

需要指出的是，并非所有滑坡都会出现这4个阶段，主要取决于滑动面的特征以及外力作用的方式和强度。如有的滑坡滑动阶段较长，而不出现剧滑阶段；有的滑坡则是蠕滑和滑动阶段不明显，主要表现为剧滑阶段。此外，滑坡处于稳定阶段，若外部条件发生变化，又会重新滑动，故一个滑坡往往有多期活动性。

2.1.6 滑坡的分类

滑坡分类的目的是对滑坡作用的各种环境和现象特征以及产生滑坡的各种因素进行概括,以反映各类滑坡的特征和发生、发展演化的规律,并有效地防治它们。迄今为止,国内外滑坡分类的方案很多,其原因是分类依据各异。下面介绍几种常用的分类方案。

1. 按滑坡体物质分类

滑坡可分为土质滑坡、半成岩滑坡和岩质滑坡 3 种类型。按物质的性质和类型还可以进行细分(见表 2.3)。

表 2.3 滑坡按物质组成分类

一 级 分 类	二 级 分 类	一 级 分 类	二 级 分 类
土质滑坡	成都黏土	半成岩滑坡	昔格达地层
	黄土		共和组湖相地层
	红色黏土		杂色黏土岩
	下蜀土	岩质滑坡	软岩类
	黑色黏土		半坚硬岩类
	碎石土		坚硬岩类

2. 按滑坡发生时代分类

以河流侵蚀作为划分滑坡发生时代的依据,可将滑坡划分为新滑坡、老滑坡、古滑坡 3 种类型(见表 2.4)。

表 2.4 滑坡按发生时代分类

滑坡类型(亚类)	划分依据	基本特征	稳定性(别称)
新滑坡	发生于河漫滩晚期,具有现代活动性,有具体发生时间	(1) 现代活动性; (2) 滑坡形态特征完备	不稳定(活滑坡)
老滑坡	发生在根深叶茂漫滩早期,目前(暂时)稳定	(1) 目前不活动,但滑坡堆积物掩覆在河漫滩之上,或滑坡前缘为河漫滩期堆积物所掩叠; (2) 滑坡形态特征基本完备,但有局部改造	暂时稳定,容易复活(稳滑坡)
古滑坡(一级阶地时期滑坡、二级阶地时期滑坡)	发生在河流阶地侵蚀时期或稍后,目前稳定	(1) 滑坡出口高程与河流阶地的侵蚀基准相当;滑坡体掩覆在附中堆积之上,或后期的阶地堆积掩叠在滑坡体之上或前方; (2) 滑坡形态特征受到严重改造,但尚依稀可辨	稳定,天然状态一般不会复活(稳滑坡)

3. 按滑坡始滑部位分类

(1) 推动式滑坡。始滑部位位于滑坡的后缘 [见图 2.10 (a)]。这类滑坡的发生，主要是因为坡顶堆载重物或进行建筑等引起坡顶部不稳所致。

(2) 牵引式滑坡。始滑部位位于滑坡的前缘 [见图 2.10 (b)]。这类滑坡的发生，主要是因为坡脚受河流冲刷或人工开挖，以至坡脚部位应力集中过大所致。

(3) 混合式滑坡。始滑部位前、后缘均有 [见图 2.10 (c)]。这种情况比较多。

(4) 平移式滑坡。始滑部位分布于滑动面的许多部位，同时局部滑移，然后贯通为整体滑移 [见图 2.10 (d)]。

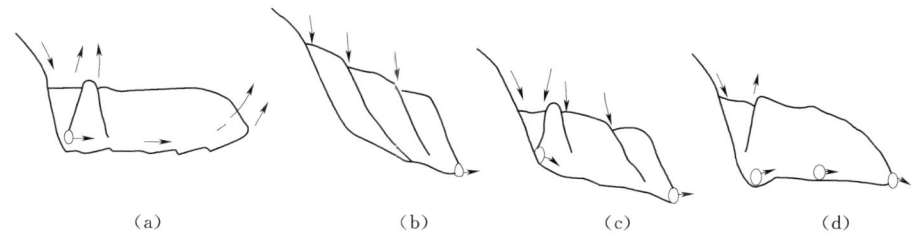

图 2.10 按始滑部位的滑坡分类

4. 按滑动面与岩层层面关系的分类

(1) 无层滑坡。这是发生在均质、无明显层理的岩土体中的滑坡。滑动面不受层面控制，一般呈圆弧状。在黏土岩、黏性土和黄土中较常见。如陕西省阳（平关）安（康）铁路中段的西乡路堑滑坡即属于这种类型（见图 2.11）。

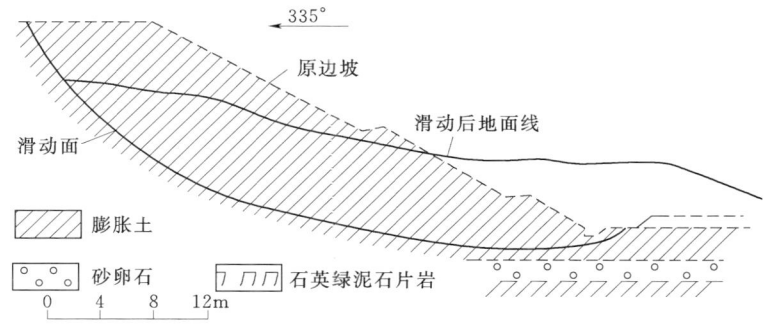

图 2.11 西乡滑坡纵剖面图

(2) 顺层滑坡。沿岩层面发生滑动的滑坡。这类滑坡多发生在岩层倾向与斜坡倾向一致、但倾角小于坡角的条件下；特别是在有原生的或次生的软弱夹层存在时，该夹层易成为滑动面（带）。顺着残坡积物与其下部基岩面下滑的滑坡，也属顺层滑坡。顺层滑坡的滑动面形态视岩层面的情况而定，它可以是平直的，也可以是圆弧状或折线状的。顺层滑坡在自然界分布较广，而且规模也较大。意大利瓦伊昂水库左岸的巨型滑坡即属此类滑坡，滑坡发生在向斜谷中，滑动面呈圆弧状（见图 2.12）。

(3) 切层滑坡。滑动面切过岩层面的滑坡。多发生在岩层面近乎水平的平叠坡条件下。滑动面一般呈圆弧状或对数螺旋曲线（见图 2.13）。

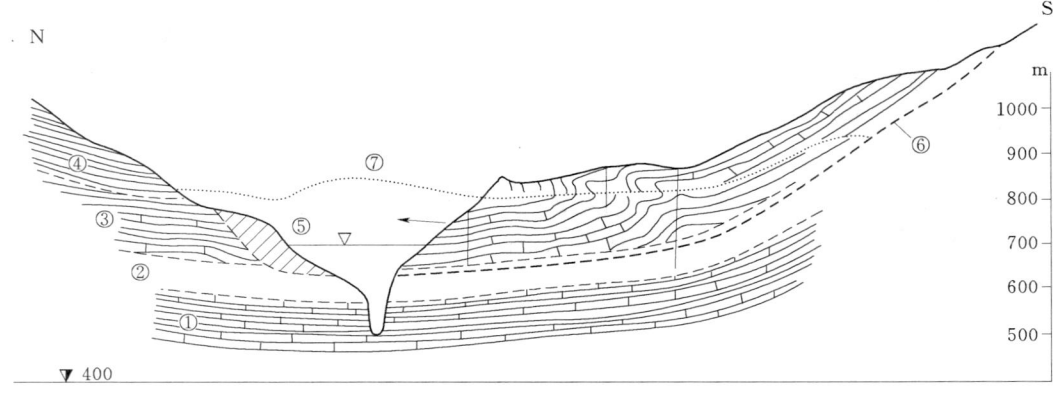

图 2.12 瓦依昂水库滑坡剖面图（据舍利.1964）

①—灰岩；②—含黏土岩夹层的薄层灰岩（侏罗系）；③—含燧石的厚层灰岩（白垩系）；
④—泥灰质灰岩；⑤—老滑坡；⑥—滑动面；⑦—滑动后地面线

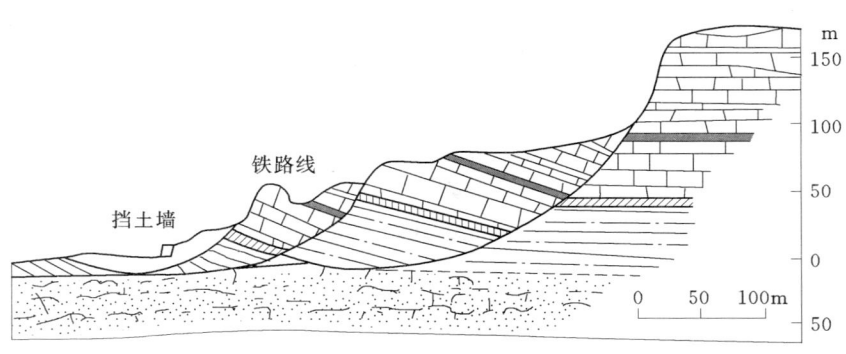

图 2.13 切层滑坡（据 Ward，1945）

5. 按滑坡体规模、大小分类

反映滑坡体规模大小的主要指标是滑坡体积，可划分为以下几种：

(1) 微型滑坡。体积小于 1 万 m^3。
(2) 小型滑坡。体积为 1 万～10 万 m^3。
(3) 中型滑坡。体积为 10 万～100 万 m^3。
(4) 大型滑坡。体积为 100 万～1000 万 m^3。
(5) 特大型滑坡。体积为 1000 万～1 亿 m^3。
(6) 巨型滑坡。体积大于 1 亿 m^3。

6. 按滑坡埋藏深度分类

(1) 表层滑坡。滑面埋深小于 3m，极易施工。
(2) 浅层滑坡。滑面埋深为 3～10m，容易施工。
(3) 中层滑坡。滑面埋深为 10～30m，可以施工。
(4) 深层滑坡。滑面埋深为 30～50m，施工有困难。
(5) 超深层滑坡。滑面埋深 50m，很难施工。

此外，还可按滑坡的运动速度分类，可分为蠕动型滑坡（滑速小于 0.1m/s）、慢速滑坡（滑速为 0.1～1.0m/s）、中速滑坡（滑速为 1.0～5.0m/s）、高速滑坡（滑速为 5.0～20m/s）和剧冲型滑坡（滑速大于 20m/s）。

2.1.7 滑坡的识别

识别滑坡是防治滑坡的先决条件。已经发生的滑坡均留下遗迹，滑坡的表面形态主要是滑坡滑动后地表出现的各种微地貌形态，而其结构这里指主要部分埋在滑移体下的破坏面。滑面有时不止一个，可能有主滑面及次滑面。滑坡的识别要注意观察滑坡体、滑动面、滑坡床等形态要素特征及地形地物、水文地质等标志。

1. 滑坡形态要素

新形成或正在活动的滑坡，滑坡形态要素清晰，后缘有滑坡壁，滑坡体上有滑坡阶地，阶面反倾，易积水形成滑坡湖（见图 2.14）。滑坡裂缝明显可见。从两侧冲沟和前缘剪出口可以看到滑带、擦痕、镜面、碾细的滑带土、侧向剪裂隙、滑坡舌岩层的反翘现象和挤压裂隙。

图 2.14 新滑坡识别特征——滑坡壁、滑坡阶地

2. 地形

对于不活动滑坡，滑坡形态要素已不清晰，但有一些特殊地形特征，可以帮助识别滑坡。

（1）圈椅状洼地。陡山坡间的洼地呈圈椅状（见图 2.15），上部常有第四系土层覆盖，有时厚达数十米，地表大部已辟为耕地，有时还有村庄。

（2）双沟同源。斜坡上有圈椅状的陡坎或陡壁，陡壁的前方滑坡体两侧常形成冲沟，两沟的源头几乎连接在一起，但到下游却离得很远，呈"双沟同源"现象（见图 2.16）。

（3）串珠状黄土陷穴。北方的一些古滑坡，地表常被黄土覆盖，当古滑坡发生间歇性蠕动时，沿蠕动的周界又发育成冲沟，并在冲沟中或滑坡体上发育许多黄土陷穴，分布于沟中的陷穴，从上到下构成串珠状。有时分布于滑坡体上的黄土陷穴呈椭圆形，长轴平行排列成雁行式。

3. 地层构造特征

滑坡范围内的地层整体性常因滑动而破坏，有扰乱松动现象；层位不连续，出现缺失某一地层、岩层层序重叠或层位标高有升降等特殊变化。岩层产状现象发生明显的变化，滑坡体与滑坡床岩层产状不连续。构造不连续，如裂隙不连贯、发生错动等。

图 2.15 圈椅状洼地

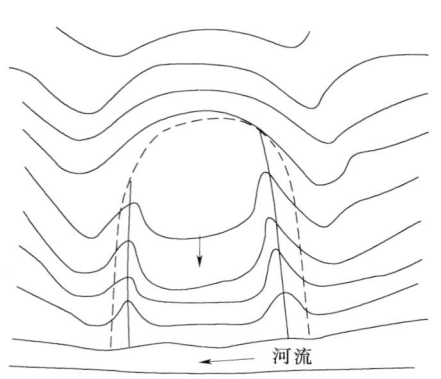

图 2.16 双沟同源

4. 水文地质特征

滑坡地段含水层的原有状况常被破坏，使滑坡体成为单独含水体，水文地质条件变得特别复杂，无一定规律可循，如潜水位不规则、无一定流向、斜坡下部有成排泉水溢出等。这些现象均可作为识别滑坡的标志。

5. 植物特征

(1) 醉汉林。近期产生滑动的滑坡，滑坡体上树木亦随之产生歪斜（向后或向前），有的甚至倒下，这类歪斜倾倒的树木称为"醉汉林"（见图 2.17）。有时由于植物根部被破坏而造成枯萎。

(2) 马刀树。当滑坡暂时停止滑动后，滑坡时的"醉汉林"树木又逐渐向上生长，而称为下部歪斜上部垂直生长的马刀树（见图 2.18）。马刀树的分布是山坡暂趋稳定古老滑坡存在的特征。

图 2.17 新滑坡的识别特征——"醉汉林"

图 2.18 老滑坡的识别特征——"马刀树"

6. 建筑物特征

滑坡体上的建筑物由于滑动可造成建筑物变形、斜歪、位移直至倒塌。例如,太焦线寨底滑坡,铁路施工期间,由于滑坡变形加剧,位于滑坡体上的寨底村墙体开裂,门窗歪斜;南段丹牛岭滑坡,山体变形时,将铁路向右推出数米;又如,宝天线的葡萄园滑坡,由于山体长期缓慢地滑动,使桥台位移、侧沟下陷等,皆为山体滑坡形成的现象。

上述各种变异现象,是滑坡运动的统一产物,它们之间有不可分割的内在联系。因此,在实践中必须综合考虑各方面的标志,互相验证,准确无误,绝不能根据某一标志,就轻率地作出结论。滑坡识别标志见表2.5。

表 2.5　　　　　　　　　　　滑 坡 识 别 标 志

名称	标 志 特 征
老滑坡	(1) 斜坡面不顺直,呈无规律的台阶状,呈现弧圈状或簸箕状低洼微地貌;坡面一般长有植物,较大的树木呈现"马刀树""醉汉林"; (2) 滑坡岸坡常凸岸,将河流向对岸挤压,有时因滑坡体被冲走而成凹岸,但多残留有巨漂孤石,岸坡并有坍塌迹象; (3) 河流阶地被超覆或剪断,阶地面不连续,堆积物层次不连续或上下倒置,产状紊乱;斜坡前缘有泉水或湿地分布,喜水植物茂盛; (4) 滑坡后缘地带出现双沟同源或洼地,沟壁比较稳定,草木丛生; (5) 滑坡体斜坡常呈上凹下凸起伏,前缘(土体)被挤出呈舌状凸起,地层不连续,产状不一致;两侧地层多有扰动和松动现象,有裂缝和拖拉弯曲;后缘壁较陡且有坍塌遗迹; (6) 冲沟沟壁或人工边坡,有时可见滑坡滑动痕迹
稳定滑坡	(1) 主滑体已堆积于前缘地段,堆积坡面已较平缓密实,建筑物无变形迹象; (2) 滑坡壁多被剥蚀夷缓,壁面稳定,多长满草木; (3) 河流已远离滑坡舌,不再受洪水淘刷,植被完好,无坍塌现象; (4) 滑坡两侧自然沟谷稳定; (5) 地下水出露位置固定,流量、水质变化规律正常
具有发生滑坡条件的斜坡	(1) 堆积土组成上陡下缓的斜坡,岩(土)体中含有软弱夹层或不利于斜坡稳定的结构面; (2) 破碎岩石组成的陡峻山坡; (3) 岩浆岩、变质岩风化带组成的斜坡; (4) 断层破碎带中的谷坡; (5) 堆、坡积层下伏不透水层,并具临空面的斜坡; (6) 由软岩组成或间夹软弱层的顺层地区,特别是倾角在10°~30°的斜坡; (7) 膨胀岩(土)地区边坡; (8) 填筑土基底松软、地下水发育或积水,填筑前基底处理不当的斜坡; (9) 不适当的工程施工,导致斜坡稳定条件发生恶化

2.1.8 滑坡与崩塌的区别与联系

滑坡与崩塌的区别主要表现在以下几个方面(见表2.6):

表 2.6　　　　　　　　　　　　　　滑坡和崩塌的主要差别

序号	项　目	滑　坡	崩　塌
1	易发地区	流水作用区、多雨湿润区	干旱、半干旱、寒冻、流水作用区
2	斜坡坡度	<50°	>50°
3	斜坡部位	发生在斜坡上或在坡脚处，甚至在坡前剪出	只发生在斜脚以上的陡坡面上
4	边界面特征	侧面和底面有时可以连成统一的界面（滑动面）	侧面和底面各自独立存在，不能构成统一的界面
5	底面的摩阻特征	摩阻小，大多有指向滑动方向的擦痕	摩阻大，无擦痕
6	底面形状	平面或曲面	有高有低，参差不齐
7	运动本质	岩土体滑动	岩土体弯裂、崩落、滚动、跳跃、碰撞
8	运动速度	极快至极慢	极快
9	运动过程	一次性或间隙性	一次性；垂直位移大于水平位移
10	运动规模	较小至极大，最大达数亿立方米	较小，一次最大崩塌量不超过数千万立方米
11	典型地面标志	地表弧形裂缝，滑坡平台	坡缓地表张裂，反向坡面错台
12	典型内部结构	可见分级、分条、分层现象，以及架空、揉皱现象	碎裂叠瓦状结构
13	堆积体名称	滑坡体	倒石堆
14	堆积体结构	总体上保持地层原始结构、构造特征	破碎、带棱角的大小块石混杂，仅水平方向上略具分选性
15	运动类型转化	可转化为崩塌或泥石流	可转化泥石流
16	主要治理工程措施	支挡、抗滑	支撑、排危、削坡

（1）崩塌发生之后，崩塌物常堆积在山坡脚，呈锥形体，结构零乱，毫无层序；而滑坡堆积物常具有一定的外部形状，滑坡体的整体性较好，反映出层序和结构特征。也就是说，在滑坡堆积物中，岩体（土体）的上下层位和新老关系没有多大的变化，仍然是有规律的分布。

（2）崩塌体完全脱离母体（山体），而滑坡体则很少是完全脱离母体的，多是部分滑体残留在滑床之上。

（3）崩塌发生之后，崩塌物的垂直位移量远大于水平位移量，其重心位置降低了很多；而滑坡则不然，通常是滑坡体的水平位移量大于垂直位移。多数滑坡体的重心位置降低不多，滑动距离却很大。同时，滑坡下滑速度一般比崩塌缓慢。

（4）崩塌堆积物表面基本上不见裂缝分布。而滑坡体表面，尤其是新发生的滑坡，其表面有很多具有一定规律性的纵横裂缝。比如：分布在滑坡体上部（也就是后部）的弧形拉张裂缝；分布在滑坡体中部两侧的剪切裂缝（呈羽毛状）；分布在滑坡体前部的鼓张裂缝，其方向垂直于滑坡方向，即受压力的方向；分布在滑坡体中前部，尤其是以滑坡舌部为多的扇形张裂缝，或者称为滑坡前缘的放射状裂缝。

2.1.9 滑坡前兆

滑坡等灾害发生的前几天、数小时甚至数分钟，前兆是清楚的。只要普及地质灾害防范的基本常识，及时捕捉前兆，发出警报并迅速采取措施，就可成功避免人员伤亡。

（1）滑坡前缘土体突然强烈上隆鼓胀，这是滑坡向前推挤的明显迹象，表明即将发生较为深层的整体滑动，滑坡规模也较大，具有整体滑动的特征，通常还伴随着前缘建筑物的强烈挤压变形甚至错断。

（2）滑坡前缘突然出现局部坍塌、房屋破坏（见图2.19），这种情况说明，起抗滑作用的前部已被剪断，失去支撑的滑坡即将发生整体滑动。2005年四川省丹巴县大滑坡前缘的一栋民房，有一天房屋发出"咔咔"响声，房屋立即开裂，发生局部坍塌，房主立即意识到后山的滑坡要开始了，便带着家人迅速搬了出去，避免了一家人的伤亡。

图2.19 斜坡地表出现裂缝，斜坡上的
建筑物墙壁也发生开裂

图2.20 滑坡裂缝导致池塘
水位明显下降

（3）滑坡前缘泉水突然异常，滑坡大滑动前由于滑动面贯通，改变了原地下水通道，滑坡前缘常出现地下泉水突然干枯，或泉水流量突然增大并变得浑浊。这些现象表明，滑坡整体的滑动就要到来。

（4）滑坡中部地表水田、水池的水突然下降或干枯（见图2.20），这说明滑坡体已开始全面变形，滑体中间的裂缝已切割到水池、水田，造成水池、水田的水下渗。这种现象的出现非常危险，水池、水田的水可能沿裂缝迅速进入滑动带而加快滑坡的发生，1974年8月，四川汉源县东沟的滑坡考察，该滑坡为昔格达地层滑坡，在滑坡发生大滑动的前三天，村民引水灌溉坡后部的几块稻田，第一天引水灌溉后，次日发现稻田水位下降，接着再引水灌溉，第三天再去看，稻田的水全部流失。村民觉得奇怪，于是又把稻田灌满了水。在第四天凌晨3~4点，滑坡发生了整体快速滑动，滑体前部越过冲沟翻上对岸台地，埋没了14家村民，造成34人死亡。

（5）滑坡后缘裂缝突然出现异常，由于滑坡后部滑动面全部贯通，并向滑体前部挤压滑移、上鼓，可出现后缘裂缝迅速增大，或者突然变小甚至闭合，有的从裂缝中冒出冷风或热气。这些异常现象的出现说明滑坡快要整体滑动了。

（6）滑坡前的动物异常。滑坡面全部贯通后，滑坡即进入整体缓慢滑动，应力迅速向滑体中前部集中，滑动带（面）、滑动体便出现剧烈变形，同时发生振动、声响，造成猪、牛、鸡、狗等惊恐不安，老鼠乱窜不进洞。这些异常现象的出现可能是滑坡即将发生的前兆。

单一的前兆可能不能说明问题，多个前兆或异常现象汇集起来，就能说明是滑坡等灾害发生的前兆。综合地面变形观测、地表变形巡视调查和灾害发生的前兆现象等分析，就可作出是否发布滑坡警报的决定。

2.1.10 滑坡灾害

滑坡的危害是指滑坡在形成、发生、运动过程中对人和人类生存的环境（包括人的生命、财产、各种工程设施和建筑及生态环境）造成灾害和影响。

我国地域辽阔，滑坡的危害主要集中在西部中山和高山地区。1933年正月初三（农历），黄河上游青海省境内的龙羊峡发生一巨型高速滑坡，体积1.27亿m^3，埋没上、下查纳村，死亡213人，埋没耕地近133hm^2，滑体前部冲过黄河，滑移2.5km，堵断黄河数小时；1965年11月22日，云南禄劝县老深多发生崩塌性滑坡，埋没4个村庄，死亡440余人，毁地66hm^2；2000年4月9日，西藏易贡藏布江发生的易贡巨型滑坡，体积近3亿m^3。堵塞易贡藏布江，形成长2.5km、宽2.5km的巨大堆石坝，使易贡布水位迅速升高，于6月10日溃决，形成巨大山洪、泥石流，给下游造成严重灾害。1982年7月17日，四川云阳发生的鸡扒子滑坡；1983年3月7日，甘肃东乡县发生的洒勒山滑坡；1985年6月12日，长江三峡发生的新滩滑坡；1988年1月10日，四川巫溪县发生的中阳村滑坡；1992年7月12日，云南昭通地区发生的头寨沟滑坡；2003年7月13日，长江三峡湖北境内秭归县发生的沙镇溪千将坪滑坡；2014年8月3日，云南地震重灾区鲁甸龙头山镇下辖的王家坡村发生山体滑坡，整村被从海拔逾1000m冲到逾400m。

滑坡的危害可分为直接危害、间接危害及形成灾害链。

2.1.10.1 直接危害

滑坡的直接危害是指滑坡在形成、发生、运动过程中对人的生命、财产、各种建筑、设施和资源、生态环境产生的直接破坏作用。按危害的对象分为以下几种。

1. 对人的生命和财产的危害

其包括灾害发生过程中造成的人员伤亡、房屋倒塌、家畜、家禽和其他物资财产的损失。在人员集居的地方一次不大的滑坡灾害，会造成巨大的灾难（见图2.21）。1997年7月17日，四川兴文县发生的金凤村滑坡，堆积仅3500m^3，发生时正是赶集的高峰期，造成53人死亡，40人受伤。2001年5月1日晚，重庆武隆县城发生仅12000m^3的崩塌性滑坡，摧毁一幢9层的宿舍楼，造成79人死亡，7人受重伤。

2. 对道路工程的危害（见图2.22）

滑坡对铁路、公路建设的危害主要体现在以下3个环节：

图 2.21 土体滑坡毁坏农房、造成人员伤亡

图 2.22 滑坡对道路工程的危害

(1) 在道路选线过程中，一个大型滑坡区，会迫使线路改线绕道行驶。若不改线就必须花巨额资金进行治理，使整个建设投资剧增；若在道路选线过程中漏判了老滑坡、古滑坡的存在，就有可能在施工过程中引起老滑坡、古滑坡的复活，到时候不得不花巨资去治理。

(2) 在道路施工过程中若施工方法和工艺不当，若道路设计过程中未考虑对滑坡的防治和危险高边坡的加固，就会引起工程滑坡的发生。工程滑坡可造成施工人员伤亡、增大防灾投资和延长工期的危害。川藏公路 317 国道妥坝—昌都改线段 K351 滑坡，虽在工程阶段作了初勘，但到设计阶段未作防治工程设计，所以施工阶段未按先治滑坡后开挖路基的工序进行，故在 2002 年 5—8 月施工开挖中引起较大范围滑动，被迫停工，同时对此滑坡进行补充详细勘察和防治工程设计，不仅延长工期一年以上，而且增大投资近 2000 万元。

(3) 在道路工程竣工的运行初期，若在施工中对潜在滑坡认识不足，本应进行防治的而未进行，或对加固措施不到位致使道路运行初期就有可能产生滑坡。对道路的危害，轻者阻碍交通 1~2h，重者将道路掩埋，中断交通数天，甚至毁坏路基或桥梁，可造成中断数月以上。川藏公路 318 线西藏境内的 102 滑坡发生于 20 世纪 90 年代初期，将近 400m 长的路基滑入河边。造成交通中断一年以上，尔后在滑体中部开一条临时便道通车，每年都时通时断，直到 2000 年花 3000 万元巨资对滑坡进行治理，对公路进行抢救性修复之后，此段公路才做到基本畅通。近 10 年来，在西部山区的长距离输油气管道建设中，也遭受到了滑坡的危害。

3. 对水利水电工程的危害

水库坝肩发生滑坡可直接危害大坝枢纽工程；近坝库岸发生大型滑坡，坠入库中可激起高大的涌浪，危害大坝的安全；库区两岸发生大量滑坡进入库中，可加快泥、砂淤积，缩短水库使用寿命；灌溉渠道发生滑坡，可填实渠道，中断通水，甚至数百米渠道基础全毁，造成整个灌区瘫痪（图 2.23）。1963 年 10 月，意大利瓦依昂水库近坝库岸发生体积为 2.5 亿 m^3 的巨型滑坡。滑坡高速流入库中填满整个库容，激起高 262m 的涌浪，冲毁下游数十千米的工程设施和村镇，使 2000 多人丧命。

图 2.23 滑坡使水渠造成破坏

4. 对工矿、城镇建设的危害

据统计，我国西部山区 100% 的工矿受到滑坡的危害，60% 以上的县级城镇、80% 以上乡镇受到滑坡的危害。四川金川县城就坐落在一个老滑坡体上，木里县的城中心也是一个老滑坡。1933 年岷江中上游发生地震时，使千年叠溪古城滑入江中。

5. 对广大耕地、森林植被等生态环境产生危害

滑坡灾害对耕地、森林植被的危害也很严重，前面提到的中阳村滑坡毁地 $47hm^2$，千将坪滑坡毁地近 $33hm^2$。1996 年 9 月 18 日四川西昌市关把河中、上游发生 400 万 m^3 的大型滑坡，堵断关把河后形成高逾 30m 的土石坝，滑体上 $13hm^2$ 森林全部倾倒毁坏，有的甚至被埋没。

2.1.10.2 间接危害

滑坡的间接危害是指滑坡发生后造成的次生灾害和影响。主要有以下几种。

1. 滑坡堵河造成淹没危害

滑坡堵河后不仅会造成对上游的淹没危害，而且堵河坝溃决会对下游造成溃坝洪水、泥石流灾害。例如，2000 年 4 月 9 日，西藏林芝地区易贡藏布扎木隆巴支沟发生滑坡，并形成岩崩→滑坡→泥石流的灾害链，堵断易贡藏布河，形成高近 100m 的土石坝，使上游易贡湖水位迅速上涨 50m，淹没上游良田良土 $667hm^2$。60 天后大坝溃决，形成特大型洪水冲毁下游近 100km 沿河的道路、桥梁、耕地和村庄。

2. 阻断交通带来次生危害

例如，1995 年 7 月 28 日，大渡河上游康定县境内落鹰岩发生岩崩，阻断大渡河，断流 30 分钟，毁坏瓦斯沟—丹巴公路 200m，中断交通半年之久，使上游几个乡的生产、生活物资、农副产品无法运进运出，全靠人背马驮，严重影响几个乡村的生产和生活。

3. 大型滑坡灾害对人们思想的危害

一次大型的滑坡灾害不仅会给当地造成大的经济损失，还给当地及附近的村民（居民）在心理上造成大的伤害，甚至引起灾害周边地区的人心不安。

2.1.10.3 灾害链

滑坡并不是孤立的灾害事件，它们是环境的产物，并对环境产生反馈作用，形成各种各样的灾害链。认清灾害链，动员多学科的科技人员和民众参加防灾工作，组成有实力的防灾科技体系，使防灾对策更加科学化和系统化，以提高防灾成效。

1. 单一型的自身灾害链

（1）崩塌→滑坡灾害链。在自然界，由崩塌诱发滑坡灾害是很常见的，但由于转化历程缓慢，很少被人们所注意。自从湖北秭归县长江西陵峡上段兵书宝剑峡出口处的

新滩镇发生覆盖层滑坡（1983年6月12日）以来，由于滑坡后壁长年崩塌，崩积物不断加载于新滩老滑坡体后部，最终使老滑坡失稳，崩塌→滑坡灾害链才为更多的人所认识。

（2）滑坡→崩塌灾害链。滑坡→崩塌灾害链在自然界中也能经常见到。其转化机制是坡体较陡，而且滑坡剪出口的位置高于坡脚，致使滑坡体一旦滑离发生区，便向前倾倒，从而转化为崩塌灾害。

（3）滑坡重力型地震灾害链。由滑坡造成的重力型地震无论在震源深度、等震线分布还是地震记录的波形等方面都有别于构造地震，而且迄今所知的重力型地震的震级都不很大。我国云南禄劝县1965年发生2亿 m^3 的崩塌性滑坡，引起了4.4级地震，昆明、下关、贵阳、西昌、成都、康定等地震台都有记录；1980年6月3日，湖北宜昌地区盐池河磷矿发生的约70万 m^3 的崩塌性滑坡，使宜昌附近的几个地震台站都记录到1.4级地震。

2. 由其他灾害引起的滑坡灾害链

在自然界中，能够诱发滑坡灾害的自然灾害种类很多，如地震、暴雨、洪涝、鼠害（如高原鼠兔）、虫害（如白蚁）等。它们构成了多种多样的滑坡灾害。

（1）地震→滑坡灾害链。是发生数量较多的灾害链，它们最终是以滑坡的形式带来灾害。例如，1976年四川松潘—平武地震时，由于预报准确，及时疏散，地震并未造成人员直接伤亡。但是，地震滑坡却导致了数十人丧生。1976年唐山7.8级地震不仅在山区诱发了岩质滑坡，而且在平原地区还诱发了大量的液化滑坡。

（2）暴雨→滑坡灾害链。是最常见的自然灾害链，滑坡灾害在暴雨灾害中占有相当大的比例，尤其是20世纪80年代以来更为突出。例如，1981—1985年四川省的一次暴雨过程诱发大小滑坡1000处以上的县有28个，诱发1万处以上的县有14个，诱发2万处以上的县有3个。

（3）山洪→滑坡灾害链。山区沟谷内的洪水具有山洪或过境洪水的特性。洪水陡涨时，淘刷岸坡是主要因素；洪水陡降时，坡体内部的地下水来不及消散，从而引发岸坡滑坡、崩塌。因此，山洪→滑坡灾害链常发生在山地、丘陵区的江河岸坡和防洪堤上，剪出口位于水边线一带。

（4）涝灾→滑坡灾害链。涝灾是指洪水滞留超过12h的洪涝灾害。涝灾→滑坡灾害链主要发生在大江大河中下游的岸坡和防洪堤上。涝灾→滑坡灾害链常与暴雨→崩塌灾害链和暴雨→滑坡灾害链、山洪→崩塌灾害链、山洪→滑坡灾害链相共生，难以严格区分。但是，洪涝灾害诱发滑坡的机制主要是浸泡坡脚，其次才是淘刷作用。

3. 由滑坡引起其他灾害的灾害链

由滑坡引起其他灾害的灾害链在自然界中也比较常见。这在滑坡灾性评价时应予以高度重视。滑坡灾害能够导致的其他自然灾害主要有泥石流、堵江淹没、溃决洪水和局地干旱等。

（1）滑坡→泥石流灾害链。滑坡灾害转化为泥石流灾害的方式有：

1）饱水的滑坡体整体启动后，随即液化而转化为坡面泥石流和沟谷泥石流。

2）滑坡体滑落至坡脚，遇洪水搅拌而转化成沟谷泥石流。

滑坡体停积在沟谷内，在后期洪水的作用下形成泥石流。

(2) 滑坡→涌浪灾害链。我国湖南柘溪水库大坝上游1550m处的塘岩光于1961年3月6日水库蓄水初期，发生了体积约1651万 m^3 的滑坡，激起巨大涌浪漫过坝顶。滑坡激起涌浪10次，延续了1min。对岸涌浪高210m，25cm直径的大树被涌浪连根拔起。上游8km处涌浪高1.2～1.5m，更远的15km处涌浪高0.3～0.5m。向下游传播至大坝附近涌浪高还有3.6m，对坝体施加的正压力可达2600kPa/m^2，摧毁了施工现场并造成人员重大伤亡。世界上另一个著名的实例是1963年意大利北部山区的瓦依昂水库滑坡。水库左岸的一个体积达3亿 m^3 的巨型滑坡在30s内填满水库，激起的涌浪超过262m高的坝顶冲向下游，毁坏了坝内地下厂房的大部分和下游的一个市镇，使2000人丧生，成为震惊世界的水库事故。

(3) 滑坡崩塌→堵江灾害链和滑坡→堵江淹没→溃决洪水灾害链。主要发生在我国西部高山峡谷区。按河谷断面的堵塞程度，堵江可分为完全堵江和不完全堵江。因堵江而形成的堰塞湖也相应地分为完全堰塞湖和不完全堰塞湖。

无论是完全堵江还是不完全堵江，将造成回水淹没上游和溃决洪水危害下游的一连串新的灾害。通常，回水淹没速度有限，人员和一部分物质能够得以撤离。而溃决洪水却能带来巨大的灾难。

1967年6月8日8时，雅砻江干流右岸的唐古栋山梁突然发生大规模快速切层滑坡，滑坡体高差达1000m，斜坡平距2000m，最大宽度1300m，面积超过 $1km^2$。约7000万 m^3 的岩、土体在5min内运动了300m滑入雅砻江，形成了高165～355m、长200m、宽3000m（沿河方向）的天然堆石坝，蓄水6.8亿 m^3，堵江9昼夜，回水长53km。溢流漫顶溃坝后，以洪峰向16～50m的异常特大洪水向下游推进，使下游水位陡涨40m，这种影响一直到1300km以外的宜宾市还可觉察到（水文站记录）。由于及时疏散下游沿江两岸人口，未造成伤亡事故，但冲刷农田233hm^2、房屋435间、公路51km、桥梁3座、涵洞47座，洼里、沪宁等3个水文站的全部设施被冲走，造成上千万元的经济损失。

1981年5月，甘肃舟曲县白龙江下游5km左岸泄流坡古滑坡复活，堵断了白龙江，蓄水1300万 m^3，回水长度4.5km，威胁到舟曲县城。该滑坡曾于1963年活动过，在白龙江中形成了40m高的天然堆石坝，回水淹没了上游的土地和房屋。这种滑坡→崩塌→淹没→溃决洪水灾害链在我国西部高山地区已发生多处。2000年4月9日，西藏易贡藏布扎木隆巴支沟发生巨型崩塌→滑坡→泥石流堵江，体积近3亿 m^3，形成坝高逾90m、长（顺河）2500m的巨型土石坝，使上游易贡湖水上涨逾50m，60天后土石坝溃决，发生巨大洪水灾难。据调查，该处1902年也发生过一次巨型滑坡→泥石流堵江→溃坝洪水灾害。

(4) 滑坡→坡面洪水灾害链。主要表现在水利工程中的盘山渠道被滑坡堵塞，溢水顺坡漫流造成灾害。这种灾害链多发生在雨季，特别是暴雨中心区。造成灾害的另一个原因是居住在斜坡上的村民从来不受洪水困扰，没有警惕背后盘山渠道可能会溢水，从而造成不应有的损失。

(5) 滑坡→局地干旱灾害链。主要发生在大型滑坡地区，由于滑坡体解体，地表径流短小或转为地下水。坡体的地下水顺滑动面（带）排泄，难以在滑坡上出露，从而造成小范围干旱区。

4. 由其他灾害引起滑坡后再转化为其他灾害的灾害链

由其他自然灾害诱发了滑坡灾害，继而又转化为另一种自然灾害所构成的自然灾害链，这种灾害链容易与其他类型的灾害链相混淆。

（1）暴雨→滑坡→泥石流灾害链，山洪→滑坡→泥石流灾害链，涝灾→滑坡（崩塌）→泥石流灾害链。这3种类型的灾害链都有许多联系：①暴雨可以导致山洪和涝灾；②山洪和涝灾有时难以分开或交替出现；③暴雨有时可以和洪涝灾害同步发生；④3种自然灾害所诱发的滑坡、崩塌都转化成为泥石流灾害。

（2）地震→滑坡→泥石流灾害链。是指地震期间由地震诱发的滑坡又转化为泥石流，并非泛指地震仅作为滑坡的一种诱发因素而言。地震→滑坡→泥石流灾害链发生区的最大特点是，流域内缺乏一般泥石流特有的清水动力区，其成灾机制主要表现为以下几种：

1）地震滑坡堵断流水，很快在堰塞湖水的作用下又形成泥石流。
2）水坝因发生地震滑坡而溃决。
3）饱水坡体发生地震滑坡，在运动中液化并铲刮地表固体物质，从而暴发泥石流。
4）坡体物质沿下伏的地震液化层滑动、解体而暴发泥石流。

（3）地震→滑坡→堵江淹没→溃决洪水灾害链。是强震区所特有的灾害形式，多发生在我国西部山区具有活动性断裂带上（川西的南北向构造带、龙门山断裂带、甘南北西向断裂带）和高山峡谷地段。

任务 2.2 滑 坡 调 查

滑坡勘查评价是准确预报滑坡、减轻灾害损失、保卫人民生命财产安全的至关重要的先期工作。滑坡勘查是通过调查、测绘、勘探等手段对滑坡区进行的地质工作，提出综合报告和图件。本部分内容主要根据《地质灾害防治条例》《滑坡防治工程勘查规范》（DZ/T 0218—2006）等编写的。

滑坡勘查分为可行性论证阶段勘查（初步勘查）、设计阶段勘查（详细勘查）和施工阶段勘查（补充勘查）。

可行性论证阶段勘查以地表工程地质测绘为主要勘查方法。充分利用天然和人工地质露头进行地质测绘，布置适宜的勘探线，采取钻探、物探、槽井探等勘探手段查明滑坡形态和地质条件。

滑坡设计阶段勘查是在可行性论证阶段勘查成果上，针对需要进一步查明具体工程设计部位的地质情况，以补充钻探、物探、井洞探等勘查方法为主，以工程地质修测为辅。

滑坡施工阶段勘查方法以施工工程揭露地质验证、编录、修测为主，局部需要工程变更设计的部位补充钻探、井探。

无论何种阶段的滑坡勘查都需要经工程地质测绘、勘探、测试、监测4个步骤来完成，最后提交勘查报告。只要勘查滑坡就必须先进行第一步——滑坡调查。

2.2.1 滑坡调查阶段

滑坡调查是滑坡勘查的前期准备阶段，是滑坡防治工程项目的立项依据。滑坡调查应以充分收集分析滑坡区地质资料、地面调查为主，适当结合测绘与勘查手段，初步查明滑坡的分布范围、规模、结构特征、影响及诱发因素和勘查工作条件等，对滑坡稳定性和危险性进行初步评估。编制滑坡勘查设计书，上报业主。

2.2.1.1 滑坡勘查设计书的内容

滑坡勘查设计书的内容包括：
（1）勘查目的、工程概况和勘查阶段。
（2）勘查区地理位置、交通及地形地貌。
（3）地质条件及前人工作程度。
（4）勘查内容、方法、工作量及工程布置图。
（5）滑坡稳定性及危害性初步评估。
（6）进度计划和完成日期。
（7）经费概算等。

2.2.1.2 区域环境地质调查

滑坡区域规律的野外调查是通过实地调查与简易勘测来实现的。掌握滑坡的分布状况、形成条件、发育特征、堆积范围、滑体表部特征和成灾方式，以滑坡防治提供资料为目的。因此，滑坡野外调查是山地灾害防治中首先应进行的工作，这一工作做得好坏，直接关系到防治工作的成败。一般来说，滑坡调查的内容应包括滑坡发育的自然环境、形成条件、基本特征、成灾方式等内容（见表2.7）。

表2.7　　　　　　滑坡（崩塌）野外调查内容及方法

项目	野外调查内容	调查方法
自然环境	行政及地理位置，地貌类型，地形坡度，地层岩性，地质构造，地震，水文气象，植被，社会经济状况等	收集资料、野外调查
形成条件	有效临空面，岩性组合，坡体结构	野外调查
诱发因素	地震及地震烈度，暴雨，工程活动	收集资料、野外调查
滑坡特征	滑坡发生时间，滑坡规模，滑坡形态，表部特征，滑动面	野外调查、访问
灾害特征	滑坡造成人员伤亡，直接经济损失，间接经济损失和社会影响	野外调查、访问
防治	已采取的工程措施和工程效果	野外调查

1. 滑坡形成的自然环境调查

自然环境调查的内容包括发生的自然、地质环境特征和社会经济状况，具体内容如下：

（1）滑坡发生地所在的行政区域及地理位置。
（2）滑坡发生区及邻近环境的地貌类型、地形坡度、沟谷切割特征、相对高差及坡面微地貌特征。

(3) 滑坡所在地区的地质构造及滑坡体附近的地层岩性特征与组合，岩层产状及与坡向的关系，节理裂隙、风化程度等，第四系松散土石类型、厚度及特征。

(4) 滑坡所在地区的地震及地震烈度。

(5) 滑坡所在地区的水文气象、植被特征。

(6) 国土资源利用现状。

(7) 滑坡地区的人类活动特征及对自然环境、滑坡形成的影响。

(8) 滑坡发生地区的社会经济构成及经济来源。

2. 滑坡形成的基础条件调查

滑坡形成的基本条件主要有地形条件、岩性条件、坡体结构条件，这是滑坡形成必须具备的基本条件，缺一不可。因此，滑坡形成的基础条件调查应从这3个方面着手进行，其内容如下：

(1) 地形调查。调查滑坡发生所在斜坡的地形特点、切割深度、山脊高程、沟谷高程、坡面形态、滑坡在斜坡上的发育部位，发生的后缘和前缘高程、平均坡度、高程等内容。

(2) 岩性调查。调查滑坡所在地的地层岩性特征，了解不同的岩性在斜坡上的组合。岩质坡体中是否存在易滑岩组和泥质夹层及其风化程度。在需要时，可在坡体上取样，以测试岩土（石）的物理力学参数。

(3) 坡体结构调查。结构调查包括3个方面的内容：

1) 斜坡中岩层层理的面布及特征、产状、层面与坡面的关系。

2) 斜坡中节理裂隙的产状及组合特征。

3) 斜坡的各种结构面是否含有泥质、泥质分布规律，还应调查地质构造尤其是断裂带与滑坡崩塌形成的关系。

3. 滑坡发生的诱发因素调查

滑坡发生的诱发因素通常有地震、降雨、工程活动等。在滑坡诱发因素调查时。应对这些内容逐一进行。

(1) 地震因素调查。首先调查地震发生的震源位置、地震强度、滑坡发生地的地震烈度。有条件的地方可在地震部门收集某些地震发生历史和波谱资料，计算地震对滑坡的作用力。其次，调查地震对滑坡的作用方式，即调查地震对滑坡的诱发是触发作用，还是地震后引起斜坡发生累进性破坏作用。

(2) 降雨条件调查。降雨的调查，主要是到附近气象站收集多年平均降雨量、最大年降雨量、最大日降雨量；一次最长连续降雨天数及降雨量；滑坡发生的前期降雨时间及降雨量；滑坡发生时降雨量。

(3) 其他诱发因素调查。人类工程活动和其他诱发因素各地有所不同，应针对滑坡发生地进行详细调查。

4. 滑坡特征调查

滑坡特征调查包括滑坡发生时间、滑坡规模、滑坡形态、表部微地貌特征、滑动面、滑坡形成过程和运动特征等内容。

（1）滑坡发生时间调查。若无具体时间，应写明是老滑坡还是古滑坡。

（2）滑坡规模调查。包括滑坡长（主滑方向）、平均宽（垂直滑动方向）、平均厚度、估算体积。

（3）滑坡形态与表部特征调查。调查滑坡体的堆积形态和特征，滑体的平均坡度、后缘、前缘及两侧特征；滑体分级分块特征，滑坡裂缝展布组合特征；滑坡发生后形成的平台、台坎、滑坡湖、滑坡舌等特征。

（4）滑动面调查。该项调查是确定滑动面的形态、特征、埋藏深度，滑动面的形成过程与形成机理，滑动面的岩性组合及特征，滑动面与各类结构面的关系。最后要确定滑坡的剪出口位置。

（5）滑坡运动特征调查。调查滑坡的形成、滑动过程、特征、滑动速度和滑动距离等。形成过程中若有观测资料应收集附上。

5．滑坡灾害调查

滑坡灾害调查通常包括滑坡造成人员伤亡、直接经济损失、间接经济损失和对社会的影响等部分内容。调查时可按表2.7逐项进行。此表未包含的间接经济损失和灾害对社会、环境造成的影响等也应调查。

6．滑坡防治调查

该项调查是对部分已采取过工程措施的滑坡进行的调查，内容包括已采取过哪些工程措施、估计投资、效果怎样。如已建好工程发生破坏，还应调查其原因，下一步应采取的措施，并提出防治工程建议。

2.2.1.3　滑坡地面调查

地面调查应初步查清滑坡区的地形地貌特征、地质构造特征、滑坡边界特征、表部特征、内部特征与变形活动特征，滑坡周边地区人类工程经济活动，基本了解滑坡类型、形态与规模、运动形式、形成年代与稳定程度以及地下水的性质、入渗情况及渗流条件，在此基础上对滑坡影响范围，承灾体的易损性及滑坡的危险性进行初步评估。

2.2.1.4　滑坡灾害统计

灾害统计是灾害评估的基础。因此灾害统计应十分精细，不能漏项，不能虚构，应实事求是，力求准确。

灾害统计由滑坡、崩塌灾害造成的人身伤亡、直接经济损失、间接经济损失和社会影响四部分组成，其中人员伤亡和直接经济损失是"条例"规定必须统计的内容，间接经济损失和社会影响是对灾害全面分析评估的需要，也应作调查统计。

1．人员伤亡

人员伤亡包括因灾直接死亡的人数和因灾直接受伤的人数。两种人数分别统计，不能合起来写伤亡多少人。

（1）受伤人员统计。在统计因灾受伤人数时，轻伤和重伤除要分开统计外，还要按国家有关文件的划分标准进行。

（2）死亡人数统计。因灾死亡的人数包括灾害发生时死亡的人数、灾害发生后因抢救无效死亡的人数、被埋入滑坡、崩塌体中的失踪人数中已确定死亡的人数。

灾害发生后到现场进行抢险救灾人员，发生的伤亡事故，不要统计在因灾死亡的人数中，需要另行统计说明。

2. 直接经济损失

直接经济损失是指滑坡、崩塌发生过程中对地表房屋等各建筑设施、耕地、生态、自然人文景观和物质财产等危害折合成的经济损失。一次大型灾害的对象很多，现归纳为8种类型并制成统计表（见表2.8），以便于调查统计者逐项填写。

表2.8　　　　　　　　滑坡（含崩塌）灾害统计表（样表）

灾害编号		灾害名称		位　置	
规模	长度　　m；	宽度　　m；	厚度　　m；	体积　　m³	
灾害统计项目			具体受灾数量统计	折合损失/元	
				单价/（元/单位）	损失/元
1. 伤亡统计	人员伤亡				
2. 直接经济损失	危害国防、机场等各种军工设施				
	毁坏铁路、公路、渠道、输油气管道等线路工程				
	危害工矿、水利水电、煤矿、石油等能源设施				
	危害城镇、乡村各种生产办公生活用房				
	毁坏耕地、林、果、草地和蓄水设施				
	危害文物、自然、人文、遗产、景观				
	国家、集体和私人财产损失				
	其他				
灾害统计	人员死亡　　人；直接经济损失　　万元				

3. 间接经济损失

由滑坡灾害造成的间接经济损失也是多种多样，主要有以下几种类型：

（1）中断交通带来的间接损失。国家干线铁路、公路由于灾害断道停运一个小时或一天造成的损失是很大的。若一条通往山区乡村的公路因灾断道一个月就会严重影响乡村农产品的运出和外面生产生活物质的运进，甚至会造成乡镇工矿企业停工、停产、产品积压等损失。

（2）堵断江河带来的间接损失。其主要表现在因灾害堵塞大坝上游的回水淹没城镇、乡村、公路、铁路和其他设施，给上游人民的生产、生活带来一系列损失。大坝溃决以后冲毁下游的道路、桥梁、农田、森林、城镇和村庄，甚至还可造成人员伤亡，其间接经济损失往往超过直接经济损失。

（3）毁坏工矿、机关、学校带来的间接损失。造成停工、停产、学生无法上课、机关工作人员无法上班、其他工作也无法正常进行。

（4）中断通信线路带来的间接损失。现今为信息时代，人们的生产、生活、游玩都离不开通信，若损坏通信线路，带来的影响和间接损失也是很大的，只是统计起来有一定的困难。

4. 对社会环境的影响

一次大的灾害在社会上会造成不良的影响，如谣传四起，人心不安，坏人趁机兴风作浪,治安状况下降,投资信誉降低,甚至引起社会不稳定,少数人盲目外逃避灾。有些滑坡灾害对自然、生态环境的破坏和影响几年甚至几十年都无法恢复与重建。文物被毁后无法再生。

2.2.1.5 滑坡野外调查方法

滑坡野外调查方法是关系到滑坡调查的内容能否圆满完成的关键。在滑坡野外调查过程中,常常受时间、交通、地形等因素的限制,调查过程往往是一次性的。因此,要在一次性调查过程中准确地收集滑坡发生的各项资料,就必须确定一个好的调查方法和工作步骤,这样才能达到预期目的。野外调查方法和步骤可归纳为以下几点:

1. 野外调查工作准备

在野外调查工作正式开始之前,必须明确调查的目的、任务和要求,确定工作范围,制订野外调查实施计划。一般来说,野外调查的准备工作包括以下内容:

(1) 资料收集。准备野外调查用的地形图,对区域滑坡调查可选用1:5万或1:10万的地形图作工作底图,典型滑坡区(段)可选用1:1万或1:5000地形图作为工作底图。在有条件的地区可收集航空遥感资料,并在航空相片上判断滑坡,确定滑坡的具体位置和规模。

收集滑坡发生地区的地质、区域构造、自然环境资料。对滑坡发生起诱发作用的降水、地震、水文、地下水、人为活动等资料也应尽量收集。

对区域内已做过勘测的滑坡,应尽可能收集勘测、试验资料。

(2) 资料整理和初步分析。在野外工作开始之前,应对收集的资料进行初步的整理和分析,对调查区内的自然环境状况有一个较为全面的初步了解。

(3) 准备好野外用的器材。野外调查中常用的个人装备如罗盘、地质锤、照相机、图夹、笔记本、铅笔等应提前准备。

2. 调查方法

(1) 群众访谈。在野外调查中,了解滑坡发生时和发生前的情况往往需要通过访谈调查来实现。在访谈之前应明确调查的内容,并拟好调查大纲,访谈的对象主要为滑坡发生时的目击者。在访谈中,应详细调查滑坡发生的具体位置(同时标注在图上)、发生的时间、估计滑体规模、变形的特征,滑坡发生前或发生时是否下雨、雨量有多大,是否有地震发生,地下水是否有突变,家畜、家禽和其他动物是否有反常现象。滑坡发生后造成的危害,滑坡发生时瞬间动态特征,如声响、强光、烟雾等。

(2) 滑坡野外现场调查。现场调查是滑坡调查中最重要的一项工作,是直接观察认识滑坡的主要途径。因此,在现场调查中尽量将滑坡体的特征标注在图上,并记录所在省(自治区、直辖市)、县、乡、村及滑坡地点位置,在地图上反查经纬度和X、Y坐标。在调查方法上应从客观到微观步步深入。对整体形态的观察,可在远处或借助航空相片观察,然后登上滑坡体逐一对滑坡的局部特征进行调查。调查内容可填在表2.9上。

在调查中要特别注意认识可能复活的古滑坡和老滑坡,对古滑坡、老滑坡认识上的失误往往会造成治理工程的失败。古滑坡、老滑坡由于发生时间较早,地表特征不明显,需访问居住在滑坡附近的老人,尤其是目击者。

表 2.9　　　　　　　　　　　　滑坡（含崩塌）调查登记表

编号		统一编号		滑坡名称		
位置	行政区划		省（市）　县　乡（镇）　村			
	1：　万图名		图幅坐标		X：　　　　Y：	
	分幅编号		经纬度		东经：　　北纬：	
滑坡最高点高程		m	滑坡前端高程	m	主滑方向	
新滑坡发生时间			老滑坡推测发生时间			
滑体数据	长 L_d	m	厚 D_d	m	平均坡度	
	宽 W_d	m	体积	万 m³	后壁高差	m
滑坡形成的基本条件	地形地貌					
	地层岩性					
	地质构造					
	水文地质					
触发因素	滑坡发生时、发生前后降雨特征及降雨量					
	滑坡前缘流水冲刷特征					
	滑坡发生（前）地震作用及震级烈度					
诱发因素	不合理的人为活动					
滑坡危害及经济损失						
以往整治措施及整治效果						
滑坡平面图			滑坡剖面图			
资料来源						
登记者：		登记日期：		审核者：		

对大型滑坡的调查，最好借助于航空相片判译其整体形态，克服地表调查的局限性。

根据调查的任务不同，可将滑坡现场调查分为区域滑坡调查和典型滑坡调查两类，这两者是滑坡野外调查中点与面的关系。

1）区域滑坡调查：这是对一个区域内发育的滑坡进行调查，查明区域内滑坡发育的多少、分布特征、发生规模、滑坡发生的类型、形成条件、诱发因素、滑坡发生过程的差异，从而认识区域内滑坡分布与形成规律，并进行滑坡区域预测和危险度区划。因此，区域滑坡调查的方法强调对滑坡形成条件的认识。

2）典型滑坡调查：这是对某一个滑坡或滑坡群进行调查，查明滑坡的形成条件、诱发因素、滑动规模、滑坡表部形态、滑动面可能位置、滑坡发育特征、变形过程和稳定性等，从而认识滑坡的形成机理和发育趋势，提出相应防治措施。因此，典型滑坡调查的方法强调对滑坡发育特征、发生过程和稳定性的认识。

2.2.2 可行性研究阶段勘查

可行性研究阶段勘查是滑坡防治工程勘查的重要阶段。可行性研究阶段的勘查是在地面调查的基础上进行的，论证对致灾地质体进行工程治理的必要性和可行性。勘查其产出的地质环境、边界条件、规模、岩（土）体结构、水文地质条件，进行稳定性评价，分析其成灾的可能性、成灾条件，调查其危害范围及实物指标，分析论证防治滑坡的必要性和可行性，提出工程防治方案建议，为可行性研究设计提供必要的地质资料。

1. 一般规定

可行性论证阶段勘查是滑坡防治工程勘查的重要阶段，应提交含对滑坡机理及防治方案定论的勘查报告。可行性论证阶段勘查要求基本了解滑坡所处地质环境条件，初步查明滑坡的岩（土）体结构、空间几何特征和体积、水文地质条件，提供滑坡基本物理力学参数，分析滑坡成因，进行稳定性评价，满足制定防治工程方案的地质要求。勘查过程中要求结合防治方案进行可行性论证，采用互动反馈方式，合理确定滑坡体（包括滑动面或滑带土）物理力学指标，判定滑坡稳定状态，提出防治工程建议方案。

2. 滑坡勘查要求

（1）查明滑坡的现状和引起滑动的主要原因。

（2）获得合理的计算参数：通过勘探、原位测试、室内试验、反算和经验比拟等综合分析，获得各区段（牵引段、主滑段和抗滑段）合理的抗剪强度指标。

（3）综合测绘调查、工程地质比拟、勘探及室内外测试结果，对滑坡当前和工程使用期内的稳定性作出合理评价。

（4）查明滑坡的危害程度，进行滑坡灾害分级（见表 2.10）。

表 2.10　　　　　　　　滑 坡 灾 害 等 级 划 分

危害等级		一 级	二 级	三 级
潜在经济损失		直接经济损失大于 1000 万元，或潜在经济损失大于 1 亿元	直接经济损失为 500 万～1000 万元，或潜在经济损失 5000 万～1 亿元	直接经济损失小于 500 万元，或潜在经济损失小于 5000 万元
危害对象	城镇	威胁人数大于 1000 人	威胁人数 1000～500 人	威胁人数小于 500 人
	交通道路	一、二级铁路；高速公路	三级铁路；一、二级公路	铁路支线；三级以下公路
	大江大河	大型以上水库，重大水利水电工程	中型水库，省级重要水利水电工程	小型水库，县级水利水电工程
	矿山	能源矿山，如煤矿	非金属矿山，如建筑材料	金属矿山，稀有，稀土矿

注　引自《滑坡防治工程勘查规范》（DZ/T 0218—2006）。

（5）提出整治滑坡的工程措施或整治方案。防治滑坡宜采用排水（地面水和地下水）、减载、支挡、防止冲刷和切割坡脚、改善滑带岩土性质等综合性措施，且注意每种措施的多功能效果，并以控制和消除引起滑动的主导因素为主，辅以消除次要因素的其他措施。对规模较大的滑坡及滑坡群，宜加以避让。

(6) 提出监测预测方案。

3. 地质环境条件调查技术要求

(1) 应以资料收集为主，要求确定工作区地貌单元的成因、形态类型，包括：斜坡形态、类型、结构、坡度，以及悬崖、沟谷、河谷、河漫滩、阶地、沟谷口冲积扇等微地貌组合特征、相对时代及其演化历史；了解地层层序、地质时代、成因类型，特别是易滑地层的分布与岩土特性和接触关系，以及可能形成滑动带的标志性岩层；了解区域断裂活动性、活动强度和特征，以及区域地应力、地震活动、地震加速度或基本烈度。分析区域新构造运动、现今构造活动，地震活动以及区域地应力场特征。

(2) 核实调查主要活动断裂规模、性质、方向、活动强度和特征及其地貌地质证据，分析活动断裂与滑坡、崩塌灾害的关系。

(3) 调查各种构造结构面、原生结构面和风化卸荷结构面的产状、形态、规模、性质、密度及其相互切割关系，分析各种结构面与边坡的几何关系及其对滑坡稳定性的影响。

(4) 调查了解工程岩组，包括：岩体产状、结构和工程地质性质，应划分工程岩组类型及其与滑坡灾害的关系，确定软弱夹层和易滑岩组。

(5) 了解社会经济活动，包括城市、村镇、乡村、经济开发区、工矿区、自然保护区的经济发展规模、趋势及其与滑坡灾害的关系。

(6) 充分收集水文、气象资料。掌握多年平均降雨量、最大降雨量、暴雨及降雨季节、勘查区沟谷最大流量、气温等信息。

4. 滑坡工程地质测绘技术要求

(1) 滑坡工程地质测绘范围要求包括滑坡后壁至前缘剪出口及两侧缘壁之间的整个滑坡，并外延到滑坡可能影响的一定范围。当采用排水工程进行滑坡防治时，应对滑坡外围拟设置的地面排水沟或地下廊道洞口等防治工程所在的地区进行工程地质测绘。当滑坡威胁剪出口下部建筑物或可能对下部河流堵江，应测绘包括危害区的纵向控制性剖面。

(2) 滑坡工程地质测绘内容主要包括地形地貌测绘、岩（土）体工程地质结构特征测绘、滑坡裂缝测绘等。地形地貌测绘要求包括宏观地形地貌（地面坡度与相对高差、沟谷与平台、鼓丘与洼地、阶地及堆积体、河道变迁及冲淤等）和微观地形地貌（滑坡后壁的位置、产状、高度及其壁面上的擦痕方向；滑坡两侧界线的位置与性状；前缘出露位置、形态、临空特征及剪出情况；后缘洼地、反坡、台坎、前缘鼓胀、侧缘翻边埂等）；岩（土）体工程地质结构特征测绘包括：周边地层、滑床岩（土）体结构；滑坡岩体结构与产状，或堆积体成因及岩性；软硬岩组合与分布、层间错动、风化与卸荷带；黏性土膨胀性、黄土柱状节理；滑带（面）层位及岩性；滑坡裂缝测绘要求包括分布特征、长度、宽度、性状、力学属性及组合形态，并应对建筑物开裂、鼓胀或压缩变形进行测绘，现场做出与滑坡的关系判断。

(3) 调查滑坡体上植被类型（草、灌、乔等）及持水性，马刀树和醉汉林分布部位，池塘与稻田分布及水体特征、坡耕地、果园分布及灌渠。

(4) 调查滑坡区人类工程活动，包括开挖切脚或斩腰、道路与车载、民居与给排水、堡坎和晒坝、工程弃渣、采矿或爆破、人防工程或窑洞。

(5) 初步查明地表水入渗情况、产流条件、径流强度、冲刷作用以及地表水的流通情况、灌溉、库水位及升降。开展入渗试验，提供初步入渗系数。

5. 勘探和测试技术要求

（1）通过勘探和测试，初步查明滑坡体结构及滑动面（带）的位置，了解地下水水位、流向和动态，采取岩土试样。

（2）可采用主辅剖面法，不少于一条纵、横剖面布置勘探线，勘探线应由钻探、井探、槽探及物探等勘探点构成。纵向勘探线布置宜结合滑坡分区进行，不同滑坡单元均应由主勘探线控制，在其两侧可布置辅助勘探线。横向勘探线宜布置在滑坡中部至前缘剪出口之间。勘探点间距应根据滑坡结构复杂程度和规模确定，见表2.11。主勘探线与辅助勘探线间距为40～100m。主勘探线勘探点一般不少于3个，勘探点间距为40～80m。辅勘探线勘探点间距一般为40～160m。勘探点之间可用物探方法进行验证连接。滑坡与崩塌勘查地质条件复杂程度划分只分为简单和复杂两类（表2.12）。

表 2.11　　　　　　　　　　　勘探点线间距布置要求

勘查地质条件类型	勘 探 线	主勘探线间距/m	主勘探线勘探点间距/m	辅助勘探线勘探点间距/m
简单	纵向	60～100	60～100	80～160
	横向	60～100	60～100	80～160
复杂	纵向	40～80	40～80	40～120
	横向	40～80	40～80	40～120

表 2.12　　　　　　　　　　滑坡与崩塌勘查地质条件复杂程度分级

勘查地质条件类型	特　征
简单	单斜岩层，产状平缓，岩性岩相变化不大，地质界线清楚；围岩露头良好，岩体工程地质质量好，地形起伏小，地貌类型、第四系沉积相单一，阶地结构好，重力地质作用弱，风化卸荷裂隙不发育，风化层厚度薄
复杂	褶皱和断裂发育，岩性岩相变化大，地质界线不清楚；围岩露头差，岩体工程地质质量差，地形起伏大，地貌类型多变；卸荷裂隙发育，风化层厚度大，植被发育，堆积层厚度巨大，水文地质条件变化大

（3）勘探方法采用钻探、井探或槽探相结合，并用物探沿剖面线进行探测验证。勘探孔的深度应穿过最下一层滑动面，并进入滑床3～5m，布设抗滑桩或锚索部位的控制性钻孔进入滑床的深度宜大于滑坡体厚度的1/2，并不小于5m。

（4）对结构复杂的大型滑坡体，可采用探洞进行勘探，并绘制大比例尺的展示图，进行照（录）像。要选择合理的掘进和支护方式，严禁对滑坡产生过大扰动。

（5）在滑坡体内、滑动面（带）和稳定地层内，均应采取足够数量的岩土试样进行试验。测试其物理、水理与力学性质指标。在探井、探槽或探洞中，对滑带土应取原状土样。当无法采取原状土样时，可取保持天然含水量的扰动土样进行重塑样试验。

（6）初步查明地下水的基本特征，包括：含水层分布、类型、富水性、渗透性、地下水位变化趋势，主要隔水层的岩性、厚度和分布，地下水水化学特点，泉点、地下水溢出带、斜坡潮湿带等分布及动态情况。该阶段工作同时要求结合钻孔和探井进行地下水位动态观测，并分析地下水的流向、径流和排泄条件、地下水渗透性等。

6. 施工条件调查技术要求

(1) 结合可能采取的滑坡治理工程技术，调查施工现场、工地住房、工作道路的地形地貌，并进行安全评估，测图范围及精度视现场情况酌定。

(2) 对防治工程所需天然建筑材料（砂、砂石、砾石、块石、毛石等）的分布、质量和储量进行踏勘和评估。天然骨料缺乏或质量不符合工程要求时，须对人工料源进行初查。

(3) 了解滑坡周围水源分布，评价防治工程生活用水需水量和水质，提出供水建议。

7. 可行性论证阶段勘查报告要求

滑坡勘查报告应包括序言、地质环境条件、滑坡区工程地质和水文地质条件、滑坡体结构特征、滑带特征、滑坡变形破坏及稳定性评价、滑坡防治工程方案建议等，并提供相应的平面图、剖面图、专题图、地球物理勘探报告、钻孔柱状图、竖井和探洞展示图、滑体等厚线、地下水等水位线、岩（土）体物理力学测试报告、地下水动态监测报告、滑坡变形监测报告等原始附件。

2.2.3 设计阶段勘查（详勘）

设计阶段勘查包括初步设计和施工图设计两个阶段，合称为设计阶段勘查。设计阶段勘查是在充分分析、利用可行性研究阶段勘查成果的基础上，结合治理工程的平面布置，进行重点勘查，对将要进行设计的治理工程轴线和场地展开有针对性的工程地质勘探和测试，重点查明滑坡岩（土）体结构、空间几何特征和体积、水文地质条件，提供工程设计需用的工程地质资料和岩（土）体物理力学参数，进行稳定性评价和滑坡推力计算，以满足工程设计图的地质要求，对治理工程措施、结构形式、埋置深度和工程施工等提出工程地质方面的要求和建议。

1. 工程地质测绘技术要求

(1) 根据可行性论证推荐的防治方案，开展工程部署区大比例尺测绘。

(2) 地面排水工程测绘应沿排水沟工程轴线追索进行，内容包括地形、坡度、岩土体结构。以纵剖面图测绘为主，比例尺宜为 1:100～1:500，并在沿线不同单元处测绘横剖面图。地下排水工程的测绘应沿廊道工程轴线追索进行，结合钻探、井探、物探等，测绘纵向剖面图，比例尺宜为 1:100～1:500，对廊道口应提交进洞工程地质立体图，比例尺宜为 1:20～1:100。

(3) 抗滑桩和锚固工程的测绘沿工程布置轴线进行，内容包括地形、坡度、岩土体结构的测绘。结合钻探、井探、物探等，提交沿工程布置方向的地质剖面图，可测绘工程布置立面图（展示图），并提交工程区轴向工程地质剖面图，比例尺宜为 1:200～1:500。

(4) 挡墙工程的测绘应沿工程布置轴线进行，内容包括地形、坡度、滑体结构、滑带的测绘，比例尺宜为 1:250～1:1000。并提交工程区轴向工程地质剖面图，比例尺为 1:50～1:100。

(5) 削方减载和回填压脚工程的测绘应提供工程区纵、横剖面图，包括地形、坡度、岩（土）体结构等，剖面间距为 20～100m，对不同的单元或转折地段应有剖面控制，比例尺宜为 1:50～1:500。

2. 勘探和测试技术要求

(1) 应结合地质条件和防治工程方案，对初步勘查阶段的勘探线进行加密勘查，勘探点线间距布置要求见表 2.13。纵向主勘探线勘探点间距宜加密为 40～60m，并对纵向辅勘探线适度加密，勘探点间距宜为 80～120m。横向勘探线重点布置在工程实施部位，勘探点间距宜为 40～120m。

（2）勘探方法应采用钻探和井探相结合。钻探和井探的要求，滑带与滑体岩土物理、水理与力学性质指标测试的要求均与初勘阶段相同。

（3）施工的钻孔应进行注（抽）水试验，并可作为地下水动态观测孔，宜延续至工程竣工后，以判定滑体的浸湿深度、渗透性变化及滑坡稳定性。

表 2.13 勘探点线间距布置要求

勘查地质条件类型	勘 探 线	主辅勘探线间距/m	主勘探线勘探点间距/m	辅助勘探线勘探点间距/m
简单	纵向	60～100	60	120
	横向		60～120	
复杂	纵向	40～80	40	80

3. 设计阶段勘查报告要点和附件

（1）设计阶段滑坡勘查报告，应包括序言、滑坡区工程地质和水文地质条件、滑坡体结构特征、滑动带特征、滑坡变形破坏及稳定性评价、推力分析等，并提供岩土体物理力学试验、原位岩土力学试验、设计参数试验、地下水动态监测、滑坡变形监测等原始报告和附件。

（2）结合滑坡防治工程，应专门提交供设计图使用的工程地质图册，并以纸质和电子文档形式提交，包括各防治单元的剖面图、立体图、钻孔柱状图、探井和探洞展示图及综合工程地质图等图件。

2.2.4 施工阶段勘查（补充勘查）

施工阶段勘查包括防治工程实施期间，开挖和钻探所揭示的地质露头的地质编录、重大地质结论变化的补充勘探和竣工后的地形地质状况测绘，编制施工前后地质变化对比图，并对其作出评价结论。施工阶段勘查应采用信息反馈法，结合防治工程实施，及时编录分析地质资料，将重大地质结论变化及时通知业主，情况紧急时及时通知施工和设计单位，采取必要的防范措施。施工阶段勘查应针对现场地质情况，及时提出改进施工方法的意见及处理措施，保障防治工程的施工适应实际工程地质条件的变化。

1. 开挖露头测绘和钻孔勘探要求

（1）施工地质工作方法应采用观察、素描、实测、摄影、录像等手段编录和测绘施工揭露的地质现象，对滑坡体、滑床、滑动带、软弱岩层、破碎带及软弱结构面宜进行复核性岩土物理力学性质测试，可进行必要的变形监测或地下水观测。

（2）根据施工设计图开挖最终形成的地质露头，应在工程实施前进行工程地质测绘，提交剖面图、平面图、断面图或展示图，并进行照（摄）像。

（3）开挖过程中揭露的滑带土、擦痕等典型滑坡地质形迹应及时加以编录、照（摄）像、留样。抗滑桩开挖的探井，在开挖中应及时进行工程地质编录、照（摄）像，特别应注意主滑带和滑坡体内各种软弱带。在主剖面线的探井内采取主滑带和软弱带原状样，进行抗剪强度试验，复核或校正原地质报告的结论。

（4）对于一级防治工程，宜抽取锚杆（索）钻孔总数的5%，且不宜少于3孔，采用物探等手段，结合钻进判断滑动带位置和进行岩土体质量划分。

（5）锚杆（索）钻孔和抗滑桩竖井等探测的滑动带位置与原地质资料误差较大时，应及时修正滑坡地质剖面图和工程布置图，并指导工程设计变更。

（6）在实施喷锚网工程和砌石工程前，应进行地质露头工程地质测绘，并进行照（摄）像。

（7）采用注浆等方法改性加固滑坡体后，应沿主勘探线进行钻探取样，提供改性后的滑坡体物理力学参数。

2. 补充工程地质勘查技术要求

（1）施工期间发现滑坡重大地质结论变化，应补充工程地质勘查，提交补充工程地质勘查报告。重大地质结论变化包括：局部滑坡体变形加剧或滑动；滑坡岩土体结构与原报告差异大；滑动面埋深与原报告相差达20%以上等。

（2）补充工程地质勘查主要针对变化区进行，采用工程地质测绘、物探、山地工程等查明地质体的空间形态、物质组成、结构特征、成因和稳定性，地下水存在状态与运动形式、岩土体的物理力学性质；应评估由于变化对滑坡整体稳定和局部稳定的影响。

（3）勘查方法、工作量和进度应根据地质问题的复杂性、施工图设计阶段查明深度和场地条件等因素确定。应利用各种施工开挖工作面观察和搜集地质情况。当滑坡出现重大地质结论变化时，应进行软弱面抗剪强度校核，重新进行整体稳定性评价和推力计算。评估由于变化对滑坡整体稳定和局部稳定的影响，对工程的设计方案和施工方案的变更提出建议。

（4）补充工程地质勘查报告应根据工程实际存在的地质问题有针对性地确定，内容包括：前言，施工情况及问题经过，新发现的滑坡体结构特征、滑带特征，滑坡变形破坏特征，变化区滑坡体稳定性评价和推力分析，以及滑坡整体稳定性评价，滑坡防治工程方案变更或补充设计建议等。

（5）补充工程地质勘查报告附件包括平面图、剖面图、钻孔柱状图、探井和探洞展示图以及地球物理勘查报告、岩土体物理力学测试报告、地下水动态监测报告、滑坡变形监测报告等原始材料。

以上几个阶段，可根据实际情况和需要，酌情简化或合并，例如，对于规模小，结构简单，治理工期短的滑坡，可根据实际情况合并勘查阶段，简化勘查程序。

任务2.3 滑 坡 评 价

2.3.1 滑坡稳定性评价

滑坡稳定性评价方法有自然分析法、力学平衡法、图解法和工程地质类比法。其中，自然历史分析法、图解法和工程地质类比法属于定性或半定量评价方法，力学计算法属于定量评价方法。

2.3.1.1 自然历史分析法

自然历史分析法是一种定性评价的方法。主要通过研究斜坡形成的地质历史和所处的自然地理及地质环境、斜坡的地貌和地质结构、发展演化阶段及变形破坏形迹来分析主要的和次要的影响因素，从而对斜坡稳定性作出初步评价。所以这种方法实际上是通过追溯斜坡发生、发展演化的全过程来进行稳定性的初步评价。它对研究斜坡稳定性的区域性规律尤为适用。

自然历史分析法主要研究内容包括3个方面：区域地质背景的研究；促使斜坡变形破坏的主导因素及触发因素的分析；斜坡所处的演化阶段和发展趋势、可能破坏的方式及其后果的预测。勘察研究的手段主要是工程地质测绘调查。自然历史分析法一般在初期勘察阶段进行，它要求勘察人员具有较好的地质素质。该方法虽是初步的、定性的，但它是其他评价方法的基础，没有这种评价方法，其他评价方法也将难以进行。

2.3.1.2　工程地质类比法

工程地质类比法就是将所要研究的斜坡或拟设计的人工边坡与已研究过的斜坡或人工边坡进行类比，以评价其稳定性或确定其坡角和坡高。类比时必须全面分析研究工程地质条件和影响斜坡稳定性的各项因素，比较其相似性和差异性，相似性越高，则类比依据越充分，所得结果越可靠。类比的基础是相似，只有相似程度较高才可进行类比，所以使用类比法之前一定要充分做好工程地质调查研究工作，而且要有丰富的实践经验。工程地质类比法主要包括自然斜坡类比法与调查统计法两种基本方法。

1. 自然斜坡类比法

该方法原理如下：

（1）自然斜坡的外形受地质构造、岩性、气候条件、地下水赋存状况、坡向等因素影响。由于重力因素的作用，通常稳定的高坡要比稳定的低坡平缓。

（2）影响斜坡的重力、岩性、岩体结构构造、气候条件、坡向相同时，人工边坡较自然斜坡可维持较大的坡度。

（3）将同一种斜坡调查所得（L、H）数对绘于双对数坐标纸上，可得到一条直线。利用不同斜坡调查结果所绘制的各直线有会聚的趋势。

2. 调查统计方法

该方法在详细踏勘的基础上，从地形图上选取与设计的边坡坡向、岩性、构造以及地下水赋存状态等相同或相近的斜坡。将选出的斜坡划分成若干档次，在各段坡高的较陡区段量取其相应的坡面水平投影长，进行筛选，找出该档次坡高的最小坡面投影长度。此坡高与其相应的最小坡面水平投影长度即为所获取的一对数据。如此进行，可获得对应不同档次坡高的一系列数对。将这些数对标在双对数坐标纸上，绘出曲线（常为直线），参照和利用前述的经验汇聚点的位置，由最高数据点附近曲线上的一点到经验会聚点连线的外插结果。可用以估计更高的自然坡的稳定坡度。

2.3.1.3　图解法

图解法是一种定性的或半定量的评价方法，一般采用图表计算法和图解分析法。图表计算法种类较多，其基本原理一般都是根据斜坡所处的条件，先确定某一无量纲量，并绘制不同坡角情况下无量纲量与稳定系数关系曲线图，或不同稳定系数情况下的无量纲量与坡角关系曲线图。借助曲线图，在已知 c、$\tan\varphi$、λ、α、β、H 等参数后，即可直接从关系曲线上查得稳定系数。

图表计算法与力学计算法相比较，其结果精度差些。但是，在进行边坡初步设计时是可以满足要求的。

图解分析法以赤平极射投影为基础，通过对斜坡岩体结构面的大量调查统计，掌握优势软弱结构面的产状特征，据以分析它们对斜坡稳定性的影响。现就利用赤平投影图初步分析岩质边坡稳定性，一组结构面与坡面的边坡稳定性分析的情况见图 2.24，两组结构面与坡面走向基本一致稳定性分析的情况见图 2.25，两组结构面与坡面走向斜交的稳定分析的情况见图 2.26。

结构面与边坡关系	平面图	剖面图	赤平投影图	边坡稳定情况
内倾	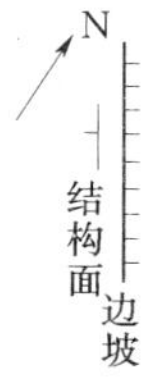	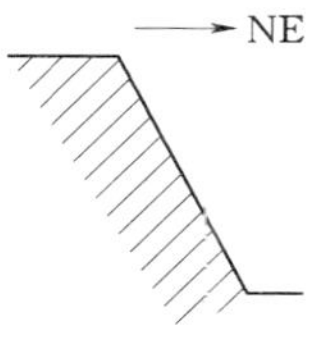	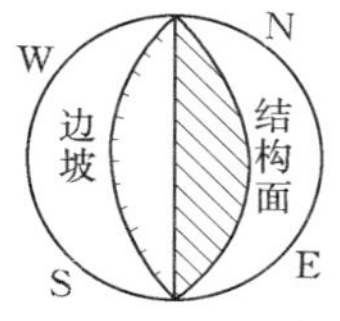	稳定，滑动可能性小
外倾结构面倾角 β 小于坡面角 α		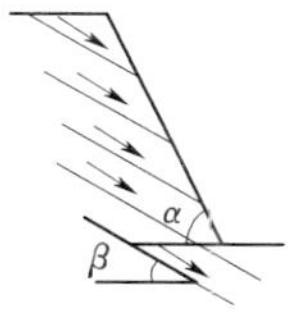	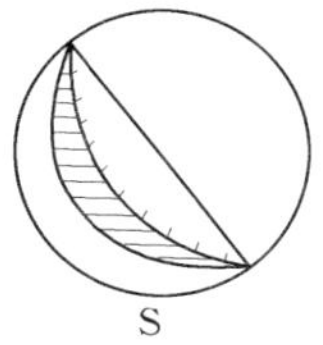	不稳定，易滑动
$\beta > \alpha$		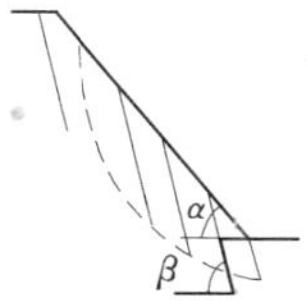	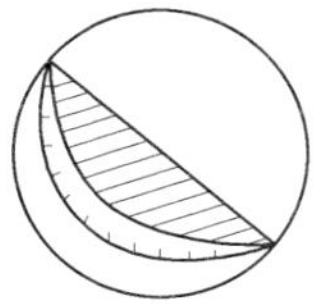	滑动可能性较小，但可能沿软弱结构面产生深层滑动
斜交夹角 $>40°$，外倾	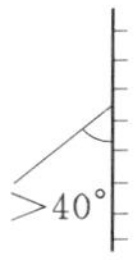	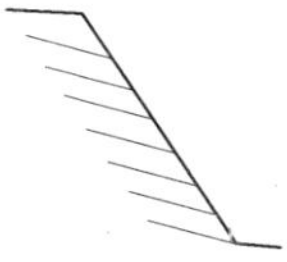	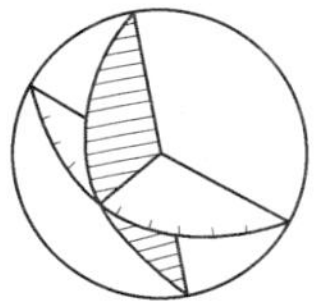	一般较稳定，坚硬岩层滑动可能性小
斜交夹角 $<40°$，外倾	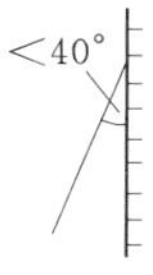	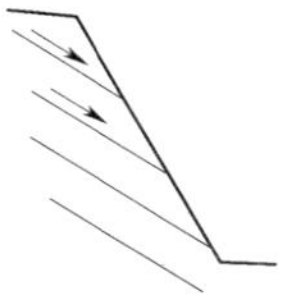	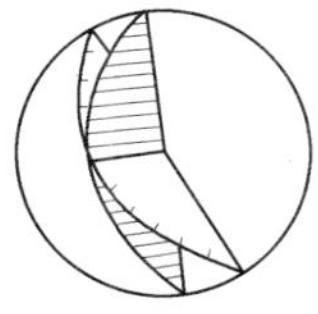	不很稳定，可能产生局部滑动

图 2.24 岩质边坡稳定性分析——一组倾斜结构面的边坡稳定情况

结构面与边坡关系	平面图	剖面图	赤平投影图	边坡稳定情况
两组内倾	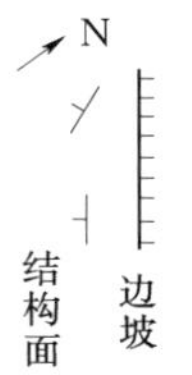	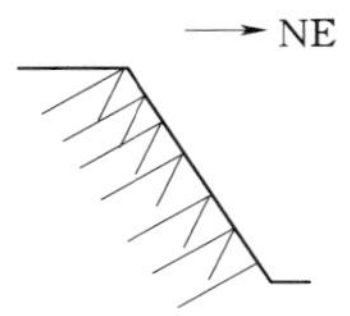	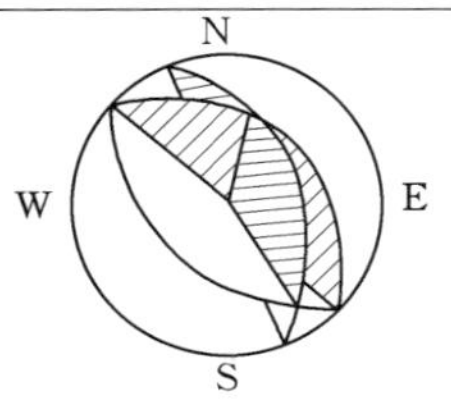	较稳定,坚硬岩层滑动可能性小
两组外倾,$\beta<\alpha$		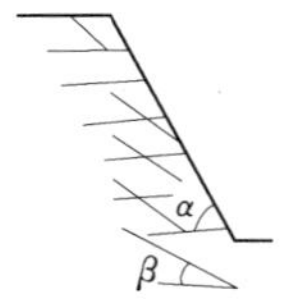	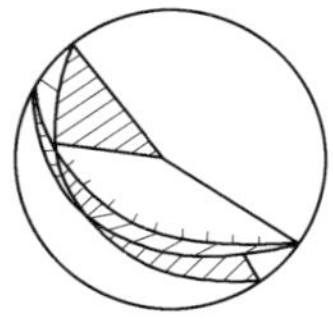	不稳定,较破碎,易滑动
两组外倾,$\beta>\alpha$	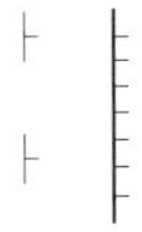	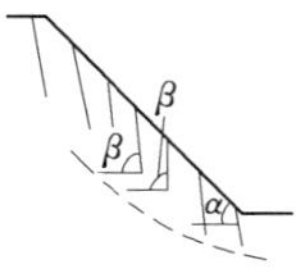	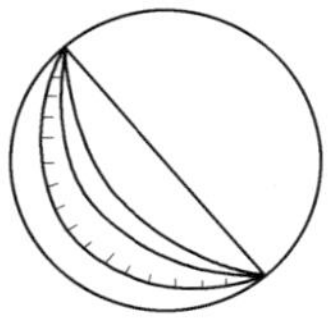	较稳定,可能产生深部滑动
一组外倾(一组内倾),$\beta<\alpha$		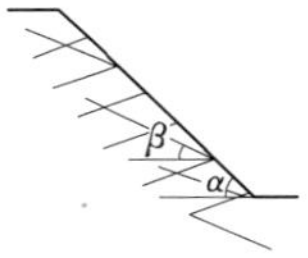	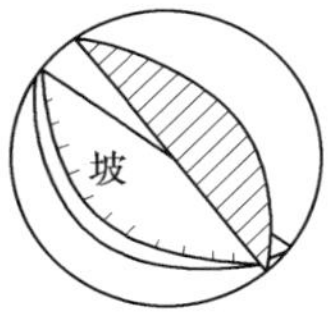	不稳定,较易滑动
一组外倾(一组内倾),$\beta>\alpha$	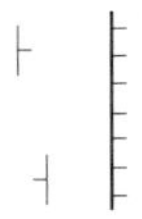	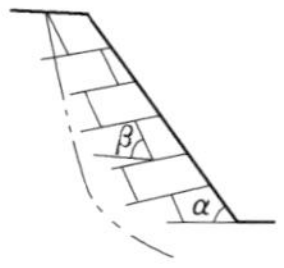	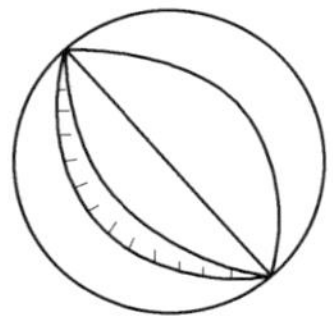	可能产生深层滑动,内倾结构面倾角越小越易滑动

图 2.25 岩质边坡稳定性分析——两组结构面与边坡走向基本一致的稳定情况

2.3.1.4 定量评价方法

滑坡稳定性分析中,定量评价方法建立在莫尔-库伦强度准则基础上的极限平衡法属于经典方法,在世界范围内得到广泛应用。滑坡稳定性分析大多数是静不定问题,通过引入一些简化假定来使问题变得静定可解。其计算过程一般先假定边坡是岩土体沿某一确定的滑裂面滑动破坏,再根据滑裂岩土体的静力平衡条件和莫尔-库伦破坏准则计算沿该滑动面滑动的可能性,即稳定系数的大小或破坏概率的高低,然后系统地选取多个可能的滑动面,用同样的方法计算稳定系数或破坏概率。稳定系数最小或破坏概率最高的破坏面即是最可能的滑动面。

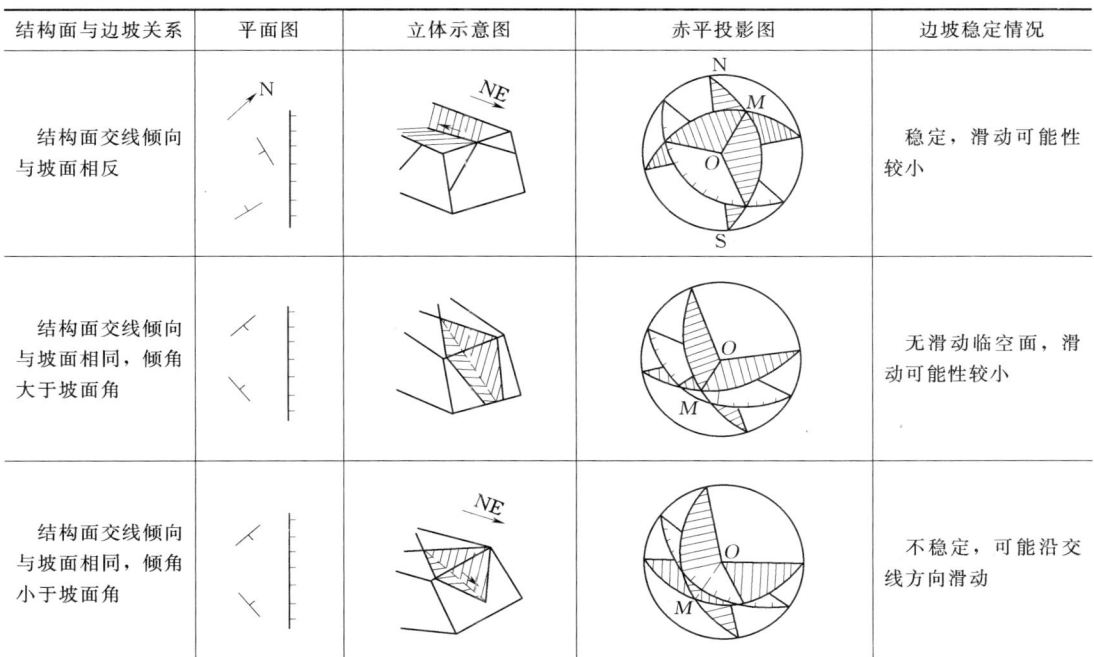

图 2.26 岩质边坡稳定性分析——两组结构面与边坡走向斜交的稳定情况

滑坡稳定分析的方法比较多，但总的说来可分为两大类，即以极限平衡理论为基础的极限平衡分析法和以弹塑性理论为基础的弹塑性理论分析方法。

1. 极限平衡分析法

极限平衡分析法是把滑体看作近似的刚性材料，根据斜坡上的滑体或滑块的力学平衡原理（即静力平衡原理），分析边坡各种破坏模式下的受力状态，通过边坡上的抗滑力与下滑力之间的关系来评价边坡的稳定性。其基本方法就是大家熟悉的条分法。条分法能够适应复杂的坡体几何形状、各种土质以及孔隙水压力等条件。目前已提出的多种基于极限平衡理论的条分法基本思路相同，均假定岩土体沿着滑动面做刚性滑动，然后把滑动岩土体竖向分成有限宽度的若干土条，把土条当作刚性体，根据静力平衡条件和极限平衡条件求得滑动面上力的分布，从而获得滑坡的稳定系数。目前以条分法为基础的滑坡稳定性计算方法的主要特点见表 2.14。

表 2.14 常用极限平衡法简表

分析方法	假设条件	力学分析	适用范围
瑞典条分法	均质坡体；不考虑条间相互作用力；各条底面的抗滑稳定性系数相同	满足滑体的整体力矩平衡	滑面为圆弧滑面，垂直条分滑体
Bishop 法	条块间只有水平力作用，不考虑条间垂向力；各条底面的抗滑稳定性系数相同	（1）整体力矩平衡；（2）条间垂向力为零；（3）需给出初始稳定性系数	滑面为圆弧滑面或任意形状，垂直条分滑体

续表

分析方法	假设条件	力学分析	适用范围
Janbu 法	假定条间力作用点的位置，即在离滑面 1/3 处	(1) 分块力矩平衡；(2) 分块力平衡	垂直条分滑体，适用于任意滑面，计算可能收敛困难
Spencer 法	条块间水平与垂直作用力之比为常数	(1) 分块力矩平衡；(2) 分块力平衡	垂直条分滑体，适用于任意滑面
Morgenstem – Price 法	条块间切向力和法向力存在比例关系；条间力作用点位置随滑面倾角而变化	(1) 分块力矩平衡；(2) 分块力平衡	垂直条分滑体适用于任意滑面
Sarma 法	条间满足极限平衡条件	分块力平衡	任意条分，考虑临界地震加速度和静水压力，适用于任意形状滑面滑坡
传递系数法	土条间的作用力的方向与上一土条底滑面平行；条块间没有摩擦力	各条块底滑面法线方向上满足力平衡条件	折线滑面或任意形状滑面

极限平衡分析法的优点是在不研究滑体结构变形情况下，能对滑体的稳定性给出定量的结论。但该方法对于复杂的边坡情况（如考虑土体非均质及各向异性等），不能反映边坡的破坏机制，不能描述边坡屈服的产生、发展过程，也不能提供坡体内应力—应变的分布情况。由于没有考虑土体土身的应力—应变关系和实际工作状态，所求出土条之间的内力或土条底部的反力均不能代表边坡在实际工作条件下真正的内力和反力，更不能求出变形。但由于这种方法应用简单，物理意义明确，至今仍然是滑坡稳定性分析的主要方法。

2. 弹塑性理论分析法

弹塑性理论分析法主要包括塑性极限平衡法和数值分析法。

（1）塑性极限平衡法。该方法适用于土质斜坡，假定土体为均质、各向同性、连续的线弹性体，按莫尔—库伦屈服准则确定稳定系数。虽然能够考虑材料的物理非线性问题，但从几何角度来看，该方法仍然运用小变形近似理论进行分析，对具有大变形特点的斜坡稳定性进行分析时会产生较大的误差。

（2）数值分析法。该方法利用计算机技术，采用全面满足静力平衡、应变相容和材料本构关系求边坡的应力分布和变形情况，研究岩体中应力和应变的变化过程，求得各点上的局部稳定性系数，由此判断边坡的稳定性。它的优点是不受边坡几何形状不规则和材料不均匀的限制，可用于连续介质和不连续介质。在求出单元体的力的平衡时，考虑单元体的变形协调，同时还考虑岩土体的破坏准则，从而使得计算结果更加精确合理。数值分析法主要有以下几种：

1）有限单元法。该方法可以处理复杂的边界条件及材料的非均匀性和各向异性，还可以有效地模拟材料的非线性应力—应变关系，得到应力场、位移场和滑坡可能的破坏部位。其优点是能部分地考虑岩土体的非均质不连续介质特征，考虑了岩体的应力、应变特征，因而避免了将滑坡体视为刚体或过于简化边界条件的缺点，能够更实际地从应力、应变方面分析滑坡的变形破坏机制。

2）边界单元法。该方法只需对已知区的边界极限离散化，具有输入数据少的特点。其不足之处为，一般边界单元法得到的线性方程组的关系矩阵是满的不对称矩阵，不便应用于有限元中成熟的稀疏对称矩阵的系列解法。

3）离散元法。该方法基本上属于一种动态分析的方法，但也不排除静态分析，考虑块体受力后的运动状态，以及由此导致受力状态及系统的变形（块体运动）随时间的变化，模拟边坡失稳的全过程。该方法利用中心差分法解析动态松弛求解，不需要求解大型矩阵，其基本特征是允许各离散块体发生平动、转动甚至分离，弥补了有限元法的介质连续和小变形的限制。其缺点是计算时步需要很小，阻尼系数难以确定等。

4）快速拉格朗日分析法。根据有限差分法的原理，该方法较能很好地考虑岩土体的不连续性和大变形特性，求解速度较快。其缺点是计算边界、单元网格的划分带有很大的随意性。

2.3.2 滑坡风险评价

滑坡灾害风险评价是滑坡灾害风险管理的基础性工作，是制定各项防灾减灾措施，尤其是非工程防灾减灾措施的重要依据。因此，滑坡灾害风险评价对于减轻滑坡灾害的损失具有重要意义，必须引起人们高度重视。目前，关于滑坡灾害风险的定义尚未统一，滑坡灾害的风险评价还停留在单一学科内探讨，没有建立具有系统性的滑坡灾害风险评价体系，对于滑坡灾害风险评价的内容和方法仍没有统一的可供依据的标准。

滑坡灾害的发生、发展及消亡的整个演化过程都是人与自然关系的一种表现。由于滑坡灾害的最终承受体是人类及人类社会中的集合体（承灾体），因而，只有对承灾体的部分或整体造成直接或间接损害的滑坡称为灾害性滑坡。一般而言，形成滑坡灾害必须具备两个条件：一是存在诱发滑坡的因素（致灾因素）及形成滑坡灾害的环境（孕灾环境）；二是滑坡影响区有人类居住或分布、有社会财产（承灾体）。致灾因素、孕灾环境、承灾体三者之间相互作用的结果形成了通常所说的灾情。从系统理论的观点来看，孕灾环境、致灾因子、承灾体及灾情之间相互作用、相互影响、相互联系，形成了一个具有一定结构、功能及特征的复杂体系，这就是滑坡灾害系统。滑坡灾害风险既是经济风险又是非经济风险，具有客观性、纯风险性、空间性，具有可测算性、动态性。

2.3.2.1 滑坡危险性分析

危险性是指不利事件发生的可能性，滑坡灾害的危险性是指滑坡灾害系统中孕灾环境和致灾因子的各种自然属性特征，可用滑坡过程强度或规模、滑坡频率、滑坡灾害影响区域及其影响程度、滑坡灾害危害程度等危险性指标来评价。滑坡灾害的危险性分析就是在滑坡灾害系统观点的框架下，从风险诱发因素出发，研究不利事件发生的可能性，即概率；以及研究受滑坡威胁地区可能遭受滑坡影响的强度和频度，即滑坡发生频率与滑坡强度的关系。

滑坡勘查完毕后，应进行滑坡危险性分析，即根据滑坡稳定性评价结论，分析确定滑坡目前的危险程度。

（1）严重危险的：将发生整体滑动，危害性巨大，急需采取躲避或防治措施。

（2）中等危险的：将发生部分滑动，危害性较大，需采取躲避或防治措施。

(3) 一般危险的：将发生局部滑动，有一定危害性，采取局部防治措施。

(4) 无危险的：目前滑坡是稳定的，注意控制影响滑坡的因素。

2.3.2.2 承灾体易损性分析

不同承灾体遭受同一强度的滑坡灾害或其损失程度会不一样，同一承灾体遭受不同强度滑坡灾害的损失程度都不会一样，即易损性不同。承灾体易损性是指承灾体遭受不同强度滑坡可能损失的程度，常用损失率来表示。滑坡灾害损失率是描述滑坡灾害直接经济损失的一个相对指标，通常指各类承灾体遭滑坡灾害损失的价值量与灾前或正常年份各类承灾体原有价值量之比，简称滑坡灾害损失率。滑坡灾害损失率是滑坡灾害经济损失评估的重要指标，分为各类承灾体分项滑坡灾害损失率（如农作物滑坡灾害损失率、工商企业财产滑坡灾害损失率、城乡居民财产滑坡灾害损失率等）和各类承灾体综合滑坡灾害损失率两种。

承灾体易损性分析是研究区域承灾体易于受到致灾滑坡的破坏、伤害或损伤的特征。为此，首先，要识别滑坡灾害可能威胁和损害的对象并估算其价值；其次，估算这些对象可能损失的程度。概括地说，承灾体易损性分析是研究滑坡强度与损失率的关系。

2.3.2.3 滑坡破坏损失评估

滑坡灾害破坏损失评估是在危险性分析和易损性分析的基础上，计算不同强度滑坡灾害可能造成的损失大小。对于某一具体的承灾体，在一指定频率滑坡下可能受到的损失可采用以下方法进行计算：

(1) 从滑坡灾害危险性分析结果中找出该承灾体所处位置及可能遭受的滑坡灾害强度。

(2) 从易损性分析结果中找出该类承灾体在该滑坡灾害强度下可能的损失率。

(3) 利用第（2）步计算的损失率乘以承灾体的价值，即得到该承灾体可能损失值。

按上述步骤计算研究区内所有承灾体损失值，将其累加即可得该频率滑坡可能带来的总损失值；对所有频率分别计算可能损失，就可以得到滑坡灾害损失的概率分布，即滑坡灾害风险。

2.3.2.4 滑坡灾情和灾害评估

1. 滑坡灾情评估

1994 年《世界灾情调查报告》指出，世界上发生的大灾害在过去 30 年（1963—1992 年）内增加了 2 倍，"大灾害"的判定标准如下：

(1) 财产损失超过按国年国民生产总值的 1%。

(2) 受灾者超过该国人口的 1%。

(3) 死亡人数超过 100 人，除地震外，其他地质灾害一般不足上述（1）和（2）的标准。

2. 滑坡灾害评估

滑坡地质灾害的大小，过去无统一的标准，各级上报的材料，形式多样，有的甚至夸大灾情，有的则隐瞒灾情。2003 年国务院颁布了《地质灾害防治条例》，其中第四条规定，地质灾害按人员伤亡、经济损失大小分为4个等级：

（1）特大型灾害。因灾死亡30人以上或者直接经济损失1000万元以上的。

（2）大型灾害。因灾死亡10人以上30人以下，或者直接经济损失500万元以上1000万元以下的。

（3）中型灾害。因灾死亡3人以上10人以下，或者直接经济损失100万元以上500万元以下的。

（4）小型灾害。因灾死亡3人以下，或者直接经济损失100万元以下的。

因灾造成的间接经济损失和对社会的影响未列入灾害分级中，是因为间接经济损失统计有一定困难，大多数无法准确量化；对社会影响的大小更是无统一标准评估。但是，这两部分灾害应详细如实地统计，这对灾害全面分析、评估、抢险救灾和灾后恢复重建都有重要意义。例如，一条乡村公路因灾断道，就灾害本身造成的直接经济损失很小，但影响到公路四周居民的生产与生活。从这个角度分析它的重要性，应放在抢险救灾首位，尽快抢修公路恢复交通。

总之，滑坡灾害系统是一个涉及"人—自然—社会"的复杂大系统，从系统科学的观点出发，采用"四结合"，即定性判断与定量计算相结合、微观分析与宏观综合相结合、还原论与整体论相结合、科学推理与哲学思辨相结合思想是建立滑坡灾害风险评价理论体系的有效途径。

任务 2.4 滑坡防治措施

2.4.1 滑坡防治原则

滑坡的防治，要贯彻以预防为主、整治为辅的原则，力求做到防患于未然，在以预防为主的前提下，尚须遵循以下几条具体原则：

（1）预防与治早、治小相结合的原则。对大型滑坡或滑坡群，因防治工程费用大，根治困难，工期过长，应和绕避迁建方案进行比较，在确认有整治可能且经济合理时，方可采用治理措施。在滑坡的早期阶段，就应注意观测，及时采取截、排地下水以及整平坡面、夯实裂缝、防止条件恶化等简单预防措施，使其逐步稳定，或将建设物适度外移，减少在坡体前缘的开挖量。对老滑坡复活或工程活动可能引起滑坡的地段要有相应的预防措施。在选择建设场地、路线、厂址、坝址等工程设计的初期阶段，当勘查区域内存在滑坡隐患时，如果进行绕避，在技术上允许，经济上又合理时，则应尽量绕避。

整治滑坡要采取综合治理措施，治早治小，宜早（治）不宜晚（治），防患于未然。一般滑坡滑带土都有随着变形发展而强度逐渐降低的过程，早治因强度大，则可治小，工程投资小而效益大。

（2）根治与分期治理相结合的原则。对于中、小型滑坡，必须做到彻底根治，不留后患。对于规模大且成因复杂的滑坡，采取一次根治和分期整治相结合的原则，对于短期内不宜查清楚的滑坡，可以分轻重缓急次序，做出全面的整治规划，有计划地采用分期整治的方案进行治理。这样可以在前期过程中继续收集资料，为全面查清滑坡性质并最终提出彻底的根治方案提供基础资料。

（3）因地制宜、讲求实效，治标与治本相结合的原则。要针对滑坡的特点，从实际出发，因地制宜，特别是对整治措施的选择，要考虑到当地的场地条件、材料来源、施工手段、施工技术等条件。同时要根据危害对象及程度，正确选择并合理安排治理的重点，保证以较少的投入取得较好的治理效益。

（4）全面规划、统筹考虑的原则。施工组织安排、施工方法、步骤、取土、弃土、施工季节等对治理工程都会带来不同的影响，既要统筹考虑、照顾全面，又要严格要求、保证质量。

（5）精心管理、加强观测的原则。对于已经治理的工程，仍然要精心管理，加强观测工作，观察工程效果及其新的变化动向，正确判断滑坡的演变规律，避免恶化发展。如果发现问题，应及时采取整治措施。对被损坏的工程设施应及时进行修补，使其始终处于完好状态。

总之，对于滑坡灾害应以预防为主，治理要早，措施得力，对治理后的工程仍要进行精心管理，保证治理的长期效果。

2.4.2 滑坡的预防

1. 地质灾害高发区居民点的避险准备

为紧急避险，地质灾害高发区的居民要在专业技术人员的指导下，在县、乡、村有关部门的配合下，事先选定地质灾害临时避灾场地、提前确定安全的撤离路线、临灾撤离信号等，有时还要做好必要的防灾物资储备。

2. 临时避灾场地的选定

在地质灾害危险区外，事先选择一处或几处安全场地（见图2.27），作为避灾的临时场所。避灾场所的选定，一定要选取绝对安全的地方，绝不能选在滑坡的主滑方向、陡坡有危岩体的坡脚下或泥石流沟沟口。在确保安全的前提下，避灾场地距原居住地越近越好，地势越开阔越好，交通和用电、用水越方便越好。

图 2.27　避灾场地选择

图 2.28　事先明确撤离路线并标在显著位置

3. 撤离路线的选定

撤离危险区应通过实地踏勘选择好转移路线（见图2.28），应尽可能避开滑坡的滑移方向、崩塌的倾崩方向或泥石流可能经过的地段。尽量少穿越危险区，沿山脊展布的道路比沿山谷展布的道路更安全。

4. 预警信号的规定

撤离地质灾害危险区，应事先约定好撤离信号（如广播、敲锣、击鼓、吹叫笛等）（见图2.29）。制定的信号必须是唯一的，不能乱用，以免误发信号造成混乱。

图2.29　提前约定灾害发生时的撤离报警信号、指挥群众按避灾路线撤离

5. 滑坡避险

滑坡发生时，应向滑坡边界两侧之外撤离，绝不能沿滑移方向逃生（见图2.30）。如果滑坡滑动速度很快，最好原地不动或抱紧一棵大树不松手。

2.4.3　预测预警

2.4.3.1　滑坡灾害的可预见性

在许多地方，甚至在广大的山区农村，每年都涌现出伤亡人数很少甚至未出现人员伤亡、将经济损失减少到最低限度的实例。大量的事实证明，只要掌握了滑坡灾害的发生与发展规律，滑坡灾害是可以防御的。

图2.30　滑坡发生时要向滑坡滑动方向的垂直方向逃离

1. 地域性

滑坡灾害的分布是有规律的。滑坡的地域分布规律是因为具备发生滑坡灾害基本条件的地域分布有规律，而许多滑坡的触发条件也同样具备地域分布规律。所以，掌握哪些地方已具备发生滑坡的基本条件，并适时了解其触发条件，就能够提前预知哪些地方有可能发生滑坡灾害，从而有时间做好减灾、避险工作，达到减少灾害损失的目的。

2. 周期性

大量统计资料表明，自然灾害的发生，存在着模糊的周期性规律。长周期为200年、400年或更长，短周期为100年、50年或更短。前面已述及的西藏易贡藏布2000年4月9日发生的扎木隆巴特大滑坡，据前人调查资料，1902年原沟原地发生过近3亿 m^3 的巨型滑坡，时间间隔为98年，可视为周期为100年。降雨、洪水、地震活动都有一定的规律性。已经发现许多灾害过程与天文事件的周期性有关。滑坡的形成、活动规律与地壳运动的规律有关。

3. 阶段性

滑坡是一种自然过程，存在发生、发展的规律性。在滑坡发生前都有一个较长的形成过程，可分为斜坡慢速变形阶段、加速开裂变形阶段和滑动阶段。只要抓住斜坡的开裂变形，就有充足的时间进行观测，进而做出预测、预报。在滑坡发生的过程中，由于其致灾方式、致灾程度都有所不同，因此，在灾害的防御工作中只要能够判定出灾种（滑坡），并确定出崩塌的规模、发育阶段、发展趋势、运动特征和可能危害的范围，就能够对滑坡的灾情做出预测，提出相应的防灾预案。

2.4.3.2　滑坡灾害的可防治性

广大山区人民在与灾害的斗争中总结出一条"以防为主，防治结合"的经验，这是用血的教训挽回的经验，至今还在减灾防灾中广泛应用。

1. 防

防是指在灾害发生之前采用避让的方法撤离危险区，不与灾害体发生正面作用。著名的长江三峡新滩滑坡、巫溪县中阳村滑坡，在滑坡发生前几个小时将前缘的数千名村民撤离，避免了大量人员伤亡事件的发生。1996年8月，四川省凉山州普格县洛乌沟乡镇发生大型泥石流，由于事发前，区、乡干部学习了《山洪、泥石流、滑坡灾害及防治》一书，到山上查看，发现有发生泥石流的前兆，回到乡镇后立即组织全镇人员撤离，挽救了1000多人的生命。类似的例子近几年还很多。防的另一个内容是保护环境，不乱挖、乱建，不乱排、乱放。不做有损环境的工程。过去公路、铁路、水电、矿山、城镇建设，开挖大量边坡，没有及时加固治理，大量弃土弃石倒入沟道中，引发了许多滑坡、崩塌、泥石流灾害。近几年来虽有好转，但仍时有发生。如果"防"做好了，许多灾害是可以避免的。在现在的灾害防御体系中，把"防"字放在了首位，十分重要。

2. 治

治是针对潜在滑坡危险的坡体，或者有再次滑动的老滑坡体，用工程措施阻止灾害的发生，或者工程措施将被危险对象保护起来，防治灾害体造成的各种危险。我国铁路系统20世纪50年代中后期，率先用工程措施防治泥石流，阻止滑坡崩塌的发生，或用工程措施保护铁路路基免遭灾害。随后，公路、水利、水电、矿山、城镇建设也开始用工程措施防治滑坡等灾害。我国已防治的灾害点非常多，治理的效果也是很好的，有许多防治工程经历了20～30年的考验，至今仍起着良好的治理效果。

滑坡等灾害治理的工程措施由土木工程措施和生物工程措施组成。20世纪90年代以前，滑坡等灾害治理以土木工程为主，很少用到生物工程措施，从20世纪90年代末开始，在开挖边坡加固防护上用到了生物工程措施。到目前为止，在滑坡等灾害防治和危险边坡的加固防治中，总结出了近100种工程措施，其中不少的工程措施简单易行。投资少、效果也不错，适合广大乡、村灾害的防治。

2.4.3.3　群测群防网络结构

滑坡等地质灾害防御体系的工作内容很多，仅靠灾害防御的主管部门、业务部门和少量技术人员是不能完成的。根据我国近 10 年减灾防灾的实践，在我国西部山区，建立以专业人员为技术支撑和群测群防的防灾体系，是山区减灾防灾工作的基本保证。地质灾害防治条例明确规定："地质灾害易发区的县、乡、村应当强调地质灾害的群测群防工作"。

地质灾害群测群防是指地质灾害易发区的县、乡两级人民政府和村（居）民委员会，组织辖区内的企业、事业单位和广大人民群众，在国土资源主管部门和相关专业技术单位的指导下，通过开展宣传、教育、培训、建立防灾制度等手段，对崩塌、滑坡、泥石流等突发地质灾害前兆和动态，进行调查、巡查和简易观测，实现对灾害的及时发现、快速预警和有效避让，是一种主动减灾措施。

1. 群测群防网络的组成

滑坡、崩塌是地质灾害的主要灾种，地质灾害的群测群防工作也必然包含滑坡灾害的群测群防工作。地质灾害群测群防体系由县、乡、村三级网络、群测群防点、相关的信息传输系统和必要的管理制度所组成。以县级群测群防工作为中心成立县群测群防办公室，挂靠在县国土资源局，接受县人民政府和上级国土资源局的领导，由县国土资源局组织办公室实施；以村级群测群防工作为基础，在县、乡国土资源部门的指导下，由村委会组织广大群众针对本村的实际，确定灾害隐患点，布置观测网，实施群测群防工作；乡级群测群防工作，在乡政府的领导下和县国土资源局的指导下，对村级地质灾害群测群防工作进行指导、督促、检查。它们之间的工作关系见图 2.31。

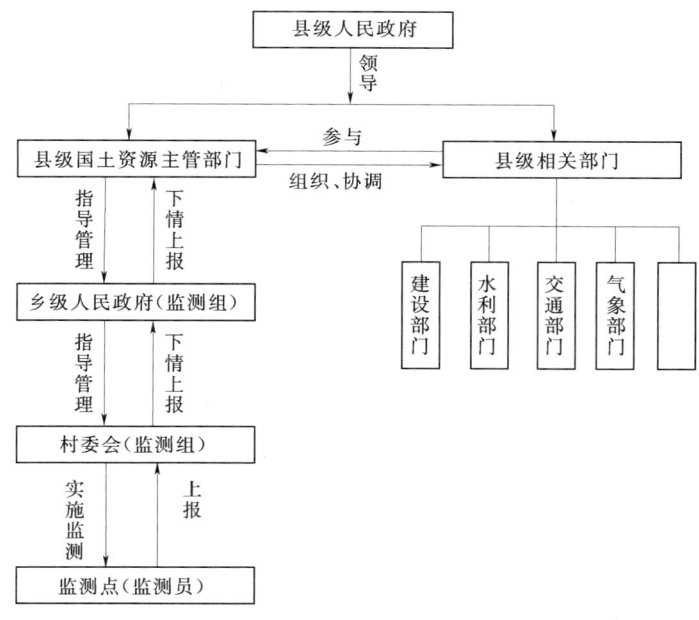

图 2.31　县、乡、村群测群防网络结构

2. 村级群测群防网络的职责

村级群测群防工作是基础，县、乡群测群防的成果来源于村级群测群防网络，所以村

级群测群防工作很重要。但没有县、乡级群测群防的指导，村级群测群防工作也无法开展，它们是相互作用、协调、耦合的整体。根据近几年的实践经验，村级群测群防网络负责人应由村委会主任，或村委会主任委派一名副主任承担，但村委会主任仍负责组织领导的责任。主要职责如下：

（1）按照乡（镇）地质灾害群测群防工作方案的要求，组织开展本村的地质灾害群测群防工作。

（2）根据隐患点的具体情况，安排、管理各隐患点的监测人员；落实临时避灾场地和撤离路线，规定预警信号，准备预警器具；在上级群测群防管理机构指导下填写防灾避险明白卡，向可能受到灾害威胁的村民发放。

（3）按要求做好隐患点的监测、记录和资料上报。对隐患点进行日或周际变化动态的趋势分析，根据变化动态情况，及时调整监测工作，并将调整情况报告上级网络管理机构。

（4）按照上级命令，及时组织群众疏散避灾；经上级主管部门授权，在危急情况下可以直接组织群众避灾自救。

3. 辖区内灾害危险区划

辖区内滑坡、崩塌、泥石流等地质灾害危险性区划，是群测群防的首要工作，只有完成了此项工作，才能对以后的工作作出具体的计划、部署和安排。由于此项工作涉及较多的专业技术，所以靠乡、村非专业人员难以完成，必须由县群测群防办公室出面，组织专业人员，必要时请求省国土资源系统和其他有关部门派专业技术人员协助指导。本书项目4已对滑坡等地质灾害发生危险性区划的目的、内容和方法作了详细论述，在此不再重复。通过危险区划要解决以下问题：

（1）将辖区内滑坡等地质灾害发生的危险性划分为极危险区、危险区、轻度危险区和稳定区四类，并在有关地形图上标注清楚，进行相应评估。

（2）在滑坡等地质灾害发生的危险区、极危险区内，调查判别近期内有发生滑坡等地质灾害的潜在点和危险边坡，并圈划可能的危险范围。

（3）对处于潜在滑坡等地质灾害威胁（可能发生危害）范围内的乡、镇村民集居地和其他设施进行详细调查，若灾害发生时灾害可能造成的危害、损失进行预统计与评估。

4. 编制防灾预案

在上述区划的基础上，除对潜在危害特别大的点列入工程治理范围外，还要对大部分潜在危害点纳入减灾防灾范畴，编制防灾预案。在国家、省级防灾预案的指导下，灾害易发区的市（地）、县都应编制本辖区内的防灾预案，这是县级群测群防的第二项工作。

市（地）、县级防灾预案的主要内容包括：

（1）简要说明上年度地质灾害的灾情（包括人员伤亡、财产损失、重要设施的破坏情况），汛期之后各隐患点的稳定性变化情况。

（2）参照省（自治区、直辖市）级防灾预案对本地区地质灾害的趋势预报和防灾要求，并结合本辖区内实际，圈定重点防范区段。

（3）对重点灾害隐患点作出中长期预报，对其可能造成的危害进行预防。逐点落实包括监测、预警、疏散、应急抢险等内容在内的预防措施，防灾责任要落实到具体的乡（镇）、单位，签订责任书，明确具体负责人。

（4）做出群测人员的教育培训计划和重要隐患点巡回检查计划。

5．签发防灾避险"明白卡"

根据已圈定的地质灾害危险点、隐患点，由政府部门填制简易的卡片（统称为"明白卡"），向可能受到灾害威胁的群众发放。此卡将地质灾害的基本信息、诱发因素、危害人员及财产、预警和撤离方式及政府责任人等，落实到乡（镇）长、村委会主任，以及受灾害隐患点威胁的村民，并向村民详细解释具体地质灾害防治的内容和责任（见表 2.15）。

表 2.15　　　　　　　　地质灾害防灾避险明白卡（表格式）　　　　　　　编号：

户主姓名		家庭人数		房屋类别			灾害基本情况		
家庭住址							类型		规模
家庭成员情况	姓名	性别	年龄	姓名	性别	年龄	灾害体与本住户的位置关系		
							灾害诱发因素		
							本住户注意事项		
监测与预警	监测人		联系电话			撤离路线			
	预警信号					撤离与安置	安置单位地点		负责人
									联系电话
	信号发布人		联系电话				救护单位		负责人
									联系电话

本卡发放单位：　　　负责人：　　　联系电话：　　　户主签名：　　　联系电话：
（盖章）　　　　　　　　　　　　　　　　　　　　　　　　　　　　　　日期：　年 月 日

（此卡发至受灾害威胁的群众，由中华人民共和国国土资源部印制）

2.4.4　滑坡防治技术体系

可从绕避、排水、力学平衡和滑带土改良等方面进行滑坡防治技术分类（见表 2.16），其中排水技术包括地表排水和地下排水两大类。基于力学平衡可将滑坡防治技术分为削方减载、坡脚回填反压和抗滑支挡三大类，进一步可将抗滑支挡技术分为抗滑挡墙、挖孔抗滑桩、锚索抗滑桩、锚索框架（地梁）、抗滑键、排架桩、钢架桩、钢架锚索桩、微型群桩和支撑盲沟等类型。代表性防治技术见表 2.16。

表 2.16　　　　　　　　　　滑坡防治技术体系

绕　避	排　水	力　学　平　衡	滑带土改良
(1) 道路改线	(1) 地表排水:	(1) 卸载（削方减载）	(1) 滑带注浆
(2) 隧道避开滑坡	1) 滑坡体外截水沟	(2) 坡脚回填反压	(2) 滑带爆破
(3) 用桥梁避开或跨越滑坡	2) 滑坡体内截水沟	(3) 抗滑支挡:	(3) 旋喷桩
(4) 滑坡体清除	3) 自然沟防渗	1) 抗滑挡墙	(4) 石灰桩
	(2) 地下排水:	2) 挖孔抗滑桩	(5) 石灰砂桩
	1) 截水盲沟	3) 锚索抗滑桩	(6) 焙烧
	2) 截水盲(隧)沟	4) 锚索框架（地梁）	
	3) 仰斜钻孔群排水	5) 抗滑键	
	4) 垂直钻孔群排水	6) 排架桩	
	5) 群井抽水	7) 钢架桩	
	6) 虹吸排水	8) 钢架锚索桩	
	7) 支撑肓沟	9) 微型群桩	
	8) 边坡渗沟	10) 支撑盲沟	
	9) 洞-孔联合排水		
	10) 井-孔联合排水		

2.4.5　治理措施

滑坡灾害的防治工程非常多，本节针对广大的山区农村的实际情况，介绍几种滑坡防治的简易工程方法。

2.4.5.1　排水工程

1. 地表排水沟

山坡若为汇水的圈椅地形，大雨或暴雨时大量地表水流向屋后，会严重影响房屋的安全。此时，可采用地表排水沟的措施来排除地表水或雨水（见图 2.32、图 2.33）。排水沟的大小，应根据可能的雨水多少而定。一般排水底宽 0.30～0.50m，高 0.30～0.50m，上口宽 0.60～1.00m。排水沟可用浆砌片石做成，也可挖成土沟，土沟底和两侧墙用黏性土夹小碎石压实。若原土为黏性土夹碎石，挖沟时只需用铁铲背拍打压实沟底和两侧即可。用同样的方法可排除滑坡后缘山坡的来水和滑体内的洼地集水。滑坡体上的排水系统见图 2.24。

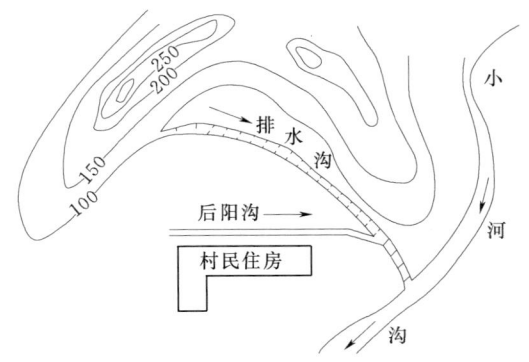

图 2.32　某村民住房地表排水示意图

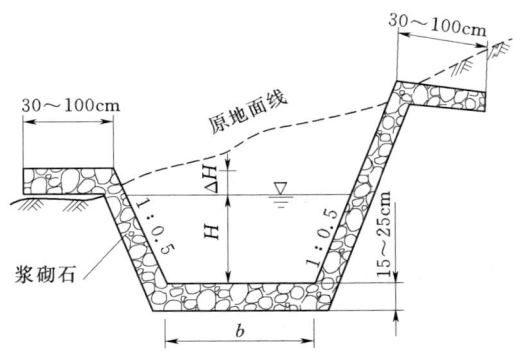

图 2.33　地表排水沟断面基本形态示意图

2. 地下排水工程

(1) 排水渗沟（盲沟）。老滑坡的中部和后部多有积水洼地，斜坡上也有汇水槽型地，排除的简单方法就是修地下排水渗沟（盲沟）（见图2.35、图2.36）。地下排水渗沟的埋深一般不小于1.50m，底宽0.60~0.80m，顶宽1.00~1.20m。沟底填实0.20m厚的黏土，其下填实1.00m厚的不含泥的优质碎石（砾石），碎块石上用两层土工布隔水、防渗，其上面盖0.30~0.40m厚的原地碎石土，压实，与原地面平。

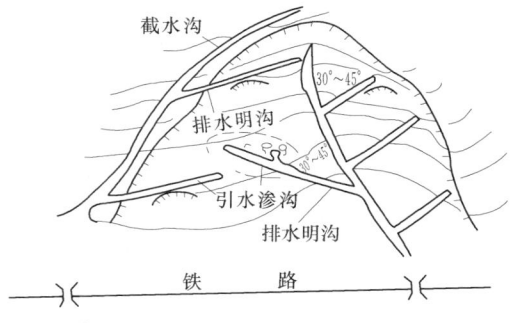

图2.34 滑坡体上的排水系统

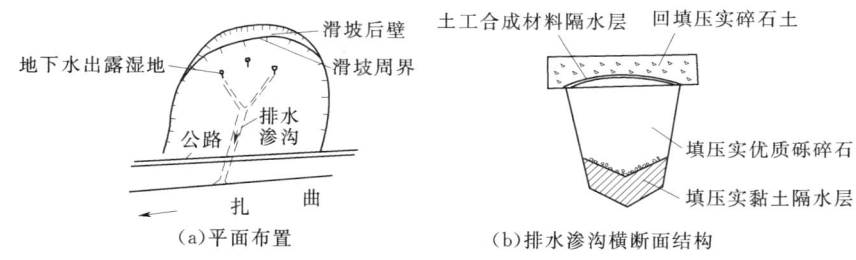

图2.35 西藏某滑坡地下排水渗沟示意图

图2.36 排水渗沟

图2.37 滑坡集水井中正钻水平孔（长野清水山）

(2) 集水井抽排地下水工程。在湿地中，挖集水井抽排地下水（见图2.37），抽出的地下水还可用于浇地，起到一举两得的作用。集水井一般深2.00m左右，四周（壁）用空心砖浆砌制成，井底若为黏性土隔水层，可不做防渗处理；若井底为块石和碎石夹砂性土，则有明显的渗漏现象，可在井底填实0.30m厚的黏性土夹小碎石，以防止渗漏。

2.4.5.2 抗滑工程

1. 抗滑挡土墙

抗滑挡土墙是利用自身的重量压在基础上，用产生的抗滑力来平衡滑坡的下滑力，达到稳定滑坡的目的。抗滑挡土墙适于浅层和表层滑坡的防治。

依据墙体使用的材料和结构,抗滑挡土墙分为块石浆砌挡土墙、钢筋混凝土挡土墙、钢筋石笼挡土墙、木质石笼挡土墙和拉筋土挡土墙。

(1) 块石浆砌挡土墙:

1) 建筑材料:普通水泥、河砂、优质坚硬块石(或毛条石)。

2) 基本尺寸:挡墙基础应埋于滑动面之下1.00m以上,若滑动面剪出口高出坡脚地面1.00~2.00m,挡墙基础位置在地面以下1.50m以上;否则,挡土墙抗倾覆稳定性满足不了设计规范的要求。滑动面剪出口高于坡脚地面2.00m以上和深入坡脚地面2.00m以下都不适宜用抗滑挡土墙。针对乡村实际,挡土墙的高度一般在5.00m以下。挡土墙的底宽与墙高为正相关,即墙高增加,底宽也相应增加。挡土墙的内侧一般为垂直坡,也可做成微向内倾的反坡,坡率一般不能小于1:0.3~1:0.5,挡土墙的外侧一般做成向内倾的陡坡,坡率一般1:0.5~1:0.75。

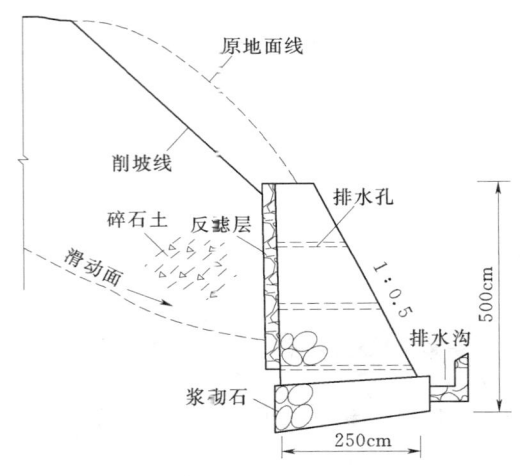

图2.38 浆砌石抗滑挡土墙结构示意图

3) 基本结构图:以墙高5.00m(含基础高1.00m)、坡率1:0.5、底宽2.50m、顶宽0.70m为例,画出块石浆砌抗滑挡土墙示意图供使用者设计时参考(见图2.38)。

(2) 钢筋石笼抗滑挡土墙:

1) 建筑材料:$\phi 8$的钢筋、$\phi 3$的镀锌铅丝、各种级配的块石。

2) 钢筋笼制作:钢筋笼尺寸一般长1.00~2.00m,宽和高均为0.50~1.00m的长方体,根据实际可以大于此设计尺寸。将设计好的尺寸交工厂制作,也可自己制作。

3) 钢筋石笼安装:安装前按设计的底宽进行清基,基础应置于滑动面剪出口以下1.00m左右,第一排石笼纵向(平行滑坡主滑方向)平放,笼与笼间紧靠,并用$\phi 1$铅丝固箍连接,而后向笼中装石块,大小配合挤压密实,使空洞最少;第二排横向平放长轴与第一排垂直;第三排又纵向平放。以此类推,直到设计高度。每层内侧收0.20m左右。

4) 钢筋石笼抗滑挡土墙设计要求:除钢筋石笼的结构设计与块石浆砌抗滑挡土墙不同外(见图2.39、图2.40),其他完全相同。因石笼内的块石为散体结构,笼体强度依赖钢筋强度,所以钢筋石笼抗滑挡土墙为临时性工程。钢筋将在8~10年内锈蚀断掉,因此钢筋石笼的使用年限为8年。多用于抢险救灾工程。

若滑坡规模不大,估计推力也不会大,可不用稳定性推力和结构计算,依据经验设计,若墙高5m,底宽可取2.50~3.00m,顶宽取0.70~0.80m,坡率内侧坡1:0.20,外侧坡1:0.5~1:0.75。常用抗滑挡土墙断面形式见图2.41。锁口处布置抗滑挡土墙见图2.42。

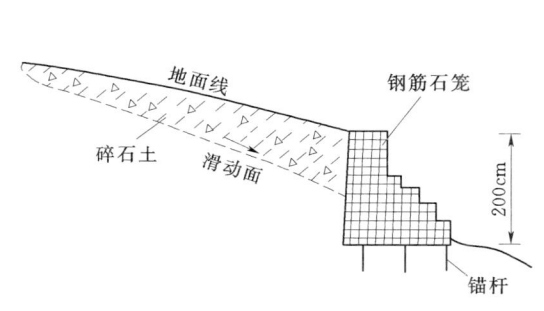

图 2.39 钢筋石笼抗滑挡土墙结构示意图   图 2.40 抗滑挡土墙（贵昆线扒那块滑坡）

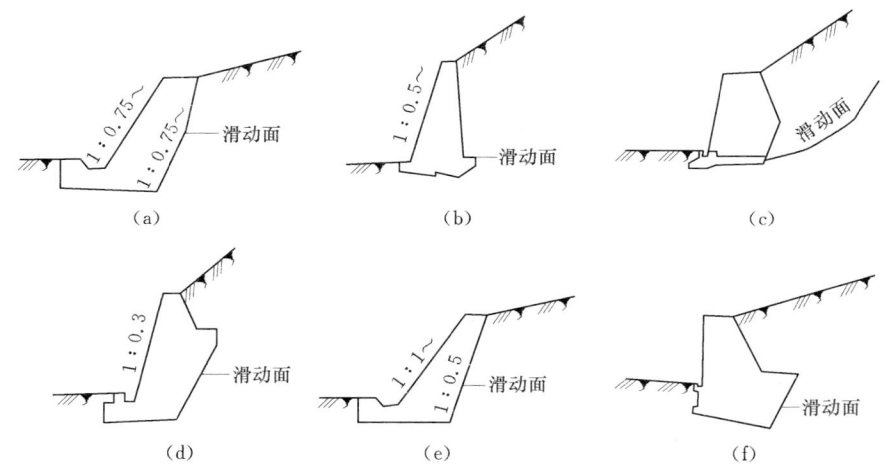

图 2.41 常用的抗滑挡土墙断面形式

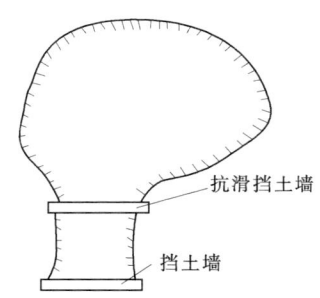
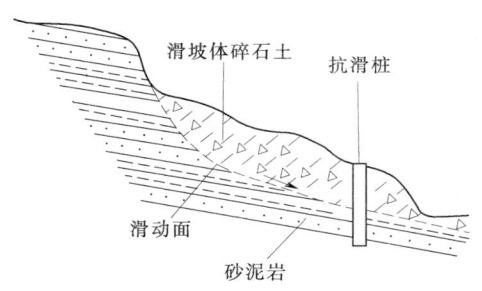

图 2.42 锁口处布置抗滑挡土墙   图 2.43 抗滑桩治理滑坡示意图

2. 抗滑桩

抗滑桩是垂直地面穿过滑体伸入滑床一定深度用以平衡滑坡推力的柱状构筑物。抗滑桩是目前应用较广泛的一种抗滑工程（图 2.43），具有施工方便、组合形式多样、抗滑性能好、投资也不很大等多种优点，可用于滑动面埋藏较深的滑坡防治。按桩柱横截面的形态分为方形、圆形、梯形和异形四类；按桩体的构筑材料分为混凝土桩、钢筋混凝土桩、钢管桩和木桩等；按施工工艺分为锤入桩、机械成孔桩、人工挖孔桩三类。

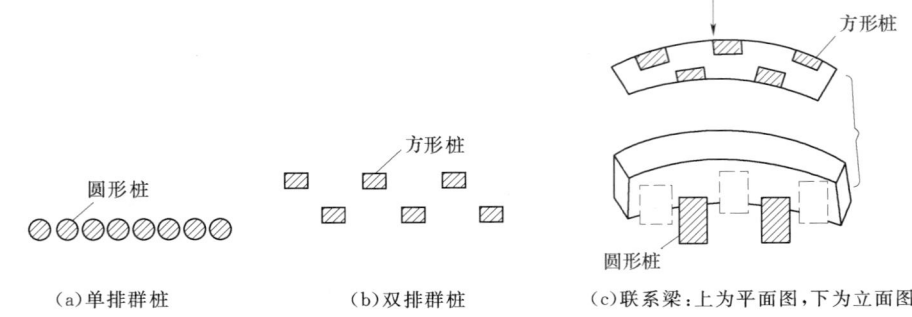

(a) 单排群桩　　(b) 双排群桩　　(c) 联系梁：上为平面图，下为立面图

图 2.44　抗滑桩平面布置示意图

(1) 抗滑桩的平面布置。据滑坡体地表特征、滑坡推力大小，设计抗滑桩的平面布置有以下几种情况：

1) 单排群桩［见图 2.44 (a)］。滑坡推力很小时可选用小桩，滑坡推力较大时可选用大桩。

2) 双排群桩［见图 2.44 (b)］。当单排群桩平衡不了滑坡推力时，可设计成双排群桩。

3) 多排群桩。多排群桩可用于较大滑坡推力的滑坡防治。

4) 抗滑桩。桩间距的经验数据根据多年的实际工作经验，考虑施工方便，抗滑桩间距最小距离不得小于 1.50m，8 排间距在 2.00m 以上。据研究，两桩之间内存在土拱效应，桩间距大于这个范围，土拱效应就不成立，两桩之间的土就要产生滑移。据数值分析并结合实际经验，软塑状态的黏性碎石土，桩间距一般取 2.00～3.00m；硬塑状态的黏性碎石土桩间距一般取 6.00～7.00m。排距可分别取 3.00m、4.00～5.00m 和 6.00～7.00m。

抗滑桩群灌注完成后，顶端最好用盖梁（联系梁）连接［见图 2.44 (c)］，这样可使抗滑桩群形成一个整体，以增强抗滑能力。

(2) 抗滑桩施工。以人工挖孔桩为例，采用沉井混凝土护壁施工方法：

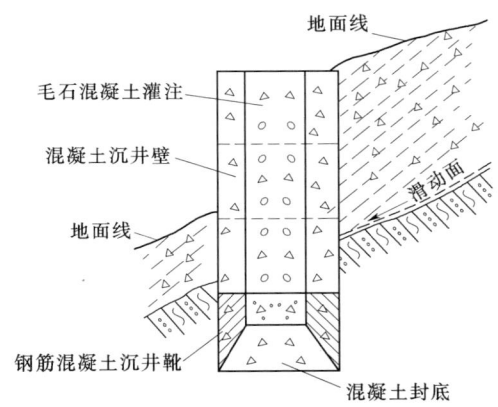

图 2.45　沉井护壁抗滑桩结构示意图

1) 先预制钢筋混凝土沉井靴和混凝土沉井壁（见图 2.45），每节长 1.00～1.20m。

2) 按设计图到现场放线定孔位。

3) 开孔施工，第一节安放沉井靴，孔壁要修平、直、光滑，将沉井靴放进去，用软盘测定沉井靴内壁是否垂直。然后开挖第二节放装第一节沉井护壁，检查沉井护壁内侧是否垂直，依次向下推进，直至完成。

4) 清孔检查验收，下放安装钢筋笼，若未设计钢筋笼，可直接灌注毛石混凝土，用振动棒充分振匀，不留空洞气眼，竣工后抗滑桩结构见图 2.46。

5）施工钢筋混凝土盖梁（联系梁）。

图 2.46　抗滑桩排（兰青公路享堂滑坡）

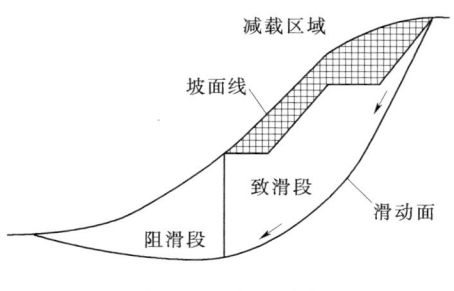

图 2.47　削坡减载

2.4.5.3　削坡减载压脚工程

1. 削坡减载

削坡减载是利用减小滑坡主动部分的推力原理达到下滑力与抗滑力平衡的目的。为此目的，削方减载的位置就选在滑坡中部和后部产生滑坡下滑力较大的部位（见图 2.47）。

2. 压脚

压脚是在滑坡前部剪出口附近夯实部分土石，增大滑体前部被动土压力，达到下力与抗滑力的平衡，阻止滑坡滑动。

在实际工作中，往往把削坡减载与压脚结合进行（见图 2.48），这样能充分应用削坡减载下来的碎石土，全部压在滑坡前缘剪出口附近，达到稳定滑坡的目的。

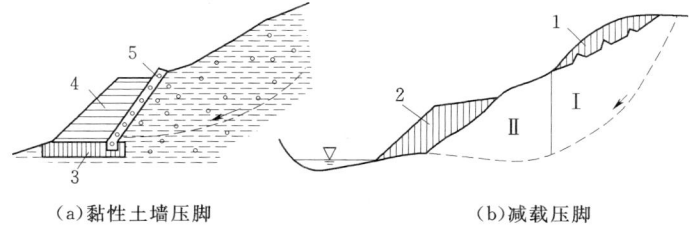

（a）黏性土墙压脚　　（b）减载压脚

图 2.48　削坡减载压脚稳定滑坡示意图

1—削坡段；2—堆重物；3—挡墙底板；4—压脚堆积体；5—抗滑挡墙

Ⅰ—致滑段；Ⅱ—阻滑段

削坡减载多少，压脚多少，才能达到下滑力与抗滑力的平衡，是要用极限平衡法进行计算后得出的。

削坡减载和压脚还可以单独使用，20 世纪 80 年代重庆市万州区胜利路老滑坡，因河水浸泡冲刷而产生缓慢滑移，滑动面就在沙河边上，沿下伏缓倾砂岩和泥岩滑动。经专家建议，向沙河抛块石压脚治理，阻止了滑坡的滑动（见图 2.49）。

削坡减载压脚工程，是滑坡防治中设计施工最简单、投资省的工程，在滑坡防治中早

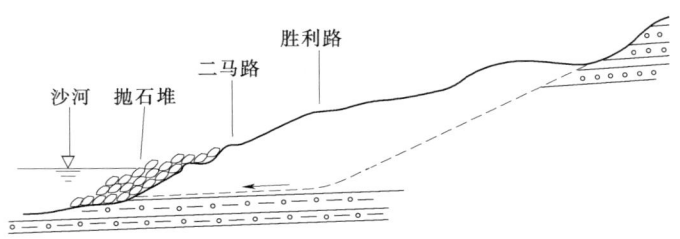

图 2.49　万州胜利路滑坡抛石压脚治理工程示意图

已广泛应用。只要施工场地许可，是滑坡防治中的首选工程。

2.4.5.4　护坡工程

斜坡开挖后，除少数斜坡会产生崩塌以外，大部分边坡不会马上产生滑坡、崩塌，但这些开挖在斜坡外力的作用下，会加快卸荷变形和风化剥落，甚至产生表部坍塌，对这类斜坡必须进行加固防护。护坡工程是紧贴在开挖坡面上的工程，基本不承担坡体产生的推力。若坡体有明显的推力产生，就不适宜用护坡工程，而应用抗滑工程。

1. 干砌块石（条石）护坡挡土墙

由于干砌块石间无胶结材料，自身的稳定性受到影响，所以干砌块石护坡只适用于低矮的开挖土质边坡，护坡高度一般在 3m 以内，若用条石相嵌护坡，护坡高度可达 5m。坡率不能太小，也不能太大，一般在 1∶0.30～1∶0.50 之间。

（1）梯地护坡工程。在山区地形坡度 25°以下的坡耕地改成梯地时，梯地的外侧就做成干砌块护坡挡土墙（见图 2.50）。

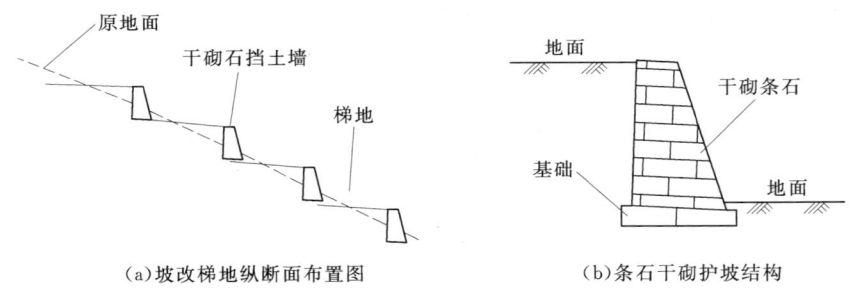

(a) 坡改梯地纵断面布置图　　　(b) 条石干砌护坡结构

图 2.50　坡陡梯地干砌条石护坡示意图

干砌块石护坡工程结构虽然很简单，但若施工工艺很差也会引起墙体本身垮塌。墙体垮塌的原因主要有 3 点：

1）块石重量很差。如用易风化的泥岩、泥质砂岩、页岩和千枚岩等块石做墙体，2～3 年就会风化垮塌。

2）无挡土墙基础。将块石直接平放在台地表面的松土上，当松土自身压缩时，干砌块石墙体会垮塌。

3）砌石工艺很差。块石太小，简直就是小块石乱堆填，一下大雨或暴雨，此种墙必定垮塌。

干砌块石护坡挡土墙虽然投资很省，但施工工艺很严格，施工的好坏是挡土墙能否稳固的关键。

(2) 低等级乡村道路内外边坡干砌块石护坡。在斜坡上修建乡、村简易公路时,仍会采用内挖、外填的施工方法,形成了内侧开挖边坡,外侧填土边坡,若不加保护,1~2年后内边坡和外边坡就会坍塌。若开挖边坡高3.00m左右,仍可采用省钱的干砌块石护坡(见图2.51)。

上挡土墙(内侧坡挡土墙)的设计、施工与前述的梯地护坡工程完全一样;下挡土墙(外侧坡挡土墙)因要承担行车时传来的部分作用力,所以墙体的几何尺寸应适当大一些;用料要好,最好是新鲜、抗风化的毛条石干砌;墙基础最好置于风化岩体界面

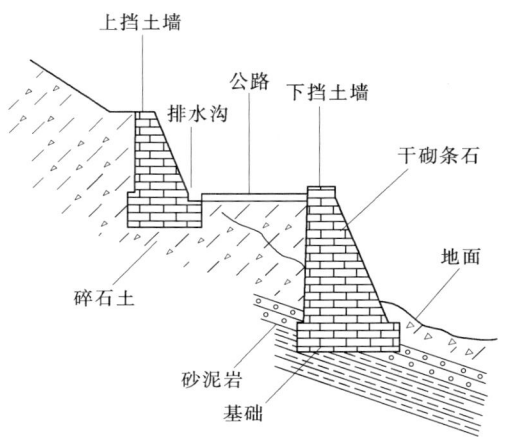

图2.51 乡村简易公路内外边坡干砌块石墙示意图

上,或未曾变动过的密实老土上。开一个基槽砌石,不能把砌石直接放于原始斜坡面上;否则要产生滑塌。若下挡土墙墙体高3.00m左右(不含基础)。基础宽应2.00m左右,墙顶宽0.60~0.80m,坡率1:0.30~1:0.50。

2. 浆砌块石护坡工程

人工开挖(或填土)边坡3.00m以下的,可用干砌块石护坡,也可用浆砌块石护坡(只要投资许可);3.00m以上人工边坡应全部用浆砌块石护坡,或选用其他更好的护坡方式;若人工斜坡高度已达10.00m左右,就不能统一按护坡工程设计,据前人研究,在坡高1/3~1/2处为应力集中段,所以下部5.00m段应按抗滑挡土墙设计,5.00m以上按一般护坡设计,浆砌块石护坡工程的基本结构见图2.52、图2.53。

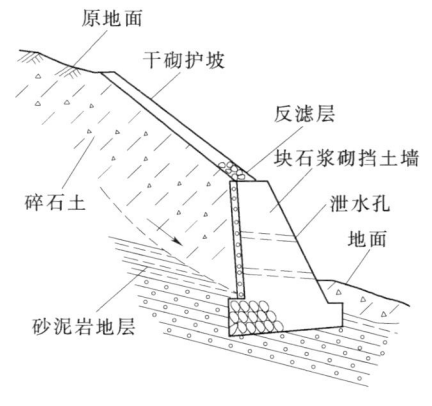

图2.52 浆砌块石抗滑护坡工程剖面示意图

图2.53 护坡工程

30.00m以上高陡坡的护坡需要专门的调查设计,并且乡、村简单工程也不多见,所以本书不做详细介绍。若有30.00m以上高边坡加固防护,请参考其他有关专业书籍,或请专业单位勘察、设计与施工。

3. 钢筋石笼护坡工程

钢筋石笼护坡工程与钢筋石笼抗滑挡土墙基本相同，所不同的是，钢筋石笼护坡因不能承受推力，所以工程规模应小一些。例如，3~4m高的钢筋石笼护坡工程，墙底工程，墙底宽1.50m，顶宽0.50~0.60m即可。

钢筋石笼的结构比干砌块石的结构要好，笼与笼之间又有连接（捆扎或钢筋点焊），整个挡土墙可形成一个整体，所以不能看成是散体结构。但它有一个致命的弱点，就是使用期不长，一般为8~10年，因而是临时性护坡的好工程。

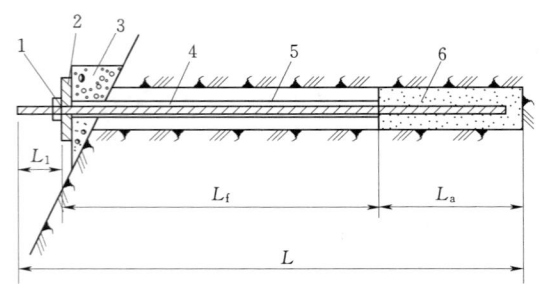

图2.54 锚杆（索）结构
1—紧固器；2—承压板；3—台座；4—锚杆；
5—自由段；6—锚固段

2.4.5.5 锚固法

采用锚索或锚杆等，强制改变滑坡体内的应力状态，促使滑坡稳定。锚杆（索）结构见图2.54。

1. 锚索抗滑桩

对于大型、特大型尤其是岩体滑坡，滑坡推力较大，拟定治理工程方案时可采用锚索抗滑桩（见图2.55）。锚索抗滑桩由钢筋混凝土抗滑桩和锚索组成，锚索布设在桩顶以下1.0~1.5m处，滑坡推力较大时可布设多排锚索。锚索倾角不大于30°。布设多排锚索时，应防止锚索之间相互影响，尤其是锚固端应有适当的安全距离。锚索的锚固段长度应根据严密的计算确定，且不应小于5m。锚索设计时，尤其在地下水比较丰富、锚索处于周期性浸泡条件下，应高度重视防腐问题。锚索抗滑桩设计时应严格控制滑坡体在桩顶以上冒顶，形成次生滑坡。

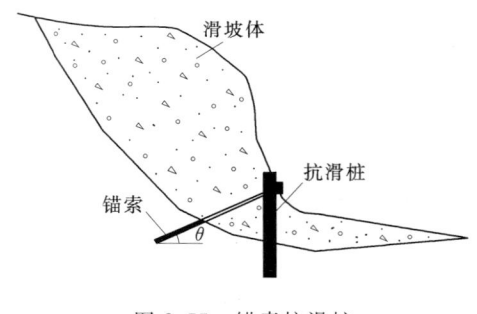

图2.55 锚索抗滑桩

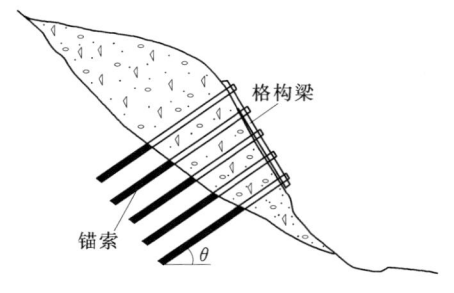

图2.56 锚索格构梁

2. 锚索框架

对于大型及特大型滑坡，可采用锚索框架予以防治。锚索框架又称锚索格构，由锚索和钢筋混凝土格构组成（见图2.56）。格构由C25及其以上标号的钢筋混凝土现场浇筑，形成不大于3.5m×3.5m的框架，格构梁采用矩形断面，长边垂直坡面。格构梁的作用包括两方面：一方面是将锚索与格构组成空间受力体系；另一方面是便于给锚索施加并锁定预应力。锚索倾角不大于30°。锚索的锚固段长度应根据严密的计算确定，且不应小于5m，多排锚索应选用相同的锚固段长度。格沟梁地基应整平，地表不平时采用混凝土填补整平,地基承载力应满足锚索预应力张拉需求,应不低于350kPa。该技术遵循现场定位→整平地基→浇筑格沟梁(预留锚索孔)→钻设锚索孔→清孔→下放钢筋→灌浆→有限凝固→张拉→锁定的施工工序。

3. 钉-锚复合抗滑结构

滑坡规模较大且滑坡体物质松散时,可采用钉-锚复合抗滑结构进行滑坡治理,见图2.57。

钉-锚复合抗滑结构由锚杆、锚索和格构三部分组成。锚杆的作用在于增强表层滑坡体的整体性,锚索则将滑坡推力传递到滑坡体下部稳定岩体内,格构的作用主要是将锚杆、锚索组合成空间整体受力体系。滑坡推力遵循格构→锚索→围岩的传力顺序。格构设置成矩形构架,其地基应整平且承载力不小于350kPa,土体较软不能达到要求时,应进行地基加固或换填处理,格构孔不大于3.5m×3.5m;锚杆长度为3~5m,属于非预应力构件;锚索属于预应力构件,但施加的预应力值不应超过120kN,为低预应力构件。该技术遵循地基整平→格构布设→锚杆→锚索→张拉的施工工序。

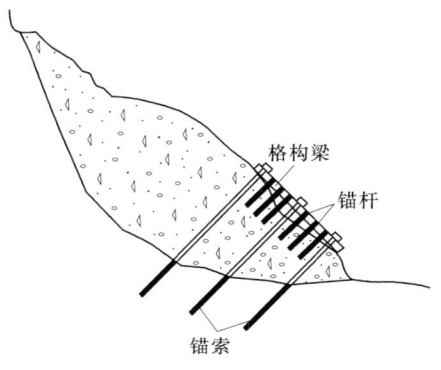

图2.57 钉-锚复合抗滑结构

2.4.5.6 注浆加固法

通过钻孔内滑动面或滑动带内注入水泥浆或其他化学浆液,增强抗滑效果。注浆加固是滑动带改良的一种技术,滑动带改良后,滑坡的安全系数评价应采用抗剪断标准。注浆前后进行注浆试验和效果评价,注浆后进行开挖或钻孔取样检验。

2.4.5.7 生态防治措施

滑坡灾害是可以预防的,即当人们已认识到有可能发生滑坡的情况下,想办法在事前采取措施减少其下滑因素,增加其抗滑能力,以延缓或避开其危害;对稳定的斜坡或老滑坡,不实施有损于斜坡的人为活动。运用生态学原则,通过土木工程和生态工程的有机结合,充分改善山地的环境条件,减少滑坡产生的诱发因素,从根本上消除滑坡诱导因素。①加大宣传力度,普及与滑坡有关的知识,针对不同类型的人员举办不同类型的学习培训,推动全民参与防灾工作,加强人们的环境保护意识。②划定封山育林区,在区内种植适合当地特点的树种,并在区内禁止不合理的人类活动。③退耕还林、停用水渠,修建山坡截留沟。

2.4.5.8 固化法

用物理、化学方法改善滑坡带土石性质。需要说明的是,运用物理、化学(见图2.58)方法改善滑带土石性质借以提高滑坡稳定性的治理方法,目前尚处于试验阶段,在滑坡治理中并未被广泛采用。

(1)焙烧法。焙烧法是利用导洞焙烧滑坡脚部的滑带上,使之形成地下"挡墙"而稳定滑坡的一种措施。利用焙烧法可以治理一些土质滑坡。用煤焙烧砂黏土时，当烧土达到一定温度后，砂黏土会变成像砖块一样，具有相同高的抗剪强度和防水性，同时地下水也可从被烧的土裂缝中流入坑道而排出。用焙烧法治理滑坡，导洞（见图2.59）须埋入坡脚滑动面以下0.5～1.0m处。为了使焙烧的土体呈拱形，导洞的平面最好按曲线或折线布置。导洞焙烧的温度，一般土为500～80℃。通常用煤和木柴作燃料，也可以用气体或液体作燃料。焙烧程度应以塑性消失和在水的作用下不致膨胀和泡软为准。

（2）电渗排水。电渗排水是利用电场作用而把地下水排除，达到稳定滑坡的一种方法。这种方法最适用于粒径为0.005～0.05mm的粉质土的排水，因为粉土中所含的黏土颗粒在脱水情况下就会变硬。施工的过程是：首先将阴极和阳极的金属桩成行地交错打入滑坡体中，然后通电和抽水。一般以铁或铜桩为负极，铝桩为正极。通电后水即发生电渗作用，水分从正极移向由一花管组成的负极，待水分集中到负极花管之后，就用水泵把水抽走。

（3）爆破灌浆法。爆破灌浆法是一种用炸药爆破破坏滑动面，随之把浆液灌入滑带中以置换滑带水并固结在滑带上，从而达到使滑坡稳定的一种治理方法。目前这种方法仅用于小型滑坡。施工步骤是：首先用钻孔打穿滑动带，在钻孔中爆破。使滑坡床岩层松动；再将带孔灌浆管打入滑动带下0.15m，在一定的压力下将浆液压入，使其在滑动带中将裂缝充满，形成一个稳定土层，借以增大滑动带土的抗滑能力。在我国黄土区的一些滑坡，曾用石灰、水泥和黏土浆液压注裂缝的方法来加固滑带土，取得了一定的成效。

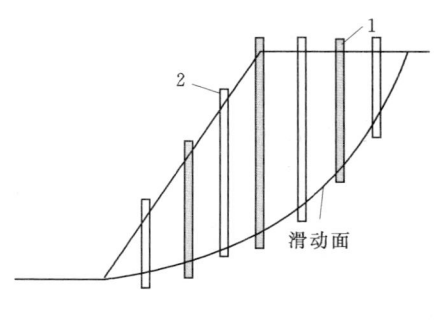

图2.58 电化学加固法
1—铁棒；2—铁管

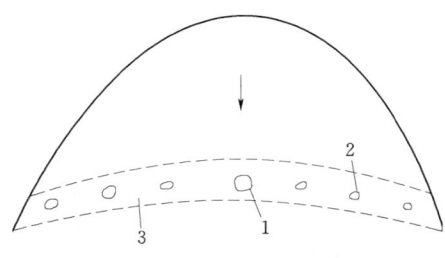

图2.59 焙烧导洞
1—中心烟道；2—垂直风道；3—焙烧导洞

2.4.6 滑坡防治方案选择

2.4.6.1 绕避滑坡的方案

贯彻"地质选线"的原则，详细查明滑坡的状况，尽量避开大型滑坡和滑坡连续分布地段，可以用桥梁跨河绕避，也可以用隧道绕避，见图2.60。但新改线路不应有新的大型滑坡。在可行性研究、初测和定测阶段都应加强地质工作，详细查明所遇到的滑坡的规模、性质、稳定状态、发展趋势和危害情况，尽量避开可能发生滑坡的地段，如顺层地段、大型厚层堆积层分布地段和大型断裂破碎带。绕避方案可以用桥梁跨河绕避，也可以用隧道绕避。

2.4.6.2 线路通过滑坡的治理方案

当线路无法或不宜避开滑坡时，针对滑坡的不同情况可采用以下治理方案。

1. 稳定性较高满足设计要求的滑坡

如某些崩塌性滑坡，滑动距离长，重心降低多，抗滑段较长，又无河（沟）水继续冲刷的，主要是控制人为作用因素，如填、挖工程位置和数量，灌溉水及生产、生活用水防渗等。完善地表排水系统，一般可不做支挡工程。当滑坡前缘有河沟水冲刷时，应做防冲刷工程。

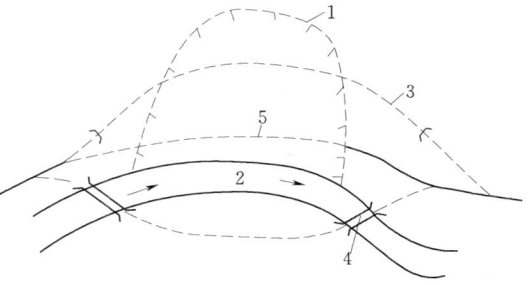

图 2.60 绕道滑坡方案示意图
1—滑坡；2—河流；3—隧道；
4—桥梁；5—通过滑坡的线路

2. 稳定性不满足设计要求的滑坡

稳定性不满足设计要求的滑坡，如当滑坡尚处于稳定状态但在人类工程活动或自然因素作用下可能局部或整体失稳的古老滑坡、已经变形的新生滑坡等，可采用以下防治方案：

（1）当线路位于滑坡前缘且采用抗滑段以路堑挖方方式通过时，常因挖方削弱了滑坡抗滑力而引起老滑坡复活或新生滑坡。有条件时可局部调整线路平面位置，把线路向滑坡前缘移动，变挖方为填方，增加滑坡的稳定性，见图 2.61（a）。有条件调整线路纵坡时（如一些低级公路），可减少滑坡抗滑段的挖方深度，保持或恢复滑坡的抗滑力。不在滑坡的主滑段和牵引段填方，不在抗滑段挖方，见图 2.61（b）。稳定性不足时需设排水和支挡工程。

（2）当滑坡地下水发育时，应首先设置地下排水工程，降低滑坡地下水位和滑带土孔隙水压力，提高其稳定性，减少支挡工程量。

（3）桥梁通过滑坡的治理方案。桥梁是重要建筑物，一旦被破坏后果十分严重。因此，一般不以桥梁通过滑坡。但近年来山区高速公路受地形限制，也为减少填方对滑坡稳定性的影响，采用了一些桥梁通过古老滑坡的方案，如云南保山—龙陵高速公路有多处滑坡是桥梁通过的。但桥梁对滑坡移动比路基更敏感，为确保桥梁安全，可采用在桥墩山侧或河侧设一排抗滑桩或在每个桥墩前设 3 根抗滑桩以保桥梁安全。有条件时，也可在滑坡前缘填土反压以保滑坡稳定，见图 2.62，并应先治滑坡后做桥梁墩台。

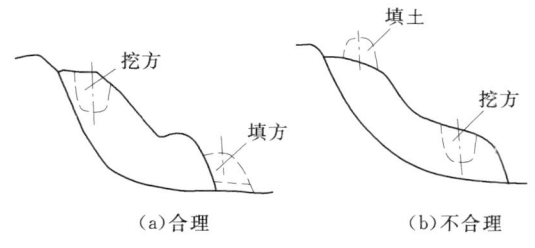

图 2.61 滑坡上填、挖方位置示意图

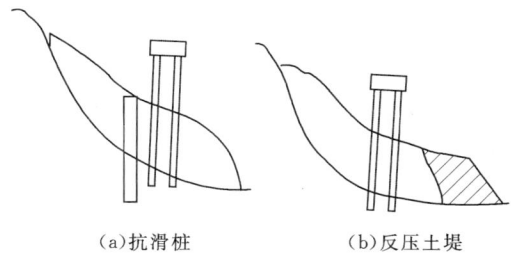

图 2.62 保护桥梁的支挡工程

当桥梁位于上、下两级滑坡之间时，两级滑坡的滑动均可能危害桥梁，则需在桥梁山侧和河侧均设支挡工程。当填方高度不大时，不如将桥改为路基填方而设抗滑桩板墙更为经济。

（4）隧道通过滑坡的治理方案。隧道穿越滑坡体或距离滑动面太近时，易出现安全隐患。例如，成昆铁路东荣河 1 号隧道通车 20 年后，因河流冲刷古滑坡复活使隧道错断，不得不在滑坡上部减重，在隧道两侧做两排抗滑桩，保证隧道安全。隧道进、出口及主体均应布置在滑坡体后侧稳定岩体内。

（5）减重和反压方案。在滑坡的主滑段和牵引段挖方减重，在抗滑段及前缘反压是最经济有效的治理方案，尤其对已经有变形迹象的滑坡能取得快速稳定滑坡的效果。减重或反压与支挡工程结合，能减小滑坡推力，减少支挡工程量，节约投资，在有条件时应尽量采用。减重不能引起上部和两侧山体新的变形（如浅层滑坡滑动），对多牵引式滑坡不能因前级减重引起后级滑动。反压应有一定高度，不能造成滑坡"越顶"滑动。填土体下应做透水垫层或盲沟排水，不能堵塞地下水通道，造成自身失稳。

（6）只保工程安全而不处理整个滑坡的方案。当线路从滑坡后缘附近通过时，可在线路外侧做一排锚索抗滑桩或锚拉桩以保线路安全而不治理整个滑坡，见图 2.63。因为滑坡上部范围小，推力小，可节约投资。在成昆铁路莫洛滑坡及 316 国道天水稍子坡 3 号滑坡均采用此方案，并取得成功。北京戒台寺滑坡也仅保寺庙在庙前做锚索抗滑桩而不处理整个滑坡。

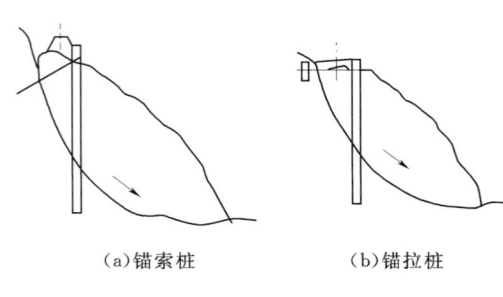

图 2.63　锚索桩和锚拉桩

（7）支挡工程方案的选择。支挡工程包括抗滑挡墙、抗滑桩、锚索抗滑桩、锚索框架（地梁）、微型桩群和反压土石堤等，其稳定滑坡见效快，是大多数滑坡治理采用的措施，也是造价最昂贵的工程，它的合理选择非常重要。

1）支挡工程位置的选择。抗滑支挡工程一般设在滑坡的抗滑段滑体较薄处，充分利用滑坡自身的抗滑力而减少支挡工程量。但当被保护的对象如路基、桥梁、建筑物等位于滑坡的中、上部时，只能根据保护对象的需要选择支挡工程位置。高速公路沿线的抗滑桩为保护环境和视角及施工中的安全，将桩埋入一级或二级边坡平台。对于多级牵引式滑坡，当只有前级滑动时，及时设一排支挡工程稳定前级，后级即可稳定。但当两级或三级均已滑动时，因滑坡推力大，常需设置多排支挡工程。

2）结构形式的选择。结构形式的选择取决于滑坡推力的大小、滑面埋深和施工条件。当滑坡推力小于 300kN/m，滑动面埋深小于 2～3m 时，可用抗滑挡土墙。当滑体含水量较高时，可与墙后支撑盲沟一起使用。墙高应保证滑坡不会"越顶"滑出。

当滑坡推力为 300～1000kN/m 时，采用悬臂抗滑桩或锚索抗滑桩。滑坡推力为 1000～2000kN/m 时，可采用锚索抗滑桩。更大的滑坡推力则需设两排桩，或桩与锚索框架共同抗滑，或分级支撑。

当有多层滑面时，应分层计算滑坡推力，支挡工程应保证各层滑坡的稳定。图 2.64

是抗滑桩的结构示意图。对于多层滑面的滑坡,各层的活动状态和复活的可能性不相同,可采用不同的安全系数计算滑坡推力。当深层滑面在排水后无滑动时,抗滑桩不一定要锚入深层滑面以下。

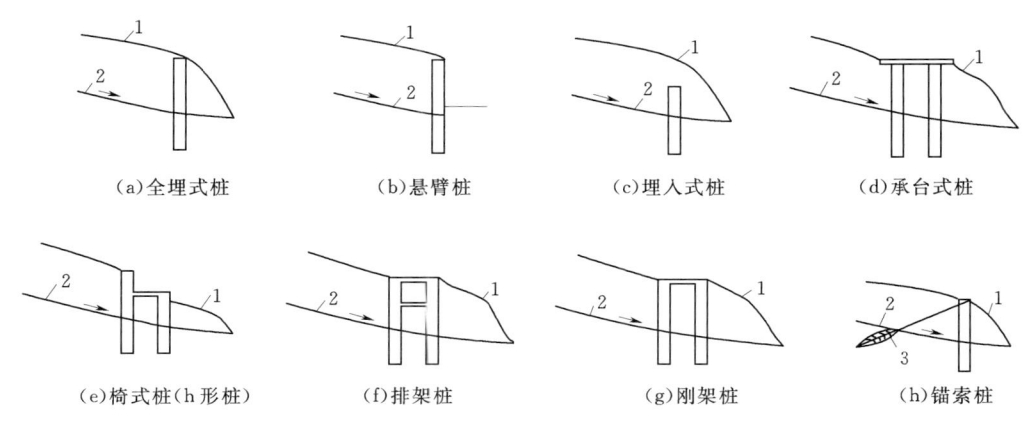

图 2.64 抗滑桩结构图
1—地面线;2—滑动面;3—锚索

2.4.7 古滑坡治理工程实例

四川省石棉县擦罗乡磨房沟古滑坡位于雅安至泸沽高速公路石棉至泸沽段 C17 合同段,磨房沟大桥、磨房沟隧道经过了该处滑坡的中部,该滑坡位于南桠河左岸,在 K135+030~K135+250m 范围内,滑坡体横向宽约 185m,纵向长约 160m,滑体厚度为 10~20.7m(见图 2.65)。施工图设计阶段对滑坡体前缘设置抗滑挡土墙,并在滑坡体前部进行反压。7月,进入雨季,由于施工便道及施工工作场地边坡的开挖,局部出现垮塌的现象。拟建的高速公路在滑体中上部以大桥及隧道方式通过。便道开挖、大桥基础施工及隧道的开挖,对坡体产生直接扰动,施工时机器设备及渣土的堆积也将改变坡面的荷载分布,这些因素都可能引起滑坡的局部甚至整体复活,为保证路基稳定及行车运营安全,施工中对该古滑坡进行整治。

2.4.7.1 滑坡体工程地质

滑坡所在斜坡坡顶高程约 1500m,坡脚南桠河河床高程约 1260m。斜坡上滑坡体范围内植被稀疏,多为矮小灌木,滑坡范围后缘山坡上植被多为高大茂盛乔木。

坡脚为南桠河,南桠河由南向北流至滑坡北侧坡脚的河段后拐弯,滑坡坡脚处于南桠河凹岸,此处南桠河为常年流水,冲沟短浅,流量变化大。从地貌上来看,本滑坡处于南桠河与磨房沟的回水湾范围内。

滑坡体前缘和后缘的高差约 100m。古滑坡滑体中前部斜坡坡角为 40°~45°,滑体后段为一缓坡,坡角约 20°。滑体后缘以外山坡明显变陡,坡角在 40°~45°以上,滑体后缘分布有 4 条冲沟,其中中间两条冲沟在滑体后缘约 20m 处合并,除暴雨季节冲沟内有少量地表水存在外,一般为干涸冲沟。

根据区域地质资料及钻探、野外地质调查,滑坡体地层主要为第四系全新统崩坡积

项目 2 滑坡的调查与防治

图 2.65 K135+052～K135+200m 段古滑坡地貌

层、冲洪积层、第四系中上更新统冰水沉积层、早震旦世花岗岩、构造岩等。

该滑坡周界主要受地形及地层控制。滑体两侧边界外缘可见弱风化花岗岩出露，一侧边界地形上受一走向与坡面倾向一致的小冲沟控制。滑体后缘受地层为中更新统结构密实的碎石夹块石控制，山坡明显变陡。滑坡体前缘剪出口位于边坡坡脚。

根据斜坡的变形特征，滑坡主要可分为两个区，即主滑动区、牵引滑动区。

2.4.7.2 古滑坡整治方案

针对该滑坡，通过处治方案的技术合理性、施工可行性和经济性等 3 方面综合考虑，选择最佳的结构形式与布置方案（见图 2.66）。如果采用单一的工程整治措施难以满足要求，需要采用综合整治方案。因桥梁桩基与隧道结构物的影响，加之滑坡岩土体结构较松散、地下水丰富等因素，均不利于锚索的布置和使用效果，因此设计上未采用锚索桩。现采取的综合整治方案如下。

1. 截、排水设计

本滑坡设计设置了地面排水和地下排水系统。

地面排水系统包括截水沟、排水沟。首先在滑坡边界外缘设置一圈截水沟，截断来自滑体上方的地表水；最后在滑体中间及平式排水孔出水口设置排水沟，将平式排水孔中流出的水截流，排出滑坡体。

地下排水系统包括滑坡内渗沟和平式排水孔。由坡面下渗的水和地下水由平式排水孔及渗沟疏干排出。

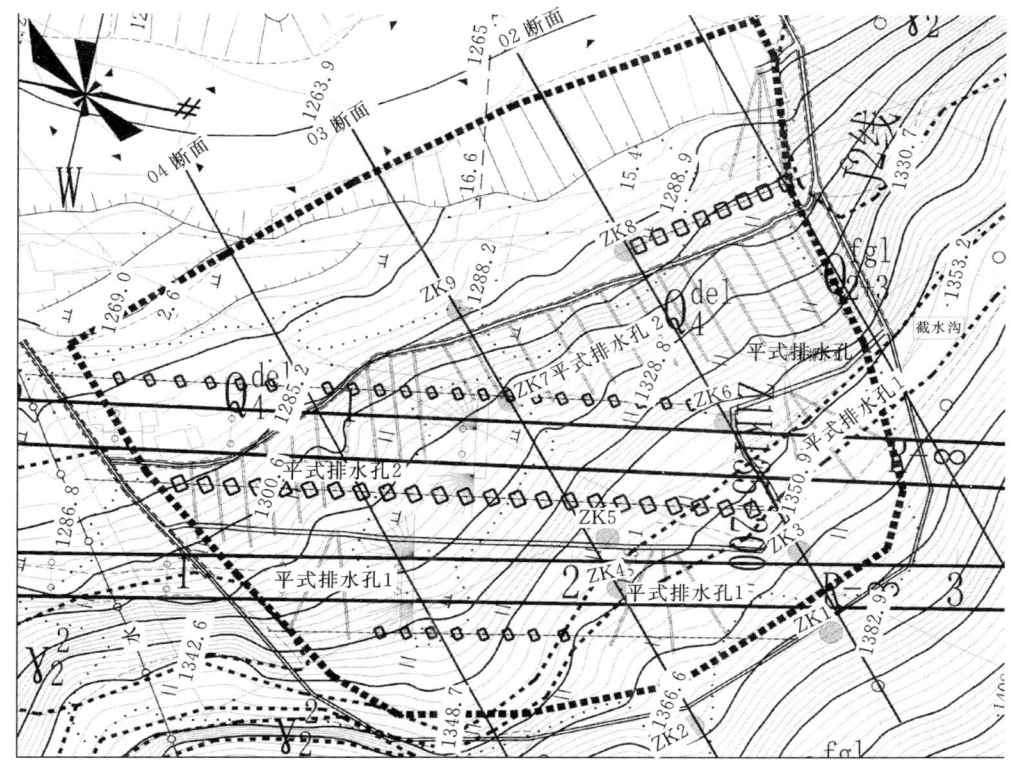

图 2.66 磨房沟古滑坡平面布置

2. 设置抗滑桩

设置 3 排抗滑桩，抗滑桩尺寸为 2m×3m，桩中对中的间距为 6～7m。

抗滑桩的结构设计：

根据岩性及地层情况，因滑坡体的上面有桥梁、隧道等重要构造物通过，考虑到对桥梁隧道的影响，所以在计算时桩前的剩余抗滑力为零。

抗滑桩采用 C30 钢筋混凝土，纵向主筋采用 HRB400 钢筋，箍筋采用 HRB335，因滑床为块石土或强风化的花岗岩，故桩的埋深一般为 1/2 桩长。

3. 削坡减载、回填反压

为避免因开挖而再次扰动边坡，对于滑坡体，只对地质剖面 01 和 03 断面之间的较陡的土方挖除后反压在滑坡前沿，削坡的坡比在 1：1.5～1：1.85 之间，不主张大规模的清方，因为根据地质情况清方较大时可能会进一步引发上方山体沿临空面下滑。

原设计用隧道出渣反压于滑坡体前缘，因为施工工序的问题，本处治方案先采取把削坡的土石方反压于滑坡前缘，隧道开挖后再反压于滑坡前缘的阻滑段。

4. 防护工程设计

古滑坡形成的原因之一是南桠河的冲刷，原古滑坡前缘设计的抗滑挡土墙施工单位已经施工完毕，可以防止南桠河的冲刷。但雨季时雨水的浸入引起滑坡体强度降低从而可能引发滑坡的复活,为了防止大量的雨水浸入滑坡体,在处理滑坡体张、剪裂缝时,应将开裂两侧的土(石)挖开,每侧宽度不应小于0.5m,深度不小于1.0m,然后用黏质土填筑夯实。

同时对于削坡卸载后的开挖坡面,由于开挖坡比较缓,且边坡上设置了平式排水孔、截水沟和排水沟等,故采用坡面草皮护坡的方案进行边坡防护和绿化。

2.4.7.3 结语

该古滑坡的滑坡体上共布置了约61根抗滑桩,并采用了坡面排水、削坡反压等综合治理措施,于2009年完工,同年5月滑坡监测进场,7月底完成了抗滑桩深部位移测斜管和钢筋应力计的安装(共6根桩)。其中检测桩主滑方向上的最大位移31.77mm,整体上基本稳定。通过施工后变形和应力观测,古滑坡体已处于稳定状态。

项 目 小 结

滑坡、地震和火山并称为三大地质灾害源。随着国民经济的快速发展,高等级公路、铁路等工程建设对滑坡的治理已成为工程预算中十分庞大的支出。因此,对于滑坡类型、滑坡识别特征、滑坡勘查要点及方法评价、滑坡的防治措施就显得特别重要,其中,滑坡的分类;滑坡的识别特征要掌握新滑坡或活动滑坡的识别特征、不活动滑坡的识别特征;滑坡勘查要点要掌握滑坡调查要点、可行性论证阶段滑坡勘查要点;滑坡勘查方法要掌握滑坡工程地质测绘、勘探、测试—滑动面(带)的残余抗剪强度试验和滑坡监测方法;滑坡的防治措施要掌握"拦、排、稳、固"的含义和防治措施的施工方法。

思 考 题

1. 滑坡的识别特征是什么?
2. 滑坡调查的一般规定是什么?
3. 可行性论证阶段滑坡勘查有哪些一般规定?可行性论证阶段滑坡勘查要点是什么?
4. 如何在钻孔和试坑中鉴定滑动面(带)?
5. 滑坡防治措施有哪些内容?滑坡防治措施的施工方法有哪些?
6. 滑坡的发育阶段如何划分?
7. 如何判定滑坡稳定?

拓 展 思 考

随着现代工程技术手段的不断发展,近100年来人类对河流进行了大规模开发和利用,兴建了一批大型蓄水库和跨流域调水工程。通过查阅文献资料,对南水北调工程与长江三峡工程对边坡稳定,特别是滑坡进行评估。

建 议 参 考 的 文 献

[1] 潘学标，郑大玮. 地质灾害及其减灾技术 [M]. 北京：化学工业出版社，2010.
[2] 门玉明，等. 地质灾害治理工程设计 [M]. 北京：冶金工业出版社，2011.
[3] 王明伟，等. 地质灾害调查与评价 [M]. 北京：地质出版社，2008.

项目3 泥石流的调查与防治

【项目背景】

2010年8月8日0时12分,甘肃省舟曲县城区及上游村庄遭受特大山洪泥石流灾害,造成1481人死亡、284人失踪,毁坏房屋4321间,22667人无家可归,人民的生命财产遭受了重大损失(见图3.1)。泥石流堵塞了白龙江,形成高8~10m的堰塞体,回水达2km,水位上涨8~10m,主城区被淹没达1个月之久,造成新的损失,给灾后重建带来了巨大困难。

图3.1 2010年甘肃舟曲泥石流危害区

2010年8月13日凌晨0点30分,在持续强降雨作用下,位于汶川地震重灾区的四川省绵竹市清平乡的"文家沟"暴发特大泥石流灾害,泥石流冲塌绵远河上游幸福大桥后,将大桥整体推移到下游并堵塞老清平大桥,致使绵远河堵塞、水位抬高、河水改道。泥石流在绵远河河道内淤积体长约1600m,宽200~500m,最大淤积厚度超过15m,平均淤积厚度为7m,泥石流总量约310万m³,是2010年8月8日甘肃舟曲泥石流总量的3倍。文家沟泥石流造成7人死亡,5人失踪,39人受伤,479户农房被掩埋受损,清平乡卫生院、学校等设施被严重掩埋,农田被毁300余亩,水、电、通信全部中断,直接经济损失4.3亿元(见图3.2)。

图 3.2 "8·13"文家沟泥石流在绵远河内淤积
以及掩埋部分清平乡场镇

任务 3.1 认识泥石流

泥石流是发生在山区的一种含有大量泥砂、石块等固体物质的暂时性急水流,是山区特有的一种突发性的地质灾害。泥石流是一种饱含大量泥砂石块和巨砾的固—液两相流体,系由黄土、黏土、松散岩石碎屑与水混合而成的泥浆,由于震动或在暴雨、冰雪融水等激发下,沿坡面或沟槽突然流动的现象。它是介于水流和土体滑动间的一种运动现象,亦称为山啸。

泥石流活动过程与一般山洪活动的根本区别,是这种流体中固体物质含量很大,有时固体物质可超过水体量。泥石流的搬运能力比洪水大 5~50 倍,可以将几千万立方米、近 1 万 t 重的巨大漂砾携带到山口外,所经过地区的道路、桥梁、房屋、农田都能被摧毁,顷刻之间造成巨大的灾害。泥石流的搬运距离一般为 1~3km,最大可达 50~60km。

泥石流暴发过程中,有时山谷雷鸣、地面震动,有时浓烟腾空、巨石翻滚;混浊的泥石流沿着陡峻的山涧峡谷冲出山外,堆积在山口。泥石流含有大量泥砂石块,具有突然暴发、能量巨大、来势凶猛、历时短暂、复发频繁的特点,常给人民的生命财产造成巨大损失。

我国是一个多山的国家,山地面积广阔,多处于季风气候区,加之新构造运动强烈,断裂构造发育,地形复杂,是世界上泥石流最发育、分布最广、数量最多、危害最重的国家之一。

3.1.1 泥石流的形成条件

泥石流的形成必须同时具备 3 个基本条件,即地形条件、物源条件和气象水文条件。近年来,由于人类不合理的活动也加速了泥石流的形成。

1. 地形条件

泥石流总是发生在陡峻的山岳地区，一般是顺着纵坡降较大的狭窄沟谷活动的，可以是干涸的嶂谷、冲沟，也可以是有水流的河谷。每一处泥石流自成一个流域。典型的泥石流流域可划分为形成区、流通区和堆积区3个区段（图3.3）。

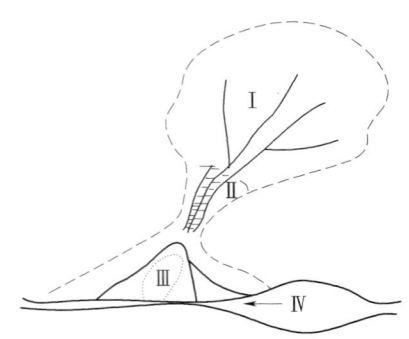

图3.3　典型泥石流流域示意图
Ⅰ—泥石流形成区；Ⅱ—泥石流流通区；
Ⅲ—泥石流堆积区；Ⅳ—泥石流堵塞河流形成的堰塞湖

（1）泥石流形成区（上游）。多为三面环山、一面出口的半圆形宽阔地段，周围山坡陡峻，多为30°～60°的陡坡。其面积大者可达数平方公里至数十平方公里。坡体往往光秃破碎，无植被覆盖。斜坡常被冲沟切割，且有崩塌、滑坡发育。这样的地形条件，有利于汇集周围山坡上的水流和固体物质。

（2）泥石流流通区（中游）。泥石流流通区是泥石流搬运通过的地段，多为狭窄而深切的峡谷或冲沟，谷壁陡峻而纵坡降较大，且多陡坎和跌水。所以泥石流物质进入本区后具有极强的冲刷能力，将沟床和沟壁上的土石冲刷下来携走。流通区纵坡的陡缓、曲直和长短，对泥石流的破坏强度有很大影响。当纵坡陡长而顺直时，泥石流流动畅通，可直泻下游，造成很大危害；反之，则由于易堵塞停积或改道，因而削弱了能量。

（3）泥石流堆积区（下游）。泥石流堆积区是泥石流物质的停积场所，一般位于山口外或山间盆地边缘，地形较平缓。由于地形豁然开阔平坦，泥石流的动能急剧变小，最终停积下来，形成扇形、锥形或带形的堆积体，典型的地貌形态为洪积扇，其地面往往垄岗起伏，坎坷不平，大小石块混杂。由于泥石流复发频繁，所以堆积扇会不断淤高扩展，到一定程度逐渐减弱泥石流对下游地段的破坏作用。

以上所述的是典型泥石流流域的情况。由于泥石流流域的地形地貌条件不同，有些泥石流流域上述3个区段就不易明显分开，甚至流通区或堆积区有可能缺失。

2. 物源条件

泥石流形成的物源条件系指物源区土石体的分布、类型、结构、性状、储备方量和补给的方式、距离、速度等，土石体的来源又决定于地层岩性、风化作用和气候条件等因素。

（1）岩性条件。就我国泥石流物源区的土体来说，虽然成因类型很多，但依据其性质和组成结构可划分为4种类型，即碎石土、砂质土、粉质土和黏质土。砂质土广泛分布于沙漠地区，但因缺少水源很少出现水砂流，而都在风力作用下发生风砂流；粉质土主要分布于黄土高原和西北、西南地区的山谷内，在水流作用下可形成泥流；黏质土以红色土为代表，广泛分布于我国南方地区，是这些地区泥石流细粒土的主要来源。

1）松散堆积物。第四系以及新近系各种成因的松散堆积物最容易受到侵蚀、冲刷，因而山坡上的残坡积物、沟床内的冲洪积物以及崩塌、滑坡所形成的堆积物、火山碎屑堆积物、构造破碎带形成的构造角砾岩等都是泥石流固体物质的主要来源。厚层的冰碛物和冰水堆积物则是我国冰川型、融雪型泥石流的固体物质来源。

2) 易风化岩石。板岩、千枚岩、片岩等变质岩和喷出岩中的凝灰岩等属于易风化岩石，节理裂隙发育的硬质岩石、固结程度差的岩石（如砂岩、泥页岩等）也易风化破碎。这些岩石的风化物质为泥石流提供了丰富的松散固体物质来源。

（2）构造条件。新构造活动强烈、地质构造复杂、断裂发育的地区，山高坡陡，山坡上松散堆积物多，风化强烈，滑坡、崩塌发育，为泥石流提供了大量的固体物质来源，因此我国西南地区是泥石流的多发区。

（3）植被条件。荒山秃岭，植被差或无植被，水土流失严重，为泥石流提供了大量的固体物质来源。

3. 气象水文条件

泥石流形成必须有强烈的地表径流，它为暴发泥石流提供了动力条件。泥石流的地表径流来源于暴雨、冰雪融化和水体溃决等。

我国除西北、内蒙古外，大部分地区受热带、亚热带湿热气团的影响，由季风气候控制，降水季节集中。在云南、四川的山区，受孟加拉湿热气团影响较强烈，在西南季风控制下，夏秋多暴雨，降水历时短，强度大。又如，在云南东川地区，一次暴雨 6h 达 180mm，最大降雨强度达 55mm/h，形成了历史上罕见的暴雨型泥石流。

由上述可知，泥石流发生有一定的时空分布规律。在时间上，多发生在降雨集中的雨汛期或高山冰雪强烈消融的季节，主要是在每年的夏季。在空间上，多分布于新构造活动强烈的陡峻山区。

4. 人类不合理的活动

人类不合理的活动可促进泥石流的发生、发展、复活或加重其危害程度。

（1）不合理开挖。修建铁路、公路、水渠以及其他工程建筑的不合理开挖。有些泥石流就是在修建公路、水渠、铁路以及其他建筑活动，破坏了山坡表面而形成的。例如，云南省东川至昆明公路的老干沟，因修公路及水渠，使山体破坏，加之 1966 年犀牛山地震又形成崩塌、滑坡，致使泥石流更加严重。又如，香港地区多年来修建了许多大型工程和地面建筑，几乎每个工程都要劈山填海或填方，才能获得合适的建筑场地，1972 年一次暴雨，使正在施工的挖掘工程现场 120 人死于滑坡造成的泥石流。

（2）不合理的弃土、弃渣、采石。这种行为形成的泥石流的事例很多。例如，四川省冕宁县泸沽铁矿汉罗沟，因不合理堆放弃土、矿渣，1972 年一场大雨暴发了矿山泥石流，冲出松散固体物质约 10 万 m³，淤埋成昆铁路 300m 和喜（德）—西（昌）公路 250m，中断行车，给交通运输带来严重损失。又如，甘川公路西水附近，1973 年冬在沿公路的沟内开采石料，1974 年 7 月 18 日发生泥石流，使 15 座桥涵淤塞。

（3）滥伐乱垦。滥伐乱垦会使植被消失，山坡失去保护、土体疏松、冲沟发育，大大加重水土流失，进而山坡的稳定性被破坏，崩塌、滑坡等不良地质现象发育，结果就很容易产生泥石流。例如，甘肃省白龙江中游现在是我国著名的泥石流多发区。而在 1000 多年前，那里竹树茂密、山清水秀，后因伐木烧炭，烧山开荒，森林被破坏，才造成泥石流泛滥。又如，甘川公路石坳子沟山上大耳头，原是森林区，因毁林开荒，1976 年发生泥石流毁坏了下游村庄、公路，造成人民生命财产的严重损失。当地群众说："山上开亩荒，山下冲个光"。

3.1.2 泥石流的分类

从地质地貌的角度进行泥石流类型划分的方法很多，依据主要是泥石流的形成环境、流域特征和流体性质等，各种分类都从不同的侧面反映了泥石流的某些特征。尽管分类原则、指标和命名等各不相同，但每一个分类方案均具有一定的科学性和实用性。下面介绍几种主要的分类方案。

3.1.2.1 按水源和物源成因分类

1. 暴雨型泥石流

泥石流一般在充分的前期降雨和当场暴雨激发作用下形成，激发雨量和降雨强度因不同沟谷而异。干旱、半干旱地区暴雨时常诱发泥石流。西藏东部山区，年降雨量超过1000mm，日降雨量达 10mm，降雨强度 3mm/h 左右即可引发泥石流。暴雨型泥石流是我国最主要的泥石流类型。

2. 冰川型泥石流

现代冰川区夏秋高热，大量冰雪融水冲蚀沟床、侵蚀岸坡而引发泥石流，西藏东部的波密地区、新疆的天山山区即属这种情况。

3. 溃决型泥石流

由于水流冲刷、地震、堤坝自身不稳定引起的各种拦水堤坝溃决和形成堰塞湖的滑坡坝、终碛堤等溃决，造成突发性高强度洪水冲蚀而引发的泥石流。

4. 混合型泥石流

（1）坡面侵蚀型泥石流。坡面侵蚀、冲沟侵蚀和浅层坍滑提供泥石流形成的主要土体。固体物质多集中于沟道中，在一定水分条件下形成泥石流。

（2）崩滑型泥石流。固体物质主要滑坡崩塌等重力侵蚀提供，也有滑坡直接转化为泥石流的。

（3）冰碛型泥石流。形成泥石流的固体物质主要是冰碛物。

（4）火山型泥石流。形成泥石流的固体物质主要是火山碎屑堆积物。公元 79 年维苏威火山喷发，掩埋了庞贝古城和埃尔科拉诺古城，前者被火山碎屑所埋，后者被火山喷发引起的暴雨产生的泥石流所埋。两名遇难者尸体被火山泥石流紧紧地顶在了天花板上。

（5）弃渣型泥石流。形成泥石流的松散固体物质主要由开渠、筑路、矿山开挖的弃渣提供，是一种典型的人为泥石流。

3.1.2.2 按集水区地貌特征分类

1. 坡面型泥石流

坡面型泥石流有以下特征：

（1）无恒定地域与明显沟槽，只有活动周界，轮廓呈保龄球形。

（2）限于 30°以上坡面，下伏基岩或不透水层埋藏浅，物源以地表覆盖层为主，活动规模小，破坏机制更接近于坍滑。

（3）发生时空不易识别，成灾规模及损失范围小。

(4) 坡面土体失稳，主要是在有压地下水作用下和后续强降雨诱发产生。暴雨过程中的狂风可能造成林、灌木拔起和倾倒，使坡面局部破坏。

(5) 总量小，重现期长，无后续性，无重复性。

(6) 在同一坡面上可以多处发生，呈梳状排列，顶缘距山脊线有一定距离。

(7) 可知性低，防范难。

2. 沟谷型泥石流

沟谷型泥石流具以下特点：

(1) 以流域为周界，受一定的沟谷制约。泥石流的形成区、流通区和堆积区较明显，轮廓呈哑铃形。

(2) 以沟槽为中心，物源区松散堆积体分布在沟槽两岸及河床上，崩塌、滑坡、沟蚀作用强烈，活动规模大，由洪水、泥砂两种汇流形成，更接近于洪水。

(3) 发生时空有一定规律性，可识别，成灾规模及损失范围大。

(4) 主要是暴雨对松散物源的冲蚀作用和汇流水体的冲蚀作用。

(5) 总量大，重现期短，有后续性，能重复发生。

(6) 构造作用明显，同一地区多呈带状或片状分布，列入流域防灾整治范围。

(7) 有一定的可知性，可防范。

3.1.2.3 按流体性质分类

按流体性质可分为稀性泥石流和黏性泥石流。

1. 稀性泥石流

稀性泥石流具有以下特征：

(1) 容重：$1.30 \sim 1.60 t/m^3$。

(2) 流体的组成及特征：浆体由不含或少含黏性物质组成，黏度值小于 $0.3 Pa \cdot s$，不形成网络结构，不会产生屈服应力，为牛顿体。

(3) 非浆体部分的组成。非浆体部分的粗颗粒物质由大小石块、砾石、粗砂及少量粉砂黏土组成。

(4) 流动状态。紊动强烈，固—液两相做不等速运动，有垂直交换，有股流和散流现象，泥石流体中固体物质易出、易纳，表现为冲、淤变化大。无泥浆残留现象。

(5) 堆积特征。堆积物有一定分选性，平面上呈龙头状堆积和侧堤式条带状堆积，沉积物以粗颗粒物质为主，在弯道处可见典型的泥石流凹岸淤、凸岸冲的现象，泥石流经过后即可通行。

2. 黏性泥石流

黏性泥石流流体具有以下性质：

(1) 容重：$1.60 \sim 2.30 t/m^3$。

(2) 流体的组成及特征。浆体是由富含黏性物质（黏土和小于 0.01mm 的粉砂）组成，黏度值大于 $0.3 Pa \cdot s$，形成网络结构，产生屈服应力，为非牛顿体。

(3) 非浆体部分的组成。非浆体部分的粗颗粒物质由大于 0.01mm 的粉砂、粗砂、砾石、块石等固体物质组成。固体物质含量高达 80% 以上。

(4) 流动状态。呈层状流动，有时呈整体运动，无垂直交换，浆体浓稠，浮托力大，能顶托巨大块石前进,流体具有明显的辅床减阻作用和阵性运动,流体直进性强,弯道爬高明显,浆体与石块掺混好,石块无易出、易纳特性,沿程冲、淤变化小,由于黏附性能好,沿流程有残留物。

(5) 堆积特征。呈无分选泥砾混杂堆积,平面上呈舌状,仍能保留流动时的结构特征。沉积物内部无明显层理,但剖面上可分辨不同场次泥石流的沉寂层面,沉积物内部有气泡,某些河段可见泥球,沉积物掺水性弱,泥石流过后易干涸。

3.1.2.4 按固体物质成分分类

泥石流按固体物质成分可划分为泥流型、泥石型和水石型泥石流(见表3.1)。

表3.1　　　　　　　泥流型、泥石型、水石型泥石流的识别条件

分类指标	泥 流 型	水石(砂)型	泥 石 型
重度	≥1.60t/m³	≥1.30t/m³	≥1.30t/m³
物质组成	粉砂、黏粒为主,粒度均匀,其中的98%小于2.0mm	粉砂、黏粒含量极少,多为大于2.0mm的各级粒度,粒度很不均匀(水砂流较均匀)	可含黏、粉、砂、砾、卵、漂各级粒度,很不均匀
流体属性	多为非牛顿体,有黏性,黏度大于0.3~0.15Pa·s	多为牛顿体,无黏性	多为非牛顿体,少部分可以是牛顿体;既有黏性的,也有无黏性的
残留表现	有浓泥浆残留	表面较干净,无泥浆残留	表面不干净,表面有泥浆残留
沟槽坡度	较缓	较陡(大于10%)	较陡(大于10%)
分布地域	多集中分布在黄土及火山灰地区	多见于岩浆岩及碳酸盐岩地区	广见于各类地质体及堆积体中

注　据《泥石流灾害防治工程勘察规范》(DZ/T 0220—2006)。

3.1.2.5 按暴发规模分类

泥石流按一次性暴发规模分为特大型、大型、中型和小型4类(表3.2)。

表3.2　　　　　　　　　泥石流按暴发规模分类

分 类 指 标	特大型	大型	中型	小型
泥石流一次堆积总量/万 m³	>100	10~100	1~10	<1
泥石流洪峰量/(m³/s)	>200	10~100	50~100	<50

注　据《泥石流灾害防治工程勘察规范》(DZ/T 0220—2006)。

3.1.2.6 按暴发频率分类

高频泥石流:1年暴发多次至5年暴发1次;中频泥石流:5年暴发1次至20年暴发1次;低频泥石流:20年暴发1次至50年暴发1次;极低频泥石流:超过50年才暴发1次。

泥石流分类方法众多,本次推荐采用常用和适合现场勘查的分类方法,见表3.3。

表 3.3　　　　　　　　　　　　　　　泥石流分类简表

类别	分类	内容及特征
物质组成	泥流	颗粒均匀，由粒径小于 0.005mm 的黏粒和小于 0.05mm 的粉粒组成，偶夹砂和圆砾，有稀性和黏性，主要集中分布在黄土及火山灰地区
	泥石流	颗粒差异性大，由黏粒、粉粒、砂粒、圆砾、碎块石等大小不同的粒径混杂组成，有黏性和稀性
	水石流	堆积物分选性强，由圆砾、碎块石及砂粒组成，夹少量黏粒和粉粒，为稀性
易发程度（危险）	极易发（严重的）	松散固体物质丰富，植被破坏，水土流失严重，沟口堆积扇发育和河沟沿程堵塞现象严重，坍方面积率大于 10%，松散物储量 $W>1$ 万 m^3/km^2，泥沙补给长度比大于 60%，泥石流沟综合评判总分不小于 114
	中等易发（中等的）	松散固体物质较丰富，植被部分遭到破坏，水土流失较严重，在河床局部地段形成较严重的坍塌堆积，坍方面积率大于 5%～10%，松散物总量 $W=0.5$ 万～1.0 万 m^3/km^2，泥沙沿程补给长度比为 30%～60%，泥石流综合评判总分为 84～118 分
	轻度易发（轻微的）	流域内侵蚀情况明显减弱，河槽堆积物质甚少，植被良好，坍方面积率小于 5%，松散物储量 $W<0.5$ 万 m^3/km^2，泥沙沿程补给长度比=10%～30%，泥石流沟综合评判总分为 40～90
液体性质	黏性	容重大于 $16kN/m^3$，黏度大于 $0.3Pa·s$（3P），层流，有阵流，浆体浓稠，承浮和悬托力大，流体直进性强，补给量大
	稀性	容重大于 $16kN/m^3$，黏度大于 $0.3Pa·s$（3P），有股流及散流现象，浆体混浊，悬托力弱，堆积物松散，补给量小

3.1.3　泥石流的特征

泥石流的特征取决于它的形成条件。对其特征的研究，有利于搞清泥石流的活动规律，进行预测、预报，并采取有效的防治措施。

3.1.3.1　泥石流的径流特征

从运动角度看，泥石流是水和泥砂、石块、黏土等固体物质组成的特殊流体，属于一种块体滑动与携砂水流运动之间的颗粒剪切流。因此，泥石流具有特殊的流态、流速、流量及运动特征（吴积善等，1993）。

1. 流态特征

泥石流是固相、液相两相混合流体，随着物质组成及黏稠度的不同，流态也发生变化。细颗粒物质少的稀性泥石流，流体容重低、黏度小、浮托力弱，呈多相不等速紊流运动的石块流速比泥砂和浆体流速小，石块呈翻滚、跃移状运动。这种泥石流的流向不固定，容易改道漫流，有股流、散流和潜流现象。

含细颗粒多的黏性泥石流，流体容重高、黏度大、浮托力强，具有等速整体运动特征及阵性流动特点。各种大小颗粒均处于悬浮状态，无垂直交换分选现象。石块呈悬浮状态或滚动状态运动。泥石流流路集中，不易分散，停积时堆积物无分选性，并保持流动时的整体结构特征。

2. 流速、流量特征

泥石流流速不仅受地形控制，还受流体内外阻力的影响。由于泥石流挟带较多的固体物质，本身消耗动能大，故其流速小于洪流流速。稀性泥石流流经的沟槽一般粗糙度比较大，故流速偏小。黏性泥石流含黏土颗粒多，颗粒间黏聚力大，整体性强，惯性作用大，与稀性泥石流相比，流速相对较大。

泥石流流量过程线与降水过程线相对应，常呈多峰形。暴雨强度大、降雨时间长，则泥石流流量大；若泥石流沟槽弯曲，易发生堵塞现象，则泥石流阵流间歇时间长，物质积累多，崩溃后积累的阵流流量大。

泥石流流量沿流程是有变化的，在形成区流量逐步增大，流通区较稳定，堆积区的流量则沿程逐渐减少，直至产生堆积。

3. 泥石流的直进性和爬高性

与洪流相比，泥石流具有强烈的直进性和冲击力。泥石流黏稠度越大，运动惯性越大，直进性就越强；颗粒越粗大，冲击力就越强。因此，泥石流在急转弯的沟岸或遇到阻碍物时，常出现冲击爬高现象。在弯道处泥石流经常越过沟岸，摧毁障碍物，有时甚至截弯取直。

4. 泥石流漫流改道

泥石流冲出沟口后，由于地形突然开阔，坡度变缓，因而流速减小，携带物质逐渐堆积下来。但由于泥石流运动的直进性特点，首先形成正对沟口的堆积扇，从轴部逐渐向两翼漫流堆积；待两翼淤高后，主流又回到轴部。如此反复，形成支汊密布的泥石流堆积扇。

5. 泥石流的周期性

在同一个地区，由于暴雨的季节性变化以及地震活动等因素的周期性变化，泥石流的发生、发展也呈现周期性的变化。

3.1.3.2 泥石流的浆体特征

泥石流的运动主要取决于其物质组成。黏粒的性质与含量决定着泥浆的结构、浓度、强度、黏性和运动状态。按泥石流浆体中黏粒含量变化，泥石流浆体可划分为塑性蠕动流、黏性阵流、阵性连续流和稀性连续流（吴积善等，1993），它们的运动特点各不相同。

1. 塑性蠕动流

塑性蠕动流的浆体中土水比大于 0.8，石土比大于 4.0，容重大于 $2.3t/m^3$，黏度值大于 $0.3Pa·s$，泥石流浆体具有极高的黏滞力。在运动中石块之间浆体变形所产生的阻力相当大，泥石流运动速度缓慢，流体中石块大体可保持相对稳定的状态。塑性泥石流流体中，细粒浆体的网状结构十分紧密，呈聚合状，不发生"压缩"沉降，所有的石块被"冻结"在细粒浆体内。静止时，石块既不上浮，也不下沉；运动过程中石块与浆体互不分离，等速前进。当沟床坡度较小、流速较慢时，流体呈蠕流形式前进，在流体边缘石块可发生缓慢转动；当沟床坡度较大、流速较快时，多以滑动流的形式运动，其底部有一层阻力较小的润滑层。因此，塑性泥石流可以认为是土体颗粒被水饱和并具有一定流动性的滑坡体。实际上，许多塑性泥石流是直接由滑坡体演变而来的。

2. 黏性阵流

黏性阵流浆体中土水比为 0.8～0.6，石土比为 4.0～1.0，容重为 2.3～$1.9t/m^3$，流速一般为 8m/s，最大可达 15m/s。泥石流携带的石块数量不如黏性泥石流多，泥浆体的黏度值也比较小，因此运动能耗小。黏性阵流的细粒浆体呈蜂窝状或聚合状结构，水充填在结构体中，多呈封闭自由水。砂粒被束缚在结构体中，石块与浆体构成较紧密的格式结构，绝大部分石块悬浮在结构体内。

3. 阵性连续流

阵性连续流的土水比为 0.6～0.35，石土比为 1.0～0.2，容重为 1.9～1.6t/m³。浆体更接近于流体性质，属过渡性泥浆体。黏度值进一步减小，启动条件降低，搬运力下降；流体中石块的自由度增大，相互间容易发生碰撞；流体具有一定的紊动特性，石块多呈推移运动。

4. 稀性连续流

稀性连续流的土水比小于 0.35，石土比为 0.2～0.001，容重为 1.6～1.3t/m³。浆体的黏度值小于 0.3Pa·s，更接近水流特征，流态紊乱，石块翻滚并相互撞击。

5. 泥石流沟的发展阶段

泥石流沟的发展阶段可划分为形成期（青年期）、发展期（壮年期）、衰退期（老年期）和停歇或终止期，各阶段的识别标记见表 3.4。

表 3.4　　　　　　　　　　泥石流沟发展阶段的识别表

识别标记		形成期（青年期）	发展期（壮年期）	衰退期（老年期）	停歇或终止期
主支流关系		主沟侵蚀速度≤支沟侵蚀速度	主沟侵蚀速度>支沟侵蚀速度	主沟侵蚀速度<支沟侵蚀速度	主、支沟侵蚀速度均等
沟口地段		沟口出现扇形堆积地形或扇形地处于发展中	沟口扇形堆积地形或扇高在明显增长中	沟口扇形堆积在萎缩中	沟口扇形地貌稳定
主河河形		堆积扇发育逐步挤压主河，河形间或发生变形，无较大变形	主河河形受堆积扇发展控制，河形受迫弯曲变形，或被暂时性堵塞	主河河形基本稳定	主河河形稳定
主河主流		仅主流受迫偏移，对对岸尚未构成威胁	主流明显被挤偏移，冲刷对岸河堤、河滩	主流稳定或向恢复变形前的方向发展	主流稳定
新老扇形地关系		新、老扇叠置不明显或为外延式叠置，呈叠瓦式	新、老扇叠置外延，新扇规模逐步增大	新、老扇呈后退式覆盖，新扇规模逐步变小	无新堆积扇发生
扇面变幅		0.2～0.5m	>0.5m	−0.2～0.2m	无或呈负值
松散物储量		5 万～10 万 m³/km²	>10 万 m³/km²	1 万～5 万 m³/km²	<1 万 m³/km²
松散物存在状态	高度	$H=10～30m$ 高边坡堆积	$H>30m$ 高边坡堆积	$H<30m$ 边坡堆积	$H<5m$
	坡度	32°～25°	32°	15°～25°	≤15°

续表

识别标记		形成期（青年期）	发展期（壮年期）	衰退期（老年期）	停歇或终止期
泥沙补给		不良地质现象在扩展中	不良地质现象发育	不良地质现象在缩小中	不良地质现象逐步稳定
沟槽变形	纵	中强切蚀，溯源冲刷，沟槽不稳定	强切蚀，溯源冲刷发育，沟槽不稳定	中弱切蚀，溯源冲刷不发育，沟槽趋稳定	平衡稳定
	横	纵向切蚀为主	纵向切蚀为主，横向切蚀发育	横向切蚀为主	无变化
沟坡		变陡	陡峻	变缓	缓
沟形		截弯取直，变窄	顺直束窄	弯曲展宽	河槽固定
植被		覆盖率在下降，为30%～50%	以荒坡为主，覆盖率<10%	覆盖率在增长，为30%～60%	覆盖率较高，>60%
触发雨量		逐步变小	较小	较大并逐步增大	

注　据《泥石流灾害防治工程勘察规范》(DZ/T 0220—2006)。

3.1.4　泥石流危害

3.1.4.1　危害对象

1. 生态系统

泥石流灾害对生态系统影响的大小取决于泥石流在时间、空间和作用力的组合状况，它严重影响泥石流发生地的群落结构和物种多样性等。

泥石流灾害发生以后，景观的稳定立即被打破，最直接的体现就是自然植被受到不同程度的影响和破坏。例如，生物量主要集中在地上部分的灌—乔木群落，在泥石流发生以后，绝大部分地上部分的生物量均要被破坏，甚至被掩埋，乔木枯萎，直至死亡，原有群落结构受到很大影响，原有的优势种群由于不能适应其生存环境的巨大改变而死亡，被迫将其生存空间拱手相让。当然，不同地区泥石流灾害对群落结构的影响是不一样的，相比之下，生物量主要集中于地下部分的草原，受同等规模泥石流的影响就要小许多，同时，生物量主要集中于地下部分的草原在泥石流滩地的植被恢复过程要比生物量主要集中于地上部分的乔木群落快很多。另外，乔木群落对泥石流的阻碍作用在所有群落中是最大的，尤其在沟谷弯曲的河谷两侧的乔木群落更是如此，对泥石流的流动具有明显的阻碍作用。

在泥石流灾害发生以后，原有物种大多遭到破坏或毁灭，生物多样性降低或消除。但就周围地区整个物种而言，几乎没有受到什么影响，因为遭到破坏或毁灭的物种在周围地区基本上都是存在的。所以，泥石流灾害发生后形成的泥石流滩地会很快被新迁入的生物占据，这包括数量及种类众多的微生物和一年生草本植物及其他先锋植物群落，这又必然吸引各种昆虫及鸟类前来光顾，随着群落演替的进行，物种越来越丰富。这说明在泥石流滩地刚形成时，群落景观的异质性最大，有利于原始物种的迁入或侵入，从而增加了物种丰度。所以，泥石流灾害发生后，生态的自然恢复是可行的。

2. 城镇及居民点

调查城镇及居民点在沟域分布位置（出山口、沟道台地、山坡等）、人群密度、人口数量。核查泥石流危害区（包括未来泥石流可能危害范围）当前人口数量（常住和流动），各类已建房屋及城市基础设施类型、面积和造价等，规划区或拟建工程（房屋、厂房等）类型、数量和预算投资。

3. 工农业等各类设施

调查统计危害区各工厂、矿山等企业固定资产总值、年产值、利税等，农田面积、作物产量、产值，灌渠长度和保灌面积，铁路、公路和桥梁等级、长度及年通车量，水库库容、发电量和灌溉面积，防护河堤长度及保护对象，主要输电（通信）塔座等级、数量等。统计各类建筑物和主要设备的造价或估价，分类填制成表。

3.1.4.2 危害区

历次泥石流活动造成危害对象不同程度损失的范围应划定为危害区。危害区的范围通过调查泥石流痕迹、堆积物及各类设施的破坏痕迹、残留旧址，以及访问和查阅地方志等资料，进行标界并测绘。各次泥石流的危害一般限定在危害区内，但各次泥石流活动不一定对危害区所有对象都造成危害。各次泥石流的危害和造成的损失与其暴发的时间、规模泛滥部位等直接相关。根据泥石流发展趋势的综合研究成果，可将危害区划分为主要危害区和一般危害区。

3.1.4.3 危害形式

1. 淤埋和漫流

淤埋主要发生于泥石流停淤地段（出山口、平坦宽阔河槽等）。泥石流分解后大量泥砂漂砾停积覆盖（其泥浆洪水漫流泛滥淹没、淤埋）建筑物、道路、农田、植被等，造成人员伤亡和各类设施完全损毁报废。勘查中测绘泥石流淤埋范围（面积）、勘探淤积物厚度、土体特征，分析淤埋地重新利用（建筑区、农田复耕等）的可能性。

2. 冲刷和磨蚀

坡面泥石流造成坡土层冲刷减薄、植被剥光，成为难以利用的荒坡。沟道泥石流在形成和流通段内，揭底冲刷河床，冲刷河岸造成垮塌，对护岸河堤、水利工程、桥墩等冲刷引起掉块、局部崩塌等。勘查泥石流的主要冲刷磨蚀地段，观测其冲刷速度。了解被冲河岸土质和毁坏工程设施的结构及强度等。

3. 撞击和爬高

沟道泥石流在其流速较大的河段（急滩、峡谷等），尤其是其中的巨石具有很大的动能，可以撞毁桥梁、堤坝等河道设施。泥石流运动有很强的直进性，在遇阻时（河弯、堤坝）泥石流超高甚至爬越河岸。勘查泥石流搬运的大漂（巨）石的尺寸及其在河道中的分布，分析计算其能量和撞击力，测量泥石流超（爬）高痕迹。

4. 堵塞或挤压河道

支沟泥石流汇入主河道处或主河道在狭窄段形成堵塞坝，使上游水位抬高，沿河两岸设施被淹。堵塞坝使泥石流储存更大的能量，一旦溃决又形成更大规模的泥石流或洪水灾害。重点勘查常堵塞河道位置，堵塞段河谷地形及长度，泥石流堵塞时间长短，堵塞坝高度。

3.1.4.4 泥石流危害等级分类

从预防和整治泥石流灾害的角度，必须对灾害性泥石流进行等级划分。

1. 单沟泥石流活动性定性划分

根据泥石流活动特点、灾情预测,可将单沟泥石流活动性划分为低、中、高和极高 4 级,见表 3.5。

表 3.5　　　　　　　　　　　　单沟泥石流活动性分级

泥石流活动特点	灾情预测	活动性分级
能够发生小规模和低频率泥石流或山洪	致灾轻微,不会造成重大灾害和严重危害	低
能够间歇性发生中等规模的泥石流,较易由工程治理所控制	致灾轻微,较少造成重大灾害和严重危害	中
能够发生大规模的高、中、低频率的泥石流	致灾较重,可造成大、中型灾害和严重危害	高
能够发生巨大规模的特高、高、中、低频率的泥石流	致灾严重,来势凶猛,冲击破坏力大,可造成特大灾难和严重危害	极高

2. 泥石流灾害危害等级划分

根据泥石流灾害一次造成的死亡人数或直接经济损失,泥石流灾害可分为特大型、大型、中型和小型 4 个灾度等级[《泥石流灾害防治工程勘查规范》(DZ/T 0220—2006)]。

（1）特大型：死亡人数超过 30 人,直接经济损失超过 1000 万元。

（2）大型：死亡人数 10～30 人,直接经济损失 500 万～1000 万元。

（3）中型：死亡人数 3～10 人,直接经济损失 100 万～500 万元。

（4）小型：死亡人数少于 3 人,直接经济损失少于 100 万元。

当灾度的两项指标不在一个级次时,按从高原则确定灾度等级。

3. 泥石流潜在危害性划分

根据灾害性泥石流直接威胁的人数和可能造成的直接经济损失,可划分为特大型、大型、中型和小型 4 个潜在危险性等级[《泥石流灾害防治工程勘查规范》(DZ/T 0220—2006)]。

（1）特大型：直接威胁人数超过 1000 人,可能造成的直接经济损失超过 1 亿元。

（2）大型：直接威胁人数 500～1000 人,可能造成的直接经济损失 5000 万～1 亿元。

（3）中型：直接威胁人数 100～500 人,可能造成的直接经济损失 1000 万～5000 万元。

（4）小型：直接威胁人数少于 100 人,可能造成的直接经济损失少于 1000 万元。

潜在危险性等级的两项指标不在一个级次时,按从高原则确定灾度等级。

4. 按泥石流活动规模划分

泥石流危害程度按沟域历次泥石流最大流量划分为 4 级,即小规模（≤1 万 m^3）、中规模（≤5 万 m^3）、大规模（≤8 万 m^3）、特大规模（>8 万 m^3）。

3.1.5　文家沟泥石流灾害及成因分析

2010 年 8 月 12 日,四川省绵竹市清平乡发生局地大暴雨,从下午 18 时开始降雨,在 22 时之前雨量较小,22:30 至 13 日 1:30 降雨演变为大到暴雨,随后逐渐减小,至 3 时左右降雨停止,总降雨量为 227mm。泥石流的暴发是在 13 日 0 时 30 分左右,由于强大的洪水挟带大量的泥砂冲溃文家沟最后一道拦砂坝,形成溃决型特大规模泥石流。泥石流冲入绵远河,冲塌绵远河上游幸福大桥后,将大桥整体推移到下游并堵塞老清平大桥,致使绵远河堵塞、水位抬高、河水改道。泥石流持续时间约 2.5h,在形成区冲刷形成新的沟道,在文家沟最后一道拦砂坝下游 150m 处开始淤积。泥石流进入绵远河后,在河道内大量淤积,淤积体长约 1600m,宽 200~500m,平均宽 300m,最大淤积厚度超过 15m,平均淤积厚度为 7m,泥石流总量约 310 万 m³,淹没了距沟口不远的清平场镇(见图 3.4)。

图 3.4 文家沟泥石流淤埋了清平乡场镇

1. 文家沟泥石流流域基本特征

文家沟位于四川省绵竹市西北部山区的清平场镇北,属长江流域的沱江水系上游绵远河左岸一支沟,沟口坐标 N31°33′04.7″,E104°06′58.5″。在地貌上属构造侵蚀中切割陡峻低—中山地貌、斜坡冲沟地形。文家沟流域总体东西向伸展,主沟呈"7"字形,横断面呈 V、U 形结合,汇水面积 7.81km²,主沟全长 3.25km,流域内最低点位于沟口海拔 883m,最高峰位于东部分水岭九顶山的顶子崖,海拔 2402m,相对高差 1519m,沟床平均纵坡降 467.4‰。文家沟有 2 条支沟,其中 1 号沟流域面积 1.57km²,沟道长 2.23km,相对高差 1017m,沟床平均纵坡降 456.1‰;2 号支沟流域面积 0.64km²,沟道长 1.21km,相对高差 587m,沟床平均纵坡降 485.1‰。文家沟主沟发育于流域的峡谷区,岸坡陡峻,沟谷切割深,

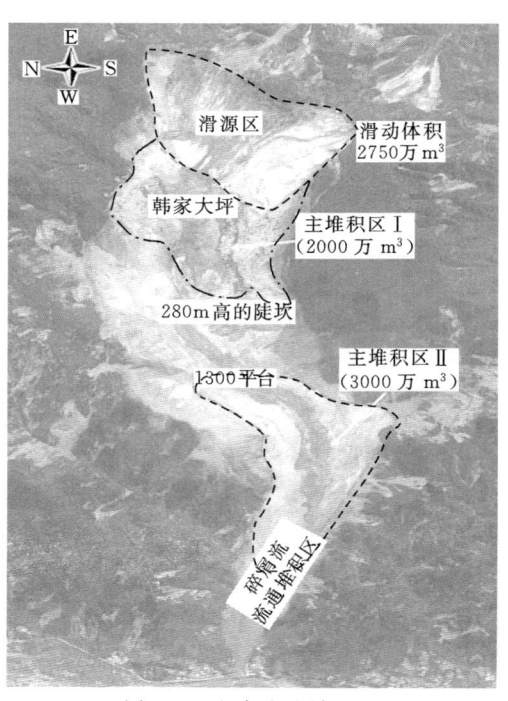

图 3.5 文家沟流域地形

沟道短、纵坡降大、迭水坎多，横断面呈 V 形，为泥石流的暴发提供了有利的地形条件（见图 3.5）。

清平乡所属绵竹市地处四川盆地中亚热带湿润气候区，气候温和，降水充沛，四季分明。由于地形高差大，气候的垂直变化和差异很大，年平均气温 15.7℃。通过对绵竹市清平乡文家沟区域 1992 年以来近 20 年的降雨资料统计分析，最大日降雨量达 496.5mm，出现在 1995 年 8 月 15 日；最大 1h 降雨量为 49.8mm，最大 10min 降雨量 23.98mm，均出现在 1995 年 8 月 11 日；5 年一遇的 1h 降雨量为 69.3mm。降雨主要集中在 7—9 月，这 3 个月的降雨量占全年降雨量的 80% 以上。降雨具有波动变幅大、降水集中、雨强大和暴雨频率高的特点，这些特点有利于洪水灾害和泥石流等灾害的发育。绵远河属长江流域的沱江水系上游。该段河谷宽窄相间，河面宽度 50~200m，多年平均总径流量 5.12 亿 m^3。

文家沟在地质构造上位于龙门山中央断裂（映秀—北川断裂）下盘的龙门山皱褶断束带中的太平推覆体，与映秀—北川断裂相距约 3.6km。在文家沟流域内出露地层主要为寒武系的清平组和泥盆系的观山雾组。泥盆系的观山雾组出露地层主要为：上部灰—深灰色石灰岩夹白云质灰岩；下部砂页岩夹泥质灰岩夹有铁质砂岩；底部黄褐色灰色中厚层石英砂岩，分布在"1300 平台"以上（见图 3.6），岩层产状 320°∠32°，呈顺向坡产出。寒武系的清平组出露岩层主要为：上部灰色薄层状长石云母石英粉砂质板岩及钙质泥质粉砂岩；中部暗紫—暗灰绿色薄层板状钙质粉砂岩；下部由灰绿色细粒状磷块岩、灰色含磷泥灰岩、薄层硅质岩及深灰色钙质磷块岩与磷质灰岩互层，统称为磷矿段，分布在"1300 平台"以下，为文家沟的主要地层，总体倾向 N—NW。2008 年汶川地震时产生的滑坡—碎屑流堆积体极大地改变了文家沟沟内泥石流的物源条件。在汶川地震过程中，汶川地震中的第 2 大滑坡——文家沟滑坡，将 2750 万 m^3 的观山雾组灰岩岩体从高程 1780~2340m 的山顶顺层高速下滑，在滑动过程中"刮铲"沟道两侧坡体，一部分停留在韩家大坪处形成了主堆积区Ⅰ，方量约 2000 万 m^3；另一部分从其前缘陡坎顶部高速抛射而

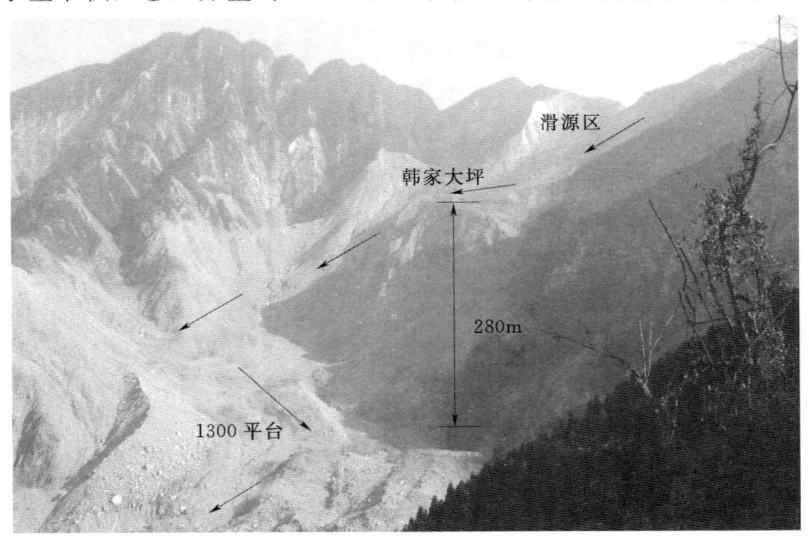

图 3.6　文家沟泥石流滑源区及 1300 平台

出，在与对岸山体剧烈碰撞后随即解体转化为碎屑流，进入"1300 平台"并沿 SW 方向运动，最后大部分停留在 1400～985m 高程处形成了主堆积区Ⅱ，方量约 3000 万 m³。

2. 汶川地震后文家沟泥石流沟谷的基本特征

（1）物源异常丰富。"5·12"汶川地震诱发的文家沟滑坡在沟内堆积松散物源约 5000 万 m³，为泥石流的爆发提供了异常丰富的物源。

（2）沟床坡降大。文家沟沟口至沟源（分水岭）坡降达 380‰，而集中物源堆积区段坡降达 325‰。

（3）汇水面积大。文家沟流域面积 7.81km²，其中"1300 平台"以上地形呈盆状，汇水面积约 4km²。上游的集中汇水为泥石流暴发提供了条件。

（4）堆积物胶结差。文家沟内的巨量堆积物为汶川地震诱发的文家沟滑坡转化为碎屑流的堆积物。滑源区主要为泥盆系关雾山组（D_2g）的灰岩和白云质灰岩。在高速远程滑动（运动）过程中经多次碰撞后严重解体，沿沟堆积物主要为岩粉、岩屑、角砾、碎块石（见图 3.7），黏粒含量极少，很难自身胶结和固结，在流水冲刷下，很容易产生底蚀和侧蚀。在下蚀的过程还不时伴随有沟壁斜坡的局部滑塌，容易在沟道产生局部堵塞和瞬时溃决。

图 3.7 文家沟松散堆积物的主要物质组成

3. "8·13"文家沟泥石流暴发的主要特点

（1）物源主要为沟内滑坡—碎屑流堆积物。汶川地震后文家沟暴发的多次泥石流物源都主要来源于文家沟滑坡—碎屑流堆积物。

（2）先洪水后泥石流。由于文家沟中上段（"1300 平台"以上）具有很好的汇水条件，在降雨过程中在沟内先形成洪水，随后转化为泥石流。由于缺乏固体物质的压脚护坡，致使沟内已修建好的多道谷坊坝在洪水阶段就被淘蚀（见图 3.8），谷坊坝未能发挥设计所需的固源固坡作用。这一现象在今后设计时应高度重视。

（3）主要以"拉槽"方式侵蚀破坏。因沟内堆积物异常丰富和松散，地表水流主要以底蚀和侧蚀的方式侵蚀沟内物源，并逐渐在沟内形成深大、陡峻（局部坡度在 60°以上）的"拉槽"和"峡谷"。这一现象在震后泥石流暴发中具有普遍性。

图 3.8　文家沟被泥石流彻底摧毁的谷坊坝群

（4）具有阵发性堵溃特点。"8·13"泥石流后在文家沟留下了深大"槽谷"和"峡谷"宽窄相间出现的沟谷特点（见图 3.9），沟内存在几处相对宽缓的"大肚子"，其主要为沟侧壁局部滑塌所致。在泥石流暴发过程中沟内的局部滑塌瞬间堵塞沟道，形成局部壅水，随后堰塞体在短时间内溃决，由此引发阵发性泥石流，使其破坏能力大大增强，这也是震区泥石流破坏性极大的原因之一。

图 3.9　"8·13"文家沟泥石流形成的沟槽具有宽窄相间的特点

4．"8·13"文家沟泥石流的主要成因

（1）灾区位于龙门山山脉，主要以高山峡谷地貌为主，为泥石流暴发和快速运动提供了基本地形条件。

（2）灾区位于龙门山构造带，地质构造复杂，岩体破碎，为泥石流暴发提供了基本构造和物源条件。

（3）"5·12"汶川地震使山体大范围震裂松动，并诱发了数以万计的崩塌、滑坡堆积于沟谷和坡麓，为泥石流的暴发提供了直接物源，是暴发特大泥石流灾害的主要原因。

(4) 局地短时强降雨是灾区产生特大型泥石流灾害的主要诱发因素。

5. 汶川地震震区泥石流活动的特点

(1) 群发性。地震使山体震裂松动,逢沟必发。

震区泥石流的物源可从以下 3 个方面获取:崩滑堆积体、沟道堆积物、坡面震裂松动物。以丰富的物源作为基础,如遇适量的降雨量(35~40mm/h),无论大沟小沟,也无论曾经是否为泥石流沟,将沟沟暴发泥石流,即出现"沟沟吹喇叭、逢沟必发"的现象(见图 3.10)。

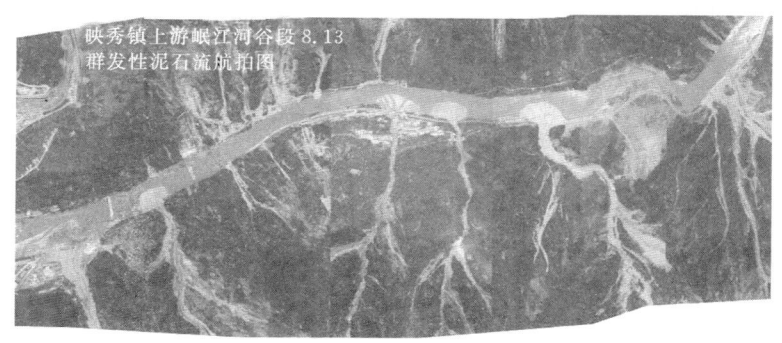

图 3.10　2010 年 8 月 13 日映秀镇群发性泥石流航拍图

(2) 突发性。强降雨过程中短期内就暴发。汶川地震震区泥石流突发性主要表现在以下两个方面:

1) 泥石流暴发所需的强降雨时间大大缩短。如清平乡 8 月 12 日 22:30 才开始降暴雨(下雨从 18:00 开始),13 日 0:40 几条沟开始暴发泥石流,其间仅隔 2h 左右。映秀镇 "8·14" 特大泥石流也具有类似特点:13 日 22:00 开始降暴雨,14 日 1:20 即暴发了特大型泥石流灾害。

2) 启动泥石流的临界降雨量大大降低。1999 年台湾集集地震区震后泥石流启动的小时雨强和累积雨量比震前降低了 1/3。唐川等通过对 2008 年北川 "9·24" 泥石流的研究得到与之类似的结论(见表 3.6)。中国科学院山地所通过在北川设立观测站监测到震后北川泥石流的临界小时降雨量仅为 37.4mm。

表 3.6　　　　　　　　　　震前、震后临界小时雨量对比表

震前		震后		震后降低幅度	
前期累计雨量 /mm	临界小时雨量 /mm	前期累计雨量 /mm	临界小时雨量 /mm	前期累计雨量	临界小时雨量
320~350	55~60	272.7	41	14.8%~22.1%	25.4%~31.6%

(3) 破坏性。短时大流量、阵发,具有强大的冲击力和摧毁性、淤埋抬高河道。

震后泥石流破坏性极强的主要原因及表现如下:

1) 流速快。汶川地震区多为高山峡谷地形,沟谷纵坡降大,泥石流运动速度快。

2) 规模大。震区泥石流物源异常丰富,在短时间内易形成规模巨大的泥石流,不仅

堆积范围巨大，且冲击力和摧毁性也很强。如清平乡文家沟一次冲出量达 450 万 m^3，走马岭沟一次冲出量达 83.5 万 m^3，映秀红椿沟一次冲出量达 70 万 m^3，都江堰龙池一沟一次冲出量达 50 万 m^3。

3）阵发性。沟道内崩滑堆积物的阻塞作用，使泥石流显示出阵发性和间歇性的特点，进一步增强其破坏性。

4）长期性。强震后 3～5 年内都是泥石流的高发期，在经历 10～15 年甚至更长时间才能逐渐恢复到震前的状态。

台湾地区学者 Lin 等（2008 年）研究 1999 年集集地震的影响，发现震后 5 年内滑坡、泥石流暴发强度较高，之后出现逐年降低的趋势，到 2008 年以后，灾害强度才明显减小，但仍然没有恢复到震前水平，如 2009 年 8 月 8 日在莫拉克台风袭击下出现的台湾小林村泥石流"埋村事件"仍与集集地震的影响有关。

日本学者 Nakamura 研究了关东地区 1896—1980 年的地震地质灾害及后续降雨灾害的活动趋势和规律。地质灾害活动在震后 15 年内为强活动期。地震 40 年后地质灾害活动性才出现明显减弱趋势，恢复到震前的水平。

（4）灾害链效应。暴雨诱发泥石流灾害，泥石流堵塞、壅高河道形成堰塞坝，由此引发掩埋和洪涝灾害。正是由于这种灾害链效应才造成了清平乡、映秀镇的巨大损失。

映秀红椿沟基本与岷江直交，大规模泥石流冲出沟口后迅速堵断岷江，将河水逼到右岸映秀集镇新区，使新区街道成为河道，破坏了灾后重建成果，造成巨大损失（见图 3.11）。

图 3.11 映秀"8·14"特大泥石流灾害航拍图

清平乡的文家沟走向也基本与绵远河直交，从沟内冲出的巨量物质瞬间到达河对岸，形成堰塞坝。泥石流物质在向下游的运动过程中，将新建幸福桥冲垮并整体向下游推移，直到与下游老桥桥体紧贴。两个紧贴的桥体形成一道拦挡坝，于是洪水和泥石流转向漫流进入右岸的清平乡镇，造成巨大的掩埋损失。

任务 3.2 泥石流调查

泥石流调查的目的是查明泥石流发育的自然环境、形成条件、泥石流的基本特征和危害，为泥石流防治方案的选择和防治工程的设计提供基础资料。

泥石流调查即是在收集已有资料的基础上，对泥石流活动区进行有关泥石流形成、活动、堆积特征、发展趋势与危害等方面的各种实地勘查、综合分析与评判，结合泥石流调查确定防治工程方案，采用测绘、勘探（钻探、物探等）、试（实）验等手段，查明可行性论证阶段、设计阶段和施工阶段防治工程所需要的工程地质条件的工作过程。本部分根据《滑坡崩塌泥石流灾害详细调查规范（1∶50000）》（DD 2008—02）等相关规范编写。

泥石流调查工作划分为泥石流调查、可行性论证阶段泥石流勘查、设计阶段泥石流勘查、施工阶段泥石流勘查、应急治理泥石流勘查（在突发或遇灾前兆过程中可采取）。

3.2.1 泥石流调查

泥石流调查即是对暴发泥石流可能危及人民生命财产安全的流域沟谷，针对泥石流的形成要素和泥石流特征，通过调查与判别，区分泥石流沟（含潜在泥石流）和非泥石流沟，确定易发程度和危害等级，并对泥石流沟、潜在泥石流沟的防治方案提出建议。

1. 资料收集

在现场调查之前，应收集调查区的气象水文、地形地貌、地层岩性、地质构造、地震活动、泥石流发生的历史记录、前人调查研究成果、已有勘查资料和泥石流防治工程文件、与泥石流有关的人类工程活动等资料，以此作为调查工作的基础。

2. 自然地理调查

（1）地形调查。其主要内容是测量流域形状、流域面积、主沟长度、沟床比降、流域高差、谷坡坡度、沟谷纵横断面形状、水系结构和沟谷密度等地形要素。

（2）气象调查。气象主要收集或观测各种降水、气温资料。降水资料主要包括多年平均降水量、降水年际变率、年内降水量分配、年降水日数、降水地区变异系数和最大降水强度，尤其是与暴发泥石流密切相关的暴雨日数及其出现频率、典型时段（24h、60min、10min）的最大降水量及多年平均小时降雨量。

（3）水文调查。收集或推算各种流量、径流特性、主河及下游高一级大河水文特性等数据。

（4）植被与土壤调查。调查流域植被类型与覆盖程度，植被破坏情况，土地利用类型和侵蚀程度等。

3. 地质调查

（1）地层岩性调查。查阅区域地质图或现场调查流域内分布的地层及岩性，特别是易形成松散固体物质的第四系、新近系和弱固结地层及软弱岩层的分布与性质。

（2）地质构造调查。查阅区域构造地质图或现场调查流域内断裂的展布与性质、断裂破碎带的性质与宽度、节理的力学性质和密度、褶曲的分布及岩层产状，统计各种结构面的产状与频度。

（3）新构造运动与地震调查。从区域地质构造及流域地貌分析新构造运动特性，从《1∶400万中国地震烈度区划图》查知地震基本烈度。

（4）不良地质体与松散固体物质调查。调查流域内不良地质体（如危岩、潜在崩滑体等）与松散固体物源的位置、储量和补给形式。

（5）水文地质调查。调查地下水尤其是第四系潜水及其出露情况，以及岩溶负地形及消水能力。

4. 人类活动调查

其主要调查与泥石流形成有关的人类活动。

（1）泥石流区人类活动调查。泥石流活动范围内人类生产、生活设施状况，特别是沟口、泥石流堆积扇上居民点、工农业相关基础设施、泥石流沟槽挤占情况。

（2）水土流失调查。其主要调查植被破坏、毁林开荒、陡坡垦植、过度放牧、乱砍滥伐等造成的水土流失情况。

（3）弃土弃渣调查。其主要调查筑路弃土和厂矿企业弃渣及其挡渣措施。

（4）水利工程调查。其主要对可能溃决形成泥石流的病险水库、输承线路的安全性、发生原因、条件、危害性和溃决条件进行详细调查。

5. 冰川泥石流的调查内容

（1）冰雪融水泥石流的调查。调查冰川 U 形谷的地貌特征，沿谷分布的冰碛物、冰水沉积物的堆积规模、特征和稳定性，冬季、春季雪崩、冰崩的规模和频度，春季冰雪融水的径流量及其时间分布，冰川和积雪的面积，雪线变化等。

（2）冰湖溃决泥石流的调查。其主要调查冰川舌的进退及可能发生的冰滑坡，冰碛湖面积、水量与水深，阻湖终碛堤的空间形态和物质特征，冰湖下游的沟谷形态和支沟径流，沿沟的冰碛物和冰水堆积物等。

6. 泥石流活动性、险情、灾情调查

（1）泥石流特征。查阅历史资料和现场访问，调查泥石流暴发的时间、次数、持续过程、有无阵性、堵溃、断流、龙头高度、流体组成、石块大小、泥痕位置、响声大小等泥石流特征。

（2）泥石流引发因素。调查发生泥石流前的降雨时间、雨量大小、冰雪崩滑、地震、崩塌滑坡、水渠渗水、冰湖和水库溃决等引发因素。

（3）泥石流堆积扇。调查泥石流堆积扇的分布、形态、规模、扇面坡度、物质组成、植被、新老扇的组合及与主河（主沟）的关系，堆积扇体的变化，扇上沟道排泄能力及沟道变迁，主河堵溃后上、下游的水毁灾害。

（4）既有防治工程。调查既有泥石流防治工程的类型、规模、结构、使用效果、损毁情况及损毁原因。

（5）泥石流危害性调查：

1）泥石流危害作用方式调查。调查泥石流侵蚀（冲击、冲刷）的部位、方式、范围和强度,泥石流淤埋的部位、规模、范围和速率,泥石流淤堵主沟的原因、部位、断流和溃决情况,泥石流完全堵塞或部分堵塞主河的原因、现状、历史情况及溃决洪水对下游的水毁灾害。

2)泥石流危害区的划定。确定泥石流危险区的范围,参考表3.7。

表3.7　　　　　　　　　　泥石流活动危险区域划分表

危险分区	判 别 特 征
极危险区	(1)泥石流、洪水能直接到达的地区:历史最高泥位或水位线及泛滥线以下地区; (2)河沟两岸已知的及预测可能发生崩塌、滑坡的地区:有变形迹象的崩塌、滑坡区域内和滑坡前缘可能到达的区域内; (3)堆积扇挤压大河或大河被堵塞后诱发的大河上、下游的可能受灾地区
危险区	(1)最高泥位或水位线以上加堵塞后的壅高水位以下的淹没区,溃坝后泥石流可能到达的地区; (2)河沟两岸崩塌、滑坡后缘裂隙以上50~100m范围内,或按实地地形确定; (3)大河因泥石流堵江后在极危险区以外的周边地区仍可能发生灾害的区域
影响区	高于危险区与危险区相邻的地区,它不会直接与泥石流遭遇,但却有可能间接受到泥石流危害的牵连而发生某些级别灾害的地区
安全区	极危险区、危险区、影响区以外的地区为安全区

3)灾害损失。调查每次泥石流危害的对象,造成的人员伤亡、财产损失,估算间接经济损失,评估对当地社会、经济的影响;预测今后可能造成的危害。估计受潜在泥石流威胁的对象、范围和程度;按预测的危险区评估其危害性。

7. 提交泥石流调查报告

泥石流调查报告应包括以下主要内容:

(1)泥石流沟判别结果。

(2)泥石流特征。

(3)泥石流危险区。

(4)泥石流分级。

(5)场地适宜性评价。

(6)防治方案建议。

(7)附图及相关资料。

3.2.2　泥石流调查主要方法

1. 以地面调查为主

不需要动用勘探手段,以地面调查为主,充分利用卫片、航片、地形图、水文气象资料和地方志等宏观资料。

2. 调查路线

调查路线先从泥石流堆积扇的水边线开始,沿河沟步行调查到沟缘,再上到分水岭俯览全流域进行宏观了解后返回。

3. 对泥石流堆积扇重点调查内容

(1)堆积扇形态及发育的完整性。堆积扇的发育状态反映了主沟和支沟输砂能力的相互组合关系，泥石流沟口一般都残留有堆积扇。

（2）泥石流堆积扇挤压主河的程度。泥石流堆积扇挤压主河的程度根据主河河形是否发生挤压变形和主流是否受挤偏移岸来判别，并按弯曲和偏移程度定级。

（3）堆积扇前沿及扇上巨石粒径与平均粒径测量。用线格法或网格法测量50～100个巨石的三轴尺寸，计算几何平均粒径，作为工程设计与评估该沟泥石流能级的参考。

（4）叠置形式。叠瓦式的逆向堆积表明泥石流活动在减弱；前进覆盖式堆积表明泥石流活动在增强。沟口泥石流堆积活跃程度分为4等，即严重、中等、轻微、一般，确认如下：

1）严重。沟口大河对岸为非岩石岸壁时，大河河型受堆积扇控制，发生弯曲或堵塞断流，主流明显受堆积扇挤压偏移，扇形地发育，新旧扇叠置，扇面一次冲淤变幅在0.5m以上。

2）中等。河型无较大变化，仅主流受迫偏移，有扇形地，新旧叠置不明显，扇面一次冲淤变幅在0.2～0.5m范围内。

3）轻微。河型无变化，大河主流在高水位时无偏移，在低水位时有偏移，扇形地时有时无，无叠置现象，扇面一次冲淤变幅小于0.5m。

4）一般。河型无变化，主流不偏，无沟口扇形地。

4. 泥石流形成区调查

其主要调查不良地质体的发育状况、松散物源的规模及长度、植被覆盖率、河沟冲淤变幅、堵塞情况等。在低水位时有偏移，扇形地时有性质、分布、产状、稳定性、补给长度、植被覆盖率、河沟冲淤变幅、堵塞情况等。

（1）泥沙沿程补给长度是决定泥石流形成规模和运动的重要条件，泥沙沿程补给长度比是一个综合反映泥沙补给范围和补给量的重要参数，按下式计算，即

$$泥沙沿程补给长度比(\%) = 泥沙沿程补给长度/主沟长度$$

（2）泥沙沿程补给长度是沿主沟长度范围内两岸及沟槽底部泥沙补给段（如崩塌、滑坡、沟蚀等）的累计长度，在同一河段内同时存在几个不同补给源时，只取其中最长的一段长度计入累计长度。

（3）泥沙沿程补给长度比主要按现场调查结果计算确定，也可根据航片资料确定。

5. 流通区调查

重点调查河沟的纵、横剖面形态的几何尺寸，河床坡度、糙率，河沟两岸山坡坡度、稳定性等。泥石流流通区和形成区的弯道变形与洪水河道的弯道变形形态相反，是凹岸淤积、凸岸冲刷。

3.2.3 可行性论证阶段泥石流勘查

1. 一般规定

可行性论证阶段勘查是泥石流防治工程勘查的关键阶段。通过该阶段工作，进一步查明泥石流形成的地质环境条件，泥石流类型、规模、活动特征及危害程度，形成区、流通区和堆积区的一般特征，初步确定泥石流流速、流量、重度及动力学特征值参数，为泥石

流防治方案比选提供依据。

2. 自然环境条件调查

本阶段的调查是在泥石流一般调查工作的基础上根据防治工程需求进行的有针对性的调查,是前期调查工作的深入,调查内容见本节前"泥石流调查的工作内容"部分。

3. 勘查工作

根据泥石流勘查的"基本规定"和流域的实际情况,选择必要的项目进行勘查,满足防治方案比选的要求,并进行简易监测。

4. 勘查报告

正文应包括:序言,泥石流形成的地质环境条件,泥石流形成区、流通区、堆积区的工程地质和水文地质特征,泥石流的成因、类型、规模、活动特征、危害程度及发展趋势,泥石流特征值的确定方法和计算结果,泥石流防治方案比选及建议。同时,提供相应的平面图、剖面图、钻孔柱状图、坑槽探展示圈、岩土物理力学测试报告、地球物理勘探报告和泥石流监测成果等附图与附件。

3.2.4 设计阶段泥石流勘查

1. 一般规定

设计阶段的泥石流勘查是对选定的防治工程进行的工程地质勘查。

设计阶段的泥石流勘查应充分利用可行性论证阶段的勘查成果,结合防治工程方案,有针对性地进行定点勘查或补充勘查。提供工程设计所需的泥石流特征参数和岩土物理力学参数。

对高坝(格栅坝10~15m、拦沙坝15~30m),勘查范围以坝轴线为中线,上、下游各100m;低坝(格栅坝小于10m,拦沙坝小于15m)及丁坝,勘查至上游50~100m,下游20~50m。对堤、渠、槽等线性排导工程,勘查范围为轴线两侧最高洪水位以上5~10m。

2. 工程地质测绘

根据选定的防治工程方案,开展工程部署区大比例尺测绘。

拦挡工程及堤、渠、槽等线性排导工程测绘应沿轴线进行。拦挡工程的测绘比例尺为1:100~1:200,排导工程的比例尺为1:500~1:1000。为满足库容计算的需要,拦挡工程尚须测制淤积区1:1000的地形图。

测绘内容主要是防治工程区域及其外围的地形地貌、岩性结构、松散堆积层成因类型、厚度及斜坡稳定性等。同时结合钻探、物探和坑探成果,沿工程轴线实测并绘制大比例尺工程地质剖面图。对于较长的排导工程,尚须提供不同地段的横剖面图。

停淤场的测绘以面上控制为主,内容主要包括地形起伏、岩土体类型及分布状况、停淤场面积及最大可能停淤量、地表水发育及地下水出露等。此外,应结合勘探资料,实测纵、横剖面。测绘比例尺以1:200~1:500为宜。

3. 勘探试验

(1)勘探点线布置。勘探线沿防治工程主轴线布置,孔距20~30m。每条勘探线的钻孔、探坑数一般不低于两个。

（2）钻探。钻孔深度，当松散堆积层深厚不必揭穿其厚度时，孔深应是设计建筑物最大高度的 0.5～1.5 倍；基岩埋藏浅时，孔深应进入基岩弱风化层 5～10m。

地质条件复杂时可加密钻孔或沿勘探线布置物探剖面对地质情况进行辅助判断。

加强钻孔岩心编录，查清工程布置区地层岩性、地质构造、岩土体结构类型、松散堆积层厚度及基岩埋深与起伏情况。

（3）试验。采取岩土试样，测定物理、力学性质指标。施工钻孔应进行注、抽水试验，提供相关水文地质参数，布设水位动态观测孔，并延续至工程竣工以后。

4. 监测

对高频泥石流，可在勘查期内的汛期时段，提出和实施泥石流活动的监测方案。

对可行性论证阶段布设的监测站点的监测内容，宜结合工程布设。

结合治理工程宜提出工程防治效果的监测方案。

当地下水影响泥石流形成和防治工程效果时，开展地下水的监测工作。

5. 勘查报告

报告正文应包括：序言，泥石流流域工程地质和水文地质条件，泥石流活动特征、危害程度及发展趋势，泥石流治理工程区工程地质和水文地质条件，治理工程基础及边坡的稳定性，泥石流特征值的确定及确定方法等。同时，提供岩土体物理力学测试、原位测试、设计参数和各种监测资料及附件。

结合泥石流治理工程，以纸质和电子文档形式提交供设计使用的工程地质图册，包括各治理单元的平面图、立面图、剖面图、钻孔柱状图及坑槽探展示图等。

3.2.5 施工阶段泥石流勘查

1. 一般规定

施工阶段勘查包括治理工程实施期间对开挖和钻孔揭露的地质露头的地质编录、重大地质问题变更的补充勘查和竣工后的地形地质状况测绘，并编制与原地质报告相应的对比变化图，校验、修正前期地质资料及评价结论。

施工阶段勘查应采用信息反馈法，结合治理工程实施，及时分析编录地质资料，将重大地质变更及时通知业主，情况紧急时应及时通知设计单位和施工单位，采取必要的应对措施。

勘查中应针对现场地质情况的变化，对施工及时提出改进意见及相关措施，保证治理工程施工符合实际工程地质条件。

2. 开挖露头测绘与补充勘探

对开挖露头的测绘主要是采用观察、素描、实测、照相、摄像等方法对施工揭露的地质现象进行编录和记录，必要时对治理工程基础持力层岩土体物理力学性质进行复核性测试。

开挖过程中的编录内容主要应包括松散堆积层的岩性、结构、物质组成、分层厚度、分层界线，基岩的岩性、结构、揭露厚度、风化程度、基岩面起伏和节理裂隙发育状况；同时应测定地下水位。

对施工开挖形成的最终地质露头,应在工程实施前采用以上方法进行编录测绘,制作剖面图、平面图、断面图或展示图。

施工期间发现地质条件有重大差异时,应进行补充勘查,提交补充勘查报告。重大差异包括治理工程基础较厚的软弱夹层、沟谷侵蚀探槽或持力层的深度与原报告相差较大等。

补充工程地质勘查应采用地面测绘、物探和山地工程等查明地质体的空间形态、物质组成、结构特征、成因类型、岩土体的物理力学性质;评估地质条件变化对治理工程实施的影响。

补充勘查工作量应根据地质问题的复杂性、设计阶段勘查情况和场地条件等因素确定。应充分利用各种开挖工作面进行地质现象的观测和地质资料收集。

当地质条件的差异可能给防治工程造成较大影响时,应对设计方案和施工方案提出变更建议。

3. 监测

继续开展已有监测站点和地下水的监测工作。选择有代表性的监测站点作为竣工后的长期监测点,并提出监测要求。

4. 补充工程地质勘查报告

应根据工程实际存在的问题有针对性地编制。报告正文应包括:序言,施工情况及暴露问题、地质条件变化情况及其对治理工程的影响、岩土体物理力学性质、治理工程变更设计建议等;附图附件包括平面图、剖面图、钻孔柱状图、施工开挖和山地工程展示图、岩土体物理力学测试报告以及各监测点的监测资料。

3.2.6 应急治理泥石流勘查(在突发或遇灾前兆过程中可采取)

在发现泥石流临兆之前或泥石流发生过程中及泥石流发生后,为消除或减轻泥石流危害和尽快恢复生产、生活秩序而实施的应急治理工程所需开展针对性很强、非常规的勘查工作。

3.2.7 泥石流勘查的技术方法

1. 工程地质测绘

(1)遥感解译。从卫星图像和航片解译泥石流区域性宏观分布、地貌和地质条件;有条件时可用不同时相的影像图解译、对比泥石流发展过程,编制遥感图像解译图,航片比例尺宜为 1∶8000~1∶34000。

(2)填图要求。所划分的单元在图上标注的尺寸最小为 2mm。对于小于 2mm 的重要单元,可采用扩大比例尺或符号的方法表示。在 1∶500~1∶2000 的地形图上可能修建拦挡工程和排导工程地段,其地质界线的地质点误差不应超过 3mm,其他地段不应超过 5mm。

(3)地质地貌测绘。对全流域及沟口以下可能受泥石流影响的地段,调绘与泥石流形成和活动有关的地质地貌要素,编制相应的地貌图与地质图,填绘纵剖面图与横剖面网。流域平面填图比例尺宜为 1∶10000~1∶50000,分区平面填图比例尺宜为 1∶

500～1∶5000；纵剖面图比例尺横向宜为 1∶500～1∶2000，竖向宜为 1∶100～1∶500；横剖面图比例尺横向宜为 1∶200 或 1∶500。测绘方法以沿沟追索、实测和填绘剖面为主。

2. 水文调查

（1）暴雨洪水。泥石流小流域一般无实测洪水资料，可根据较长的实测暴雨资料推求某一频率的设计洪峰流量。对缺乏实测暴雨资料的流域，可采用理论公式和该地区的经验公式计算不同频率的洪峰流量。有关计算公式见《水文计算手册》。

（2）溃决洪水调查。其包括水库溃决洪水、冰湖溃决洪水和堵河（沟）溃决洪水。溃决洪水流量据溃决前水头、决口宽度、坝体长度、溃决类型（全溃决或局部溃决，一溃到底或不到底）采用理论公式计算或依据经验公式估算，并结合实际进行校核。有关计算公式见《溃坝水力学》。

（3）冰雪消融洪水。可根据径流量与气温、冰雪面积的经验公式来计算；在高寒山区，一般流域均缺乏气温等资料，常采用形态调查法来测定；下游有水文观测资料的流域，可用类比法或流量分割法来确定。

3. 泥石流流体勘查

（1）泥痕测绘。选择有代表性的沟道，测量沟谷弯曲处泥石流爬高泥痕、狭窄处最高泥痕及较稳定沟道处泥痕。根据泥痕高度及沟道断面计算过流断面面积，据上、下断面泥痕点计算泥位纵坡，作为计算泥石流流速、流量的基础数据。

（2）泥石流流体试验：

1）浆体重度测定。泥石流流体重度可根据泥石流样品采用称重法测定。泥石流体样品一般难以采到，可了解目击者回忆，根据泥痕和堆积物特征进行配制，采用体积比法测定。

2）粒度分析。对泥石流体样品中大于 2mm 的粗颗粒进行筛分，粒径小于 2mm 的细颗粒用比重计法或吸管法测定颗粒成分。对泥石流体中固体物质的颗粒成分，从堆积体中取样测定。取样数量应结合粒径来确定。

3）黏度和静切力测定。必要时进行黏度和静切力测定，用泥石流浆体或人工配制的泥浆样品模拟泥石流浆体，其黏度可采用标准漏斗 1006 型黏度计或同轴圆心旋转式黏度计测定；其静切力可采用 1007 型静切力计测量。

（3）泥石流动力学参数计算：

1）流速。据勘查所得泥石流流体水力半径、纵坡、沟床糙率及重度等参数计算；也可按泥石流的性质和所在地域，选择合适的地区性经验公式计算。

2）流量。泥石流流量可采用形态调查法（据泥痕勘测所得的过流断面面积乘以流速）或雨洪法（按暴雨洪水流量乘以泥石流修正系数）确定。暴雨小径流的地区性经验公式较多，暴雨洪水流量应采用适用的经验公式计算。

3）冲击力。泥石流冲击力是泥石流防治工程设计的重要参数，分为流体整体冲压力和个别石块的冲击力两种。计算方法较多，可参见《泥石流灾害防治工程勘查规范》（DZ/T 0220—2006）附录。

4）弯道超高与冲高。泥石流流动在弯曲沟道外侧产生的超高值和泥石流正面遇阻的冲起高度可参见《泥石流灾害防治工程勘查规范》(DZ/T 0220—2006)附录。

(4) 堆积物试验。通过调查、实验，按《土工试验方法标准》(GB/T 50123—1999)确定泥石流堆积物的固体颗粒相对密度、土体重度、颗粒级配、天然含水量、界限含水量、天然孔隙比、压缩系数、渗透系数、抗剪强度和抗压强度等参数，供治理工程比选和设计使用。

(5) 泥石流的形成区、流通区和堆积区测绘：①工程治理区实测剖面至少应按一纵三横控制；②重点区应有1～3个探槽或探坑（井）控制；③各区测绘内容参见《泥石流灾害防治工程勘查规范》(DZ/T 0220—2006)附录。

4. 勘探试验

(1) 勘探。勘探工程主要布置在泥石流堆积区和可能采取防治工程的地段。勘探工程以钻探为主，辅以物探和坑槽探等轻型山地工程。受交通、环境条件的限制，在泥石流形成区，一般不采用钻探工程；当存在可能成为固体物源的滑坡或潜在不稳定斜坡必须采用时，勘探线及钻孔布置可参照"滑坡勘探"的有关规定执行。

(2) 钻探。泥石流防治工程场址主勘探线钻孔，宜在工程地质测绘和地球物理成果的指导下布设，孔距应能控制沟槽起伏和基岩构造线，间距一般为30～50m。30m宽的沟谷应有一个钻孔控制，30～50m宽的沟谷应有2个钻孔控制，宽50m以上的沟谷应以30～50m间距布孔。当松散堆积层深厚不必揭穿其厚度时，孔深应是设计建筑物最大高度的0.5～1.5倍；基岩埋藏浅时，孔深应进入基岩弱风化层5～10m。

(3) 物探。物探工作除作为钻探工程的补充和验证外，在施工条件差、难以布置或不必布置钻探工程的泥石流形成区，可布置1～2条物探剖面，对松散堆积层的岩性、厚度、分层、基岩面深度及起伏进行推断。

(4) 坑槽探。结合钻探和物探工程，在重点地段布置一定数量的探坑或探槽，揭露泥石流在形成区、流通区、堆积区不同部位的物质沉积规律和粒度级配变化，了解松散堆积层的岩性、结构、厚度和基岩岩性、结构、风化程度及节理裂隙发育状况；现场采集具有代表性的原状岩土样。

(5) 试验。对坝高超过10m以上的实体拦挡工程，宜进行抽水或注水试验，获取相关水文地质参数；在孔（坑）或坑槽内采取岩样、土样和水样，进行分析测试，获取岩土体的物理力学性质参数；水样一般只作简分析，拟建的防治工程应增加侵蚀性测定内容。

5. 对各类防治工程提供以下主要设计参数

(1) 各类拦挡坝。对各类拦挡坝提供主要设计参数是覆盖层和基岩的重度、预载力标准值、抗剪强度，基面摩擦系数，泥石流性质与类型、发生频次，泥石流体的重度和物质组成，泥石流体的速度、流量和设计暴雨洪水频率，泥石流回淤坡度和固体物质颗粒成分，沟床清水冲刷线。

(2) 其他工程。桩林着重于桩锚固段基岩的深度、风化程度、力学性质；排导槽、渡槽着重于泥石流运动的最小坡度、冲击力、弯道超高和冲高；导流堤、护岸堤和防冲墩着重于基岩的埋藏深度和性质、泥石流冲击力和弯道超高、墙背摩擦角；停淤场着重于淤积总量、淤积总高度和分期淤积高度。

6. 施工条件调查

结合可能采取的泥石流防治工程技术，调绘施工场地、工地临时建筑和施工道路的地形地貌，并进行地质灾害危险性评估，测图范围和精度视现场情况而定。

了解泥石流防治工程周围所需天然建筑材料的分布情况，对砂石料质量和储量进行评价。如天然骨料缺少或不符合工程质量要求，须对就近的料场或人工料源进行初查。

了解泥石流防治工程周围的水源状况并采样分析，对防治工程生活用水的水质水量进行评价，提出供水方案建议。

7. 监测

(1) 勘查阶段，只要求进行简便的常规监测。

(2) 降雨观测。必要时，根据流域大小，在流域内设置1～3个控制性自记式雨量观测点，定时巡视观测。观测点的设置要避免风力影响和高大树木的遮掩。

(3) 泥位、流速观测。有条件时，可进行泥位和流速观测。

(4) 预警预报。出现泥石流临灾征兆时，应及时报告有关部门进行预警预报。

任务3.3 泥石流评价

在一般调查的基础上，为对泥石流活动性、危险性进行评判决策，开展进一步调查。根据服务对象，可分为区域性泥石流活动性评判、单沟泥石流活动性判别、泥石流危险性评估和泥石流防治评估决策等四类调查、评判。

3.3.1 单沟泥石流活动性调查判别

1. 调查范围

以泥石流发育的小流域周界为调查单元。主河有可能被堵塞时，则应扩大到可能淹没的范围和主河下游可能受溃坝水流波及的地区。

2. 调查的主要内容

在一般调查内容中突出以下重点，参见泥石流调查表中的项目进行调查。

(1) 确认诱发泥石流的外动力。暴雨、地震、冰雪融化、堤坝溃决。其中，暴雨资料包括气象部门或泥石流监测专用雨量站提供的该沟或紧邻地区的年、日、时和10min最大降雨量和多年平均雨量，前期降雨及前期累计降雨量等。对冰川泥石流地区，应增加日温度、冰雪可融化的体积、冰川移动速度、可能溃决水体的最大流量的调查。

(2) 沟槽输移特性。实测或在地形图上量取河沟纵坡、产沙区和流通区沟槽横断面、泥沙沿程补给长度比、各区段运动的巨石最大粒径和巨石平均粒径，现场调查沟谷堵塞程度、两岸残留泥痕。

(3) 地质环境。根据地质构造图了解震级和区域构造情况、按表3.8中的要求实地调查核实，并按流域环境动态因数综合分级确定构造影响程度。现场调查流域内的岩性，按软岩、黄土、硬岩、软硬岩互层、风化节理发育的硬岩等五类划分。

表 3.8　　　　　　　　　　泥石流沟严重程度（易发程度）数量化表

序号	影响因素	权重	量级划分							
			严重（A）	得分	中等（B）	得分	轻微（C）	得分	一般（D）	得分
1	崩塌、滑坡及水土流失（自然和人为的）严重程度	0.159	崩塌滑坡等重力侵蚀严重，多深层滑坡和大型崩塌，表土疏松，冲沟十分发育	21	崩塌、滑坡发育，多浅层滑坡和中小型崩塌，有零星植被覆盖，冲沟发育	16	有零星崩塌、滑坡和冲沟存在	12	无崩塌、滑坡、冲沟或发育轻微	1
2	泥沙沿程补给长度比/%	0.118	>60	16	60~30	12	30~10	8	<10	1
3	沟口泥石流堆积活动	0.108	河形弯曲或堵塞，大河主流受挤压偏移	14	河形无较大变化，仅大河主流受迫偏移	11	河形无变化，大河主流在高水偏，低水不偏	7	无河形变化，主流不偏	1
4	河沟纵坡/(°)(‰)	0.090	>12°（213）	12	12°~6°（213~105）	9	6°~3°（105~52）	6	<3°（52）	1
5	区域构造影响程度	0.075	强抬升区，六级以上地震区	9	抬升区，4~6级地震区，有中、小支断层或无断层	7	相对稳定区，4级以下地震区，有小断层	5	沉降区，构造影响小或无影响	1
6	流域植被覆盖率/%	0.067	<10	9	10~30	7	30~60	5	>60	1
7	河沟近期一次变幅/m	0.062	>2	8	2~1	6	1~0.2	4	<0.2	1
8	岩性影响	0.054	软岩、黄土	6	软硬相间	5	风化和节理发育的硬岩	4	硬岩	1
9	沿沟松散物储量/(万 m³/km²)	0.054	>10	6	10~5	5	5~1	4	<1	1
10	沟岸山坡坡度/(°)(‰)	0.045	>32°（625）	6	32°~25°（625~466）	5	25°~15°（466~286）	4	<15°（268）	1
11	产沙区沟槽横断面	0.036	V形谷、谷中谷、U形谷	5	拓宽U形谷	4	复式断面	3	平坦型	1
12	产沙区松散物平均厚度/m	0.036	>10	5	10~5	4	5~1	3	<1	1
13	流域面积/km²	0.036	<5	5	5~10	4	10~100	3	>100	1
14	流域相对高差/m	0.030	>500	4	500~300	3	300~100	3	<100	1
15	河沟堵塞程度	0.030	严	4	中	3	轻	2	无	1

(4) 松散物源。调查崩塌、滑坡、水土流失（自然的、人为的）等的发育程度，不稳定松散堆积体的处数、体积、所在位置、产状、静储量、动储量、平均厚度、弃渣类型及堆放形式等。

(5) 泥石流活动史。调查发生年代、受灾对象、灾害形式、灾害损失、相应雨情、沟口堆积扇活动程度及挤压大河程度，并分析当前所处的泥石流发育阶段。

(6) 防治措施现状。调查防治建筑物的类型、建设年代、工程效果及损毁情况。

3. 泥石流活动强度

泥石流活动强度按表 3.9 判别。

表 3.9 泥石流活动强度判别表

活动强度	堆积扇规模	主河河型变化	主流偏移程度	泥沙补给长度比/%	松散物储量/(万 m^3/km^2)	松散体变形量	暴雨强度指标 R
很强	很大	被逼弯	弯曲	>60	>10	很大	>10
强	较大	微弯	偏移	60~30	10~5	较大	4.2~10
较强	较小	无变化	大水偏	30~10	5~1	较小	3.1~4.2
弱	小或无	无变化	不偏	<10	<1	小或无	<3.1

3.3.2 泥石流活动危险性评估

泥石流活动危险性评估在泥石流活动性调查的基础上进行。

(1) 泥石流活动危险性评估的核心是通过调查分析确定泥石流活动的危险程度或灾害发生概率。

暴雨泥石流活动危险程度或灾害发生概率的判别式为

危险程度或灾害发生概率(D)＝泥石流的致灾能力(F)/受灾体的承(抗)灾能力(E)

$D<1$ 受灾体处于安全工作状态，成灾可能性小。

$D>1$ 受灾体处于危险工作状态，成灾可能性大。

$D\approx1$ 受灾体处于灾变的临界工作状态，成灾与否的概率各占 50%，要警惕可能成灾的那部分。

(2) 泥石流的综合致灾能力 F 按表 3.10 中四因素分级量化总分值判别。

表 3.10 致灾体的综合致灾能力分级量化表

活动强度 [a]	很强	4	强	3	较强	2	弱	1
活动规模 [b]	特大型	4	大型	3	中型	2	小型	1
发生频率 [c]	极低频	4	低频	3	中频	2	高频	1
堵塞程度 [d]	严重	4	中等	3	轻微	2	无堵塞	1

a 按表 3.9 所列泥石流活动强度判别表确定。
b 按表 3.2 泥石流按暴发规模分类确定。
c 按暴发频率确定：高频泥石流（一年多次至 5 年 1 次）、中频泥石流 [1 次/(5~20 年)]、低频泥石流 [1 次/(20~50 年)] 和极低频泥石流（>1 次/50 年）。
d 按表 3.11 所列的泥石流堵塞系数 D_c 值确定。

表 3.11　　　　　　　　　　泥石流堵塞系数 D_c 值

堵塞程度	特　　征	堵塞系数 D_c
严重	河槽弯曲，河段宽窄不均，卡口、陡坎多。大部分支沟交汇角度大，形成区集中。物质组成黏性大，稠度高，沟槽堵塞严重，阵流间隔时间长	>2.5
中等	沟槽较顺直，沟段宽窄较均匀，陡坎、卡口不多。主、支沟交角多小于60°，形成区不太集中。河床堵塞情况一般，流体多呈稠浆—稀粥状	1.5～2.5
轻微	沟槽顺直均匀，主、支沟交汇角小，基本无卡口、陡坎，形成区分散。物质组成黏度小，阵流的间隔时间短而少	<1.5

$F=16\sim13$　综合致灾能力很强。

$F=12\sim10$　综合致灾能力强。

$F=9\sim7$　综合致灾能力较强。

$F=6\sim4$　综合致灾能力弱。

(3) 受灾体（建筑物）的综合承（抗）灾能力 E 按表 3.12 中四因素分级量化总分值判别。

$E=4\sim6$　综合承（抗）灾能力很差。

$E=7\sim9$　综合承（抗）灾能力差。

$E=0\sim12$　综合承（抗）灾能力较好。

$E=13\sim16$　综合承（抗）灾能力好。

表 3.12　　　　　　受灾体（建筑物）的综合承（抗）灾能力分级量化表

设计标准	<5 年一遇	1	5 年一遇～10 年一遇	2	20 年一遇～50 年一遇	3	>50 年一遇	4
工程质量	较差，有严重隐患	1	合格，但有隐患	2	合格	3	良好	4
区位条件[a]	极危险区	1	危险区	2	影响区	3	安全区	4
防治工程和辅助工程的工程效果	较差或工程失效	1	存在较大问题	2	存在部分问题	3	较好	4

a 可按表 3.7 所列的泥石流活动危险区域划分表确定。

3.3.3　泥石流防治评估决策

(1) 根据综合致灾能力的强弱和受灾体综合承灾能力进行治理紧迫性分析（见表3.13）。治理紧迫性判别结果，可作为泥石流治理可行性综合评判的依据内容之一。

表 3.13　　　　　　　　泥石流治理紧迫性分析一览表

致灾能力（F）	承灾能力（E）			
	很差（4～6）	差（7～9）	较好（10～12）	好（13～16）
很强（16～13）	Ⅰ	Ⅰ	Ⅰ	Ⅱ
强（12～10）	Ⅰ	Ⅰ	Ⅱ	Ⅲ
较强（9～7）	Ⅰ	Ⅱ	Ⅲ	Ⅲ
弱（6～4）	Ⅱ	Ⅲ	Ⅲ	Ⅲ

注　Ⅰ—治理紧迫；Ⅱ—治理较紧迫；Ⅲ—预防为主。

(2) 根据综合危害性评价和治理紧迫性评价，对需进行治理的泥石流应提出勘查方案。

(3) 根据泥石流调查结果，按其危害性、治理紧迫性、发生频数、防治经济合理性、治理难易程度等要素进行模糊综合评判，确定防治工作方向和阶段。评价因素、权重和评价集可参考表 3.14。

表 3.14　　　　　　　模糊综合评判评价因素集合评价集参考表

评价因素集	权重值	评价集（治理必要性划分）B		
		必要	符合条件时必要	不必要（搬迁、避让、群防）
危害性	0.25	特大型（85~100）B_{11}	大、中型（60~85）B_{12}	小型（<60）B_{13}
治理紧迫性	0.25	紧迫（80~100）B_{21}	较紧迫（60~85）B_{22}	预防为主（<60）B_{23}
发生频数	0.20	高频数（85~100）B_{31}	中频数（60~85）B_{32}	低频数（<60）B_{33}
防治经济合理性	0.15	合理（80~100）B_{41}	较合理（60~85）B_{42}	不合理（<60）B_{43}
治理难易程度	0.15	易治理（85~100）B_{51}	较易治理（60~85）B_{52}	难治理（<60）B_{53}

结合泥石流调查结果，对照表 3.14 中因素集对应的评价集，进行赋值；对 B_{11}，…，B_{13}，…，B_{51}，…，B_{53}，每一行的赋值总分值不大于 100；单项值未赋时为 0；权重值按专家推荐参数值，可形成模糊综合评判。

判矩阵：

$$K = [0.25 \quad 0.25 \quad 0.20 \quad 0.15 \quad 0.15] \begin{vmatrix} B_{11} & B_{12} & B_{13} \\ B_{21} & B_{22} & B_{23} \\ B_{31} & B_{32} & B_{33} \\ B_{41} & B_{42} & B_{43} \\ B_{51} & B_{52} & B_{53} \end{vmatrix}$$

对上述进行"取小"法则进行复合运算，即

$$K = [K_1 \quad K_2 \quad K_3]$$

归一化后，取 K_1、K_2、K_3 中的最大值作为 K 值，并按以下规则评判：

$K > 0.85$，勘查治理。

$K = 0.7 \sim 0.85$，需满足高频数、易治理条件时，勘查治理；否则进一步调查论证。

$K = 0.6 \sim 0.7$，满足高频数、易治理、经济合理时，勘查治理；否则搬迁、避让、群测群防。

$K < 0.6$ 时，搬迁、避让、群测群防。

任务 3.4　泥石流治理措施

泥石流的活动和危害几乎遍及全球的山区，尤其在南北回归线 50°之间的山区显得更为活跃。随着各国山区经济的日益发展，人类活动日趋频繁，泥石流灾害不断加剧。有效防治泥石流灾害，已成为发展山区经济、保障山区人民生命财产安全的一项重要任务。

3.4.1 泥石流防治原则

1. 政府部门高度重视、建立健全综合防御体系

泥石流综合防御体系包括社会管理体系、管理防护体系、工程防御体系、生物水保防御体系和预测预报体系等。

2. 全面规划、重点突出

泥石流治理需上、中、下游全面规划，各沟段有所侧重。

3. 分清灾害类别、对症下药

泥石流灾害的类型不同，浆体特征、径流特征就不同，造成的危害也不同，治理对象的主次也应有所不同，必须对症下药。

4. 工程措施与生物措施双管齐下

泥石流治理的工程措施与生物措施各有利弊，在治理方案的选择上应综合考虑、相互兼顾。

工程措施工期短、见效快、效益明显，但超过使用年限或出现超标准设计的流量时，工程措施将失效甚至遭受破坏。

生物措施见效慢，稳定土层厚度浅，但时间越长效果越好，同时可恢复生态平衡、保护环境。因此，在治理前期以工程措施为主，可稳定边坡、促进林木生长；治理后期以生物措施为主，生态效益明显，也可延长工程措施的使用年限。

5. 全面权衡、合理设计

泥石流防治工程的合理设计首先要权衡泥石流性质、形成过程、冲淤规律、流态特征和冲击过程，做到既对症下药又经济合理。此外，在选定设计方案时，还需权衡区域工程地质条件、材料条件、施工条件和技术条件、泥石流灾害危害程度和经济条件，对于危害程度小、治理条件差、费用高的泥石流灾害采用简便易行的治理方案，甚至放弃治理，采取避让对策。

3.4.2 预防措施

泥石流是一种较大规模的自然灾害，其形成原因是自然界多种因素作用的结果，因素比较复杂，根治极为困难。因此，对泥石流的防治应遵循以下原则：以防为主，防治结合，避强制弱，重点治理；沟谷的上、中、下游全面规划，山、水、林、田综合治理；工程方案应中小结合，以小为主，因地制宜，就地取材。通常来讲，泥石流的预防措施主要有以下几种：

1. 人员建筑物远离泥石流易发、多发区

房屋不要建在沟口和沟道上。受自然条件限制，很多村庄建在山麓扇形地上。山麓扇形地是历史泥石流活动的见证，从长远的观点看，绝大多数沟谷都有发生泥石流的可能。因此，在村庄选址和城市规划建设过程中，房屋不能占据泄水沟道，也不宜离沟岸过近；已经占据沟道的房屋应迁移到安全地带。在沟道两侧修筑防护堤和营造防护林，可以避免或减轻因泥石流溢出沟槽而对两岸居民造成的伤害。

2. 不能把冲沟当作垃圾排放场

在冲沟中随意弃土、弃渣、堆放垃圾，将给泥石流的发生提供固体物源，促进泥石流的活动；当弃土、弃渣量很大时，可能在沟谷中形成堆积坝，堆积坝溃决时必然发生泥石流。因此，在雨季到来之前，最好能主动清除沟道中的障碍物，保证沟道有良好的泄洪能力。

3. 生物措施保护和改善山区生态环境

禁止在流域内进行滥砍滥伐，保护植被。严禁在坡度大于25°的地区进行垦荒种地。在山坡上修建工程时，要保持边坡的稳定，并且对施工的弃土、弃渣采取水保措施，不能人为造成水土流失、崩滑等固体物质来源。在城区后山流域的水源区，采用封山护林育草，涵养水源，以减少暴雨径流，保持水土。在泥石流形成区，通过营造不同类型的森林，保护、发展灌木林和草本植被，提高地表覆盖率，辅以冲沟沟头防护，沟内建生物谷坊群，坡地改梯地，陡坡地退耕还林，发展水平埝地，打地边埂，修集水沟、排水沟等农业土壤改良措施，建立较为完善的山地农业工程与泥石流生物防御体系，既保障农业生产，又改善山区生态环境，提高防治区的经济效益（发展用材林、薪炭林、经济林等）。通过有计划、有措施的组织活动，变泥石流防治工作为群众的自觉行动，进行长期治理。

4. 雨季不要在沟谷中长时间停留

雨天不要在沟谷中长时间停留，一旦听到上游传来异常声响，应迅速向两岸上坡方向逃离。雨季穿越沟谷时，先要仔细观察，确认安全后再快速通过。山区降雨普遍具有局部性特点，沟谷下游是晴天，沟谷上游不一定也是晴天，"一山分四季，十里不同天"就是群众对山区气候变化无常的生动描述，即使在雨季的晴天，同样也要提防泥石流灾害。

3.4.3 预警报措施

监测流域的降雨过程和降雨量（或接收当地天气预报信息），根据经验判断降雨激发泥石流的可能性；监测沟岸滑坡活动情况和沟谷中松散土石堆积情况，分析滑坡堵河及引发溃决型泥石流的危险性，下游河水突然断流，可能是上游有滑坡堵河、溃决型泥石流即将发生的前兆；在泥石流形成区设置观测点，发现上游形成泥石流后，及时向下游发出预警信号。对城镇、村庄、厂矿上游的水库和尾矿库经常进行巡查，发现坝体不稳时，要及时采取避灾措施，防止坝体溃决引发泥石流灾害。

3.4.3.1 预警报措施

（1）预警报措施主要用于沟域面积较大，泥石流发生具有突发性，一次冲刷规模较大而近期又难以采取其他防护措施的泥石流沟。在沟域布置若干监测装置，形成预警报网络，向泥石流防治指挥部门传输信息。在泥石流到来前，及时向保护目标区发出预报和警报，以减轻或避免灾害造成的损失，对已修建防护工程设施的泥石流也应设置必要的监测网点，以检验各设施的防护效果。

（2）预警报监测应采用人工观测和自动遥测相结合，对形成泥石流的雨量、水位、流速等多种指标，进行监测和相关分析，以提高预警报的可靠性。避免错报、漏报造成损失。

3.4.3.2 泥石流避险

1. 选择正确的避险方向

当处于泥石流区时，不能沿沟向下或向上跑，而应向两侧山坡上跑，离开沟道、河谷地带，但应注意，不要在土质松软、土体不稳定的斜坡停留，以防斜坡失稳下滑，应在基底稳固又较为平缓的地方暂停观察，选择远离泥石流经过地段停留避险（见图3.12）。另外，不应上树躲避，因泥石流不同于一般洪水，其流动中可能剪断树木卷入泥石流，所以上树逃生不可取。应避开河（沟）道弯曲的凹岸或地方狭小高度不高的凸岸，因泥石流有很强的掏刷能力及直进性，这些地方可能被泥石流体冲毁。

2. 上游人要通知下游人

处于泥石流上游的人员，应立即通知下游可能波及的乡村、城镇和工矿单位做

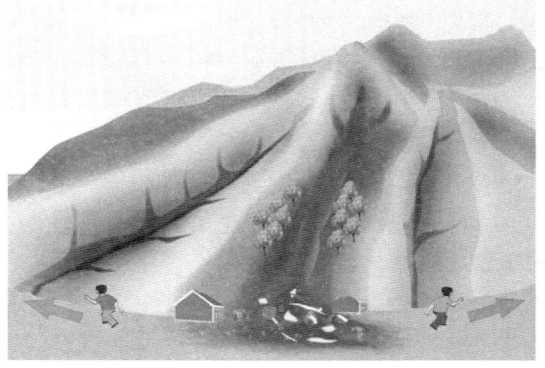

图 3.12　泥石流发生时不要沿着泥石流流动的方向跑

好撤离工作，在泥石流的流通区和堆积区的群众听到泥石流的声响或泥石流危险警报时，应立即往主河道两岸高山区的安全地带逃离。注意：在泥石流流通区两岸和泥石流注入河道的对岸处应跑到一定的高度才安全。

3. 注意保护生命线工程

密切注意泥石流的发展动态，对可能毁坏或引起次生灾害的生命线工程进行保护。

4. 政府部门应立即组织危险区群众撤离和抢险救灾

根据危险性、经济性等权衡效益分析，确定采用工程措施还是搬迁，当危险性大时，应立即组织泥石流流通区、堆积区的居民、工厂、矿山等搬迁疏散。

5. 制定应急措施和成立抢险救灾指挥部

泥石流抢险救灾指挥部对泥石流沟沿线实行管理，酌情限制和指挥过往车辆、行人通行，维护灾害现场社会秩序。

6. 建立预报预警机制

在泥石流活动频繁的地区，建立泥石流动态监测站（网），随时掌握泥石流的发展趋势和规律。特别是在雨季应增派巡逻队昼夜值班，遇险情时应及时发出警报。

我国对泥石流地质灾害建立了专门的研究机构。1988年初，在云南东川蒋家沟设置了第一个半自动化泥石流观测研究站，这个站由7个观测系统组成，能够进行暴雨泥石流的预报。

目前，泥石流预测预报采用的途径是：在泥石流沟进行定点观测研究，取得有关泥石流形成动态参数或调查潜在泥石流沟有关资料；加强水文、气象预报工作；建立有记录泥石流沟流域要素、形成条件、灾害情况及整治措施等技术资料档案；据地质和地形地貌环境、松散固体物质分析，圈划未来泥石流危险区、潜在区；建立泥石流防灾警报系统。

3.4.4　泥石流防治措施

泥石流综合治理的措施很多，一般归纳为两大类，即工程措施和生物措施。此外，还有预警预报措施、临时避险措施和行政管理措施等。

3.4.4.1 工程措施

通过在泥石流沟域兴建不同结构形式的工程建筑物，对形成泥石流的水源进行调节和分流，对形成泥石流的固体物源（滑坡、崩塌、剥落、水土流失等地带）进行稳固。对泥石流在沟道中的运动进行控制和消能。泥石流治理的工程措施主要有治水工程、治泥工程、排导工程、拦蓄工程和农田治水工程及消极防御工程等。

1. 治水工程

泥石流的发生必须有充足的地表水参与，并常与暴雨洪水相伴生，治水工程的目的是分散地表水、降低水动力，从而达到防治泥石流的目的。在泥石流形成区的上游，选择适宜的地点建造水库、水塘或其他形式的蓄水池以调节洪水，削减流经泥石流形成区的洪峰流量，常和排导工程联合使用。蓄水工程调蓄洪水，避免或减缓洪峰；引水工程引、排洪水，减缓、控制泄洪量；截水工程拦截上方滑坡或水土流失地段径流；控制冰雪融化工程人为促使冰雪提前融化，控制避免大量冰雪提前融化，加固或预先铲除冰碛堤。

2. 治泥工程

泥石流的形成必须有大量的松散固体物质，治泥工程主要是在泥石流形成区采取稳固边坡、降低泥石流沟纵坡等措施，防止崩塌、滑坡、危岩、水土流失为泥石流提供松散固体物质，控制泥石流的形成。

为了防止滑坡、崩塌的发生，需要修建拦挡土石的护坡工程。这类工程主要有拦渣坝、谷坊工程。

拦渣坝的作用主要是拦渣滞流、固定沟槽。在一条沟内修建多座低坝，称为"谷坊坝群"，其作用是拦挡泥石流固体物质、淤缓沟床纵坡、加大沟宽、减小流速，从而减少洪峰和固体物质下泄量；同时利用坝前的淤积物，既可防止沟床继续下切，保护岸坡不再发生侧蚀，最终对泥石流的发展起到抑制作用。

拦渣坝（见图3.13）、谷坊（见图3.14）的类型很多。按建筑材料分，有砌块石坝、干砌块石坝、混凝土坝、土坝、钢筋石笼坝、钢索坝、木质坝、木石混合坝、竹石笼坝、砖砌坝等。从结构形式上分，有重力式、半重力式、衡重式、悬臂式、扶臂式、空箱式、板状式等。

图 3.13　拦渣坝

图 3.14　谷坊

3. 排导工程

排导工程的作用是改善泥石流流势,增大桥梁等建筑物的泄洪能力,使泥石流按设计意图顺利排泄。泥石流排导工程包括导流堤、急流槽和束流堤3种类型。导流堤的作用,主要在于改善泥石流的流向,同时也改善流速。急流槽的作用,主要是改善流速,也改善流向。束流堤的作用,主要是改善流向,防止漫流。导流堤和急流槽组合成排导槽(见图3.15),以改善泥石流在堆积扇上的流势和流向,让泥石流循着指定的道路排泄,不使其淤积。导流堤和束流堤组合成束导堤,可以防止泥石流漫流改道为害。

图 3.15 排导槽

4. 拦蓄工程

拦泥库、停淤场是指在较平缓的堆积扇上或较宽阔的沟内,修筑拦截建筑物,形成人工泥石流落淤场。其作用是在一定期限内,让泥石流物质在指定地段内淤积,从而减少泥石流固体物质下泄量,避免泥石流的淤埋灾害。

5. 消极防御工程

前述工程措施都是积极主动地整治泥石流灾害。消极防御工程则是采取避让策略,在泥石流沟上方修建桥梁或平台跨越泥石流(见图3.16);在泥石流下方修建隧道穿越泥石流以及地面公路绕过泥石流(见图3.17)。

图 3.16 跨越泥石流沟

图 3.17 修建隧道避让泥石流

3.4.4.2 生物措施

泥石流治理的生物措施主要是指保护与营造森林、灌木丛和草本植被,采用先进的农牧业技术以及科学的山区土地资源开发措施等。生物措施既可减少水土流失、削减地表径流和松散固体物质补给量,又可恢复流域生态平衡,增加生物资源产量和产值。因此,生物措施符合可持续发展的要求,是治理泥石流的根本性措施。

生物措施主要包括林业工程、农业工程和牧业工程。

1. 林业工程措施

在泥石流频发区营造森林水源涵养林、水土保持林、护床防冲林和护堤固滩林等，既可削减泥石流松散固体物质补给量，又可控制形成泥石流的水动力条件。如在泥石流形成区和流通区营造水土保持林可增加地面植被覆盖率，调节地表径流，增强土层的稳定性，减少滑坡和崩塌的发生，从而控制或减少形成泥石流的固体物质和水体补给量。

2. 农业工程措施

农业工程措施有农业耕作措施和农田基本建设措施两类。农业耕作措施包括沿等高线耕作、立体种植和免耕种植等（见图 3.18），其主要作用在于减缓坡耕地的侵蚀作用，提高耕地的保水保土效能。农田基本建设措施指对山区农田引排水渠和交通道路网的合理布局和全面规划。这既是社会经济发展的需要，也是防治泥石流灾害的需要。

图 3.18　山坡梯田

3. 牧业工程措施

牧业工程措施包括适度放牧、改良牧草、改放牧为圈养、分区轮牧等。采取科学合理的牧业措施，既可缓解发展畜牧业与缺少草料的矛盾，间接地减轻泥石流源地过度放牧的压力，又有利于草地恢复和灌木林的营造，防止草场退化，增强水土保持能力，削弱泥石流的发育条件。

3.4.4.3　行政管理措施

（1）通过制定政策、法规、民约等，并认真贯彻执行，使触发泥石流形成的人为因素被控制和消除。

（2）在行政区调整规划时，建议有关部门尽可能将泥石流沟域完整划归受灾城市直辖，为泥石流沟域综合治理创造条件。

（3）泥石流防治涉及不同利益的部门较多，实施中资金来源渠道不一，施工点分散，工期较长，工种较多，必须建立一个强有力的防治指挥系统。可由地方政府主管领导负责，城市规划、河道管理、防洪、农业、林业、水利和国土等业务部门参与成立指挥部。按防治总体规划方案具体组织实施。

（4）大力宣传和普及泥石流防治知识，消除干部和群众对泥石流灾害的恐惧和误解，调动群众参与治理的积极性。

（5）对可供开发利用的荒山、荒坡、荒沟、荒滩和水面等进行承包治理。实施"三统三分"双层经营制，即统一规划、统一组织、统一服务；分层投资，分户管理，收益分成。实行谁开发谁所有，承包关系长期不变。

（6）强化沟域矿产、砂石等资源管理，防止对生态环境的破坏，走开发与治理相结合的路子。吸引资金开发森林公园、地质旅游景观等项目。

（7）采取国家财政补助、地方政府和有关业务部门配套，受益单位和群众集资入股等多渠道筹集资金。使投资形成良性循环，不断增加治理投入。

（8）治理是基础，关键是管护。要加强人工林、草地和工程设施的管护，经常检查、维修和保护，确保原有防护效益，巩固治理成果。

3.4.4.4 泥石流综合治理技术

目前，泥石流防治逐步形成和发展了岩土工程措施与生态工程措施相结合、上下游统筹考虑、沟坡兼治的泥石流综合治理技术，对泥石流流域进行全面整治以逐步控制泥石流的发生发展，达到除害兴利的目的。泥石流综合治理措施主要有 3 种：山坡整治、沟谷整治和堆积区整治。

（1）山坡整治技术。主要布置在泥石流流域水土流失严重的上游形成区，包括：①生态修复措施，主要是在上游清水区营建水源涵养林、在裸露坡面进行生态修复、在侵蚀性沟道种植沟道防护林，起到调节汇流、保护坡面、控制沟道侵蚀、稳定山坡的作用；②截流措施，是适宜修建在泥石流形成区和清水区的小型截流引水工程，可以汇集暴雨径流，然后导入稳定的沟谷，以减轻形成区的侵蚀作用；③谷坊工程，是主要修建在泥石流形成区内支毛小沟中的小型拦沙坝群（1～3m 高），起到抬高侵蚀基准，保护坡脚免受冲刷，稳定沟坡的作用。

（2）沟谷整治技术。主要是指修建在泥石流流通段的各种类型的拦沙坝，其作用是防止下切，稳定沟床和岸坡，对防治边岸滑坡崩塌的继续发展有明显效果，同时可以起到拦蓄部分泥沙、平缓纵坡、减小泥石流规模的作用。在个别重要的地段，为了保护边岸的崩塌，也可专门修建护岸工程，如护坡和挡土墙等。

（3）堆积区整治技术。这是改造和利用冲积扇的重要工程措施，修建在泥石流下游的堆积区，其目的是将泥石流按照人为的意愿进行排泄、导流和停淤，防止对下游居民区、厂矿企业、道路交通等的危害。主要工程措施有：①排导槽，是控制泥石流流路的重要工程，可防止泥石流在冲积扇上漫流泛滥成灾；②导流堤，是把泥石流导向一定的地段而保护需要利用和开发地段的工程措施，一般为单堤结构；③停淤场，是在冲积扇上修建的停淤泥石流物质的场所，可以减轻泥石流对下游工程的压力和负担，有助于保护受灾对象。

泥石流流域上、中、下 3 个区段的治理措施，可以针对具体泥石流形成条件、活动特征和保护对象，仅采取其中一部分措施，进行局部治理，也可在一个流域全面布设，进行综合治理。

上述 3 方面的泥石流治理技术，与泥石流监测预报和风险评估方法，共同构成了泥石流综合防治技术体系（见图 3.19）。

3.4.5 文家沟泥石流治理

文家沟泥石流治理之所以被认为是世界性的地质灾害治理难题，是因为那

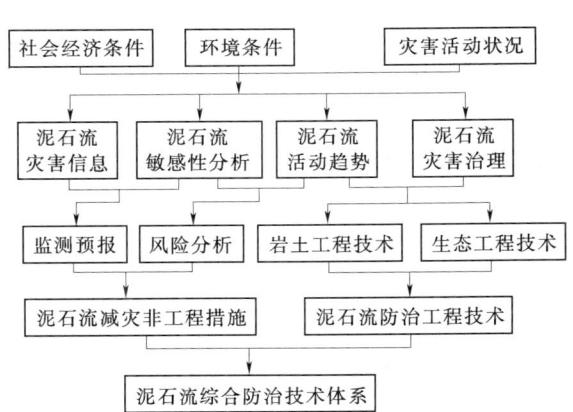

图 3.19 泥石流综合防治技术体系（引自崔鹏，我国泥石流防治进展，2009）

里的泥石流物源太丰富，且十分松散。文家沟在汶川地震前并没有发生过泥石流，但在地震后至2010年8月18日，却发生了6次泥石流。"5·12"强震导致的文家沟滑坡，产生了约8000万 m^3 的松散物质，其中3000万 m^3 相对稳定，剩下的5000万 m^3，则像随时都有可能出山的猛虎，堆积在海拔1300m的平台至文家沟沟口1000m长的地段内，构成了震后泥石流的主要固体物源。2010年"8·13"特大山洪泥石流期间，清平乡冲出了600万 m^3 的固体物源，其中，文家沟就"贡献"了450万 m^3，相当于舟曲泥石流的2.5倍。而这相较于文家沟拥有的总物源量来说，只能算是冰山一角。

图3.20 文家沟泥石流治理现场

在一条沟内1000m地段内的松散物源数量如此巨大，世界范围内没有可供借鉴的治理先例。"8·13"特大山洪泥石流暴发后，全国各地各个领域的学者专家云集文家沟，踏勘、考察、会商，百易其稿，最终确定了"水石分治、固底护坡、拦挡停淤、监测维护"的治理方案。即通过工程将上游主要水源引离中游的巨大物源区，切断水源与物源结合的可能性；对中游主要物源区采用固底护坡方式不让其启动；在下游沟口区设拦挡停淤工程，将上游仍可能冲出的固体物源停积在指定区域（见图3.20）。

根据文家沟的特点有针对性地进行"水石分治"，与以往矿山环境治理工程中的"水石分治"有本质上的不同，属世界首创。文家沟的"水石分治"，是利用特有的水源和物源条件，采取工程措施，截断水源，使水源与物源分离而达到治理目的。而矿山的"水石分治"是在矿渣堆积沟段采用涵洞等形式将水与渣堆分离，防止渣堆坍塌或成为泥石流物源，这类工程并未考虑渣堆以上沟段如发生泥石流，将入水口堵塞而使工程功亏一篑的后果。近日岷江电解锰厂尾矿库因泥石流堵塞引水隧道，而使水流下泄进入尾矿库致使尾矿坝决口，造成涪江严重污染就是一典型实例。

文家沟"水石分治"区，在上游水源区修建了两个拦砂坝和由沉砂池、滤水底格栅栏、引水隧洞组成的拦砂引水系统，是整个治理工程的核心。两个拦砂大坝的作用是拦挡上面可能冲下来的松散物源。泥石流治理工程原本是很忌讳在上游修坝的，那就像一个人头顶一盆水般的危险，这两个坝却为什么最终得到专家的认可也经受了实践的考验呢？秘密就在于其中间是混凝土，两侧是利用原有的固体物源修建的"柔性"土坝，既能解决清库土石的堆放难题，又能以柔克刚、消减上游洪水或泥石流的势能，还能使上游泥石流堆积起到加宽坝体、增强坝体稳定性的作用。

沉砂池下面修建的底格栅栏及一旁的引水隧洞，是"水石分治"的灵魂工程。按照设计，支沟和地表水流汇集于沉砂池，通过底格栅栏后到达450m长的引水隧道，石块树枝等杂物会停留在底格栅栏之上，实现"石往高处走"、"水往低处流"。

"固底护坡"区（见图3.21），在中游物源区修建钢筋石笼排导槽及冲沟沟口锁口端桩。排导槽长1290m，针对逾300m的高差，设置了26个6m高的台阶消能。台阶的高低，依据方向和拐点进行过精确的计算。即便有较大规模的泥石流从其上呼啸而过，到了下游，其势能和规模都将大大减弱。这种柔性设计的好处还在于，就算堆积体沉降变形，钢筋石笼也会相应变形，始终将堆积体固定，降低或防止该段沟道被流体底蚀和侧蚀，从而减少或防止边坡滑塌形成泥石流。

"拦挡停淤"区，工程的最后一道防线——在下游堆积区修建两个梳齿坝和一个停淤场围堤。中、上游一旦发生泥石流，这里将起到拦挡、停淤的作用，让清水经停淤场排入绵远河。修这道防线实现了在未释水的泥石流堆积层打桩的突破。如今，两排粗壮的"梳齿"拦挡坝，巍然挺立，保护着其下缓缓流淌的绵远河与灾后重建区美丽的家园。

图 3.21　固底护坡区

据了解，文家沟泥石流设计治理的多项成果，将申报四川省和国家科学技术进步奖。按照有关领导和专家构想，文家沟还将建成泥石流治理教育与培训基地或国家地质公园。

2011年7月3日，降雨量达到330mm，远大于2010年"8·13"250mm降雨量导致特大泥石流暴发的那天。强降雨来临，文家沟地质灾害治理工程区没有泥石流下泄。雨过天晴，松散物质以千万立方米计的固体物源区内，不见有水流过的痕迹。这就是四川省绵竹市清平乡文家沟泥石流治理工程的实际效果，其防治工程经受住了强降雨的考验，表明这一世界性地质灾害治理难题已被攻克！

项 目 小 结

泥石流的形成条件、泥石流的分类、泥石流的特征、泥石流危害等级划分、泥石流的调查和评价以及泥石流的治理措施。

思 考 题

1. 泥石流的形成条件是什么？
2. 简述泥石流类型的划分，概述泥石流的特征。
3. 泥石流调查的主要内容有哪些？泥石流勘查有哪些基本规定？
4. 泥石流勘查分哪几个阶段？各阶段勘查报告的主要内容是什么？
5. 泥石流灾害的防治措施有哪些？防治泥石流灾害的工程措施有哪些？防治泥石流灾害的生物措施有哪些？
6. 单沟泥石流活动性分级是什么？
7. 泥石流灾度等级分级是什么？

拓 展 思 考

我国山区社会经济的发展带来了人口密度与经济密度的增加，使得泥石流防治任务更加艰巨，对泥石流减灾提出了更高的要求。为了做好泥石流防治工作，我们应该对泥石流从哪些方面进行全面的认识？

建 议 参 考 的 文 献

［1］ 潘学标，郑大玮．地质灾害及其减灾技术［M］．北京：化学工业出版社，2010．
［2］ 门玉明，等．地质灾害治理工程设计［M］．北京：冶金工业出版社，2011．
［3］ 王明伟，等．地质灾害调查与评价［M］．北京：地质出版社，2008．

项目 4　地面变形地质灾害的调查与防治

从广义上讲，地面变形地质灾害是指因内、外动力地质作用和人类活动而使地面形态发生变形破坏，造成经济损失和（或）人员伤亡的现象和过程。

任务 4.1　地 面 塌 陷

【任务背景】

2012 年 2 月 26 日，湖南省益阳市岳家桥镇稻田里因塌陷形成大坑。从 2012 年 1 月至 2 月 24 日，位于洞庭湖区的益阳市岳家桥镇岳家桥、黄板桥等村发生大面积的岩溶塌陷地质灾害，目前整个岳家桥镇共出现塌陷 693 处，其中农田塌陷 537 处，河溪塌陷 150 处，水库内塌陷 6 处。全镇因地面岩溶塌陷引起房屋开裂的有 167 户，其中房屋受损特别严重的有 34 户，1200 多人受灾。沿河两岸部分群众生产生活陷入困境，见图 4.1～图 4.3。

图 4.1　农田中岩溶塌陷点

图 4.2　因岩溶塌陷而受损的民房

湖北省鄂州市汀祖镇丁坳村大铜坑矿区于 2011 年 2 月 1 日凌晨 6 时 40 分许，忽然发生地表大塌陷，形成了大约 5200m² 的大深坑。该坑长约 80m、宽约 65m、深约 40m，坑边山坡田地和矿井均有裂痕。专家初步分析，该塌陷系采空区塌陷，见图 4.4。

山西省因为挖煤造成地下采空区，导致山西省太原市西郊蒙山大佛（又称西山大佛，一尊有着 1459 年历史的摩崖大佛）面临成为"斜佛"的危险。由于当地长期进行煤炭开采活动，蒙山大佛景区存在数量众多的采空区，由此引发的地面裂缝、塌陷等问题已经显现，对大佛形成严重的威胁，见图 4.5。

图 4.3　湖南省益阳市岳家桥镇岩溶塌陷深坑

图 4.4　湖北鄂州矿区采空区塌陷点

图 4.5　地面变形导致山西太原西山大佛遭到破坏

地面塌陷地质灾害事件连续不断地在全国各地相继出现，促使人们设法认识地面塌陷，减小地面塌陷对人民生命财产造成的损失。

4.1.1　认识地面塌陷

地面塌陷是指天然洞穴或人工洞室、巷道上覆岩土体失稳突然陷落，导致地面快速下沉、开裂的现象和过程。

地面塌陷造成的地面变形量大，变形速度快，且具有突然性，事前往往很难准确判断发生的时间，加之其发生过程可导致地面建筑物开裂、倒塌，甚至整体陷落，公路、桥梁扭曲错断，农田肢解以及大量的人员伤亡，所以，地面塌陷是人类面临的一种地质灾害。

地下存在空洞是地面塌陷发生的先决条件，地下空洞可分为天然洞穴和人工洞室两类。

天然洞穴是由自然地质作用形成的，包括岩溶洞穴、土洞（黄土洞穴、红土洞穴、冻胀丘融化形成的土洞）和熔岩洞穴。

人工洞室是人工采掘活动所形成的，包括人防工程、地铁、隧道、涵洞和采矿形成的地下巷道系统。

4.1.1.1　地面塌陷的特征

地面塌陷灾害主要体现为以下特征：

（1）隐伏性。其发育发展情况、规模大小、可能造成地表塌陷的时间及地点具有极大的隐伏性，发生之前很难被人意识到。

（2）突发性。一次完整的塌陷过程可能就是 1min 左右，往往使人们在塌陷发生时措手不及，造成财产损失和人员伤亡。

（3）群发性和复发性。地面塌陷灾害往往不是孤立存在的，常在同一地区或某一时段集中形成灾害群。

（4）损害的严重性。

4.1.1.2 地面塌陷危害

地面塌陷的产生，一方面使发生区的工程设施，如工业与民用建筑、城镇设施、道路路基、矿山及水利水电设施等遭到破坏；另一方面造成发生区严重的水土流失，自然环境恶化，同时影响各种资源的开发利用。

1. 破坏地面建筑、造成人员伤亡

地面塌陷首先直接危害人身安全。由于塌陷一般发生突然，处于塌陷区中的人在发生塌陷时往往来不及反应就已被埋入土中被压伤或窒息。同时地面塌陷对房屋建筑的危害也很大，可造成塌陷区房屋的大面积损坏，特别是在岩溶地区和采空的煤矿附近。

2009年8月8日，安徽省合肥市长江中路与徽州大道交叉口发生路面塌陷，一辆蓝色出租车掉入塌陷区中，见图4.6。

图4.6　安徽合肥长江中路与徽州大道交叉口发生路面塌陷

2. 损毁铁路、公路和水利设施

地面塌陷还会对塌陷区内的交通设施、地下管线和其他建筑造成严重损坏。我国东部岩溶区，铁路4010km，岩溶塌陷376处，近10年间列车中断1860h，颠覆列车3次，见图4.7。

图4.7　地面沉降导致铁路损坏

3. 引发矿井水患

地面塌陷会导致矿井中产生水患。2009年7月22日，黑龙江省鸡西市鑫永丰煤矿发生采空区地面塌陷，形成面积约3000m²、深逾10m的塌坑，由于正值降雨，水与流沙大量涌入坑内，使矿井淹没，23名当班矿工被困井下，见图4.8。

图4.8 黑龙江省鸡西市鑫永丰煤矿发生采空区地面塌陷

4. 破坏农田

地面塌陷还造成大面积的农田毁坏。据推算，我国每年因煤矿开采塌陷的土地面积就有70km²，造成直接经济损失3.17亿元。如果在开采之前未能事先保存好表土，会因无处取土而无法复垦，导致耕地资源的永久性丧失，见图4.9。

图4.9 地面塌陷破坏农田

5. 对地下水的影响

塌陷发生后，地面污水会通过陷坑进入地下，从而污染地下水。

4.1.1.3 地面塌陷分类

由于地面塌陷的形成原因比较复杂，所以不同领域的专家、学者对地面塌陷的分类也不尽相同。主要分类如下。

1. 按照成因分类

地面塌陷按照成因可分为自然塌陷和人为塌陷两大类。自然塌陷是自然因素引起的地表岩石或土体向下陷落，如地震、降雨下渗、地下潜水、蚀空、地面重物压力等。人为塌陷是因人为作用所引起的，如地下采矿、坑道排水、施工突水、过量开采地下水、水库蓄水压力、人工爆破等。

2. 按照地质条件分类

按照地质条件可分为岩溶地面塌陷和非岩溶地面塌陷。岩溶地面塌陷分布在存在地下岩溶现象的地区，隐患分布广，数量多，发生频率高，诱发因素多，具有较强的隐蔽性和突发性，一旦发生，规模较大，危害严重。非岩溶地面塌陷根据岩土体性质又可分为黄土塌陷、溶岩塌陷、冻融塌陷等类型，除黄土塌陷外，规模都较小，危害较轻。

3. 按照塌陷规模分类

根据地面塌陷形成的塌陷坑数量和大小可分为4个等级。

小型塌陷：塌陷坑洞1～3处，合计影响面积小于 $1km^2$。

中型塌陷：塌陷坑洞4～10处，合计影响面积 $1～5km^2$。

大型塌陷：塌陷坑洞11～20处，合计影响面积 $5～10km^2$。

特大型塌陷：塌陷坑洞超过20处，合计影响面积大于 $10km^2$。

4.1.1.4 地面塌陷的形成条件

1. 岩土体的内部条件

（1）地下存在空洞（先决条件）。具备一定规模的地下无岩土的空间，即空洞。地下空洞的存在有着两方面的意义：

其一，它是洞体顶板、侧壁局部冒落物以及塌陷发生时坠落物的储容空间，在地下岩溶发育区，地下洞穴以及溶蚀裂隙还起着将洞穴暂时堆积物输移到远处或深处溶洞的通道作用。

其二，地下空洞为具有多个临空面的空腔，空洞的顶、底板和侧壁在周围岩压的作用下极易发生应力集中，而处于稳定性很差的状态，一旦受到外力干扰，容易失稳而发生覆岩的冒落，甚至发生波及地表的塌陷。

地下空洞的形成，可以是自然力，也可以是人工挖掘的结果。

1）岩溶系统。在可溶盐岩分布区的岩溶洞穴包括各种形态的溶洞、溶隙、管道等。一般而言，当可溶岩岩性较纯，岩层厚度较大，出露分布广，断层较发育、岩层较破碎时，岩溶较易发育。

岩溶洞隙的发育一般受岩溶地下水排泄基准面的控制，多发育于浅部，向深部逐渐减弱。浅部岩溶洞隙由于地下水活动频繁，交替强烈，一般连通性较好，成为塌陷物质的储集空间和运移通道。塌陷坑与开口洞隙存在着密切的垂向对应关系。洞穴越大，塌陷规模也越大；洞隙开口越大，塌陷速度越快。

2) 地下井巷系统是最易引发地面塌陷的一种人工洞室。人为针对某种专门目的而挖掘,可出现在不同的岩性地层中,而不限于可溶盐岩地层,洞室规模可大可小、可深可浅。随施工进度或采矿计划不断扩大,即在施工完成或闭矿之前,洞室的面积和体积随时间而变,采掘区地应力的变化和调整一直在持续进行,处于宏观的不稳定状态。

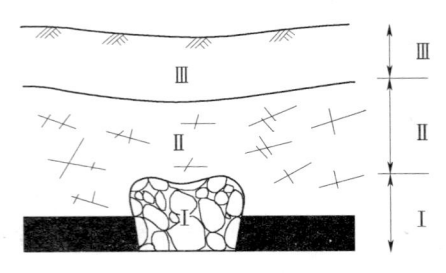

图 4.10 洞顶上部 3 个不同的带示意图
Ⅰ—冒落带;Ⅱ—断裂带;Ⅲ—弯曲带

人工洞室,尤其是长时间不间断采掘的矿山发生地面塌陷的概率最大。

(2) 洞穴围岩状况。地下洞穴的受力状况如同梁的受力,洞的顶板相当于承载上覆岩土体自重的梁,洞的两侧如同位于梁端的两个支点。是否发生塌陷取决于顶板能够形成稳定的支撑拱。一般而论,当洞穴埋藏深度与洞穴高度之比小于 25∶1 时,洞顶上部就会形成 3 个变形特点不同的带,即冒落带、断裂带和弯曲带,见图 4.10。

2. 岩土体的外部条件

(1) 自然影响因素:

1) 大气降水。降雨入渗水可以使洞顶覆岩的含水层增大,自重加大;下渗水流会湿润裂隙面,降低岩石块体间的抗滑阻力,从而引起洞顶和洞壁的进一步变形而失稳;降雨强度大、历时较长时,入渗的水流进入围岩中的宽大裂隙,形成较大的动水压力和冲刷作用;在岩溶地区,降水入渗补给封闭的岩溶洞穴,快速上升的岩溶水会压缩洞内,形成上挤的压力,导致气爆发生,引发洞顶塌陷。

2) 河、湖近岸地带的侧向倒灌作用。河、湖近岸地带普遍分布着孔隙潜水与岩溶水组成的双层含水介质。

汛期洪水位急剧上升的情况下,河、湖水将向地下水产生侧向倒灌,地下水位随之上升。这时岩溶地下水对洞隙上覆盖层土体产生正压力或使浮托力增大。

在洪水位迅速回落时,岩溶地下水位回落快于潜水位,对洞隙上覆盖层的浮托力很快削减,通过洞隙开口处从潜水含水层向岩溶洞隙产生垂向的渗透潜蚀作用,在盖层中形成土洞进而扩展形成塌陷。这种现象称为洪水倒灌潜蚀塌陷,简称为洪水塌陷。

3) 地震。一是地震力可使洞顶覆岩以及洞壁的裂隙进一步扩大,引起岩层破裂、位移加剧;二是洞隙上覆松散饱水细粒物质发生"液化",而形成地面塌陷。

(2) 人为活动的影响:

1) 矿山采空区地面塌陷。人为激发活动主要表现在地面施加荷载、人为爆破和车辆振动、水库蓄放水的人工调节等。

2) 岩溶地面塌陷。除上述人为活动外,地下水的抽排、回灌,尤其是快速、大降深的抽水活动往往是引发地面塌陷最普遍的原因。

4.1.1.5 地面塌陷成因

引起地面塌陷的动力因素主要有地震、降雨以及地下开挖采空、大量抽水、黄土地区黄土陷穴引起的塌陷,玄武岩地区其通道顶板产生的塌陷等多方面原因形成的,见图 4.11。一般地面塌陷的前兆主要为:泉、井的异常变化;地面变形;建筑物作响、倾斜、开裂;地面积水引起地面冒气泡、水泡、旋流等;植物有变化;动物惊恐。

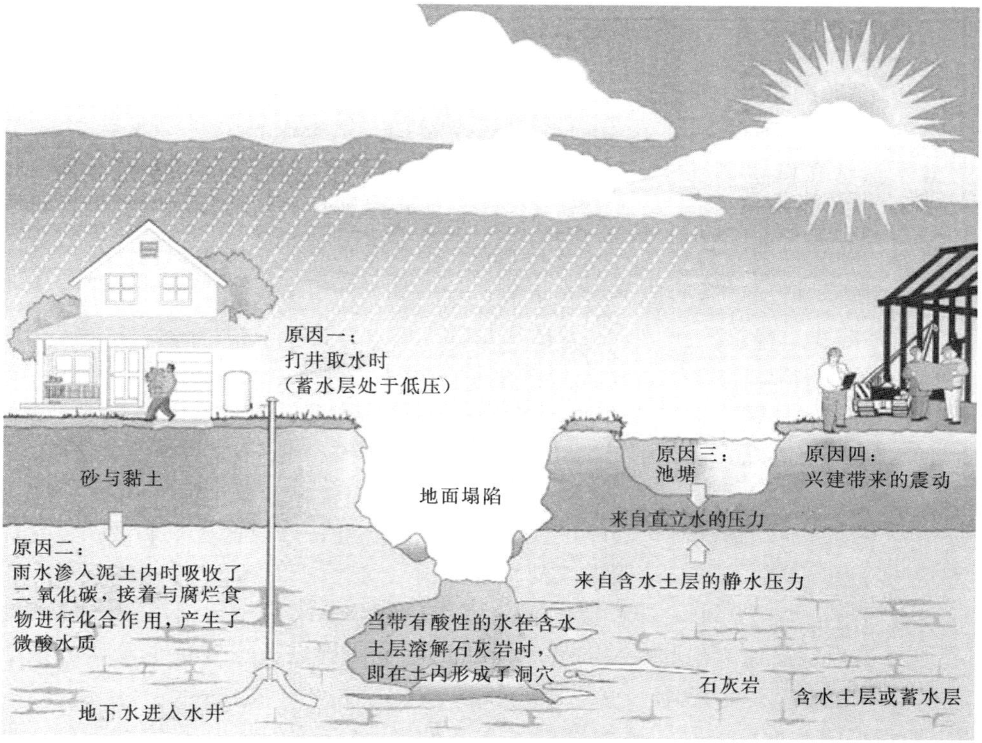

图 4.11 地面塌陷形成的种种原因

4.1.2 地面塌陷调查与评价

4.1.2.1 地面塌陷调查

地面塌陷调查包括情况调查、工程地质测绘、勘探和监测 4 个阶段。

1. 地面塌陷调查要点

(1) 广泛收集资料。要广泛收集遥感资料、地形地貌资料、地质资料、水文地质工程地质资料、气象水文资料及人类经济活动资料等。

(2) 地形地貌。查明调查区所属地貌单元,划分地貌类型,掌握新构造运动的地貌表现;对岩溶地貌,要划分岩溶发育阶段,在岩溶水补给区要注重调查干谷、盲谷、漏斗、落水洞、溶蚀洼地、陷落柱分布位置和排列方式(星散状还是线状)等溶洞或地下河存在的标志;在径流区岩溶水呈脉状管流,注重查明明流暗流变替、层状溶洞与河流阶地的对比、高角度大断裂与非可溶性岩石的位置(隔水层),分析深溶洞存在的可能性;在排泄区,岩溶水呈网流状态,具有统一水位,注重查明岩溶泉(尤其是大泉)、出水洞的位置和分布,追索入水洞。

(3) 第四系地质情况。查明第四纪地层、岩性、厚度、分布情况,分析土洞存在的可能性、规模和分布情况。

(4) 基岩地质情况。查明地层的时代、岩性组合、接触关系、厚度、分布范围;要特别注意可溶性岩层与围岩的关系。例如，华北地台奥陶系马家沟组石灰岩与石炭系为假整合接触关系，其间缺失志留系、泥盆系和下石炭统，长时间的沉积间断，使马家沟组石灰岩必然存在古岩溶；此外，本溪组为含煤地层，有机矿床形成于还原环境，必然有硫化矿物相伴生（如黄铁矿），硫化矿物遇氧生成硫酸，这就加速了马家沟组石灰岩岩溶的发育。一私人矿主在石门寨钻探找煤，一钻下去钻到了马家沟组承压岩溶水，岩溶水从钻孔口喷高达 40m，只好封井。

查明地质构造与区域地质构造的关系，特别注意断裂构造和节理裂隙的发育程度，划分出新断裂、老断裂、活断裂及其与地下水的关系（阻水断裂、导水断裂、富水断裂）。

（5）水文地质情况。查明地下水的储量、开采量、补给量，地下水补径排的方式和途径，有无降落漏斗，降落漏斗是孤立分散还是统一的等。

（6）气象水文情况。掌握多年平均降雨量、最大降雨量、暴雨及降雨季节，勘查区沟谷最大流量、气温等信息。查明地表水入渗情况、产流条件、径流强度、冲刷作用，以及地表水的流通情况、灌溉、库水位及升降、不同季节地表水与地下水的水力联系情况。

（7）人类经济活动情况。包括城市、村镇、乡村、经济开发区、工矿区、自然保护区的经济发展规模、趋势及其与地面塌陷的关系。

（8）查明地面塌陷历史，计算塌陷平均密度，划分危险区。地面塌陷评价密度以每 10 年每平方千米地面塌陷的处数来计算。可将塌陷危险区划分为重度危险区、中度危险区、轻度危险区、基本无塌陷区：

1）地面塌陷重度危险区：平均密度大于 1 处/($km^2 \cdot 10a$)，塌陷活动强烈，可能造成人员伤亡，房屋、道路、环境破坏较严重。

2）地面塌陷中度危险区：平均密度为 0.2~1 处/($km^2 \cdot 10a$)，塌陷活动较强烈，可能造成人员伤亡，工程设施和环境受到破坏。

3）地面塌陷轻度危险区：平均密度小于 0.2 处/($km^2 \cdot 10a$)，塌陷活动微弱，主要表现为地面沉降和开裂，工程设施和环境受到轻微破坏。

4）基本无塌陷区：平均密度为零，基本无危害。

2. 工程地质测绘要点

（1）地形地貌测绘。测绘比例尺为 1：5000~1：10000，根据需要可更大。

宏观地形地貌：河流、分水岭、台地、阶地、溶蚀洼地、地表岩溶湖、地下岩溶湖等位置、界线；微观地形地貌：溶沟、漏斗、落水洞、入水洞、出水洞、穿山洞、陷落柱、塌陷坑、岩溶泉等。

（2）工程地质结构特征测绘。松散堆积物按工程地质分类分层测绘辅以形成时代，基岩分可溶性岩石和非可溶性岩石（隔水层岩石），分层测绘辅以形成时代；重要断裂采用追索法测绘，统计节理、裂隙、溶孔、溶隙，提交岩性工程地质图。

（3）水文地质测绘。按有关规范执行，提交第四系水文地质图、基岩水文地质图、地下水等水位线图和岩溶水径流图。

（4）人类工程活动测绘。地表：建筑物、道路、桥梁等。地下工程：隧道、地铁、煤气管线、给排水管线、人防工程、地下商场、窑洞等。

(5) 测绘路线。除重要断裂采用追索法外，其他采用穿越法。

3. 勘探与测试要点

在调查与测绘的基础上进行勘探与测试。

(1) 勘探的目的和任务。主要是查明地下洞室的位置、规模，断裂带规模，可溶性岩层厚度及岩溶率，松散覆盖层的岩性、厚度，采集岩土样，以备试验用；利用钻孔进行抽水试验。

(2) 勘探线布置原则。采用主-辅剖面法，布置纵、横剖面勘探线，勘探线应由钻探、井探、槽探及物探等勘探点构成。纵向勘探线沿可溶性岩层走向布置，不同地下洞室均应有主勘探线控制，其两侧可布置辅助勘探线。横向勘探线沿岩层倾向布置，物探线应与钻探线重叠。

(3) 勘探原则。应先进行横向勘测，后进行纵向勘探。

(4) 钻孔深度。以穿透断裂带、可溶性岩层为原则，其下5m终孔。

(5) 试验：

1) 水文地质试验。注、抽水试验。

2) 工程地质试验。测试岩土物理力学参数。

3) 可溶性岩石岩溶率试验。根据岩溶率也可将岩溶塌陷危险区划分为重度危险区、中度危险区、轻度危险区、基本无塌陷区。

岩溶塌陷重度危险区：岩溶率大于10%，塌陷活动强烈，可能造成人员伤亡，房屋、道路、环境破坏较严重。

岩溶塌陷中度危险区：岩溶率为2%~10%，塌陷活动较强烈，可能造成人员伤亡，工程设施和环境受到破坏。

岩溶塌陷轻度危险区：岩溶率小于2%，塌陷活动微弱，主要表现为地面沉降，工程设施和环境受到轻微破坏。

基本无塌陷区：浅层无可溶性岩石或仅有零星可溶性岩石夹层，覆盖层厚度大于120m，基本无危害。

4. 地面塌陷监测要点

(1) 地质雷达监测。岩溶地面塌陷的产生在时间上具有突发性，在空间上具有隐蔽性，地质雷达浅层地震、电磁波、声波透视（CT）等可用于监测岩溶地面塌陷。但地质雷达设备昂贵，探测成本较高，难以在监测中广泛应用。

(2) 地理信息系统（GIS）技术的应用。利用GIS的空间数据管理、分析处理和建模技术，对潜在塌陷危险性进行预测评价，已经取得了良好的效果。但这些预测方法多局限于对研究区潜在塌陷的危险性分区，并没有解决塌陷的发生时间和空间位置的预测预报问题。某些可引起岩溶水压力发生突变的因素，如振动、气体效应等，有时也可成为直接致塌因素，甚至在通常情况下不会发生塌陷的地区出现岩溶地面塌陷。

4.1.2.2　地面塌陷的塌陷体稳定性评价

塌陷体的稳定性主要根据塌陷的微地貌特征、堆积物的性状及地下水埋藏与活动情况等因素进行定性评价，见表4.1。

表 4.1　　　　　　　　　　　　　　塌陷体的稳定性评价表

稳定性分级	塌陷微地貌	堆积物性状	地下水埋藏及活动情况	说　明
不稳定	塌陷尚未或已受到轻微充填改造，塌陷周围有开裂痕迹，坑底有下沉开裂迹象	疏松，呈软塑至流塑状	地表水汇集入渗，有时见水位，地下水活动较强烈	正在活动的塌陷，或呈间歇缓慢活动的塌陷
基本稳定	塌陷已部分充填改造，植被较为发育	疏松或稍密，呈软塑或可塑状	其下有地下水流通道，有地下水活动迹象	接近或达到休止状态的塌陷，当环境条件改变时可能复活
稳定	已被完全充填改造的塌陷，植被发育良好	较密实，主要呈可塑状	无地下水流活动迹象	进入消亡状态的塌陷，一般不会复活

4.1.3　岩溶地面塌陷

岩溶地面塌陷是岩溶地区因岩溶作用而产生的地面变形现象，是岩溶洞隙上方的岩土体在自然或人为作用下发生变形破坏，并导致地面形成塌陷坑（洞）的一种岩溶地质现象。

岩溶地面塌陷可以产生在灰岩裸露区，更多的产生于隐伏灰岩区。灰岩裸露区岩溶地面塌陷，其主体是灰岩，即塌陷体及其围岩都是灰岩；而隐伏区岩溶地面塌陷，塌陷体全部或其上部为第四系松散沉积物。隐伏灰岩区指的是灰岩上覆第四系松散沉积物的地区。通常，如果灰岩上覆地层为已经固结成岩的沉积岩时，称为灰岩埋藏区。隐伏灰岩区一般灰岩岩溶发育，岩溶水丰富，地势低洼处容易形成泉或泉群，因而宜于人类的居住生活，常常是人口密度较大、工农业较为发达的区域。

自然条件下产生的岩溶地面塌陷一般规模小、发展速度慢，不会给人类活动带来太大的影响。但在人类工程活动中产生的岩溶地面塌陷不仅规模大、突发性强，且常出现在人口密集地区，对地面建筑物和人身安全构成严重威胁。

岩溶地面塌陷造成局部地表破坏，是岩溶发育到一定阶段的产物。因此，岩溶地面塌陷也是一种岩溶发育过程中的自然现象，可出现于岩溶发展历史的不同时期，既有古岩溶地面塌陷，也有现代岩溶地面塌陷。岩溶地面塌陷也是一种特殊的水土流失现象，水土通过塌陷向地下流失，影响着地表环境的演变和改造，形成具有鲜明特色的岩溶景观。

4.1.3.1　岩溶地面塌陷的分布规律

岩溶地面塌陷主要分布于岩溶强烈到中等发育的覆盖型碳酸盐岩地区。全球有 16 个国家存在严重的岩溶地面塌陷问题。中国可溶岩分布面积约为 363 万 km^2，是世界上岩溶地面塌陷范围最广、危害最严重的国家之一。

我国岩溶塌陷分布广泛，从南到北、从东到西都有发生。目前已见于除天津、上海、甘肃、宁夏以外的 26 个省（自治区、直辖市），但主要分布于辽宁、河北、江西、湖北、湖南、四川、贵州、云南、广东、广西等省（自治区、直辖市）。据统计，全国岩溶塌陷总数为 2841 处，塌陷坑 33192 个，塌陷面积约 $332km^2$。

北方岩溶地面塌陷区。长江以北，由于华北地台大多为大型宽缓的褶皱和断块构造，气候较干旱，降水量少，岩溶发育程度不高，除古代的岩溶洞穴系统有部分残留外，现代岩溶主要以溶蚀裂隙为主。岩溶地面塌陷大多集中在山区与平原的过渡地带，如辽宁省的南部，山东的泰安、枣庄、莱芜，河北的唐山、秦皇岛柳江盆地，江苏的徐州，安徽的淮南、淮北等地。分布有古代岩溶塌陷的痕迹——陷落柱。华北地台曾经历过多次构造运动，地下水的区域排泄基准面也多次变迁，致使碳酸盐岩地层形成大量的洞穴。洞穴坍塌使上覆石炭—二叠纪煤系地层随之下陷，从而形成大小分散的陷落体，即陷落柱。古代岩溶塌陷主要分布在晋、冀、鲁、豫、陕等省，太原西山、汾河沿岸、河北太行山一带的煤田中较为常见。现代已发现地面塌陷点1252个，占全国岩溶塌陷总数的3.5%，北方岩溶对地面塌陷的影响并不突出。

南方岩溶塌陷区。位于长江以南的广大地区，是我国碳酸盐岩分布最集中、面积最大的区域，总面积约176.08万 km²。气候温热湿润，植被茂密，地质构造多为紧密的褶皱和密集的断块，现代岩溶十分发育。裸露岩溶区和半裸露岩溶区的面积占碳酸盐岩总面积的41.3%，主要分布于云南、贵州、四川、广西、湖南、江西、湖北等省（自治区）。湖南省岩溶塌陷居全国之首，其次为广东省和广西壮族自治区，再次为贵州省、云南省、四川省。矿山排水、开采地下水、水库蓄水等人为干扰岩溶水流场的活动，是诱发岩溶地面塌陷的主导力量。

岩溶地面塌陷的分布规律主要有以下几个方面：

（1）多产生在岩溶强烈发育区。

（2）主要分布在第四系松散盖层较薄地段。

（3）多分布在河床两侧及地形低洼地段。

（4）常分布在降落漏斗中心附近。

4.1.3.2 岩溶塌陷的物质基础及发育特点

岩溶塌陷的物质基础是岩溶塌陷产生的物质载体和基本前提，因地质环境不同，岩溶塌陷发育具有复杂性，但一般易发场地仍具有一定的规律性。岩溶塌陷实质上是"水-土-岩-气"多相体系从一种平衡向另一种平衡动力调整的结果，其发育和分布受到特定的地质、水文地质条件的控制。岩溶塌陷产生的物质基础包括以下内容：

（1）基岩具有溶洞、竖井、深裂隙、溶缝等开口岩溶形态，这是地下水和塌陷物质的存储场所或通道。

（2）覆盖层为松散土层或软弱岩层，这是产生岩溶塌陷的基础。

（3）岩溶系统渗流场中地下水动力条件的改变，这是产生岩溶塌陷的主导因素。

岩溶塌陷多产生于浅部隐伏岩溶发育地段，特别是开口型岩溶形态发育地区。岩溶塌陷多受地质构造控制，分布于上覆盖层较薄部位。据湖南、广东、广西地区的统计资料，临界土层厚度一般为30m，而浙江某地为35m。岩溶塌陷多发生在岩溶洼地及河谷低洼地段，这里有利于地表水的汇集及地下水的补给，使地下水的潜蚀作用增强。岩溶塌陷随地下水抽排量的增加和地下水位的降低而发展，多位于地下水的疏干漏斗内，并随漏斗的扩展而变大。降水入渗使土体强度降低，动水压力增大，加剧了岩溶地面塌陷的发育。

4.1.3.3 岩溶地面塌陷的成因机制

岩溶地面塌陷是在特定地质条件下，因某种自然因素或人为因素触发而形成的地质灾害。由于不同地区地质条件相差很大，岩溶地面塌陷形成的主导因素也有所不同。因此，对岩溶地面塌陷成因机制的认识也存在着不同的观点。目前主要存在以下几种观点。

1. 地下水潜蚀机制

潜蚀论是 1898 年俄国学者巴甫洛夫提出的。

地下水位下降时，水力梯度也随之增大，地下水流速加快，动水压力增强，当动水压力大于土体凝聚力与颗粒间摩擦力时，土颗粒开始被渗流带动迁移，这一现象称为潜蚀或管涌，如图 4.12 所示。

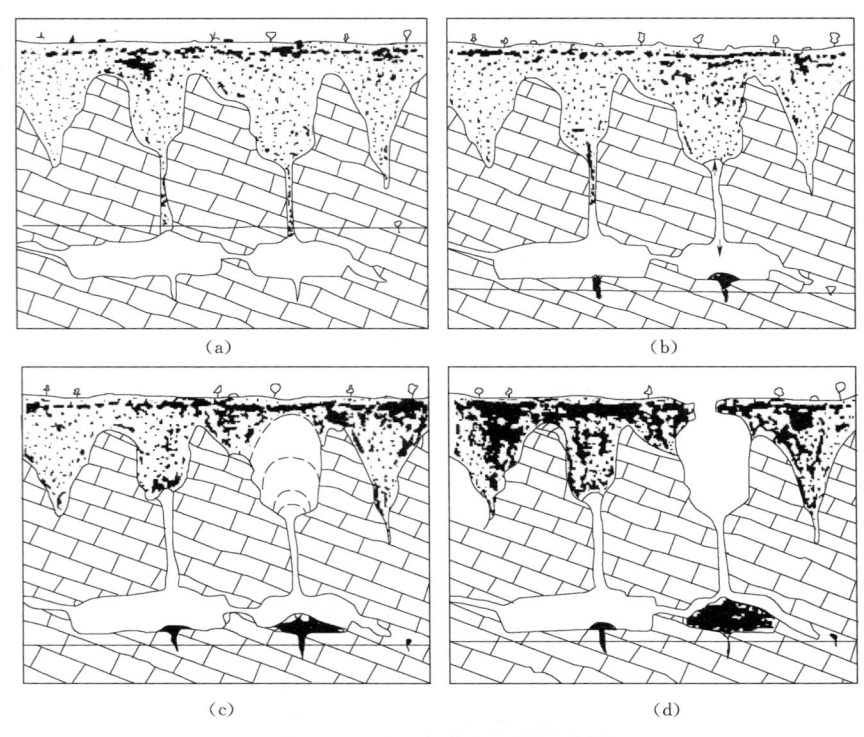

图 4.12 地下水潜蚀机制示意图

在覆盖型岩溶区，下伏存在溶蚀空洞，地下水经覆盖层向空洞渗流（或地下水位下降时，水力梯度增大）。在一定的水压力作用下，地下水对土体或空隙中的充填物进行冲蚀、掏空。从而在洞体顶板处的土体开始形成土洞，随着土洞的不断扩大，最终引发洞顶塌落。当土层较厚或有一定深度时，可以形成塌落拱而维持上伏土层的整体稳定。当土堆较薄时，土洞不能形成平衡。综上所述，地下水潜蚀的理想过程如下：

（1）水位下降前的平衡状态，见图 4.12 (a)。

（2）水位下降，随着向上侵蚀过程使通道被排空，出现活跃的地下侵蚀（潜蚀进入开阔的洞穴），见图 4.12 (b)。

（3）洞穴的顶部逐渐坍陷，可能短期内受钙化砾石层的抑制，见图 4.12 (c)。

（4）最后的拱顶坍陷，形成了被同心球状张力裂缝包围的落水洞，见图 4.12 (d)。

潜蚀致塌论解释了某些地面塌陷事件的成因。按照该理论，岩溶上方覆盖层中若没有地下水或地面渗水以较大的动水压力向下渗透，就不会产生塌陷。但有时岩溶洞穴上方的松散覆盖层中完全没有渗透水流仍会产生塌陷，表明潜蚀作用还不足以说明所有的岩溶地面塌陷的机制。

2. 真空吸蚀机制

根据气体的体积与压力关系的玻意尔-马略特定律,在密封条件下,当温度恒定时,随着气体的体积增大,气体压力则不断减小。在相对密封的承压岩溶网络系统中,由于采矿排水、矿井突水或大流量开采地下水,使地下水水位大幅度下降。当水位降至较大岩溶空洞覆盖层的底面以下时,岩溶空洞内的地下水面与上覆岩溶溶洞洞穴顶板脱开,出现无水充填的岩溶空腔。随着岩溶水水位持续下降,岩溶空洞体积不断增大,空洞中的气体压力不断降低,从而导致岩溶空洞内形成负压。岩溶顶板覆盖层在自身重力及溶洞内真空负压的影响下,向下剥落或塌落,在地表形成岩溶塌陷坑。

以下为两个实例分析:

(1) 地下溶洞坍塌引起的地面塌陷。四川宜宾市长宁县硐底镇红旗村和石垭村属于岩溶的喀斯特地貌,地下溶洞发育,在2009年10月持续干旱,一方面由于地下水得不到有效补给;另一方面,为满足工农业生产和居民生活的需要,大量抽取地下水,引起水位的过量急速下降,地下水付托力突然过量减少,诱发岩溶顶盖岩石垮塌,形成"天坑"。地下溶洞埋藏深度和坍塌的程度,决定地面塌陷规模的大小,见图4.13。

图4.13 四川宜宾市长宁县硐底镇石垭村"天坑"　　图4.14 成都大邑镇桐林村稻田"天坑"

(2) 地下水位急剧变化引起的地面坍塌。成都附近的大邑位于成都平原的西部,在坚硬的早寒武纪结晶花岗岩基底之上覆盖了一层由黏土和砂砾、乱石组成的陆相碎屑沉积,一般厚度5m以上,最大厚度达8000m。因持续干旱和地下水过量开采,引发地下水位大量下降,发生局部地面塌陷形成"天坑"。目前其塌陷的规模一般较小,但是存在一定危害,见图4.14。

3. 重力致塌模式

重力致塌模式是指因自身重力作用使岩溶洞穴上覆盖层逐层剥落或者整体下陷而产生岩溶地面塌陷的过程和现象。它主要发生在地下水位埋藏深、溶洞及土洞发育的地区。

图 4.15　湖南宁乡县大成桥镇清泉村"天坑"现场

湖南宁乡地区煤炭资源十分丰富，由于该地区煤层顶板多为石灰岩，其下隐伏岩溶发育，矿层开采后常形成较大范围的悬空空间（"统称老顶"）。在岩层自身重力和附近煤层采掘的扰动影响下，"老顶"悬空到一定范围发生断裂，引起顶板急剧下沉，形成地面塌陷。煤矿采空区垮塌形成的"天坑"的深度和波及范围，受煤层埋藏深度、厚度和采空区大小控制，其规模和影响范围一般较大。湖南宁乡县大成桥镇 2010 年 1 月以来先后出现的 10 多个"天坑"，都是其附近煤矿采空区垮塌而引起的地面塌陷，见图 4.15。

4. 冲爆致塌模式

冲爆致塌模式的形成过程是岩溶通道、空洞及土洞中蓄存的高压气团和水头，随着地下水位上涨压力不断增加。当其压强超过岩溶顶板的极限强度时，就会冲破岩土体发生"爆破"并使岩土体破碎；破碎的岩土体在自身重力和水流的作用下陷入岩溶洞穴，在地面则形成塌陷。冲爆致塌现象常发生于地下暗河的下游。

5. 振动致塌模式

振动致塌模式是指由于振动作用，使岩土体发生破裂、位移和砂土液化等现象，降低了岩土体的机械强度，从而发生岩溶塌陷。在岩溶发育地区，地震、爆破或机械振动等经常引发地面塌陷，如辽宁省营口地震时，孤山乡第四系松散覆盖层岩溶区，由于地震引起砂土液化，出现了 200 多个岩溶塌陷坑。台湾地区 1999 年 9 月 21 日地震时发生砂土液化的景象，见图 4.16。

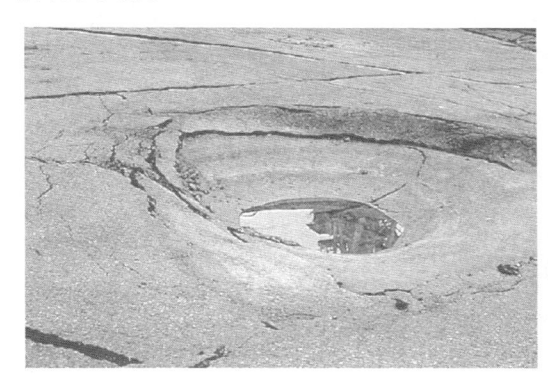

图 4.16　地震引起砂土液化（台中港 1～4 码头）

6. 荷载致塌模式

荷载致塌模式是指溶洞或土洞的覆盖层和人为荷载超过了洞顶盖层的强度，压塌洞顶盖层而发生的塌陷过程和现象。例如，水库蓄水，尤其是高坝蓄水，可将库底岩溶洞穴的顶盖压塌，造成库底塌陷，库水大量流失。

应当指出，岩溶地面塌陷实际上常常是在几种因素的共同作用下发生的。例如，洞顶的土层在受到潜蚀作用的同时，往往还受到自身的重力作用。

4.1.3.4　岩溶地面塌陷治理措施

岩溶塌陷的防治应统一规划，针对病根，有的放矢，避免盲目治理，防止单打一，应采取"以防为主、及时治理"的综合治理措施。

1. 岩溶塌陷的预防

（1）查明洞穴分布。调查工作应在查明区域地质、水文地质背景的基础上，运用钻探和物探手段确定浅表洞穴的分布情况，并从危险性的角度进行分区。对松散堆积物厚度不大，且直接覆盖在溶洞和隙宽较大溶隙开口处的那些地段，要予以高度重视，不应布设任何建筑物。

（2）对已出现地面变形，但尚未塌陷的地点，要圈围出警戒区，及时撤离人员。

（3）拟建的以岩溶水为开采对象的供水源地布设地点，场地选择时，应事先进行致塌危险性的充分论证，并尽可能远离村镇和人口密集区。

（4）对分散开采的农村井机，应强调小流量、小降深逐渐过渡到预定开采量的操作方法，以避免洞穴负压的形成。

（5）在可能出现塌陷的地段，要防止地表水的进入，对严重漏水的河溪、库塘进行铺底防漏或人工改道。

（6）加强对岩溶水位，尤其是地面变形的监测，要注意宣传，加强群测群报的工作。

2. 岩溶塌陷的治理

（1）岩溶塌陷治理原则：

1）对于土洞和塌陷，除已充分论证其确属稳定不再发展的以外，都需要进行治理，未经治理不能作为建筑物天然地基。

2）治理措施应针对"病根"，因地制宜。如由于岩溶地下水位升降波动引起的塌陷，一般应阻截地下水流通管；对于表水渗漏引起的塌陷，应注意完善地表排水系统，防止地表水渗漏等。

3）由于岩溶塌陷影响因素很多，且主次因素在条件变化时可以转化。因此，一般应采取综合治理措施，如填堵结合灌浆、灌浆结合排水等，以符合既经济又可靠的原则。

4）在治理阶段，应结合进行监测工作，以验证治理措施的效果，以便发现问题及时补救。

（2）岩溶地面塌陷的治理：

1）清除填堵法。常用于相对较浅的塌坑或埋藏浅的土洞。清除其中的松土，填入块石、碎石形成反滤层，其上覆盖以黏土并夯实。如广西桂林榕城回填堵塞法治理岩溶地面塌陷，见图 4.17。

图 4.17　广西桂林榕城回填堵塞法治理岩溶地面塌陷

2) 跨越法。用于较深大的塌陷坑或土洞。对建筑物地基而言，可采用梁式基础、拱形结构，或以刚性大的平板基础跨越、遮盖溶洞，避免塌陷危害。对道路路基而言，可选择塌陷坑直径较小的部位，采用整体网格垫层的措施进行整治，见图4.18、图4.19。

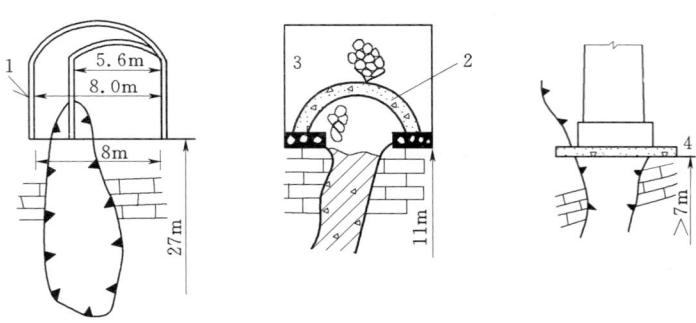

图 4.18　跨越法治理塌陷坑或土洞
1—加宽隧道断面；2—拱跨；3—浆砌片石墙；4—钢筋混凝土板

图 4.19　铁道部门用扣轨梁跨越岩溶塌陷

3) 强夯法。把 10~20t 的夯锤起吊到一定高度（10~40m），让其自由下落，造成强烈的冲击对土体强力夯实。一方面是夯实松软的土层和塌陷坑或土洞内的回填土体，以提高土体的强度；另一方面可消除隐伏土软弱带，是一种处理结合预防的措施。

4) 钻孔充气法。随着地下水位的升降，溶洞空腔中的水气压力产生变化，经常出现气爆或冲爆塌陷，设置各种岩溶管道的通气调压装置，破坏真空腔的岩溶封闭条件，平衡其水、气压力，减少发生冲爆塌陷的机会，见图4.20。

图 4.20　湖南白洋湾水库用卧管和烟筒通气法防治岩溶塌陷

5）灌注填充法。在溶洞埋藏较深时，通过钻孔灌注水泥砂浆，填充岩溶孔洞或缝隙，隔断地下水流通道，达到加固建筑物地基的目的。灌注材料主要是水泥、碎料（砂、矿渣等）和速凝剂（水玻璃、氧化钙）等，见图4.21。

图4.21 山东泰安车站用灌浆堵塞岩溶裂隙防治地面塌陷

6）深基础法。对于一些深度较大，跨越结构无能为力的土洞、塌陷，通常采用桩基工程，将荷载传递到基岩上，见图4.22和图4.23。

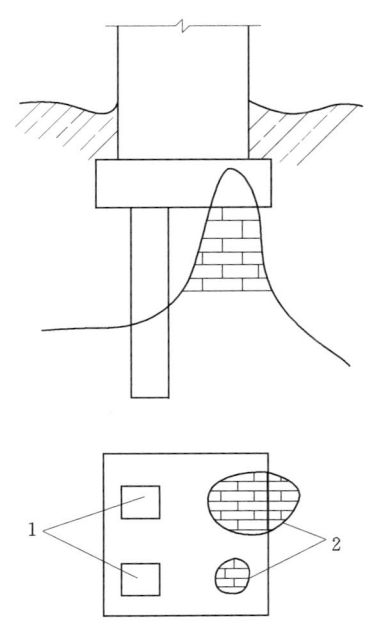

图4.22 杨家坡大桥11号墩溶洞处理
1—挖孔桩（1.5m×1.5m）；2—石芽

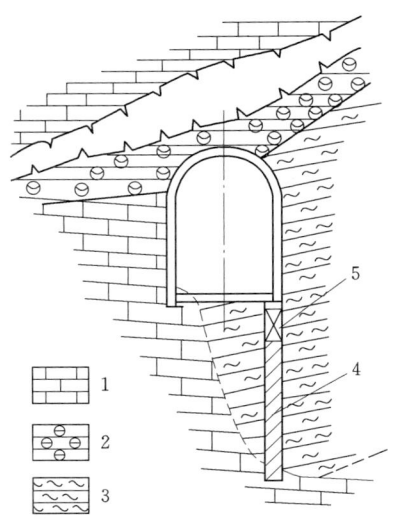

图4.23 毛阵营隧道支撑桩
1—石灰岩；2—石灰华；3—淤泥质黏土；
4—钢筋混凝土支撑桩；5—边墙梁

7）旋喷加固法。旋喷技术是利用旋转提升、高压喷射水泥浆凝结成旋喷桩或不旋转只定向提升喷射成板墙。在浅部用旋喷桩形成一"硬壳层",在其上再设置筏板基础。"硬壳层"厚度根据具体地质条件和建筑物的设计而定,一般为10～20m即可,见图4.24、图4.25。

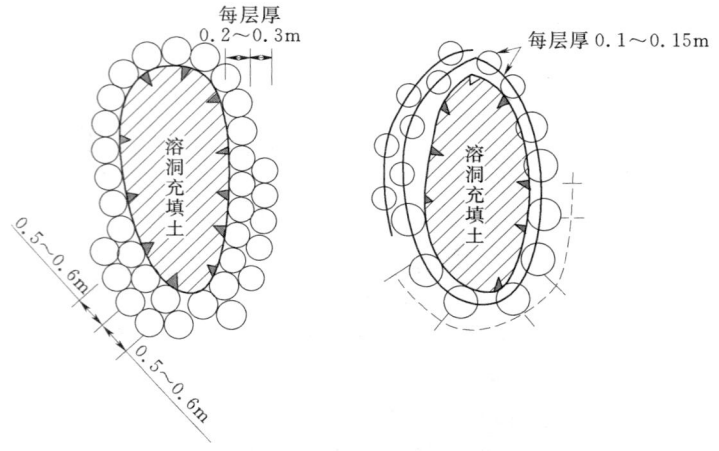

(a)旋转喷射桩帷幕　　(b)钻孔中心向两端定向喷射墙或帷幕

图4.24　旋喷帷幕

图4.25　铁道部门用旋喷桩加固软土地基防治岩溶塌陷

4.1.4　采空区地面塌陷

采空区地表在开始时多形成较浅的凹地,随着采空区的不断扩大,凹地不断发展成为凹陷盆地,也常称为移动盆地。自移动盆地的中心向边缘,变形特征可划分为3个区:①均匀下沉区,即盆地中心的平底部分,其特点是地表下沉均匀、地面平坦,一般无明显裂缝;②移动区,区内地表变形不均匀,变形种类较多,对建筑物破坏作用较大;如地表出现裂缝时,又称裂缝区;③轻微变形区,地表变形值较小,一般对建筑物不起损坏作用;该区与移动区的分解,一般是以建筑物的容许变形值来划分的。

矿山开采形成地下采空区,或在矿井坑道排水疏干,或大量抽取地下水,都有可能使采空区的地面失去支撑或支撑力不够,在重力作用下发生塌陷。采空塌陷的面积一般都在几百平方米以上,最大的如湖南杨梅山煤矿塌陷,长2000m、宽1000m、深12m。近10多年来,一些私人承包的小煤矿乱采滥挖严重,缺乏必要的安全设施和规划设计,全国已有 80 多个矿山发生采空塌陷，总面积达 1500km²，产煤大省山西的各类矿山采空区逾 2 万 km²，采空塌陷每年造成的直接经济损失 3.17 亿元。就连北京市门头沟区和房山区的煤矿也有不少采空塌陷区和可能塌陷的危险区。目前山西省已决定将所有的小煤矿改制归并到大型公司统一管理。北京市鉴于能源结构的改变和京西煤矿资源已基本枯竭，关闭了山区的所有小煤矿。未来我国的矿山采空塌陷灾害将能得到显著减轻。

4.1.4.1 影响塌陷区地表变形的因素

（1）矿层因素。矿层埋深越大，地表变形值越小，变形较平缓均匀，但地表移动盆地的范围增大；矿层厚度大，地表变形值大，矿层倾角大，水平移动值大。

（2）岩性因素。上覆岩层强度高、分层厚度大时，地表变形所需采空面积要大，破坏过程所需时间长，厚度大的坚硬岩层，可长期不产生地表变形；强度低、分层薄的岩层，常产生较大的地表变形，其速度快，变形均匀，地表一般不出现裂缝；脆性岩层地表易产生裂缝；当厚的塑性大的软弱岩层覆盖于硬脆的岩层上时，硬脆岩层产生的破坏，常会被前者缓冲或掩盖，使地表变形平缓；一旦上覆软弱岩层较薄，则地表变形很快，并出现裂缝；弱岩层软硬相间且倾角较陡时，接触处常出现层离现象，地表出现变形。另外，地表第四纪堆积物越厚，地表变形越大，但变形平缓均匀。

（3）地下水因素。地下水活动可加快变形速度，扩大变形范围，增大地表变形值，特别是抗水性弱的岩层。

（4）开采条件因素。矿层的开采和顶板处置方法以及采空区的大小、形状，工作面推进速度等，都影响地表变形值、变形速度和变形的形式。

4.1.4.2 矿山采空区地面塌陷的分布

矿山采空区地面塌陷是我国地面塌陷的另一种重要形式。其中煤矿开采造成的地面塌陷比例最大。

目前我国采矿业造成的地面塌陷主要分布在全国 20 个省（自治区、直辖市），塌陷点总数达 17138 个，占全国各种类型地面塌陷总点数的 44.4%，其中湖南省为 12549 个，其次为内蒙古自治区 2800 个，再次分别为山西、黑龙江、安徽、河南等省。但几乎在全国的采煤、采矿区均有出现，尤其是个体采矿比较发达而法律法规执行不力的地区，更容易发生。

4.1.4.3 矿山采空区地面塌陷的机理

第一阶段为掘进和回采的初期，存在冒落带、裂隙带和弯曲带；第二阶段为地裂缝发展阶段，仅存在冒落带和裂隙带；第三阶段为地面塌陷阶段，仅存冒落带。矿山采空区地面塌陷见图 4.26。

4.1.4.4 采空区地面塌陷防治措施

1. 采空区地面塌陷的预防

（1）矿山开采前应结合开采方式、开采进度，运用采动理论估算不同开采期地面变形的范围和程度，作出风险评估。

（2）要明确禁采区和限采区，对地表重要建筑物、水库和城镇所在地要结合采深采厚和地质条件分析，给出危害后果最小的开采方案。

（3）开采过程中要对不同区块的地面变形进行监测预报，及时撤离人员。

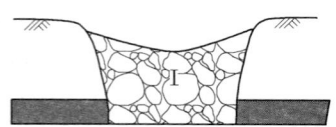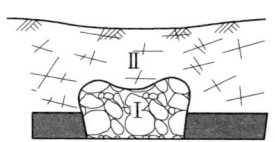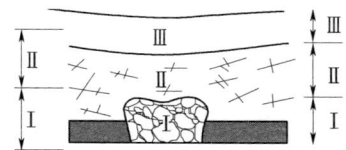

图 4.26　矿山采空区地面塌陷的 3 个阶段

Ⅰ—冒落带；Ⅱ—断裂带；Ⅲ—弯曲带

（4）矿坑排水设计必须考虑地面塌陷的可能地点、规模，避免单纯追求疏干工期的做法。

（5）改进井巷顶板管理方法，在条件允许的情况下，尽可能采用充填法。在一般情况下，为减少地面变形造成的损失，应留有足够数量的保安矿柱，而且禁止对矿柱的回采。

2. 采空区地面塌陷的治理

（1）对破坏的土地应进行整理、平复，以防滑坡、崩塌的出现。

（2）危房改造必须到位，严重损毁的房屋必须拆除。

（3）对进入充分采动阶段（冒落带发育到地表）的地段，土地整理工作至少应在塌陷后两年进行，由于残余变形将持续很长时间，这些地段短期内一般不宜建造永久性建筑物。对仍处于非充分采动阶段的地段，不宜开展正规的土地整理，以免前功尽弃，或采用钻孔灌注法，填充地下空腔，使之达到稳定状态。

目前，全国关于地面塌陷治理成功的地方很多，都很有借鉴意义，如河北承德铜兴铜铁矿治理后景象，见图 4.27；安徽淮北市利用浅层塌陷区挖塘造地建设大规模连片鱼塘，鼓励失地农民发展水产养殖，见图 4.28。

图 4.27　河北承德铜兴铜铁矿治理后景象

图 4.28　安徽淮北市利用浅层塌陷区建设大规模连片鱼塘

任务 4.2　地　裂　缝

【任务背景】

2008 年 5 月 12 日，四川省汶川县发生了 8.0 级特大地震，地震直接诱发许多地方出现地裂缝灾害，见图 4.29～图 4.31。

图 4.29　映秀镇地裂缝现状　　图 4.30　汶川震区地裂缝　　图 4.31　汶川震区地裂缝

2010 年 7 月 1 日，山西省发现一条贯通稷山县稷峰镇和新绛县泉掌乡的地裂缝，裂缝时宽时窄，窄处约 30cm，宽处约 80cm，深度有 2～3m，经过勘察分析，专家分析这些裂缝是隐伏性断裂导致的地表裂缝，即"隐伏性断裂"，就是在地层深处有断裂，但地面看不见，见图 4.32。

2007 年 7 月 3 日下午一场强降雨过后，河北省保定高碑店市北李庄村北一民房后突然出现了一条蜿蜒几十米、宽约 1m 的巨大地裂缝。地裂缝除了与松散的土层有关系外，也跟地下水过度开采有关，见图 4.33。

图 4.32　山西省稷山县和　　　图 4.33　河北省保定高碑店市
　　　新绛县地裂缝现状　　　　　　　北李庄村地裂缝现状

这些地裂缝事件只占地表整个地裂缝中的极小一部分，地裂缝作为一种表生的地质灾害现象，在世界许多国家普遍存在。其灾情发生频率与灾害规模逐年加剧，已成为一种主要的区域性地质灾害。它不仅对各类工程建筑、交通设施、城市生命线工程及土地资源造成灾难性的直接破坏，而且可能导致一系列严重的生态环境问题。这些危害促使人们设法去进行地裂缝形成的地形、地貌、地质构造背景、成因机制、空间分布规律、活动规律等方面的研究，提出防治和避让对策。

4.2.1 认识地裂缝

地裂缝又称地裂，民间俗称"地峡"，是一种常见的自然现象。它是发育于地壳表层的一种岩土介质的不连续现象，是在内外力作用下及人类活动等因素引起的地表破裂形迹。

地裂缝古已有之且分布范围甚广，对于这种表生的地质灾害现象，古今中外都有零星记载。在人类科技文明还未高度发达时，古人对各种自然灾害现象缺乏科学的认识，常常将"天灾"和"人祸"相关联，预示上天对人的惩戒。我国早在几千年前就有关于地裂缝的记载，如"黄帝将亡则地裂"（北宋《太平御览》第八百八十卷），"昔者三苗大乱，天命殛之……地坼及泉"（《墨子·非攻下》）等，诸多古典上都有相关记载。这些古代地裂都是自然因素所致，可谓天灾。"皇帝将亡则地裂"则反映出中国古代学者对地裂缝灾害的认知。尽管中国古代对地裂缝的发生有着许多详细记载，但他们对这种灾害的成因并未达到真知，占主导思想的常常是与其他自然灾难联系起来或者从超自然的关系中寻求原因。由于地裂缝常与地震相伴生，在古代，世界上很多地区的人民对地震地裂事件都有宗教性的解释。《圣经》中也不乏对地裂的记述，如其中的典故"地裂开，吞下大坍，掩盖亚比兰一党的人"，"穹苍降下公义，地面开裂"等。对古代地裂缝的许多引喻还可在其他宗教著述中见到。

自美国最早发现于 1927 年亚利桑那州中部的 Picacho 盆地地裂缝以来，各国学者对地裂缝的发生、发展进行了细致的研究。随着自然科学和工业建设的发展及地震科学研究和野外地质调查的深入，世界各地发现的地裂缝越来越多。美国是地裂缝研究最为广泛、深入的国家。图 4.34 为美国亚利桑那州因地面塌陷出现的地裂缝。

图 4.34 美国亚利桑那州地裂缝

我国现代地裂出现相对较晚，1958 年在西安的西北大学校园内就发现了一条地裂缝，但真正意义上的研究始于 1976 年唐山大地震后，震后地裂缝灾害加剧，分布范围迅速遍及全国各省，其中河北、山西、陕西、江苏、山东、安徽、河南 7 省的地裂缝灾害最为严重。

4.2.1.1 地裂缝特征

地裂缝是地表岩土体在自然因素和人为因素作用下，产生开裂并在地面形成一定长度和宽度裂缝的现象。地裂缝一般产生在第四系松散沉积物中，与地面沉降不同，地裂缝的分布没有很强的区域性规律，成因也比较多。地裂缝的特征主要表现为发育的方向性、延展性和灾害的不均一性和渐进性。

1. 地裂缝发育的方向性与延展性

地裂缝常沿一定方向延伸，在同一地区发育的多条地裂缝延伸方向大致相同。地裂缝造成的建筑物开裂通常由下向上蔓延，以横跨地裂缝或与其成大角度相交的建筑物破坏最为强烈。

地裂缝灾害在平面上多呈带状分布。从规模上看，多数地裂缝的长度为几十米至几百米，长者可达几公里。如山西大同机车厂—大同宾馆的地裂缝长达5km；宽度在几厘米到几十厘米之间，最宽者可达1m以上；裂缝两侧垂直落差在几厘米至几十厘米，大者可达1m以上，但也没有垂直落差者。平面上地裂缝一般呈直线状、雁行状或锯齿状；剖面上多呈弧线、V形或放射状。

2. 地裂缝灾害的非对称性和不均一性

地裂缝以相对差异沉降为主，其次为水平拉张和错动。地裂缝的灾害效应在横向上由主裂缝向两侧致灾强度逐渐减弱，而且地裂缝两侧的影响宽度以及对建筑物的破坏程度具有明显的非对称性。如大同铁路分局地裂缝的南侧影响宽度明显比北侧的影响宽度大。同一条地裂缝的不同部位，地裂缝活动强度及破坏程度也有差别，在转折和错列部位相对较重，显示出不均一性。如西安大雁塔地裂缝，其东段的活动强度最大，塌陷灾害最严重，中段灾害次之，西段的破坏效应很不明显。在剖面上，危害程度自下而上逐渐加强，累计破坏效应集中于地基基础与上部结构交接部位的地表浅部几十米深的范围内。

3. 灾害的渐进性

地裂缝灾害是因地裂缝的缓慢蠕动扩展而逐渐加剧的。因此，随着时间的推移，其影响和破坏程度日益加重，最后可能导致房屋及建筑物的破坏和倒塌。

4. 地裂缝灾害的周期性

地裂缝活动受区域构造运动及人类活动影响，因此，在时间序列上往往表现出一定的周期性。当区域构造活动强烈或人类过量抽取地下水时，地裂缝活动加剧，致灾作用增强；反之，则减弱。

4.2.1.2 地裂缝的分类

地裂缝是一种缓慢发展的渐进性地质灾害。地裂缝按其成因分为构造地裂缝、非构造地裂缝和混合成因地裂缝三类。构造地裂缝多数由断裂的缓慢蠕滑或快速黏滑而形成，断层的快速黏滑活动常伴有地震发生，因而又称为地震地裂缝；褶皱构造作用和火山活动也可产生构造地裂缝。构造地裂缝的延伸稳定，不受地表地形、岩土性质和其他地质条件影响，可切错山脊、陡坎、河流阶地等线状地貌。构造地裂缝的活动具有明显的继承性和周期性。构造地裂缝在平面上常呈断续的折线状、锯齿状或雁行状排列；在剖面上近于直立，呈阶梯状、地堑状、地垒状排列。包括地震地裂缝（也称构造速滑地裂缝）、区域微破裂开启型地裂缝和构造蠕变地裂缝3种。非构造地裂缝是指由外动力地质作用和人类活动作用而引起的岩土层裂缝，形成原因比较复杂，非构造成因的地裂缝常伴随崩塌、滑坡及地面塌陷等灾害发生，非构造地裂缝纵剖面形态大多呈弧形、圈椅形或近于直立。实际上，有许多地裂缝是几种因素综合作用的结果，称之为混合成因地裂缝。表4.2列举了一些常见地裂缝的特征。

实践表明，许多地裂缝并不是单一成因，而是以一种成因为主，同时又受其他因素影响的综合作用的结果。因此，在分析地裂缝成因形成条件时，还要具体现象具体分析。就总体情况看，控制地裂缝活动的首要条件是现今构造活动程度，其次是崩塌、滑坡、塌陷等灾害动力活动程度以及动力活动条件等。目前，地裂缝分类主要有以下几种方法。

表 4.2　　　　　　　　　　　　　　地裂缝成因类型及特征

类型	主导原因	动力类型	种别	地 裂 缝 特 征
构造地裂缝	内动力地质作用	断裂活动	地震地裂缝	(1) 规模大，延伸远，有明显的方向性； (2) 不同方向的地震断层往往呈有规律的组合，反映了震区主要的构造方向和控制地质构造的区域应力场或局部应力场； (3) 裂隙两侧在水平方向和垂直方向上都有明显的位移，位移量的大小取决于震级； (4) 不受岩性和其他边界条件的影响
			构造蠕变地裂缝	(1) 裂缝与蠕滑断层活动方式一致； (2) 裂缝活动是断层活动的表现； (3) 裂缝发生时间不受季节限制； (4) 裂缝时隐时现，时强时弱，时断时续； (5) 规模较大，延伸长：长几公里至十几公里，裂缝带宽度几米到几十米
		区域微破裂开启活动	区域微破裂开启型地裂缝	(1) 多组共生，各地区地裂缝相互对应，具有区域性发育特征； (2) 共轭的剪切地裂缝常构成网络状； (3) 单条地裂缝延伸较短，常成群成片出现； (4) 初期地裂缝常隐伏于地表层之下，降雨或浇地后显露出来； (5) 常伴生陷坑、陷穴，多呈串珠状
非构造地裂缝	自然外动力地质作用	特殊土	膨胀土地裂缝	(1) 数量多，分布广，危害大； (2) 规模小，长度一般在数十米之内，超过100m者极少见； (3) 一般以竖向开裂为主，尤其在地面以下 2m 之内最为常见，往下斜交剪切裂隙发育，并将土体切割成菱形小块，裂隙间距小而密集； (4) 膨胀土地裂缝常以暗裂形式发育
			黄土地裂缝	(1) 地裂缝常常环绕着注地周围，或者呈向心状展布，或者呈环形状展布； (2) 延伸短，且无一定方向； (3) 裂面粗糙、直立，上宽下窄，延伸小
			冻土地裂缝	(1) 与冻胀丘有关，个体较大的冻胀丘常伴随放射状地裂缝；坡度较缓的冻胀丘常常被地裂缝切割成块状；多个冻胀丘呈列排列时，则主干地裂缝呈断续的雁列式； (2) 规模一般较小，单条裂缝长数米，宽度几厘米，深度数十米
			盐丘地裂缝	(1) 受盐丘形状、大小所控制。一般地，平顶状盐丘可产生平行地裂缝；穹隆状、蘑菇状盐丘，多产生放射状地裂缝；近似直立圆柱体盐丘的边缘常形成弧状或者环状的地裂缝；顶部低凹的盐丘，形成同心状地裂缝； (2) 盐丘地裂缝平面范围一般限制在盐丘范围内，盐丘直径一般在数公里之内
			干旱地裂缝	(1) 主要在土层的表层，切割深度一般在 1m 左右，个别也有深达 4～5m 的情况； (2) 一般规模小、不规则，没有明显的方向性和组合关系，常表现为龟裂形式； (3) 只见于松散沉积物内，裂缝两侧没有明显的相对位移，裂缝呈楔形，宽度随深度和沉积层的湿度增大而减小，至含水层即消失； (4) 在松散沉积物中，裂缝也只发生在地势较高的低丘和波状平原高处的脊部和前缘，而不在接近地下面的低洼地带出现； (5) 出露范围小，仅 1 至几平方千米
		自然重力作用	岩溶塌陷地裂缝	(1) 地裂缝与局部塌陷经常同时突然发生； (2) 与原岩构造有关，分布有一定规律； (3) 裂缝的宽度和深度较大；其两侧常见大幅度的垂直位移，而水平位移极少见； (4) 局限于易溶岩分布地区； (5) 裂缝形态为弧形、直线形、封闭圆形或同心圆形，裂面倾角陡，一般在 70°～80°左右

续表

类型	主导原因	动力类型	种别	地 裂 缝 特 征
非构造地裂缝	人类活动作用	次生重力或动荷载	滑坡地裂缝	(1) 在滑坡的孕育和滑移过程中，一般沿着山坡等高线开裂或呈弧形开裂； (2) 裂缝走向与其在滑体上所处的部位有关，一般地，滑体前后缘的裂缝基本平行于滑动方向，中部的裂缝垂直于滑动方向，两侧的裂缝与滑动方向斜交；其中垂直于滑动方向的裂缝最常见； (3) 裂缝两侧有明显的垂直位移，垂直于滑动方向的裂缝，常将滑坡切成阶梯状； (4) 因滑坡往往是缓慢地、间歇性地移动，故其地裂缝通常是反复多次形成
			地震次生地裂缝	(1) 多呈树枝状，少数为管状、蘑菇状、袋状；线型裂缝连续性好，且边界齐整； (2) 常以垂直错动为主，兼有水平错动； (3) 多呈张性； (4) 规模和分布面积与地震大小有关，分布面积可达几万平方千米； (5) 裂缝一般出现在地震烈度Ⅵ度以上的地区
			人工洞室塌陷地裂缝	(1) 规模受人工洞室规模和洞室上覆岩土厚度及性质等控制； (2) 规模大小不等，一般长达十几米至几十米，最长可达几百米；一般宽度在1m以内； (3) 几何形态有直线状、折状、弧状、分叉状

1. 地裂缝成因分类

(1) 内营力作用形成地裂缝，如地震、火山、区域新构造活动等引发地裂缝。

(2) 外营力作用形成地裂缝，如膨胀土作用、黄土湿陷作用、矿山采空区下沉塌陷作用、隐伏岩溶地面塌陷作用、冻融作用及泥火山作用、干旱作用、盐丘作用以及过量抽取地下水、石油和天然气等（与区域地面沉降伴生）。

(3) 内、外营力综合作用形成地裂缝。

2. 地裂缝活动强度分类（根据西安市的资料）

(1) 弱活动型（活动速率小于2mm/a）。

(2) 中等活动型（活动速率为2～20mm/a）。

(3) 强活动型（活动速率为20～80mm/a）。

(4) 超强活动型（活动速率大于80mm/a）。

3. 地裂缝活动方式分类

(1) 垂直升降的地裂缝。

(2) 水平拉张的地裂缝。

(3) 水平扭动的地裂缝。

4. 地裂缝活动范围分类

(1) 活动范围呈线状分布。

(2) 活动范围呈片状分布（按比较连续或相关的分布范围），可细分为：①小范围（小于$1km^2$）；②中等范围（$1～10km^2$）；③大范围（$10～100km^2$）；④超大范围（大于$100km^2$）。

4.2.1.3 地裂缝分布

我国地裂缝分布相当广泛，但主要分布在华北及附近地区。王景明等认为，中国地裂缝主要是断裂构造蠕变活动而产生的构造地裂缝。断裂蠕变地裂缝的分布十分广泛，在华北和长江中下游地区尤为发育。汾渭盆地、太行山东麓平原和大别山东北麓平原形成了 3 个规模巨大的地裂缝发育地带。此外，在豫东、苏北以及鲁中南等地区，还有一些规模较小的地裂缝发育带。

4.2.1.4　地裂缝形成机理

现代地裂缝研究始于 20 世纪 20 年代的美国。由于美国的现代地裂缝主要集中发育于新构造活动比较明显、地下水长期超采并导致明显的地面沉降的构造盆地和构造谷地范围内，因此，目前关于地裂缝的成因集中形成了 3 种不同的观点，即构造成因观、地下水开采成因观和综合成因观。

1. 构造地裂缝

构造地裂缝是在构造运动和外动力地质作用（自然和人为）共同作用的结果。前者是地裂缝形成的前提条件，决定了地裂缝活动性质和展布特征，后者是诱发因素，影响着地裂缝发生的时间、地段和发育程度。从构造地裂缝所处的性质环境来看，构造地裂缝大都形成于隐伏活动断裂带之上。断裂两盘发生差异活动导致地面拉张变形，或者因活动断裂走滑、倾滑诱发地震影响等均可在地表产生地裂缝。更多情况是在广大地区发生缓慢的构造应力积累而使断裂发生蠕变活动形成地裂缝。这种地裂缝分布广、规模大，危害最严重。

构造成因观点最早由 Leonard（1929）提出。他从地震角度分析了 1927 年 9 月 12 日出现于亚利桑那州 Picacho 城附近的地裂缝及相距 13km 的 EiTiroMine 地面异常破裂的成因。认为是 1927 年 9 月 11 日发生于亚利桑那州东南部 Tucso 城附近的地震活动导致了岩层破裂，并使已具破裂面的岩层重新复活。大多数研究者认为构造因素对地裂缝的影响表现为控制性，并不排除其他因素对地裂形成发展的间接影响。

区域应力场的改变使土层中构造节理开启也可发展为地裂缝。1966 年邢台地震后，华北平原在区域应力调整过程中出现了大范围的地裂缝灾害，并于 1968 年达到高潮。

构造地裂缝形成发育的外部因素主要有两个方面：一是大气降水加剧裂缝发展；二是人为活动，因过度抽水或灌溉水渗入等都会加剧地裂缝的发展。西安地裂缝就是城市过量抽取地下水产生地面沉降，从而加剧了地裂缝的发展。陕西泾阳地裂缝，则是因农田灌水渗入和降雨同时作用而诱发的地裂缝。

2. 地下水开采成因

地下水开采成因观在地裂缝研究早期即被大多数研究者所接受，多名学者先后提出了不同的地下水成因机理：①渗透变形机理；②土层失水收缩变形机理；③渗透应力拖拽作用机理；④差异压密变形机理；⑤刚性折裂机理。

（1）渗透变形机理。Feth（1951）研究了亚利桑那州中南部 1949 年出现的地裂缝，认为由于含水层局部厚度变化引起不均匀沉降，从而产生拉应力，导致了地裂缝的产生，如图 4.35 所示。

（2）土层失水收缩变形机理。Schumann 等于 1970 年对渗透变形机理进行了更深入的研究，认为基岩表面形态的突变或具压缩性土层厚度分布的明显差异，导致松散土层的差异压密沉降。在地表压密沉降差异最大的部位形成拉张应力集中，进而产生开裂变形。

（3）渗透应力拖拽作用机理。Fletcher 等（1954）和 Lofgren 等（1969）认为在降落

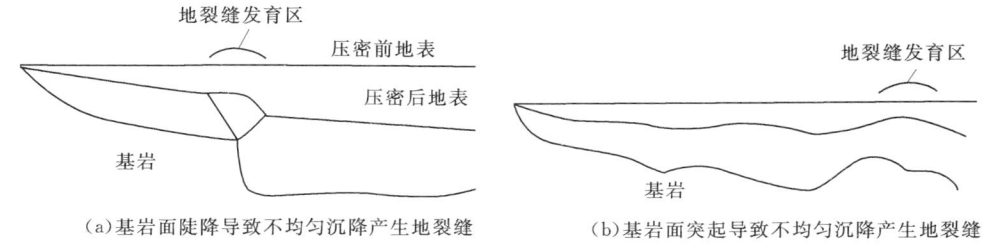

图 4.35 不均匀沉降产生地裂缝

漏斗形成后,地下水渗透速度提高。其形成的动水压力对土层产生潜蚀作用并逐步发展至管涌,使土层结构松弛,引起上覆土层拉张应力集中并在地表发生张裂变形。

(4) 差异压密变形机理。Neal 等 (1968)、Holzer 和 Davis (1976) 研究了地裂缝与地下水水位及地裂缝发育区水位下降与排水的关系,认为由于水位下降引起上部土层失水后在水平方向发生收缩,是地裂缝产生的主要原因。Narasimhan (1979) 对这一观点表示赞同,他所做的模拟试验结果表明,含水层疏干会导致其产生明显的体应变,并引起土层在水平方向的收缩变形。

(5) 刚性折裂机理。Bouwer (1977) 提出刚性折裂机理。他认为随着地下水位的下降,松散土层不断固结变形,与下伏土层的固结变形量相比,地表土层的变形微不足道。因此,在地面沉降过程中将整体产生刚性翻转,从而在沉降盆地边缘产生折裂。

3. 构造与地下水开采复合成因

自 20 世纪 70 年代末以来,Holzer 等人通过对亚利桑那州中南部构造盆地地裂缝的活动性、地质环境资料及地面沉降观测资料综合分析认为,该区域构造活动与地下水开采是影响地裂缝发育及活动的两个主要因素。为了量化评价构造活动与地面沉降对地裂缝活动性的影响,Holzer 等将地裂缝的形变分为错断 (fault) 和开裂 (fissure) 两种形式。错断主要产生平行裂面的位移;而开裂主要表现为垂直裂面的位移。构造活动对地表形变的影响主要表现为错断位移;而土层差异压密变形的影响则表现为开裂位移。Bell (1990) 根据 LasVegas 盆地的地质条件,分析了地裂缝的发育特点,认为地面沉降盆地内部呈放射状分布的地裂缝,是隐伏破裂面经渗透变形诱发而成,并对地裂缝的形成过程提出了不同的分析模式。Haneberg (1993) 在 Holzer 对地裂缝形变分类的基础上将地裂缝成因模式分成开裂模式 (openingmode)、剪裂模式 (shearingmode) 及撕裂模式 (tearingmode) 3 种类型。

从总体情况看,美国西南部几个构造盆地或构造谷地内地裂缝的分布有着相似的特征。地裂缝活动虽然与地面沉降表现有明显的联系,但主要地裂缝的展布明显受构造活动控制。随着研究的深入及大量长期观测资料的积累,人们在比较普遍接受地裂缝的构造及地下水开采复合成因观点的同时,也深深认识到地裂缝成因机理的多样性和复杂性。

东非地堑作为扩张板块边缘是地震活动带,具有正断层和走向滑动活动机制,是一个张性构造区。埃塞俄比亚地堑位于东非地堑北部,近年来,随着该地区经济建设的加速发展,地裂缝对居民区、耕地及交通线路的破坏日益严重。LaikeMariamAsfaw (1998) 对研究区地裂缝的范围进行了调查,从地质、地球物理及构造几方面对地裂缝的分布、产生和发展进行了调查研究,并将该区地裂缝与同期发生的地震资料进行分析,认为地裂缝的产生受构造和地震影响，人类生产活动加剧了地裂缝的发展。

4.2.1.5 地裂缝灾害

地裂缝是现代地表破坏的一种形式，其本质与裂隙差不多，但规模比裂隙壮观，形成的时间比较短暂。地裂缝从 20 世纪中期以来，发生频率及规模逐年加剧，已成为一种区域性的主要地质灾害。

地裂缝在形成和扩展过程中对原有地形地貌的改造，对地下水补、径、排条件的影响及对土层天然结果的破坏作用，均会引发一系列如潜蚀、湿陷、地面沉降或塌陷等次生地质灾害，而这些灾害又对地裂缝的活动性产生激发作用，从而形成一种恶性循环。

地裂缝活动使其周围一定范围内的地质体内产生形变场和应力场，进而通过地基和基础作用于建筑物。由于地裂缝两侧出现的相对沉降差以及水平方向的拉张和错动，可使地表设施发生结构性破坏或造成建筑物地基的失稳。地裂缝穿越厂房民居、横切地下洞室、路基，造成市内建筑物开裂、道路变形、管道破坏，严重危及城市建设与人民生活。地裂缝主要危害是造成房屋开裂、地面设施破坏和农田漏水。

地裂缝活动使其周围一定范围内的地质体内产生形变场和应力场，进而通过地基和基础作用于建筑物。由于地裂缝两侧出现的相对沉降差以及水平方向的拉张和错动，可使地表设施发生结构性破坏或造成建筑物地基的失稳。

4.2.1.6 地裂缝灾害分布特征

地裂缝的特征决定了地裂缝灾害具有以下特点：

（1）成带性。这是地裂缝灾害分布最主要的特征，沿地裂缝走向，在建筑物上具有明显的带状分布，追随于地裂缝带，在一定宽度范围内灾害具有在不同类型建筑物上连续显示的特点。

（2）灾害的不可抗拒性。灾害调查证明，凡地裂缝通过的地方，建筑物无论新旧、材料结构类型如何，最终均被破坏，无一幸免；位于地裂缝带上的建筑物无论怎么加固，都抗拒不了地裂缝的破坏。

（3）方向性。地裂缝带内建筑物开裂、变形形态和发育趋势均具有方向性。

1）地裂缝引起建筑物开裂的顺序通常是自下而上发展，标志着地裂缝对建筑物的影响是由下传递的。

2）建筑物开裂形态与地裂缝倾向及活动方式有关。

（4）周期性。地裂缝活动具有周期性，如河南构造地裂缝的活动周期与太阳黑子活动周期一致，而且发生在谷年附近。对大同地裂缝短周期观察发现，一年之内，每逢枯水期，地裂缝活动速率明显，增加 4～5 倍。

4.2.2 地裂缝调查、评价和防治

4.2.2.1 地裂缝的调查

1. 资料搜集

搜集区域地貌资料、第四纪地质及新构造运动资料、区域活动断裂资料、区域地震资料、区域地球物理资料、遥感图像资料、区域水文地质资料、区域岩土工程地质条件资

料、历史上有关地裂缝记载资料,以及前人所做的地裂缝研究资料和市政设施、市政规划资料。根据已掌握的地裂缝的初步资料,全面分析工作区的地质环境条件、人类社会活动的方式、历史和规模及其对地质环境的影响程度。初步研究地裂缝与区域地质作用及人为作用的关系。

2. 遥感解译

(1) 根据搜集的不同波段、不同时相的航卫片资料,进行必要的图像处理、合成和解译。解译内容包括地裂缝发育区的地形地貌、第四纪沉积物分布、地质构造特征、地表水文特征和地裂缝特征等,分析地裂缝与上述各因素的关系。用不同时段的图像对比分析地裂缝的发育过程。

(2) 由于地裂缝是线状的,以选用大比例尺的航片为宜,并注意应用立体放大镜观测。单片解译的重要内容和界线,应采用转绘仪转绘到相应比例尺地形图上,一般内容采用图像对比分析地裂缝的发育过程。

(3) 应提交与测绘比例尺相应的地裂缝地质解译图件、解译卡片和文字说明及典型图片资料。

应该注意的是,遥感解译结果应进行野外验证。

3. 现场调查访问

(1) 要耐心、细致地调查地裂缝对地面建筑的破坏形式、破坏程度和破坏过程;地裂缝对市政工程如自来水管道、地下水管道、天然气管道、煤气管道、地下电缆和人防工程等的破坏情况;地裂缝发育区域有无伴生的其他地质灾害,如地震、地面沉降等。

(2) 向当地居民或相关工程的管理部门访问地裂缝的发育过程,特别要注重对老年人的访问。访问地裂缝发育的时间、裂开过程(有无张开后又闭合)、变化特征和其他现象,如地裂缝裂开时有无地震、地声、地气或地光等。要注意记录被采访人的姓名、性别、年龄、地址和访问时间等。

(3) 注意调查访问地裂缝发生发展过程中相关因素的变化,如温度、湿度、降雨量、农田灌溉、集中抽取地下水和区域地震活动历史等。

4. 地质测绘

(1) 应根据比例尺,按照地质调查的要求,在图幅面积 $1cm^2$ 的范围内有一个控制点。

(2) 地质测绘内容如下:

1) 第四纪地层时代划分,第四纪沉积物成分、结构及成因类型划分,下伏基岩的岩性、结构和成因时代,地貌及微地貌单元划分及边界特点,新构造运动特征,断裂构造分布和区域地表水、地下水特征等。

2) 地裂缝自身的特征,如平面分布、剖面特征,地裂缝对地表地下建筑物的破坏特点,地裂缝与同地区其他地质灾害如山体崩塌、滑坡或地面沉降的关系。

3) 地裂缝发育区人类社会工程经济活动(如抽取地下水、农田灌溉和地下采矿等)的方式、规模、强度和持续时间。

(3) 调查方法:

1) 根据勘查精度要求,进行定点填绘,特别重要或复杂的地点应适当加密。可以划分为地貌点、构造点、水文点、工程点和地裂缝点等若干类,分别在图标上标识。每一个点的内容都应用地质卡片详细描述，必要时配以草图，为室内分析、数据化和备查等准备资料。

2）尽可能定量或半定量地测量出每个调查点的数据，可用卷尺、罗盘或经纬仪等，配合测量得到比较准确的资料。

3）对曲型剖面要做出素描图，进行照相，有条件时进行录像。

4）在地质调查过程中，反复对比研究，确定出物理化学勘探浅井和钻探的最佳剖面线或典型地点，如测绘物探剖面位置、测绘监测点、监测台站及监测剖面位置等。

5. 地球物理化学勘探

物化探技术一般作为一种辅助手段使用。针对地裂缝点多、面广且具有较大的隐蔽性的特点，地裂缝勘查应充分重视物化探方法的应用。物化探技术用于研究地裂缝深部特征、第四纪沉积物成分、结构特征、基底构造特征及区域水文地质特征等。

物化探应与地质测绘、槽探、钻探密切结合，以保证工作精度，节约工作量。应根据工作目标、工作区的地质、地形地貌条件和干扰因素等，因地制宜地选择确定物化探方法。

6. 山地工程

（1）槽探。揭示地裂缝空间展布特征、地裂缝与下部断层的关系及地裂缝所处的第四纪地层特征。槽探剖面应垂直于地裂缝走向。槽探是地裂缝研究的主要手段，应有一定的密度，可考虑沿主要地裂缝100m间距内布置一个。

测量的探槽两壁，要求布设20cm×20cm的纵横网格线。测量每条地裂缝在不同深度的产状及三维位移量，作出1：100或更大比例尺的素描图。将各种数据详细列表记录，并进行照相或录像。

描述周围地貌、第四纪地层特征，描述周围的环境特征。

取年龄测试样及土工测试样，分析形成时代。注意槽探剖面与物探剖面相结合，尽量使两者位置一致，以便对比分析。

（2）浅井或竖井。对于问题复杂且典型的地点，应布置浅井或竖井，其深度应达下部断层，即裂缝消失而断层产生、位移稳定的地方。

7. 钻探

（1）在地裂缝研究中，钻探主要用于第四纪地质条件、水文地质条件及工程地质条件的研究。第四纪松散沉积物是地裂缝发育的物质基础，而钻探是揭示松散沉积物特征的有效方法，也是揭示沉积物透水性、含水性及流变性等控制地裂缝发育因素的有效途径；其次是揭示断裂活动性状，弄清断裂两盘的位移、断裂带的宽度及构造破碎岩特征。

（2）钻探剖面线的布置应尽量做到与槽探、物探剖面线相一致，以便相互印证。由于钻探消耗的人力、物力较大，在布孔和确定钻探深度时应论证。

（3）施工中做好岩心编录，特别注意观察沉积物的孔隙发育情况。

（4）采集必要的第四纪测龄、气候分析样品，采集测试弹性模量、剪切模量、泊松比等力学性质指标的样品。

（5）室内整理资料，编制1：100比例尺的钻孔柱状剖面图并附地质描述。若有多个钻孔，则应编制钻孔联合剖面图。

4.2.2.2 地裂缝危害性评价

1. 破坏损失调查与统计

（1）主要是调查地裂缝造成的直接经济损失，应做到及时、准确地调查，并全面调查地面建筑、地下建筑、道路等的破坏损失。

（2）调查事项包括受灾建筑物地理坐标、地点、所有单位、致灾地裂缝编号、名称、破坏程度评述、直接经济损失估算、间接经济损失评述、调查人、调查时间。以表格的形式表示。

（3）破坏损失统计。调查统计受灾害建筑物数量，包括地面建筑［分楼房（幢）、平房（座）、车间（座）、围墙（堵）、地下建筑（分管道、人防工事）］和道路。调查统计受灾建筑物破坏程度，分建筑物类型、破坏程度（严重、中等、轻微）。统计地裂缝造成的直接经济损失（万元）。

2. 地裂缝场地的工程地质评价

地裂缝场地是指地裂缝带及其相邻地段作为建筑物地基和城市各类工程设施利用的土地空间，具有以下工程地质特点：

（1）地裂缝场地工程地质指标变异。土的孔隙比、湿陷系数、压缩系数、孔隙度增大，土的含水量、液限、塑限、塑性指数降低，且地裂缝上盘变异带的宽度大于下盘。

（2）地裂缝场地土体动参数变异。土体波速变低，阻尼比增高。

（3）地裂缝场地土体渗透性显著增加，其中主裂缝带增加最明显。

（4）地裂缝场地土体的物理化学性质变异。经甚低频电磁仪、测氧仪、α卡等测试，测量指标在地裂缝带有明显异常显示。

（5）地裂缝场地人工地震异常波谱效应。沿地裂缝带瞬时振幅明显减弱或断错，或上下错动。

3. 评价

在弄清了地裂缝的成灾特点以后，就可以对地裂缝场地进行正确的工程地质评价，从而达到既减轻地裂缝灾害的损失，又能合理利用地裂缝场地的目标。

（1）评价原则。研究表明，地裂缝受控于现今地壳活动和构造破裂系统，其活动强度又受开采地下水活动的影响。所以地裂缝场地工程地质条件的优劣受多种因素的制约，对其评价应遵循下列原则：

1）地裂缝场地评价应紧密结合土地利用，以不同工程种类为对象，以工程与地裂缝配置关系为前提，做到合理利用地裂缝场地。

2）场地地裂缝危害评价既着眼于直接危害，又考虑间接危害；既重视现今，又重视未来；既重视地表土体，又考虑地下；既重视静态效应，又重视动态效应。

3）坚持宏观与微观、定性与定量相结合的原则。

4）地裂缝场地工程地质条件是一个由多因子构成的地质环境系统，采用综合评价方法。

（2）评价内容。在上述原则的指导下，选择以下主要评价内容：

1）地裂缝的空间展布特征、成因类型和规模。

2）地裂缝活动特点及其时空规律性。

3）地裂缝场地土体结构及其力学特征。

4）地裂缝与活动断层的双重构造作用。

5）地裂缝灾害的作用强度特点及其规律。
6）地裂缝与开采地下水产生的附加作用的关系。
7）地裂缝场地不同类型建筑工程的适应性。

4.2.2.3 地裂缝防治措施

地裂缝灾害多数发生在由主要地裂缝所组成的地裂缝带内，裂缝灾害具有衡生性，跨越地裂缝的建筑无一幸免地会遭受破坏，因此防止地裂缝破坏和减轻地裂缝灾害最根本的措施是坚持"避让为主"的原则。减灾防灾对策主要分两个方面，一是对已有建筑的减灾防灾，二是对规划拟建建筑的减灾防灾。地裂缝带上的建筑物程度不同地都遭受到破坏和变形，如不采取有效措施，局部的损坏会危及整体。因此，应认真研究地裂缝造成建筑物破坏的规律性，提出有效的治理对策。

1. 控制人为因素的诱发作用

对于非构造地裂缝，可以针对其发生的原因，采取各种措施来防止和减少地裂缝的发生。例如，采取工程措施防止发生崩塌、滑坡，通过补给地下水防止和减轻地面沉降或地面塌陷等；对黄土湿陷裂缝，主要应防止降水和工业、生活用水的下渗和冲刷；在矿区井下开采时，根据实际情况，控制开采范围，增多、增大预留保护柱，防止矿井坍塌诱发地裂缝。

地下水超采是城市地裂缝活动的重要诱发因素，尤其是对水源地盲目的集中强化开采，导致地下水降落漏斗中心水位的降深过大，引起含水层组固结压缩的极度不均匀，在固结沉降区边缘形成较高的形变梯度，加大了地裂缝在地表的变形幅度。因此，要合理控制现有水源地开采强度，同时，考虑开辟新的水源地，以减缓地面沉降形变梯度，对降低地裂缝的活动性具有重要作用。

2. 建筑设施避让防灾措施

对于构造成因的地裂缝，因其规模大，影响范围广，在地裂缝发育地区进行开发建设时，首先应进行详细的工程地质勘察，调查研究区域构造和断层活动历史，对拟建场地查明地裂缝发育带及隐伏地裂缝的潜在危害区，做好城镇发展规划，合理规划建筑物布局，使工程设施尽可能避开地裂缝危险带。特别要限制永久性建筑设施横跨地裂缝，一般避让宽度不少于4～10m。

对已经建在地裂缝危害带内的工程设施，应根据具体情况采取加固措施。如横跨地裂缝的地下管道工程，可采用外廊隔离、内悬支座式管道，并配以活动软接头连接措施等预防地裂缝的破坏。对已遭受地裂缝严重破坏的工程设施，需进行局部拆除或全部拆除，防止对整体建筑或相邻建筑造成更大规模的破坏。

3. 适当的加固方法

对于地裂缝两侧的建筑，只要位于不安全带以外，局部的变形可采取加固的方法，如旋喷加固地基、钢筋混凝土梁加固上部结构等。

4. 部分拆除法

对横跨或斜跨地裂缝的建筑物，虽然采取加固措施暂时可以起到一定的作用，但最终还是避免不了遭受破坏。这种情况最有效的方法是尽早地拆除局部，保留整体，从而减轻地裂缝灾害损失。做到既能保证安全，又合乎最佳使用效益，拆除后保留部分可采用加固措施，以确保安全使用。

5. 地基土的特殊处理方法

(1) 断裂置换法。与许多物理过程一样，断裂的传播遵循费马原理（即能量最小原理），为了挽救坐落在其附近的建筑，可以在其近旁设置一条人工地裂缝，只要把原建筑进行一般性的加固，就可以使原来的地裂缝段成为不活动的"死地裂缝"，起到断裂置换作用，这种方法最适用于建筑物走向与地裂缝走向近于一致的情况。

(2) 局部浸水法。位于安全带内、靠近地裂缝的建筑物，除可能会产生破裂外，还会发生整体倾斜。故既要进行加固，还应警惕倾斜。但在黄土地区，利用黄土的湿稳定性及其下沉稳定较快的特点，可以进行有控制的局部浸水（必要时还可以加压），使下沉量较小的一边得到一个人工补偿下沉量，以便使整个基础达到均匀下沉的目的。

6. 地裂缝带规划建筑的防治措施

次不安全带和次安全带为有条件的适应性建筑区，特别是次不安全带内如果无法避让，需采取一些具体工程措施防止或减缓地裂缝对建筑物的危害。具体措施有以下几种：

(1) 加强地基的整体性。对于高防带内的框架结构，其地基要做成"井"字形交叉地基梁，构成封闭区的框架基础，即使靠近地裂缝带近侧的场地土体发生沉降，该基础和上部框架也可以靠强度形成悬壁式建筑。对于下盘上的建筑可考虑使用桩基（静压桩、藻注桩），因为桩的长度越长，则距地裂缝的距离越远。

(2) 加强建筑物上部结构刚度和强度，抵抗差异沉降产生的拉裂。

(3) 生命线工程的防灾对策。生命线工程是指城市或工业区维护生活及工业生产的煤气管道、天然气管道、饮用水管道、通信电缆、道路、桥梁等。由于这些工程呈网状分布，无法避免跨越地裂缝。可采取以下对策：

1) 管道工程。分地面管道和地下管道两种，对于一般管道工程，如上、下水管道，在地面上主要是防止管道与地表土体一体运动，一般做一些跨地裂缝的简单处理，如做预应力拱梁，管道置于拱顶或在管道底部铺高一定厚度的碎石垫层。其他管道可在地裂缝带挖设槽沟，在槽沟中设置活动式支座或收缩式接头，还可设置弹簧支座。管道接口要采用橡胶等柔性接头。对重要的管线工程，如供气、供油管道，除采取工程措施外，还应安装简易的观测装置，定期观测。

2) 道路工程。一般只要在裂缝及影响带内，改整体铺设为预制块体铺设，其下部铺碎石层即能保证道路的安全使用。对立交桥工程，可用设置伸缩缝、活动支座等方法减轻地裂缝活动的影响。对于铁路则应填平地表，调整道渣，防止积水。

7. 监测预测措施

通过地面勘查、地形变形测量、断层位移测量以及音频大地电场测量、高分辨率纵波反射测量等方法监测地裂缝活动情况，预测、预报地裂缝发展方向、速率及可能的危害范围，为地裂缝灾害的减灾防灾提供可靠的依据。

4.2.3 案例分析

西安是我国城市地裂缝灾害最严重、最典型的城市，自 20 世纪 50 年代后期，发现 1976 年唐山大地震后活动明显加强，特别是 1980 年以后，由于过量抽吸地下承压水导致的地裂缝两侧不均匀沉降进一步加剧了地裂缝的活动，地裂缝所经之处，地面及地下各类建筑物开裂，破坏路面，错断了地下供水、输气管道和建筑物，不但造成了较大的经济损失，而且给西安市居民生活带来不便。

4.2.3.1 西安地裂缝的现状

由于自然和人为等因素的作用和影响，自 20 世纪 50 年代后期以来，西安市区先后出现了 14 条地裂缝带，自北而南分别为：F_0—城北南寨地裂缝带；F_1—城北辛家庙地裂缝带；F_2—城北八府庄地裂缝带；F_3—城西劳动公园地裂缝带；F_4—城西南边家村（西北大学）地裂缝带；F_5—城南和平门外地裂缝带；F_6—草场坡（秦川厂）地裂缝带；F_7—小寨路（铁炉庙）地裂缝带；F_8—天雁塔地裂缝带；F_9—电视塔北陕师大地裂缝带；F_{10}—新开门至电视塔南地裂缝带；F_{11}—南寨子—新小寨地裂缝带；F_{12}—东三爻地裂缝带；F_{13}—曲江池地裂缝带（见图 4.36）。分布范围西至皂河，东到纺织城，南起三爻村，北至井上村，面积约 $155 km^2$。

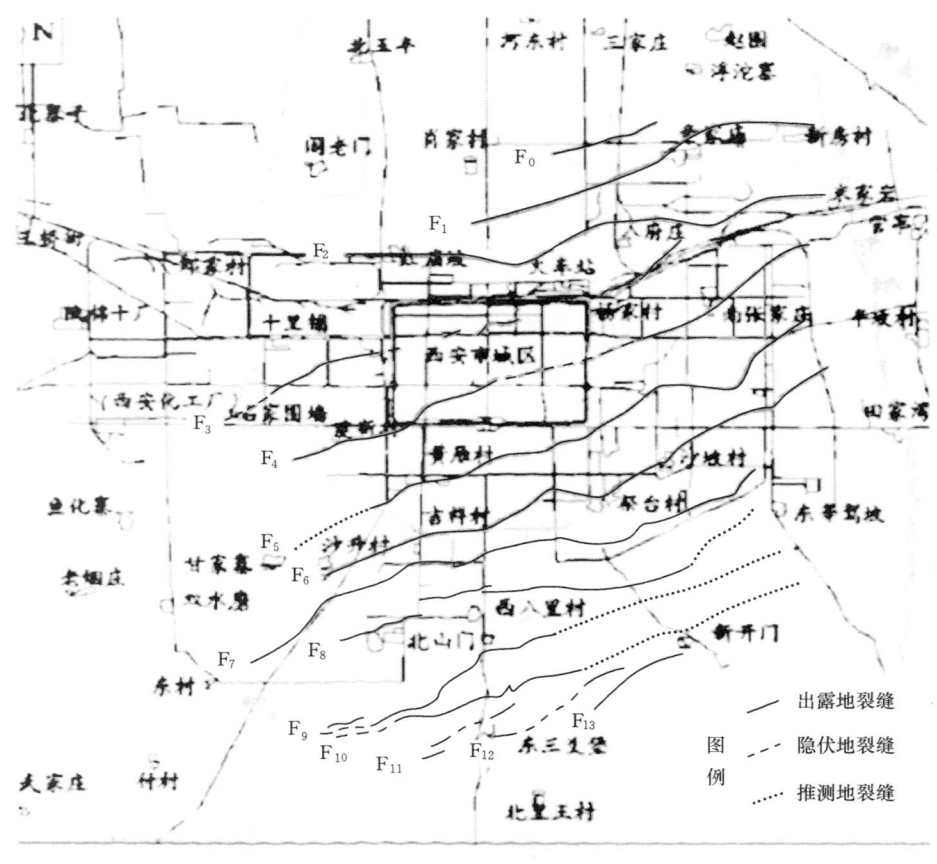

图 4.36 西安地裂缝平面分布

4.2.3.2 西安地裂缝的成因机制

西安地裂缝是一种独特的城市地质灾害，对于西安地裂缝的构造成因机制，许多学者先后从不同角度提出了概化模式，基本上一致认为地裂缝是由基底伸展断裂系在横向拉张应力场作用下形成,并同时叠加了地下水开采的影响。其中具有代表性的主要有以下几种。

1. 水成说

水成说是西安地裂缝成因的最早观点。这种成因说认为地裂缝是由于深部过量抽取地下水导致地面大面积沉降而引起的。在差异沉降陡变带上,由于两侧变形差大于岩土体的极限应变能力而产生了地表破裂。这一观点的事实依据是:①西安地裂缝主要分布在承压水下降漏斗和地面下沉区;②地裂缝活动的峰值期恰在地下水过量开采之后;③地裂缝活动的速度远远大于一般常见的断层活动速度。

易学发等(1984)着重于深井水位动态变化和地面不均匀沉降与地裂缝活动之间的时间关系,认为西安市超采地下承压水导致地面大幅度下沉是西安地裂缝产生和发展的主要原因。而局部地质构造条件对地裂缝的形成有一定的控制作用。王卫东等(1998)采用二维有限元法,通过建立二维稳态模型,对地裂缝活动速率与深井水位下降和地面不均匀沉降之间的对应关系进行了有限元数值模拟。

2. 构造说

该说认为西安地裂缝是西安地区构造在特定的地应力条件下产生活动的一种表现。对于西安地裂缝的构造成因机制,许多学者先后从不同角度提出了概化模式,基本上一致认为地裂缝是由基底伸展断裂系在横向拉张应力场作用下形成。其中最具代表性的是断块掀斜成因和构造重力扩展成因。

(1) 断块掀斜成因。根据张家明的观点,在 NNW 向区域引张应力作用下,以断块掀斜为主要活动形式的西安伸展断裂系活动构成了西安地裂缝形成和发展的本质。而 20 世纪 70 年代以来,地裂缝活动速率的加快和活动方式的周期性变化则主要与深层承压水过量开采有关,见图 4.37。

(2) 构造重力扩展成因。王兰生等(1989)认为西安地裂缝是在特定的地质背景及构造动力环境下,岩土介质体在引张应力及自身重力作用下,由于侧向临空或潜在临空,而导致浅层介质体的变形破裂,是一种浅生的时效破裂机制,是地质体在自身重力效应影响下的一种压扁伸展现象。即西安地裂缝的形成是因临潼—长安断层的拉张造成侧向卸荷临空所致。地幔隆起在盖层中造成拉张应力环境,促进了这类变形破裂的形成与发展,见图 4.38。

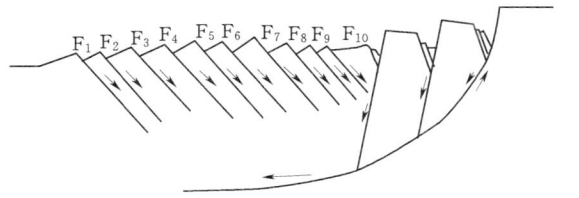

图 4.37 断块掀斜成因机制概念
模型(据张家明,1990)

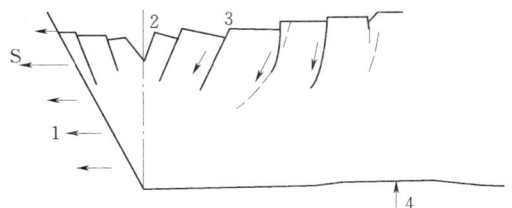

图 4.38 地裂缝构造重力扩展机制
概念模型(据王兰生,1990)
1—边界断裂的侧向扩展;2—中心"陷落带";
3—地块的掀斜;4—地幔上隆

(3) 综合说。综合说认为西安地裂缝的形成是以隐伏断裂构造的发育为基础,过量开采地下水为诱因共同作用的结果。但二者的作用不同,地裂缝是土层中的剪切破碎带在近地表处的扩展延伸,但其超常活动却是由于过量抽取地下水,使弱透水层(黏土层)压缩而改变土层中的应力状态所引起的。1992年,陕西地矿局认为地下水开采和构造活动是影响地裂缝形成发展的主要因素。但两者的作用不同,地裂缝的产生与构造活动具有本质的联系,地下水开采则强化了地裂缝的活动。王园、王沁等(1998)采用数据本构分析法对西安地裂缝进行研究,认为影响地裂缝活动的主要因素是过量抽汲地下水,其次是构造运动;地震对地裂缝活动的影响相对较小,三者比率约为55:30:15。

4.2.3.3 西安地裂缝的主要防治措施

地裂缝是西安城市的主要地质灾害,它的长期活动已给西安造成很大损失,对城市建设和规划带来了严重危害,根据西安地裂缝的活动特点,主要有以下防治对策。

1. 避让法

由于地裂缝活动对建筑物破坏的难以抵御性,保证新建的建筑物在有效使用期内的安全,目前地裂灾害的防治主要以避让为主。避让法的关键是确定合理的安全距离。安全避让距离确定的原则应既保证建筑物的安全,又能充分利用城市的土地。

2. 部分拆除和加固

横跨地裂缝上的建筑物,一般都出现了不同程度的破坏,如果不采取措施,局部的破坏也能危及整体建筑物的安全,但对这类建筑物单纯地采用加固的方法往往很难奏效。应采取拆除局部,保留整体的原则。

3. 城市生命线工程的防治措施

城市的供水、供气、交通等生命线工程是一个网络系统,不可能像建筑物那样采取避让和拆除的方法解除地裂的危害,一般对穿越地裂缝的管线,应改用抗变形能力强的铁管或钢管,在接头处采用柔性橡皮连接头等。另外,对于穿越地裂缝的桥梁、铁路等工程,对基础和地基进行特殊加固,提高建筑设计标准。

4. 控制或停止地下水承压水开采

西安地裂缝是多因素叠加的地质灾害,既有地质构造活动的作用,又有人为过量抽取地下承压水的影响。内力地质作用引起的地裂活动,人类目前尚难以控制。但西安地裂缝现今的强烈活动,除地质构造作用因素外,还在很大程度上受抽吸深层承压水引起的地面沉降的影响。据多年来对西安地裂缝的研究表明,西安地裂缝活动量70%~90%是由于抽取承压水引起的,所以,只要控制承压水开采,就能控制地面沉降和地裂缝强烈活动,减轻地裂缝对西安城市建设的危害。

任务4.3 地 面 沉 降

【任务背景】

地面沉降现象很早就为史书所记载,随着人类社会经济的发展、人口的膨胀,地面沉降现象越来越频繁,沉降面积也越来越大。在人口密集的城市,地面沉降现象尤为严重,长江三角洲地区是我们国家地面沉降的重灾区,其中苏、锡、常地区地面沉降主要发生在最近 30 年,中心城市区稍早,外围县市区稍晚,20 世纪 80 年代中期以前主要发生在 3 个中心城市及锡西地段,20 世纪 80 年代中期以后,随着地下水开采区的扩大和开采强度逐年骤增,地面沉降范围也迅速扩大至区域,发生程度也越来越严重化。从表 4.3 和图 4.39 中可以看出,2000 年累计沉降量大于 200mm 的区间面积约占苏、锡、常平原地区总面积的 1/2,而 500mm 等值线已圈合了 3 个中心城市,面积超过 1500km^2。经过多年的研究,苏、锡、常地区地面沉降涉及面广,全区皆为易发区,其发生在时空上与地下水开采密切相关。

表 4.3　　　　苏、锡、常地区地面沉降发展变化情况统计一览表
（据于军、王晓梅等,2006）

年　份	地面沉降漏斗面积/km^2		
	累计沉降量 200~600mm	累计沉降量 600~1000mm	累计沉降量 >1000mm
1986	282	62	6
1991	1358	220	28
1998	3888	898	351
2000	4345	989	440

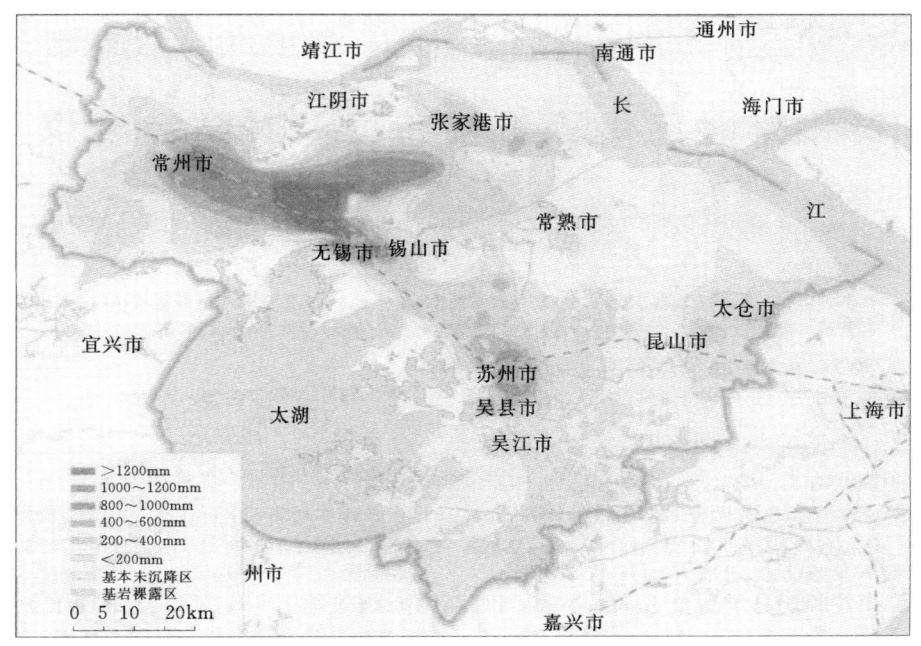

图 4.39　苏、锡、常地区 2000 年地面累计沉降量等值线图
（据于军、王晓梅等,2006）

4.3.1 认识地面沉降

地面沉降是自然因素或（和）人为因素作用下形成的地面标高损失。自然因素包括构造下沉、地震、火山活动、气候变化、地应力变化及土体自然固结等，因此，地面沉降应是地质历史时期普遍存在的现象。人为因素指开采地下流体资源（油、气、水），开采地下固体矿产（金属矿、煤、盐岩等）。现有文献资料表明，1891年墨西哥城最早记录地面沉降现象，但当时由于地面沉降量不大，危害也不明显，所以没有引起人们的重视，目前平均沉降量达到 0.3cm/a，最大累计沉降量超过 7.5m，有的地区甚至超过 15m。日本于 1898 年在新潟最早发生地面沉降，至 1958 年地面沉降速率达 530mm/a，1952～1956 年新潟是日本地面沉降最严重的地区。随后普遍发生在 20 世纪，尤其是其下半世纪。美国的地面沉降最早在加州萨克拉门托—圣卓阿金托 SanJoaquin 流域发现，到 1995 年，美国 50 个州均有发生（年均地面沉降控制成本估计为 4 亿美元）。我国最早于 1921 年在上海市区发现地面沉降现象，目前我国共有 70 个城市或地区（包括台湾地区）有地面沉降现象。联合国教科文组织（UNESCO）于 1964 年认识到地面沉降的严重性，因此，与国际水文科学协会已分别于 1969 年、1976 年、1984 年、1991 年和 1996 年在日本东京、美国阿纳海姆、意大利威尼斯、美国休斯敦和荷兰海牙共召开了 5 届国际地面沉降会议，2000 年 9 月在意大利拉韦纳（Ravenna）市举行第六届。我国分别于 1964 年、1980 年、1988 年、1990 年和 1998 年在上海和天津召开了 5 届全国性地面沉降学术讨论会。

地面沉降灾害在全球各地均有发生。由于工农业生产的发展、人口的剧增以及城市规模的扩大，大量抽取地下水引起了强烈的地面沉降，特别是在大型沉积盆地和沿海平原地区，地面沉降灾害更加严重。近年来，我国的地面沉降程度和范围还在进一步地加深和加大，随着我国经济近年来的大发展，也同时出现了一些新的地面沉降问题。

4.3.1.1 地面沉降原因

地面沉降成因主要包括开发利用地下流体资源（地下水、石油、天然气等）、开采固体矿产、岩溶塌陷、软土地区与工程建设有关的固结沉降等，此外还包括新构造运动、冻土融化等因素。

1. 开发利用地下流体资源

（1）地下水、卤水开采引起的地面沉降。在许多国家和地区由于抽取地下水引起地面沉降。在台湾地区由于抽取地下水引起的地面沉降总面积达 1890km²；美国加利福尼亚州 SanJoaquin 峡谷开采地下水产生了达 9m 的地面沉降。20 世纪 20 年代，上海、天津在市区集中开采地下水的地区发生地面沉降，到 20 世纪 60 年代两市地面沉降灾害已十分严重。部分城市因地下水开采引起的地面沉降见表 4.4。

（2）开发利用石油天然气资源。美国德克萨斯州等地由于碳氢化合物的开采诱发地面沉降；胜利油田开采区的平均沉降量为 10mm/a 左右，现河采油厂的耿家井附近 15a 下沉量为 378mm，平均沉降 25.2mm/a；20 世纪 80 年代中期大庆油田为了增加原油产量采取了注水采油的方法，从而产生区域性地面沉降，1978—1991 年期间累计地面沉降量达 1.5m。部分城市因油气资源开采引起的地面沉降见表 4.4。

表 4.4　　　　　　　　　　地下水、油气资源开采引起的地面沉降

国家及地区	沉降面积 /km²	最大沉降速率 /(cm/a)	最大沉降量 /m	主要原因
日本				
东京	1000	19.5	4.6	开采地下水
大阪	1635	16.3	2.8	
美国				
加州圣华金流域	9000	46.0	8.55	开采石油
德克萨斯州	10000	17	1.5	
墨西哥	7560	42.0	7.5	开采石油
意大利波河三角洲	800	30.0	>0.25	开采石油
中国				
上海		10.1	2.67	抽取地下水
天津	8000	21.6	1.76	

（3）开发利用地热资源。进入 20 世纪 90 年代以来，昆明市地下热水的开采规模扩大，1999 年达 22000m³/d 以上，累计开采量已超过 1 亿 m³。

2. 开采固体矿产

矿区采空塌陷分布在各矿区，以采煤塌陷最为突出。南斯拉夫联盟共和国吐斯拉城岩盐矿经过近 100 年的开采，盐水层水压力下降，地面最大沉降量达 10m；波兰最大铜矿莱格纳卡产生超越开采区的巨大沉降槽，地面最大沉降量达 0.8m；中国有 20 个省（自治区、直辖市）共发生采空塌陷 180 处以上，塌陷面积大于 1150km²，以黑龙江、山西、安徽、山东、河南等省最为严重。

3. 地表荷载引起地面沉降

由于城市规模扩大，高大建筑物不断增加，铁路、桥梁等交通设施及运输荷载的影响，地表荷载加重，也加速了地面的沉降。

4. 海平面变化

联合国政府间气候变化专门委员会（IPCC）在 1995 年评价报告中，认为全球海平面在过去 10a 间平均上升速率为 1.8mm/a（IPCC，1996）。据中国国家海洋局研究成果，1981—1990 年中国沿海海平面平均年上升速率为 1.4mm/a；自 1990 年以来，上升速率增至 2.1~2.3mm/a，海平面呈加速上升趋势。

意大利的 G. D. Donato 等提出当今相对平均海平面的垂向变化速率是构造变化速率、沉积物自重沉降速率、土层压密速率、冰后期海面回弹速率及人为沉降速率的总和，并通

过模型模拟研究了前 4 种自然因素引起的海平面变化。构造因素引起波河平原的长期沉降速率达 2mm/a，占所有自然因素的 50%，沉积物自重和压密沉降分别占 30% 和 20%。文中估计的威尼斯海平面上升速率从 1.2mm/a 转变为 0.8mm/a。

5. 地壳活动

地壳活动包括火山喷发、地震、断裂构造影响等。1995 年，日本神户地震引起砂土液化，导致地面严重沉降，最大沉降量达 4.7m。意大利波河平原构造因素引起的地面沉降速率为 2mm/a。

6. 自然作用

自然作用包括土层自重固结、有机质氧化等。1927—1939 年意大利旁德拿平原地面沉降速率达 50mm/a；1958—1994 年，平均沉降速率为 30mm/a。地面沉降范围与泥炭沉积层分布一致，该地区地面沉降主要与泥炭层生物氧化、土层自重固结和人为排水固结等有关。意大利的 C. Cherubini 等通过对锡巴里斯 Sybaris 平原进行的地质调查，说明了过去 2500 年以来 Syharis 古城以及其上希腊城和罗马城严重沉降的地质环境，即地质结构、地质气候和岩土工程环境。发现古 Sybaris 地面大约在现代平均海平面之下 2.5m 处。地面沉降的地质环境则主要是有埋深 35～40m 侧向不连续的高压缩性黏性土，这一层土有时甚至是泥炭，其大幅沉降导致居住断层。

4.3.1.2 地面沉降模式

地面沉降属缓变型地质灾害。据初步统计，我国已有 21 个省（自治区、直辖市）的 96 个城市或地区发现地面沉降，沉降面积超过 6.4 万 km²，尤以东部沿海地区和华北平原最为严重，有的已形成大面积的地面沉降区（带）。目前主要有以上海为代表的长江三角洲，以天津为代表的华北平原，以西安为代表的汾渭地堑，以及东南沿海和台湾地区等。按发生地面沉降的地质环境可分为 3 种模式：

（1）现代冲积平原模式。如我国的几大平原。

（2）三角洲平原模式。尤其是在现代冲积三角洲平原地区，如长江三角洲就属于这种类型。常州、无锡、苏州、嘉兴、萧山的地面沉降均发生在这种地质环境中。

（3）断陷盆地模式。它又可分为近海式和内陆式两类。近海式指滨海平原，如宁波；而内陆式则为湖冲积平原，如西安市、大同市的地面沉降可作为代表。

4.3.1.3 地面沉降机理

由于地面沉降的影响巨大，因此早就引起了各国政府和研究人员的密切注意。早期研究者提出一些不同的观点，如新构造运动说、地层收缩说、自然压缩说、地面动静荷载说、区域性海平面上升说等。大量的研究证明，过量开采地下水是地面沉降的外部原因，中等、高压缩性黏土层和承压含水层的存在则是地面沉降的内因。因而多数人认为，沉降是由于过量开采地下水、石油和天然气、卤水以及高大建筑物的超量荷载引起的。通常所说的地面沉降主要是人类工程活动引发的或诱发的一定范围内对已有建筑和构筑破坏严重，甚至危及人民生命和财产安全，恶化城市建筑环境的地面沉陷。具有典型性的几种地面沉降成因有过量抽取地下流体（如地下水、石油、天然气）、不合理地开采固体矿产、地震液化（振动液化）、深大基坑工程。分析这几种具有代表性地面沉降类型的机理，是进行地面沉降预测,采取有效治理措施和防御系统的依据。

1. 过量开采地下流体

引发地面沉降的地下流体主要有地下水、石油、天然气等。

根据土的固结理论可知,土中由覆盖层荷载引起的总应力,由土的孔隙水和土颗粒骨架共同承担,其中,由水承担的部分称为孔隙水压力(p_W),它不能引起土层压密,故又称中性压力。由土颗粒承担的部分,则能直接造成土层压密,故又称为有效压力(p_S)。二者总和等于总应力(p),即 $p = p_S + p_W$。

从孔隙承压含水层中抽汲地下流体,将引起水位下降,并不会使含水层本身和上、下相对隔水层的总应力变化,但会引起孔隙水压力(p_W)逐渐减少,导致应力转移,使土中有效应力(p_S)的等量缓慢增加,结果就会引起黏土层产生次生固结压密,沉降呈滞后式发展。同时,含水层也会发生相应的变形,主要是水位降低,减少了水向上的付托力,使其上部附加应力将含水层压密变形,但这种含水层变形在时间上没有滞后性,并可随地下水位的重新抬高而回弹。由于上覆黏土层的固结变形和含水层的压密变形叠加,造成累进性应力转移,随着地下水位下降漏斗的持续扩大,造成了以抽汲井为中心的地面沉降不断发展。

超采地下水是许多城市地面沉降的主要原因。虽然超采地下水引起的地面沉降的机理相同,但不同的地区由于其地层概况、地形地貌、土的性质以及地下水的存储和开采情况不同,其地面沉降也反映出不同的特征。例如,西安地区基底分属华北和秦岭两大地层区,渭河断裂为其分界线,地表广泛分布着全新世和晚更新世黄土和黄土状土。西安的地面沉降是长期过量抽取地下水和区域构造运动共同作用的结果,并且西安的地面沉降和本地区的另一种地质灾害——地裂缝的作用相互影响,加大了研究和治理工作的难度。而在上海地区造成地面沉降的原因除了超采地下水还有动荷载和建筑荷载。

2. 不合理地开采地下固体矿产

矿层开采后,由于岩体内部形成了一个空洞,其周围的应力平衡状态受到破坏。矿物采出后洞壁和支撑柱所受压力急剧增大,产生压缩变形。由应力—应变关系($\sigma = \varepsilon E$)可计算出压缩变形量。当采空区面积较大时支撑柱的压缩变形必然导致上覆岩土体在重力作用下产生沉降变形,在地表显现为地面沉降。当支撑柱数量不足,围岩体强度不足以抵抗上覆岩体重力时,顶板岩层内部产生的拉张应力超过岩层抗拉强度极限,采空区顶板在应力作用下变形、破裂、冒落,还将引起地面塌陷。山西是我国的产煤大省,由采矿引起的地质灾害也非常严重。据统计,目前山西省各类矿山采空区已达 2 万 km^2,以全省 15 万 km^2 的土地面积计算,全省超过 1/7 的地面已经悬空。地质灾害分布面积达 6 万 km^2,采煤造成地表沉陷甚至塌陷 1842 处。另外,有些固体矿的开采必须要排出大量地下水,其引起地面沉降的机理同开采地下水引起的地面沉降。

3. 地震液化(振动液化)

处于地下水位以下的饱和砂土和粉土在地震时容易发生液化现象。振动前处于疏松状态的土颗粒比紧密排列时的势能高。在振动加速度的反复荷载作用下,必然逐步加密,以期最终达到最稳定的紧密状态。如果场地土处于饱和且土的渗透性不良、排水不畅,地震时土颗粒振动变密需要排水但水排不出去孔隙水压力急剧上升产生超孔隙水压力。

饱和砂土的抗剪强度为

$$\tau=(\sigma_n-\mu)\tan\varphi=\sigma'\tan\varphi \tag{4.1}$$

式中　μ——孔隙水压力，kPa；
　　　σ'——有效应力，kPa；
　　　φ——土的内摩擦角，(°)。

设振动前的孔隙水压力为 μ，振动中产生的超孔隙水压力为 $\Delta\mu$，则振动前砂的抗剪强度为

$$\tau=(\sigma-\mu)\tan\varphi \tag{4.2}$$

振动时，有

$$\tau=[\sigma-(\mu+\Delta\mu)]\tan\varphi \tag{4.3}$$

随着 $\Delta\mu$ 增大，当 $\mu+\Delta\mu=\sigma$ 时砂土的抗剪强度降为零，完全不能承受荷载达到液化状态。液化区下部水头比上部水头高，水向上涌并把土带到地面（即冒水喷砂）。随着水和砂土的不断涌出，地下掏空地面产生陷坑。区域性的砂土液化将会引发地面沉降。1995年日本神户地震引起的砂土液化导致人工岛地面严重沉降。在岛的外部边缘和中心地区可观察到大规模的地面沉降现象。陆上最大沉降量达到4.7mm。此外，地面沉降和泥浆水的喷发还诱发了洪灾。

4. 深大基坑工程施工

随着高层和超高层建筑的大量兴建，基坑工程项目越来越多，基坑开挖的深度由一般的5～10m，已逐步达到10～20m，目前已超过20m，随之带来的降水问题、基坑支护问题也日益突出，基坑周边的地面沉降问题也得到更多的关注。

基坑工程引起基坑周边区域发生程度不同的地面沉降，其主要因素是降水、打桩、基坑开挖引起的基坑边壁水平位移等。

井点降水引起土体的沉降受3个因素的影响：

（1）孔隙水压力消散。降水后，孔隙水压力降低，有效应力增加，土的孔隙比减小。

（2）动水压力作用。井点抽水后地下水位下降，水力坡度增大，相应的渗透压力也增大。当水的渗透压力与土的浮重的合力超过土颗粒间的摩擦力及黏聚力时，土颗粒就会被滞流带走或移动，表现为地基土沉降。

（3）井点的真空作用。井点降水的实质是真空-重力联合起作用，即在井点周围一定范围内形成真空，沿基坑方向造成一道真空影响帷幕（即低于大气压面），从而使土颗粒向负压方向移动并达到某种程度的挤密状态，也表现为地基土的沉降。另外，打桩振动对地基土也产生振密作用。

4.3.1.4　地面沉降的主要过程

（1）地面沉降缓慢期。一般发生在深层承压水超采初期，超采量较小，承压水的水位缓慢下降，地面沉降量和沉降范围较小，沉降速度一般在10mm/a以下，所引起的其他危害也不明显。

（2）地面沉降显著期。若地下水开采量继续扩大，承压水位下降速度加快，地面沉降

速率明显增大，一般不到 30mm/a，沉降范围迅速扩大，负面效应突显。

（3）地面沉降急剧期。随着地下水累计超采量的增大，将出现地面沉降的急剧发展，地面范围迅速扩大，沉降速度一般在 30mm/a 以上。沉降中心与边缘的沉降量相差较大，往往形成不均匀沉降。这个阶段地下水超采的负效应最强、危害最大。

（4）地面沉降延续期。地面沉降发展到一定阶段，引起社会和有关部门的注意，采取措施限制地下水的超采，并进行地下水的回灌。例如，上海、江苏、浙江、北京、天津、河北等省市自 20 世纪 60 年代以来先后采取了调控措施，削减了地下水开采量，使深层承压水水位趋于稳定，有的地区水位回升，沉降速率明显变缓。目前，上海、天津和江苏省南部基本上处于该阶段。

4.3.1.5 地面沉降分布地区

地面沉降成灾面积大且难以治理。初始阶段因每年沉降速度以 mm 计，不易被人们察觉，即使使用精密仪器也往往因量小而被忽略，等到大面积沉降趋势明朗化时已很难挽回。从成因上看，中国地面沉降绝大多数是因地下水超量开采所致。从地面沉降和沉降中心最大累计降深来看，以天津、上海、苏锡常、沧州、西安、阜阳、太原等城市较为严重，最大累计沉降量均在 1m 以上；如按最大沉降速率来衡量，天津（最大沉降速率 80mm/a）、安徽阜阳（60～110mm/a）和山西太原（114mm/a）等地的发展趋势最为严峻。中国地面沉降的地域分布具有明显的地带性，主要位于厚层松散堆积物分布地区。

（1）大型河流三角洲及沿海平原区。其主要是长江、黄河、海河及辽河下游平原和河口三角洲地区。这些地区的第四纪沉积层厚度大，固结程度差，颗粒细，层次多，压缩性强；地下水含水层多，补给径流条件差，开采时间长、强度大，城镇密集、人口多，工农业生产发达。这些地区的地面沉降首先从城市地下水开采中心开始形成沉降漏斗，进而向外围扩展，形成以城镇为中心的大面积沉降区。

（2）小型河流三角洲区。其主要分布在东南沿海地区，第四纪沉积厚度不大，以海陆交互相的黏土和砂层为主，压缩性相对较小。地下水开采主要集中于局部的富水地段。地面沉降范围比较小，主要集中于地下水降落漏斗中心附近。

（3）山前冲洪积扇及倾斜平原区。主要分布在燕山和太行山山前倾斜平原区，以北京、保定、邯郸、郑州及安阳等大、中城市最为严重。该区第四纪沉积层以冲积、洪积形成的砂层为主；区内城市人口众多，城镇密集，工农业生产集中；地下水开采强度大，地下水位下降幅度大。地面沉降主要发生在地下水集中开采区，沉降范围由开采范围决定。

（4）山间盆地和河流谷地区。主要集中在陕西省的渭河盆地及山西省的汾河谷地以及一些小型山间盆地内，如西安、咸阳、太原、运城、临汾等城市。第四纪沉积物沿河流两侧呈条带状分布，以冲积砂土、黏性土为主，厚度变化大；地下水补给、径流条件好；构造运动表现为强烈的持续断陷或下陷。地面沉降范围主要发生在地下水降落漏斗区。

4.3.1.6 地面沉降灾害

地面沉降所造成的破坏和影响是多方面的，其主要危害表现为地面标高损失，继而造成雨季地表积水，防泄洪能力下降；沿海城市低地面积扩大、海堤高度下降而引起海水倒灌；海港建筑物破坏，装卸能力降低；地面运输线和地下管线扭曲断裂；城市建筑物基础下沉脱空开裂；桥梁净空减小，影响通航；深井井管上升，城市供水及排水系统失效；农村低洼地区洪涝积水，使农作物减产等。地面沉降的基本危害包括以下几方面。

1. 洪涝灾害加剧

地面沉降长期发展，使沉降中心的地面高度明显降低，形成碟形洼地，改变了原始地表水径流条件，影响排涝和排水管网运行能力，若遇较大洪水，就积水难排，见图 4.40 和图 4.41。

图 4.40　河北平原地面沉降区　　　　　图 4.41　宁波地面沉降区常年积水

2. 铁路安全受到威胁

由于地面沉降造成铁路路基不均匀下沉，铁路安全受到威胁。如京沪铁路从沧州市沉降中心穿过，由于铁路路基下沉，在沧州市地面沉降中心地段，路基碎石垫层已加厚了 500mm，不仅造成经济损失，而且影响铁路安全运行。地面沉降的发展也给未来的高速铁路的建设和运营带来不利影响。

3. 地面高程资料大范围失效

地面沉降还导致观测和测量标志失效，地面高程资料是国民经济建设和发展的重要基础资料，在水文、地震、环保、地质、市政建设等行业广泛利用，且必不可少，而大范围的高程损失及其不均衡动态变化，给相关工作带来严重的影响和干扰，如使河流水位、海洋潮位、地形高程失真，给城市规划和建设造成困难，同时也加大了相关工作的经费投入。

4. 建筑物基础下沉、工程设施毁坏

地面沉降尤其是不均匀沉降及其引发的地裂缝，会造成铁路的路基沉降、桥梁裂缝、沥青路面开裂、地下管道错断、供水井井管上升、泵房报废等，特别是对标高要求严格的堤坝、水闸、桥梁、铁路、高架道路等基础设施标高一旦降低，将使得安全运营和维护成本增高，造成房屋开裂倒塌，甚至直接威胁到人的生命安全，见图 4.42 ~ 图 4.44。

图 4.42 2002 年 12 月 10 因地面不均匀沉降错断西安翠华南路 2m 粗的供水管道

图 4.43 2003 年 2 月 28 日因地面不均匀沉降错断西安子午路 2m 粗的供水管道

2010 年 4 月 9 日，广州金沙洲地陷现象加剧，导致源林花园、向南街等地房屋变形开裂，见图 4.44。专家组分析的结果是：周边工程施工排水降低了地下水位，是造成地面沉降的主要因素。

5. 导致地下水环境恶化

地面沉降所造成的地面标高下降和积水洼地的形成，严重影响着城市污水的排放，所造成的排污管道破坏也使污水溢出，这都会污染地下水。

在沿海地区，地面沉降还会造成海水入侵或海水倒灌，使地下水矿化度增高，并引起土壤盐渍化。部分内陆地区在地面沉降过程中，劣质地下水和许多有毒、有害元素污染的地下水会随着含水层的压密释水向淡水扩散，造成地下水水质变差。

6. 浅层地下水位相对变浅引起一系列环境问题

在滨海地区，地面沉降活动使陆地地面高程下降，海平面相对上升，海水入侵，浅层地下水位变浅，水质恶化，引起一系

图 4.44 地面沉降导致房屋产生裂隙

列环境问题。例如，沧州市区浅层水位埋深 2000 年 6 月与 1992 年同期相比，市区浅层水位埋深减小 1.5~2.0m，最浅处仅 0.6m。

（1）市区建筑物地基承载力下降，造成建筑物地基破坏。

（2）加快混凝土及金属管线的腐蚀，基础侵蚀增强。

（3）降低交通干线路基的强度，缩短了使用寿命。

(4) 影响城市绿化，树木成活率低下。

(5) 加大城市建设成本。

(6) 土地盐碱化，工农业生产用水紧张。

7. 滨海地区风暴潮及海岸侵蚀加重

在沿海地区，地面沉降会造成海平面相对上升，风暴潮灾害加重。沿海地区抵抗风暴潮的能力降低；在滨海地区，地面沉降活动使陆地地面高程下降，海平面相对上升，导致海水侵袭和风暴潮灾害加剧。与此同时，滨岸防潮堤不但大幅度沉降，且发生局部开裂，防御能力降低。风暴潮灾害也日益严重，不但潮位越来越高，而且高潮频次也不断增加，风暴潮造成的损失越来越大。

世界上有许多沿海城市，如日本的东京市、大阪市、新潟市，美国的长滩市，中国的上海市、天津市、台北市等，由于地面沉降致使部分地区地面标高降低，甚至低于海平面。这些城市经常遭受海水的侵袭，严重危害当地的生产和生活。为了防止海潮的威胁，不得不投入巨资加高地面或修筑防洪墙或护岸堤。地面沉降也使内陆平原城市或地区遭受洪水灾害的频次增多、危害程度加重。可以说，低洼地区洪涝灾害是地面沉降的主要致灾特征。无可否认，江汉盆地的沉降、洞庭湖盆地沉降和辽河盆地沉降加重了1998年中国的大洪灾。地面下沉使码头失去效用，港口货物装卸能力下降。美国的长滩市，因地面下沉而使港口码头报废。

4.3.2 地面沉降调查、评价与防治

4.3.2.1 地面沉降调查

地面沉降与其他地质灾害不同，调查评价工作应以收集资料、地面调查和监测为主。

1. 收集资料

城市建设进程中，积累了丰富的资料。地面沉降调查评价，要重视以下方面资料的收集：

(1) 地形测量资料。城市无论是公共设施建设（煤气自来水管线铺设、道路桥梁修建等），还是其他建设，都积累了不同时期的测量资料。收集整理这些资料，进行分析比较，就能得出地面沉降的速度和幅度。

(2) 水文地质、工程地质资料。城市是水文地质、工程地质工作程度很高的地区，以下资料有助于地面沉降成因机制的分析评价：

1) 第四纪地层岩性资料。由于地面沉降的地质条件是具有较高压缩性的厚层松散沉积物，因此必须首先搞清第四纪地层岩性厚度、分布（包括第四纪地层等厚度图）和松散堆积物的物理力学参数（含水量、渗透系数、液限、塑限、承载力等）。

2) 地下水的储量、开采量、补给量资料。以此确定地下水开采的合理和不合理程度。

3) 地质背景资料。其包括地层岩性、地质构造及其与区域地质构造的关系、第四纪地质发展史和新构造运动情况。

4) 人类经济活动情况和发展趋势资料。查明人类经济活动情况和未来发展趋势，以

评价人类活动对地面沉降的影响。

5）建筑物破坏、地表开裂资料。收集建筑物破坏、地表开裂情况的资料，分析其与地面沉降的关系。

6）查明地面沉降等级，提出防治地面沉降方案。根据地面沉降幅度、地面沉降的等级，可将地面沉降划分为地面沉降危害较大、地面沉降危害中等、地面沉降危害轻微和地面沉降无害险4个级别。

地面沉降危害较大：沉降中心地带，累计沉降幅度大于1.0m。

地面沉降危害中等：沉降中心地带，累计沉降幅度为0.3～1.0m。

地面沉降危害轻微：沉降中心地带，累计沉降幅度为0.05～0.3m。

地面沉降无害险：沉降中心地带，累计沉降幅度小于0.05m。

2. 工程地质测绘与勘探

地面沉降危害较大或重要的城市，应进行大比例尺工程地质测绘。测量坐标系统宜采用1954年北京坐标系，高程系统宜采用1956年黄海高程系。地形图上需表示的内容按《工程测量规范》(GB 50026—2007) 的相应规定及《1∶500，1∶1000，1∶2000 地形图图示》执行。

查明地表水入渗情况、产流条件、径流强度、冲刷作用，以及地表水的流通情况、灌溉、库水位及升降。开展渗水试验，提供渗透系数。查明地下水水位，提交地下水等水位线图。

对于地面沉降调查未及或不确切的重要沉降区可施以简单的钻探与物探，探测隐伏断裂、松散堆积层的厚度等（如音频大地电场仪），开展抽注水试验。

3. 地面沉降的监测与预测

(1) 地面沉降的监测。地面沉降的监测项目主要有大地水准测量、地下水动态监测、地表及地下建筑物设施破坏现象的监测等。

监测的基本方法是设置分层标、基岩标、孔隙水压力标、水准点、水动态监测网、水文观测点、海平面预测点等，定期进行水准测量和地下水开采量、地下水位、地下水压力、地下水水质监测及地下水回灌监测，同时开展建筑物和其他设施因地面沉降而破坏的定期监测等。根据地面沉降的活动条件和发展趋势，预测地面沉降速度、幅度、范围及可能产生的危害。

(2) 地面沉降趋势的预测。虽然地面沉降可导致房屋墙壁开裂、楼房因地基下沉而脱空和地表积水等灾害，但其发生、发展过程比较缓慢，属于渐进地质灾害，因此，对地面沉降灾害只能预测其发展趋势。目前地面沉降预测计算模型主要有两种：①基于释水压密理论的土水模型；②生命旋回模型。

1）土水模型。土水模型由水位预测模型和土力学模型两部分构成，可利用相关法、解析法和数值法等地下水水位进行预测分析，土力学模型包括含水层弹力计算模型、黏性土层最终沉降量模型、太沙基固结模型、流变固结模型、比奥（Biot）固结理论模型、弹塑性固结模型、回归计算模型、半理论半经验模型（如单位变形量法等）和最优化计算法等。

2）生命旋回模型。生命旋回模型主要从地面沉降的整个发展过程来考虑，直接由沉降量与时间之间的相关关系构成，如泊松旋固模型、Verhulst 生物模型和灰色预测模型等（刘毅等，1998）。晏同珍等（1990）用动力学和数学方法预测了西安市及宁波市的地面沉降周期趋势，并绘制了动力曲线图，得出两城市地面沉降周期分别为 25 年和 80 年的结论。根据沉降周期预测，认为西安市 1992—1996 年地面沉降达到峰值，此后将显著减缓，2050 年地面沉降威胁结束。宁波市地面沉降 1987—1989 年已达到峰值阶段，2050 年沉降将进入休止阶段。

4.3.2.2 地面沉降评价

当前地质灾害评估工作正在我国广泛开展，地面沉降是我国部分平原区最主要的地质灾害之一。地面沉降灾害危险性程度的划分目前尚无统一标准，以沉降速率或累计沉降量划分均不全面，各评估单位的分级数值也不统一。目前对地面沉降危险性程度的划分标准主要有以下几种：

（1）天津市的评估单位目前多用沉降速率来划分地面沉降危险性程度，见表 4.5。

表 4.5　　　　　　　　　　天津市地面沉降危险性分级表

地面沉降速率/(mm/a)	危险性分级
0～30	小
30～50	中等
>50	大

（2）浙江省采用累计地面沉降量作为分级标准，见表 4.6。

表 4.6　　　　　　　　　　浙江省地面沉降危险性分级表

累计地面沉降量/mm	危险性分级
0～300	小
300～800	中等
>800	大

（3）罗元华、张梁、张业成编著的《地质灾害风险评估方法》中采用沉降面积和累计沉降量作为分级标准，见表 4.7。

表 4.7　　　　　　　　　　地质灾害灾变等级划分

灾种	指标	特大型	大型	中型	小型
地面沉降	沉降面积/km²	>500	500～100	100～10	<10
	累计沉降量/m	>2.0	2.0～1.0	1.0～0.5	<0.5

上述几种分级方法各有侧重，但具体到评估工作中，工程所在的地质环境、工程的类型、工程级别等因素的存在增加了分级的复杂性。例如，线性工程（高速公路）和点状工程（变电所）的危险性分级，如果单纯用沉降速率或累计沉降量对危险性程度分级，往往人为地扩大或减小了地面沉降的危险性。同样的沉降速率，点状工程由于是基础共同

沉降，不至于出现不均匀沉降，危险性较小。线型工程则不同，存在全线沉降速率不同的情况，必然产生不均匀沉降现象，危险性比点状工程要大。

4.3.2.3 地面沉降防治措施

防治地面沉降灾害是一项综合性系统工程，它既属于地质环境系统，又属于社会系统，故需要政府、社会的共同参与，更需要科学技术支撑。人类现在甚至将来所能采用的应付地面沉降的手段最多只能减缓或中止正在下沉的地面的势头，并不能将下沉了的地面恢复至原貌，也难以将受损的地面构筑物恢复如故。所以说地面沉降如果任其发展，其后果是灾难性的。而地面沉降一旦出现则很难治理，因此地面沉降主要在于预防。

地面沉降灾害的防治包括灾前预防和灾后治理，应以预防为主，防治结合。防治措施可分为监测预报措施、控沉措施、防护措施和避灾措施。

1. 监测预报措施

（1）政府宏观统一组织，设立专门的地面沉降监测机构。政府在防治地面沉降工作中起到领导、监督作用。由于地面沉降具有缓慢性，不易觉察，因此防治地面沉降是一个漫长的过程。政府要有专门的财政安排，设立专门的监测机构，对有地面沉降潜在危险的地区，进行长期跟踪监测。

（2）运用新技术、新方法，提高地面沉降监测水平。首先要加强地面沉降调查与监测工作，基本方法是设置分层标、基岩标、孔隙水压力标、水准点、水动态监测点、海平面观测点等，定期进行水准测量；进行地下水开采量、地下水位、地下水压力、地下水水质监测及回灌监测等。区域控制不同水文地质单元，重点监测地面沉降中心、重点城市及海岸带。查明地面沉降及致灾现状，研究沉降机理，找出沉降规律，预测地面沉降速度、幅度、范围及可能危害，为控沉减灾提供科学依据并且建立预警机制。

研究、运用有关高新技术，提高地面沉降检测精度。目前有下列几种监测新技术：

1）合成孔径雷达干涉监测技术（Differential Synthetic Aperture Rader Interferometry）。这是一种提取地面垂直高度变化相关信息的技术，充分利用 SAR 重复观测同一地区的雷达回波相位差来获取地表形变数据，测量精度可达 cm 量级。

2）全球定位系统（GPS）和地理信息系统（GIS）。布设 GPS 地面沉降观测站，利用 GIS 技术描述地面沉降现状，并预测地面沉降发展趋势，在图上实现可视化成果，测量精度可达到 mm 量级。

3）放射性分层标技术（Radioactive Marker Technique）。将 Cs137 或 Co60 等放射性弹分层固定放入开采液、气的地层中，利用放射性分层标技术来监测各岩层的形变量，并可获得地层垂向一维压缩系数 C_m，以此可预测开采气、液体产生的地面沉降。

（3）制定相应的法规制度，使地面沉降的防治步入法制的轨道。

由国土资源部、水利部会同发改委、财政部等 10 部委联合编制的中国首部地面沉降防治规划《2011—2020 年全国地面沉降防治规划》，2012 年 2 月 20 日已获得国务院批复，在全国范围内防治地面沉降已被提上议事日程。

2. 控沉措施

对已发生地面沉降的地区，主要治理措施如下：

（1）地下水人工回灌。"人工回灌"指以人工的方法增加地下水储量。由于地面沉降主要为过量抽取地下水引起，采用人工补给地下水，促进地下水位迅速回升，增加水压，使上部易压缩的黏性土层大量充水，孔隙水位回升，孔隙水压增大，黏性土发生膨胀。另外，城市建成区地面多以水泥硬化为主，大大阻碍了天然降水下渗补充地下水进度，因此以回灌方式人工补充地下水就显得十分必要。人工回灌反映在地面上就是地面不沉或地面回升。

（2）调整开采层次。对开采量过于集中的层次减少其开采量，将这部分开采量挪到其他层次。这样可以减缓地区的地面下沉。如上海市，第二、第三含水层严重超采，而第四、第五含水层的开采量相对较少。根据深部土层的单位变形量明显小于浅部土层，用等量开采第四、五含水层地下水产生较小的地面沉降量，来代替开采第二、第三含水层产生较大的地面沉降，达到控制地面沉降的目的。

（3）限制地下水开采。运用"停泵"或"封井"等方法把地下水开采量控制在不产生严重沉降的限度内，以控制地下水降落漏斗的形成或扩大，促使地面沉降减缓。

（4）制定年度地下水采灌方案。年度采灌方案是在评价上一年地下水采灌方案执行情况及地面情况的基础上，通过地下水运动与地层耦合的数学模型反复计算，制定新一年地面沉降控制目标，确定全市年度采灌总量，进行平面上和层次上的合理分配，并由政府批准实施。

3. 防护措施

地面沉降除有时会引起工程建筑不均匀沉降外，主要是因沉降区地面标高降低，导致积洪滞涝、海水入侵等次生灾害。针对这些次生灾害，采取的主要防护措施是修建或加高加固防洪堤、防潮堤、防洪闸、防潮闸，以及疏导河道、兴建排洪排涝工程、垫高建设场地、适当增加地下管网强度等。

4. 避灾措施

搞好规划，一些对沉降比较敏感的新扩建工程项目，要尽量避开地面沉降严重和潜在的沉降隐患地带，以免造成不必要的损失。

4.3.3 上海市地面沉降防治措施

中国平原区现有45处以上的城市或地区发生了地面沉降问题，上海是其中发生最早和防治最好的城市。早在1921年通过水准测量发现中心城区有地沉现象。自20世纪20年代以来，上海出现的地面沉降灾害有潮水上岸、暴雨导致马路积水、高潮桥下通航受阻等现象。自1956年以来，上海采取了一系列的防治措施，如修建防汛墙、开展地下水人工回灌等，使上海地面沉降在1966—1995年得到有效控制，地面沉降灾害也减少到了最低程度，同时地下水资源也得到了充分的开发利用。上海在防治平原区地面沉降灾害方面，为中国其他地面沉降城市或地区提供了宝贵的经验。

自1956年以来，上海采取了一列地面沉降防治措施。主要包括以下8个方面。

1. 市区防汛墙建设

1956年以前，上海市中心城区沿黄浦江、苏州河两岸没有防汛墙，外滩只有用铁链相连的栅栏。从1956年起，中心城区沿江沿河开始陆续修建防汛墙；至1998年，中心城区防汛墙经过4次加高加固，总长达208km，其中129km达到千年一遇潮位的标准。

2. 市区排涝泵站建设

自 1956 年以来，上海市逐渐建起了市政排涝泵站，截至 1996 年底，中心城区建有排涝泵站 161 座，装机泵 616 套，总排水能力 969m3/s，总服务面积 230km²。

3. 限制地下水开采

限制开采地下水，中心城区地下水开采量从 1963 年的 1.1 亿 m³ 减少到 0.11～0.12 亿 m³，使地下水位上升以达控制地面沉降的目的。

4. 地下水人工回灌

地下水人工回灌以"冬灌夏用"为主，以"夏灌冬用"为辅，始于 1965 冬季。1965—1995 年的 30 年间共回灌地下水量 5.98 亿 m³，平均年回灌近 0.2 亿 m³。

5. 调整开采层次

由于深部土层的单位变形量（某单位厚度土层在单位水头作用下的变形量）明显小于浅部土层，所以等量开采第四、五含水层地下水产生较小的地面沉降量，来代替开采第二、第三含水层产生较大的地面沉降量，以达到控制地面沉降的目的。1980—1995 年第四、第五含水层开采量已占 73.2%（1965 年仅占 28.7%）。

6. 制定年度地下水采灌方案

上海市制定年度地下水采灌方案是从 1966 年起一直保持至今。年度采灌方案是在评价上年地下水采灌方案执行情况及地面沉降情况的基础上，制定新一年地面沉降控制目标。通过地下水运动与地沉耦合的数学模型反复计算，寻找达到地面沉降控制目标的最佳采灌方案，并由政府批准实施。

7. 地面沉降动态监测与研究

上海是中国开展地面沉降监测与研究最早的城市。通过水准测量，于 1921 年发现地面沉降现象，1952—1960 年发现上海中心城区地面严重下沉。从 1965 年至今相对佘山基准点，每年对中心城区和近郊区于冬灌期和夏用期各进行一次Ⅰ、Ⅱ等水准测量，监测地面水准点动态变化。同时对全市地下水采灌量、水位、水质进行长期动态监测；建立基岩标和分层标对土层变形量进行监测。1962—1995 年间，上海取得了一系列地面沉降勘察研究成果。

8. 防治地面沉降的法制措施

上海采取法制措施来防治地面沉降可上溯到 1963 年，在中国也是最早的。1963 年 6 月上海市人民委员会发布实施《上海市深井管理办法》，直接把"保护和合理使用地下水源，防止地面沉降，严格控制深井用水"作为目的。后又经上海市政府多次修改后重新颁布。

项 目 小 结

在发展经济、进行大规模建设和矿产开采的过程中，必须对地面变形地质灾害及其可能造成的危害有充分的认识，加强地面变形地质灾害的成因、预测和防治措施的研究，有效减轻地面变形地质灾害造成的经济损失。

思 考 题

1. 什么是地面塌陷？地面塌陷有哪些类型？
2. 列举几点关于地裂缝的成因、证据。
3. 地面沉降有哪些特点和危害？
4. 地面变形地质灾害有哪些？

拓 展 思 考

地面沉降会带来很大的破坏，如果主要原因是全球气候变暖，引起海平面上升，从而使地面相对产生沉降，那沿海的城市该怎么办？

建 议 参 考 的 文 献

[1] 潘学标，郑大玮．地质灾害及其减灾技术［M］．北京：化学工业出版社，2010．
[2] 潘懋，李铁锋．灾害地质学［M］．北京：北京大学出版社，2012．
[3] 门玉明，等．地质灾害治理工程设计［M］．北京：冶金工业出版社，2011．
[4] 王明伟，等．地质灾害调查与评价［M］．北京：地质出版社，2008．

项目 5 地质灾害危险性评估

【项目背景】

巴东县位于长江三峡中段西陵峡与巫峡之间,素有"川鄂咽喉、鄂西门户"之称,属于长江三峡工程库区、葛洲坝水利枢纽工程库区和清江水布垭工程坝区。隶属恩施土家族苗族自治州。全县国土面积 $3219km^2$,人口约 50 万,是国家级重点贫困县、西部开发县和长江三峡库区与清江水布垭库区移民重点县。境内三山(大巴山、巫山、武陵山)盘踞,两江(长江、清江)分割,山势陡峭,沟壑纵横;而且地质构造十分复杂,极易发生滑坡、崩塌、泥石流等地质灾害。全县地质灾害频繁发生,较有名的有黄蜡石滑坡、黄土坡滑坡、老城区泥石流、二道沟滑坡、三道沟滑坡、县委机关大院变形体、下垴坪滑坡、白岩沟滑坡、水浒坪滑坡、榨坊滑坡、甘家坪滑坡、红石包滑坡、谭家坪滑坡等。更为严重的是,三峡工程移民迁建新县城因滑坡灾害几经波折,被迫 3 次易址,造成的直接经济损失近 4 亿元,使巴东县人民饱受滑坡灾害带来的痛苦。巴东新城址 3 次选址、两次搬迁,见图 5.1。

图 5.1 巴东新城址 3 次选址、两次搬迁

巴东县近几年经济建设的不断发展,在利用自然资源和改造地质环境条件的过程中,将不同程度地改变地质环境条件,打破原有的自然平衡状态,必然诱发地质灾害的发生,

在一定程度上制约了巴东县城市规划建设和经济发展。因此,巴东县一直加强区内地质灾害调查研究,进行地质灾害危险性评估,建立预警体系,编制防灾预案,建立健全群测群防监测网络,加强防灾减灾,把地质灾害造成的损失降到最小程度,造福了巴东人民。

任务5.1 地质灾害危险性评估

5.1.1 认识地质灾害

5.1.1.1 地质灾害及属性特征

1. 地质灾害及其内涵

地质灾害是指以地质营力为主要原因引起的自然灾害,即在地质营力作用下,自然环境恶化,造成人类生命财产损毁或人类赖以生存与发展的资源、环境发生严重破坏的现象或过程。

地质灾害是自然灾害的一种。它具有自然灾害的基本特征,要表现在下列两个方面:

(1) 强调致灾的动力条件。即因地质作用形成的灾害事件才是地质灾害。地质作用是指促使组成地壳的物质成分、构造形式和表面形态等不断变化和发展的各种作用。地质作用是地质动力引起的。地质动力的能源来自太阳辐射、日月引力、地球转动、重力和放射性元素蜕变等。根据动力来源,地质作用分为内动力地质作用和外动力地质作用。除上述自然地质作用外,随着人类工程和经济活动的规模和范围迅速扩展,人类对地球表面形态和物质组成产生越来越大的影响,有人把这类作用称为人为地质作用,因此,由内动力地质作用、外动力地质作用和人为地质作用导致地质环境变化形成的灾害称为地质灾害。

(2) 强调灾害事件的后果。即对人类生命财产和生存环境产生损毁的地质事件称为地质灾害;而那些仅仅是使地质环境恶化,但并没有破坏人类生命财产和生产、生活环境的地质事件,则只是一种灾变,不构成灾害。例如,发生在荒无人烟地区的崩塌、滑坡、泥石流,没有直接造成人类生命财产的损毁,所以不称为灾害,而同样的崩塌、滑坡、泥石流等发生在社会经济发达的地区,造成不同程度的人员伤亡和财产损失,则称为灾害。

2. 地质灾害的基本属性

根据地质灾害定义分析,地质灾害既是一种自然现象,又是一种社会经济现象,因此它既具有自然属性,又具有社会经济属性。自然属性是指围绕地质灾害的动力过程表现出的各种自然特征,如地质灾害的规模、强度、频次以及灾害活动的孕育条件、变化规律等。这些特征主要应用动力地质学的理论加以阐述。社会经济属性主要指与成灾活动密切相关的人类社会经济特征,如人口、财产、工程建设活动、资源开发、经济发展水平、防灾能力等。地质灾害的社会经济属性可运用经济学、社会学等理论加以阐明。由于地质灾害是自然动力活动与人类社会经济活动相互作用的结果,二者是一个统一的整体,所以尽管将地质灾害的属性特征分为自然属性和社会经济属性,但实际上地质灾害特征乃是二者对立统一关系的综合体现,从一定意义上说,灾害问题首先是经济问题,地质灾害具有必然性与可防御性、随机性和周期性、突发性和渐变性、群发性和区域性,以及地质灾害影响的复杂性、地质灾害防治的迫切性和防治的社会性。

5.1.1.2 地质灾害分类

1. 地质灾害的灾种范围

目前对地质灾害的灾种范围有许多不同的认识，大致有两种意见。

（1）凡是由地质作用引起或地质条件恶化导致的自然灾害都划为地质灾害，主要包括地震、火山、崩塌、滑坡、泥石流、地面塌陷、地面沉降、地裂缝、水土流失、土地沙漠化、土地盐渍化、海水入侵、海岸侵蚀、地下水水质污染、地下水水位上升、水土环境异常与地方病、矿井突水突泥、矿井热害、岩爆、煤瓦斯突出、煤自燃、水库淤积、水库及河湖塌岸、水库渗漏、特殊岩土、冷浸田等近30种灾害。

（2）以岩石圈自然地质作用为主导因素而形成的自然灾害。主要包括地震、火山、崩塌、滑坡、泥石流、地面塌陷、地面沉降、地裂缝、海水入侵、特殊岩土等十几种灾害。

2. 地质灾害分类

根据造成地质灾害的动力来源，分为内动力地质灾害、外动力地质灾害、人为动力地质灾害。根据地质灾害分布区域自然地理条件和空间分布特征，分为山地地质灾害（主要包括崩塌、滑坡、泥石流）、平原地质灾害（主要包括地面沉降等）、海岸地质灾害（主要包括海水入侵、海岸侵蚀等）、海底地质灾害（主要包括海底滑坡等）、矿井及人类工程地质灾害（主要包括岩爆、突水突泥、煤瓦斯突出、地下热害等）。根据地质灾害活动的时间特点，分为突发性地质灾害（主要包括地震、火山、崩塌、滑坡、泥石流、地面塌陷等）和缓发性或累进性地质灾害（主要包括地裂缝、地面沉降、海水入侵、水土流失、土地沙漠化、土地盐渍化、水库渗漏等）。

5.1.2 地质灾害危险性评估

5.1.2.1 地质灾害危险性评估概述

地质灾害危险性评估是在查明各种致灾地质作用的性质、规模和承灾对象社会经济属性（承灾对象的价值、可移动性等）的基础上，从致灾体稳定性和致灾体与承灾对象遭遇的概率上分析入手，对其潜在的危险性进行客观评估。

2003年11月24日，中华人民共和国国务院令第394号公布了《地质灾害防治条例》。其中第二十一条规定："在地质灾害易发区内进行工程建设应当在可行性研究阶段进行地质灾害危险性评估，并将评估结果作为可行性研究报告的组成部分；可行性研究报告未包含地质灾害危险性评估结果的，不得批准其可行性研究报告。编制地质灾害易发区内的城市总体规划、村庄和集镇规划时，应当对规划区进行地质灾害危险性评估。"

国土资源部《地质灾害防治管理办法》第十五条规定，城市建设、有可能导致地质灾害发生的工程项目建设和在地质灾害易发区内进行的工程建设，在申请建设用地之前必须进行地质灾害危险性评估。

国土资源部《国土资源部关于加强地质灾害危险性评估工作的通知》（国土资发〔2004〕69号）规定："地质灾害危险性评估工作分级进行。评估工作级别按建设项目的重要性和地质环境条件的复杂程度分为三级。"

地质灾害危险性通过各种危险性要素体现，又分为历史灾害危险性和潜在灾害危险性。

历史灾害危险性评估是指已经发生的地质灾害的活动程度，是对现状的一种分析。其要素有灾害活动强度或规模、灾害活动频次、灾害分布密度、灾害危害强度。其中，危害强度指灾害活动所具有的破坏能力，是灾害活动的集中反映，为一种综合性的特征指标，只能用灾害等级进行相对量度。

潜在灾害危险性评估是对未来时期将在什么地方可能发生什么类型的地质灾害，其灾害活动的强度、规模以及危害的范围、危害强度的一种分析、预测。地质灾害潜在危险性受多种条件控制，具有不确定性。地质灾害潜在危险性的最重要因素包括地质条件、地形地貌条件、气候条件、水文条件、植被条件、人为活动条件等。

历史地质灾害活动对地质灾害潜在危险性具有一定影响。这种影响可能具有双向效应，有可能在地质灾害发生以后，能量得到释放，灾害的潜在危险性削弱或基本消失。也可能具有周期性活动特点，灾害发生后其活动并没有使不平衡状态得到根本解除，新的灾害又在孕育，在一定条件下将继续发生。

评估的目的是为业主了解建设场地范围内的地质灾害，避免拟建工程遭受地质灾害，预防工程建设诱发和加剧地质灾害，为业主征地和主管行政部门审批提供地质依据。其主要任务如下：①查明评估区的地质环境条件，地质灾害的类型、规模、分布特征、影响因素、发展趋势及危害性等；②评估工程建设本身可能遭受地质灾害的危险性；③评估工程建设诱发、加剧地质灾害的危险性；④工程建设的适宜性；⑤提出地质灾害的防治措施建议，并对建设场地的适宜性进行评估。

地质灾害危险性评估的方法主要有发生概率及发展速率的确定方法、危害范围及危害强度分区、区域危险性区划等。

评估结果由省级以上国土资源行政主管部门认定。不符合条件的，国土资源行政主管部门不予办理建设用地审批手续。

5.1.2.2 地质灾害危险性评估范围及注意事项

地质灾害危险性评估是指对地质灾害发生的可能性和可能造成损失的综合估量。

《地质灾害危险性评估技术要求（试行）》规定地质灾害危险性评估范围不应小于规划区、建设场地范围和矿山的矿区范围，应视规划、建设和矿山开采项目的特点及影响范围、地质环境和地质灾害种类按下列原则确定：

(1) 可能受崩塌、滑坡影响的评估项目，其评估范围应包含崩塌、滑坡所涉及的范围。

(2) 可能受泥石流影响的评估项目，其评估范围宜包含完整的泥石流流域面积。

(3) 可能受地面塌陷影响的评估项目，其评估范围应包含初步推测的可能塌陷范围。

(4) 可能受地裂缝影响的评估项目，当根据已有资料不能对地裂缝作出恰当评价时，评估范围应包含地裂缝延展的范围。

(5) 可能受地面沉降影响的评估项目，当根据已有资料不能对地裂缝作出恰当评价时，其评估范围应包含引发该区地面沉降主控因素所在的范围。

(6) 可能受建设工程或采矿活动影响的区域也应包括在评估范围内。

调查范围不应小于评估范围，以能合理划定评估范围为原则。

建设场地与新建矿山地质灾害危险性评估应在项目可行性研究阶段进行；规划区地质灾害危险性评估宜在控制性详细规划阶段进行。地质灾害危险性评估中的地质灾害种类应包括崩塌、滑坡、泥石流、地面塌陷（含岩溶塌陷和开采塌陷）、地裂缝、地面沉降。

规划区、建设用地和矿山地质灾害危险性评估应分别具有下列与项目相关的资料：

(1) 规划区范围、规划功能和布局。

(2) 建设项目用地范围、拟建物平面布置、功能、规模、整平高程、项目投资。

(3) 矿山项目的矿界范围、开采上下界高程、采矿方法、开采矿层（体）、储量、生产规模、服务年限、投资、保护对象情况、改扩建矿井的开采历史及已采范围。

5.1.3 评估工作技术程序

地质灾害危险性评估工作技术程序按图 5.2 进行。

5.1.4 评估级别的确定

5.1.4.1 地质灾害危险性评估级别的规定

(1) 城市总体规划区、村庄和集镇规划区地质灾害危险性评估级别应为一级。

(2) 建设场地和矿山地质灾害危险性评估级别应根据地质环境复杂程度与建设项目和矿山开采项目重要性按表 5.1 划分。

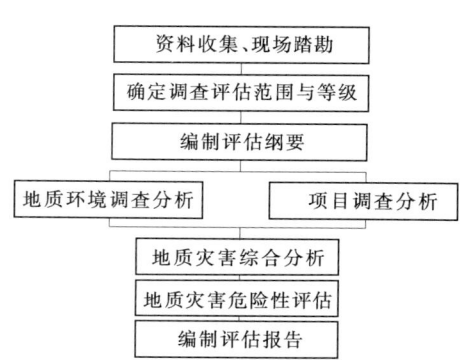

图 5.2 评估工作技术程序框图

当拟建线状工程长度小于 30km 但不小于 10km 或非线状工程丘陵山区用地面积小于 0.5km² 但不小于 0.1km²、平原区用地面积小于 1km² 但不小于 0.5km² 时，按表 5.1 划分的评估级别如为二、三级则应提高一级；当拟建线状工程长度不小于 30km 或非线状工程丘陵山区用地面积不小于 0.5km²、平原区用地面积不小于 1km² 时，评估级别应定为一级。

矿区面积不小于 5km² 时，评估级别应定为一级；矿区面积小于 5km² 但不小于 1km² 时，按表 5.1 划分的评估级别如为二、三级则应提高一级。

表 5.1 　　　　　地质灾害危险性评估分级表

项目重要性	地质环境复杂程度		
	复杂	较复杂	简单
重要	一级	一级	二级
较重要	一级	二级	三级
一般	二级	三级	三级

5.1.4.2 建设和矿山开采项目重要性划分

(1) 规划和建设项目重要性按表 5.2 划分，表 5.2 未列出的其他项目的重要性应根据相应行业建设工程设计规模划分表确定，大型为重要，中型为较重要，小型为一般；未列入相应行业建设工程设计规模划分表的建设工程的重要性宜根据其破坏后果的严重性确定，严重为重要，较严重为较重要，不严重为一般。

表 5.2　　　　　　　　　　　　　　建设项目重要性分类表

项目重要性	类　　型
重要	军事设施，人防指挥中心，国家级自然、文化遗产； 高速公路，一级公路，铁路，主体工程中高度大于 15m 的土质边坡工程或高度大于 30m 的岩质边坡工程，年输油能力大于 600 万 t 或长度大于 120km 的输油管道，年输气能力大于 2.5 亿 m^3 或长度大于 120km 的输气管道； 互通式立交桥，总长不小于 200m 或单孔跨径不小于 50m 的公路桥，多孔跨径总长不小于 100m 或单孔跨径不小于 40m 的市政桥梁； 放射性设施，核电站，机场，库容不小于 1 亿 m^3 的水库，单机容量不小于 120MW 的火力发电厂，装机容量不小于 300MW 的水电厂，电压不小于 330kV 的变电站或送电工程，日供水量不小于 20 万 m^3 的给水工程，日处理能力不小于 20 万 m^3 的给水工程，日处理能力不小于 10 万 m^3 的排水工程，日处理能力不小于 8000kN 的生活垃圾卫生填埋工程，总容积不小于 80000m^3 或单罐容积不小于 2 万 m^3 的原油成品油油库，总容积不小于 1.5 万 m^3 或单罐容积不小于 5000m^3 的天然气库； 31 层及以上高层建筑，高度大于 100m 的高耸构筑物，座位达到或超过 1500 个的大型影剧院（礼堂），座位达到或超过 5000 个的体育场馆，容量达到或超过 1000 人的娱乐场所，建筑面积不小于 5000m^2 的商场或市场，床位达到或超过 300 个的医院（疗养院），吊车吨位大于 30t 或跨度大于 24m 的单层工业厂房，跨度大于 12m 的多层工业厂房
较重要	省级自然、文化遗产； 城市主要干道、二级公路，主体工程中高度为 8～15m 的土质边坡工程或高度为 15～30m 的岩质边坡工程，年输油能力不小于 600 万 t 或长度不小于 120km 的输油管道，年输气能力不小于 2.5 亿 m^3 或长度不小于 120km 的输气管道； 总长小于 200m 但大于 30m 或单孔跨径小于 50m 但不小于 20m 的公路桥，多孔跨径总长为 30～100m 或单孔跨径为 30～40m 的市政桥梁； 库容 0.1 亿～1 亿 m^3 的水库，单机容量为 30～120MW 的火力发电厂，装机容量为 50～300MW 的水电厂，220kV 的变电站或送电工程，日供水量 5 万～20 万 m^3 的给水工程，日处理能力 4 万～10 万 m^3 的排水工程，日处理能力 3000～8000kN 的生活垃圾卫生填埋工程，总容积 3 万～8 万 m^3 或单罐容积 1 万～2 万 m^3 的原油成品油油库，总容积小于 1.5 万 m^3 或单罐容积小于 5000m^3 的天然气库； 8～30 层建筑，高度 30～100m 的高耸构筑物，座位 500～1500 个的影剧院（礼堂），座位 1000～5000 个的体育场馆，容量 500～1000 人的娱乐场所，建筑面积 1000～5000m^2 的商场或市场，床位 100～300 个的医院（疗养院），吊车吨位 15～30t 或跨度 18～24m 的单层工业厂房，跨度不大于 12m 的多层工业厂房
一般	三级或四级公路； 总长不大于 30m 且单孔跨径小于 20m 的公路桥，多孔跨径总长小于 30m 且单孔跨径小于 30m 的市政桥梁；主体工程中高度小于 8m 的土质边坡工程或高度小于 15m 的岩质边坡工程； 库容小于 0.1 亿 m^3 的水库，单机容量小于 30MW 的火力发电厂，装机容量小于 50MW 的水电厂，110kV 的变电站或送电工程，日供水量小于 5 万 m^3 的给水工程，日处理能力小于 4 万 m^3 的排水工程，日处理能力小于 3000kN 的生活垃圾卫生填埋工程，总容积小于 3 万 m^3 或单罐容积小于 1 万 m^3 的原油成品油油库； 7 层及以下的建筑，高度小于 30m 的高耸构筑物，座位少于 500 个的影剧院（礼堂），座位少于 1000 个的体育场馆，容量少于 500 人的娱乐场所，建筑面积小于 1000m^2 的商场或市场，床位少于 100 个的医院（疗养院），吊车吨位不大于 15t 或跨度不大于 18m 的单层工业厂房

注　学校的教学楼和监狱的监舍，其重要性当按本表划分为较重要或一般时应提高一级。建设工程中各单位工程重要性不在同一级别时其重要性应取其中的最高级。

（2）矿山开采项目重要性由矿山生产规模和保护对象重要性确定，取两者中的较高者，矿山生产规模大小按表 5.3 确定，大型为重要，中型为较重要，小型为一般。保护对象重要性按受威胁人数和建（构）筑物的重要性划分，取两者中的较高者。受威胁人数大于 500 为重要，100～500 人为较重要，小于 100 人为一般；建（构）筑物的重要性按表 5.1 划分。

表 5.3　　　　　　　　　　矿山生产规模划分表

单位：万 t/a

矿 种 类 别	生 产 规 模		
	大型	中型	小型
煤（地下开采）（原煤）	≥120	120~45	<45
煤（露天开采）（原煤）	≥400	400~100	<100
油页岩（矿石）	≥200	200~50	<50
放射性矿产（矿石）	≥10	10~5	<5
金（岩金）（矿石）	≥15	15~6	<6
金（砂金船采）（矿石）	≥210	210~60	<60
金（砂金机采）（矿石）	≥80	80~20	<20
银（矿石）	≥30	30~20	<20
其他贵金属（矿石）	≥10	10~5	<5
铁（地下开采）（矿石）	≥100	100~30	<30
铁（露天开采）（矿石）	≥200	200~60	<60
锰（矿石）	≥10	10~5	<5
铬、钛、钒（矿石）	≥10	10~5	<5
铜（矿石）	≥100	100~30	<30
铅（矿石）	≥100	100~30	<30
锌（矿石）	≥100	100~30	<30
钨（矿石）	≥100	100~30	<30
锡（矿石）	≥100	100~30	<30
锑（矿石）	≥100	100~30	<30
铝土矿（矿石）	≥100	100~30	<30
钼（矿石）	≥100	100~30	<30
镍（矿石）	≥100	100~30	<30
钴（矿石）	≥100	100~30	<30
镁（矿石）	≥100	100~30	<30
铋（矿石）	≥100	100~30	<30
汞（矿石）	≥100	100~30	<30
稀土、稀有金属（矿石）	≥100	100~30	<30
石灰岩（矿石）	≥100	100~50	<50
硅石（矿石）	≥20	20~10	<10
白云岩（矿石）	≥50	50~30	<30
耐火黏土（矿石）	≥20	20~10	<10
萤石（矿石）	≥10	10~5	<5
硫铁矿（矿石）	≥50	50~20	<20
自然硫（矿石）	≥30	30~10	<10
磷矿（矿石）	≥100	100~30	<30
蛇纹岩（矿石）	≥30	30~10	<10
硼矿（矿石）	≥10	10~5	<5
岩盐、井盐（矿石）	≥20	20~10	<10

续表

矿种类别	生产规模		
	大型	中型	小型
湖盐（矿石）	≥20	20～10	<10
钾盐（矿石）	≥30	30～5	<5
芒硝（矿石）	≥50	50～10	<10
碘（矿石）	按小型矿山归类		
砷、雌黄、雄黄、毒砂（矿石）	按小型矿山归类		
金刚石/(万Ct/a)	≥10	10～3	<3
宝石（矿）	按小型矿山归类		
云母（工业云母）	按小型矿山归类		
石棉（石棉）	≥2	2～1	<1
重晶石（矿石）	≥10	10～5	<5
石膏（矿石）	≥30	30～10	<10
滑石（矿石）	≥10	10～5	<5
长石（矿石）	≥20	20～10	<10
高岭土、瓷土等（矿石）	≥10	10～5	<5
膨润土（矿石）	≥10	10～5	<5
叶蜡石（矿石）	≥10	10～5	<5
沸石（矿石）	≥30	30～10	<10
石墨（石墨）	≥1	1～0.3	<0.3
玻璃用砂、砂岩（矿石）	≥30	30～10	<10
水泥用砂岩（矿石）	≥60	60～20	<20
建筑石料（矿石）	≥10	10～5	<5
建筑用砂、砖瓦黏土（矿石）	≥30	30～6	<6
页岩（矿石）	≥30	30～6	<6

5.1.4.3 丘陵山区以外的地区地质环境复杂程度

划分其应按表 5.4 划分。

表 5.4　　　　　　地质环境复杂程度划分

判别因素	地质环境复杂程度		
	复杂	较复杂	简单
地形条件	复杂	较复杂	简单
岩土性质	复杂	较复杂	简单
地质构造	复杂	较复杂	简单
水文及水文地质条件	复杂	较复杂	简单
不良地质现象	发育	较发育	不发育
破坏地质环境的人类活动	强烈	较强烈	不强烈

注　地质环境复杂程度应由复杂向简单推定，除"不良地质现象"和"破坏地质环境的人类活动"等两项外，其余项中有3项首先满足某较高等级时，地质环境复杂程度即为该等级。"不良地质现象"和"破坏地质环境的人类活动"两项中，有任一项首先满足某较高等级时，地质环境复杂程度即为该等级。

5.1.4.4 丘陵山区地质环境复杂程度划分

应符合表 5.5 的规定。

表 5.5　　　　　　　　　　丘陵山区地质环境复杂程度划分

判定因素			地质环境复杂程度[a]		
			复杂	较复杂	简单
地形条件	地形坡角/(°)		>30	30～15	<15
	自然陡坡高度/m	岩坡	>30	30～15	<15
		土坡	>15	15～8	<8
岩土性质	土层厚度/m		>10	10～5	<5
	岩层厚度		薄层状	中厚～厚层状	巨厚层状
	岩层或土层组合		多元组合	二元组合	岩性单一
地质构造	裂隙发育程度		有断裂带或裂隙超过4组，间距小于0.3m	裂隙3～4组，间距为0.3～1.0m	裂隙少于3组，间距大于1.0m
	贯通性结构面与斜（边）坡关系[e]		外倾临空且倾角大于20°	外倾临空且倾角为20°～10°，切向临空且倾角不小于20°，顺向不临空且倾角不小于15°	外倾临空时倾角小于10°，切向临空时倾角小于20°，顺向不临空时倾角小于20°
	地震基本烈度[b]		≥Ⅷ	Ⅶ～Ⅵ	≤Ⅴ
水文及水文地质	地表水对岩土体的影响		大	中等	小
	地下水对岩土体的影响		大	中等	小
不良地质现象占用地面积比例[c]/%			>30	30～15	<15
破坏地质环境的人类活动[d]	边坡高度[e]/m	土质边坡	>15	15～8	<8
		岩质边坡	>30	30～15	<15
	洞顶围岩厚度与洞跨之比[e]		<1	1～3	>3
	采空区占用地面积比例/%		>30	30～15	<15

注　1. 自然陡坡系指坡角不小于35°的自然土坡或坡角不小于60°的自然岩坡。
　　2. 洞顶围岩厚度不包括强风化层厚度。
　　3. 贯通性结构面指岩层层面、岩土界面、断层面及贯通性裂隙。
　　4. 用地面积对规划项目是指规划区面积，对矿山开采项目是指采矿影响范围面积。
　　5. 表中采空区限指开采深厚小于200的采空区。

[a] 地质环境复杂程度应由复杂向简单推定。除自然陡坡高度、贯通性结构面与斜（边）坡关系、不良地质现象占用地面积比例和破坏地质环境的人类活动等4项外，其余项中有5小项首先满足某较高等级时，地质环境复杂程度即为该等级。自然陡坡高度、贯通性结构面与斜（边）坡关系、不良地质现象占用地面积比例、破坏地质环境的人类活动4项中，有任一小项首先满足某较高等级时，地质环境复杂程度即为该等级。
[b] 地震基本烈度应按《中国地震动参数区划图》（GB 18306—2001）确定。
[c] 不良地质现象面积含其影响范围面积，影响范围可结合工程类比法确定。
[d] 破坏地质环境的人类活动4小项中，有任一小项首先满足某较高等级时，破坏地质环境的人类活动即为该等级。
[e] 用自然陡坡高度、边坡高度、洞顶围岩厚度或贯通性结构面与斜（边）坡关系决定复杂程度时，当所影响的面积小于用地面积10%时，宜降一个档次。洞顶围岩厚度与洞跨之比不包含采空区。

5.1.5 地质环境调查

地质灾害危险性评估应进行地质环境调查。调查应包括地形地貌、地层岩性、地质构造、水文地质、不良地质现象、破坏地质环境的人类活动等内容。地质环境调查的基本要求主要有以下内容：

（1）地质环境调查前应搜集区内的气象、水文、地震及各种地质资料，尤其是地质灾害及破坏地质环境的人类活动资料。

（2）地质环境调查所用图件，应是能准确反映区内地形地物的地形地质图或地形图，对建设用地该图还应反映拟建工程布置及整平高程，对矿山尚应反映矿山开采境界、采空区范围，图件比例尺应视地质环境复杂程度及致灾地质体的规模而定，以能清晰反映区内地质环境特征尤其各致灾地质体的基本特征并便于阅读使用为原则，但对规划区应采用不小于规划图比例尺的地形地质图或地形图，对重要地段应采用不小于 1:1000 的地形地质图或地形图。地质环境调查所用图件比例尺不应小于成图比例尺。

（3）地质环境调查中，平面图上每个 $0.01km^2$ 面积内的地质调查点对一级评估不应少于 3 个，二级评估不应少于 2 个，三级评估不应少于 1 个，重点地段应适当加密。在微地貌、地层、地质构造、致灾地质体的特征部位应有调查点。

（4）基岩出露区不同构造部位均应有裂隙统计点，裂隙调查和统计宜符合《工程地质调查规范》（DZ/T 0097—1994）。

（5）剖面线布置应考虑总体地形坡向、岩层倾向，拟建工程和保护对象；每张剖面图上均应有不少于 3 个控制性地质点或勘探点。重点地段均应测制或修测代表性纵横剖面图，剖面测图比例尺不应小于平面图比例尺。

（6）特殊性岩土调查内容和方法可参照《岩土工程勘察规范》（GB 50021—2001）及其他相关规范的规定。

5.1.6 致灾地质体调查

（1）对滑坡应调查滑坡要素及变形特征，分析滑坡的规模、类型、主要引发因素及滑坡影响范围，评价其现状和不利工况下的稳定性，调查分析方法宜符合《滑坡防治工程勘查规范》（DZ/T 0218—2006）及相关规范的要求。

（2）对危岩崩塌应调查陡崖的形态、岩性组合、岩体结构、结构面性状、危岩体被裂隙切割的程度、基座变形情况，分析危岩的形态、类型、规模及崩塌影响范围，评价其现状和不利工况下的稳定性，调查分析方法宜符合《滑坡防治工程勘查规范》（DZ/T 0218—2006）及相关规范的要求。

（3）对泥石流应调查泥石流形成的物质条件、地形地貌条件、水文条件、植被发育情况、人类活动的影响，分析泥石流的形成条件、规模、类型、活动特征、侵蚀方式、破坏方式及泥石流影响范围，预测泥石流的发展趋势，调查分析方法宜符合《泥石流灾害防治工程勘查规范》（DZ/T 0220—2006）的要求。

（4）地面塌陷调查分析主要内容应符合下列规定：

1）对岩溶塌陷和黄土湿陷应调查塌陷形态、边界、形成塌陷的地质条件和地下水动力条件、洞穴充填情况、建（构）筑物变形及处理情况。

2) 对采空塌陷和地下挖掘塌陷应调查塌陷所处地下采（挖）空区的位置、边界、埋藏深度、开采（挖）时间、处理方法、积水等情况，地表裂缝和陷坑几何特征及与地下采（挖）空区和覆岩性质、地质构造的关系，建（构）筑物变形及处理情况。

3) 应分析重力和地表荷载作用、震动作用、地下水及地表水作用及塌陷影响范围，地面塌陷的发展趋势。

调查分析方法可参照《岩土工程勘察规范》（GB 50021—2001）。

(5) 地裂缝调查分析主要内容应符合下列规定：

1) 调查地裂缝的几何特征与活动特征，单个地裂缝及群体地裂缝的规模、性质及分布，地裂缝对地面地下建（构）筑物的破坏特点，现有防治措施和效果。

2) 划分地裂缝成因类型，判定引发因素，预测发展趋势，分析与同地区其他地质灾害的关系。

调查分析方法宜符合《工程地质调查规范》（DZ/T 0097—1994）。

(6) 地面沉降的调查分析应符合下列规定：

1) 调查地面沉降区的位置、原因、历史、地下水采灌情况、累计沉降量、沉降速率；沉降区内的岩土组成及均匀性，各类土层的性状及厚度，地面沉降的危害。

2) 分析产生沉降的原因，初步圈定地面沉降范围和判定地面沉降累计量及沉降速率，预测沉降发展趋势。

调查分析方法可参照《岩土工程勘察规范》（GB 50021—2001）。

(7) 斜（边）坡的调查分析主要内容应符合下列规定：

1) 对挖方边坡应调查边坡长度、高度及坡度，边坡物质组成和状态、结构面组合情况及其与边坡的关系、基岩面性状以及边坡变形迹象，分析边坡岩土体类型、可能破坏方式、稳定性及失稳后的影响范围。对建设项目和露天开采矿山项目将形成的挖方边坡，当无放坡方案时，稳定性分析所用坡角宜按 90°考虑。

2) 对填方边坡应调查原地面形态、物质组成及状态，填土的物质组成和状态，填方高度、长度及坡度，分析边坡沿填土层内部弱面、原地面、原滑面滑动的稳定性及失稳后的影响范围。对建设项目和露天开采矿山开采项目将形成的填方边坡，当无放坡方案时，稳定性分析所用坡角宜按临时休止角考虑。

3) 对斜坡应调查斜坡的长度、高度及坡度，斜坡物质组成和状态，结构面（特别是贯通性结构面）性状、斜坡类型、可能破坏方式、稳定性及失稳后的影响范围。

4) 对岸坡应调查岸坡地形地貌、岩性、地质构造、地下水、水位变化及水下和水上稳定坡角、地表水作用等情况，分析岸坡稳定性、塌岸类型、强烈程度及影响范围。

调查分析方法可参照《建筑边坡工程技术规范》（GB 50330—2002）。

(8) 天然洞穴、地下洞室及采掘空间的调查分析主要内容应符合下列规定：

1) 对天然洞穴和地下洞室应调查洞室的展布特征、断面形状及尺寸、围岩性质、覆岩厚度、水文地质条件（对人工洞室应调查开挖方式、洞室支护及运行情况），分析覆盖层的稳定性。

2) 对采掘空间应调查分析矿层（体）赋存条件、地质条件、采矿方法、开采历史、采空区范围及处理方法、冒落带及导水裂隙带高度、地表移动变形特征、采矿对地面保护对象的影响。

（9）各级评估对致灾地质体的稳定性均应进行定性评价，经定性评价不利工况下的稳定性未达到要求时，尚应进行定量评价。当根据地面调查或已有资料不能对致灾地质体作出正确评价时，宜采取适当的勘探手段。

任务 5.2　规划区地质灾害危险性评估

5.2.1　规划用地地质灾害危险性评估基本要求

（1）适用于城市总体规划区、村庄和集镇规划区的地质灾害危险性评估。

（2）规划区地质灾害危险性评估，应根据地质灾害发生可能性及可能造成的危害，对危险性分级并提出建议。

（3）地质灾害危险性应分为大、中等、小3个等级。

（4）当规划区内地质环境差异明显时，应分区进行地质灾害发生可能性及地质灾害危险性分级。分区应符合下列规定：

1）在不利工况下未达到稳定性要求并具有一定规模的致灾地质体及其影响范围应单独分区。

2）地质灾害危险性相同、位置相邻的各区可归并为一个区。

3）地质灾害危险性相同、位置不相邻的各区和地质灾害危险性相同但灾种不同的各区应视为同一个区的亚区。

5.2.2　规划用地地质灾害发生可能性分级

（1）地质灾害发生可能性应根据相应灾种的影响因素进行综合判定，当能判断致灾地质体的稳定性时，地质灾害发生可能性应根据致灾地质体在不利工况下的稳定性按表5.6判断。

表 5.6　　地质灾害发生可能性按致灾地质体稳定性判定

致灾地质体在不利工况下的稳定性	地质灾害发生的可能性
不稳定、欠稳定	大
基本稳定	中等
稳定	小

对不能用稳定性判断地质灾害发生可能性的灾种，其发生可能性应根据地质灾害形成条件的充分程度按表5.7判断。

表 5.7　　地质灾害发生可能性按形成条件的充分程度判定

地质灾害形成条件的充分程度	地质灾害发生的可能性
充分	大
较充分	中等
不充分	小

(2) 符合下列条件之一的矿山采空区地段,地质灾害发生的可能性应定为大:
1) 在开采过程中可能出现非连续变形的地段。
2) 地表移动活跃的地段。
3) 特厚矿层和倾角大于 55°的厚矿层露头地段。
4) 由于地表移动变形引起斜(边)坡失稳的地段。
5) 地表倾斜大于 10mm/m,地表曲率大于 0.6×10^{-3}/m 或地表水平变形大于 6mm/m 的地段。

不符合上述条件的矿山采空区地段,地质灾害发生的可能性应根据开采深厚比按表 5.8 判定。当有地区经验时,地质灾害发生可能性可按地区经验确定。

表 5.8　　　　采空区地质灾害发生可能性按开采深厚比判定

开采深厚比	地质灾害发生的可能性
<120	大
120~200	中等
>200	小

(3) 地面沉降区地质灾害发生可能性应根据累计沉降量及沉降速率按表 5.9 进行划分。当有地区经验时地质灾害发生可能性可按地区经验确定。

表 5.9　　　　地面沉降区地质灾害发生可能性划分

地面沉降指标		地质灾害发生的可能性		
		可能性大	可能性中等	可能性小
累计沉降量 /mm	沿海	>800	800~300	<300
	内陆	>1500	1500~800	<800
沉降速率 /(mm/a)	沿海	>30	30~10	<10
	内陆	>50	50~30	<30

注　地质灾害发生的可能性应由可能性大向小推定,累计沉降量和沉降速率两项中有一项满足某较高等级时可能性即为该等级。

(4) 地裂缝影响区地质灾害发生可能性应根据地裂缝活动情况及主要影响因素变化程度按表 5.10 进行划分。当有地区经验时地质灾害发生可能性可按地区经验确定。

表 5.10　　　　地裂缝影响区地质灾害发生可能性划分

地裂缝活动情况及主要影响因素变化程度	地质灾害发生的可能性
近期活动明显或主要影响因素变化强烈	大
近期活动较明显或主要影响因素变化较强烈	中等
近期活动不明显或主要影响因素变化不强烈	小

(5) 当致灾地质体的稳定性或形成条件充分程度难以判定时,地质灾害发生可能性可根据地区经验确定,无地区经验时应根据地质环境各因素的异同进行初步分区,相应各区的地质灾害发生可能性宜按下列规定划分:
1) 当地质环境复杂程度按表 5.4 划分时,地质环境复杂的区域应划为地质灾害发生

可能性大区，地质环境较复杂的区域应划为地质灾害发生可能性中等区，地质环境简单的区域应划为地质灾害发生可能性小区。

2）当地质环境复杂程度按表 5.5 划分时，各区地质灾害发生可能性可根据地质灾害发生可能性指数按表 5.11 确定。

表 5.11　　　　地质灾害发生可能性按地质灾害发生可能性指数分级

地质灾害发生可能性指数 Y	地质灾害发生的可能性
$Y \geqslant 0.80$	大
$0.80 > Y \geqslant 0.60$	中等
$Y < 0.60$	小

地质灾害发生可能性指数应根据地质环境复杂程度指数和降水量指数按下式计算，即

$$Y = 0.62D + 0.38R \tag{5.1}$$

式中　Y——地质灾害发生可能性指数；

　　　D——地质环境复杂程度指数，取值由基本分值和附加分值两部分构成。基本分值在地质环境复杂时取 0.75，在地质环境较复杂时取 0.50，在地质环境简单时取 0.25；地质环境复杂程度按表 5.5 划分，附加分值由表 5.12 确定；

　　　R——降水量指数，根据多年平均日最大降水量和多年年平均降水量按表 5.13 确定。

表 5.12　　　　　　地质环境复杂程度指数附加分值表

地质环境复杂时各个达到复杂标准因素的附加分值[a]	地质环境较复杂时各个达到复杂或较复杂标准因素的附加分值[a]		地质环境简单时各个达到复杂或较复杂标准因素的附加分值[a]	
	达到复杂标准的因素	达到较复杂标准的因素	达到复杂标准的因素	达到较复杂标准的因素
0.006～0.016	0.006～0.026	0.006～0.016	0.016～0.026	0.006～0.016

注　表中地质环境复杂程度判定因素系指表 5.5 中的各判定因素。

a　地质环境复杂程度指数附加分值应是表内相应复杂程度栏中各因素附加分值的总和。

表 5.13　　　　　　　　降　水　量　指　数　表

多年平均日最大降水量[a] /mm	多年年平均降水量[b]/mm			
	$\geqslant 1500$	1000	700	$\leqslant 400$
$\geqslant 120$	1.00	0.90	0.85	0.80
95	0.90	0.85	0.80	0.70
70	0.85	0.80	0.70	0.60
$\leqslant 45$	0.80	0.70	0.60	0.50

a　多年平均日最大降水量超过 120mm 时按 120mm 计，低于 45mm 时按 45mm 计。

b　多年年平均降水量超过 1500mm 时按 1500mm 计，低于 400mm 时按 400mm 计。

（6）当规划用地地质灾害发生可能性按划分不一致时，地质灾害发生可能性应按其中的较高者确定。

5.2.3 规划区地质灾害危险性分级

规划区地质灾害危险性分级，应根据地质灾害发生可能性大小及地质灾害发生后可能危害范围与规划区面积的比例，按表 5.14 确定。

5.2.4 规划区地质灾害危险性评估及规划建议

(1) 规划区内各区地质灾害危险性现状评估应符合下列要求：
1) 阐明存在的主要环境地质问题。
2) 分析影响致灾地质体稳定性或形成条件充分程度的地质环境因素。
3) 分析各地质环境因素及其相互作用的特点，明确主导因素。
4) 判定不同工况下致灾地质体的稳定性或发生地质灾害的可能性。
5) 划分地质灾害危险性等级。

表 5.14   规划区地质灾害危险性分级

地质灾害发生可能性[a]	地质灾害可能危害范围占规划区面积的比例[b]		
	大于 30%	30%~10%	小于 10%
可能性大	危险性大	危险性中等	危险性小
可能性中等	危险性中等	危险性小	危险性小
可能性小	危险性小		

a 地质灾害发生可能性按规范要求确定。
b 分区评估时，取危害范围与分区面积比例。

(2) 规划区地质灾害危险性预测评估，应根据致灾地质体对未来人类活动的敏感程度及地质灾害发生可能性圈定地质灾害危害范围，划分地质灾害危险性等级。

(3) 规划区地质灾害危险性综合评估，应根据各区现状评估、预测评估得出的地质灾害危险性，结合规划功能和布局，综合评价规划用地的地质灾害危险性，有针对性地提出规划建议，并遵循下列原则：

1) 地质灾害危险性大的区域一般不宜规划建设项目，确需规划建设项目时，应同时进行地质灾害防治规划或规划具有地质灾害防治功能的建设项目。

2) 在地质灾害危险性中等的区域进行规划时，建（构）筑物的布局应减轻引发因素对地质灾害发生可能性的影响，并兼顾地质灾害防治。

3) 在地质灾害危险性小的区域进行规划时，建（构）筑物的布局应避免引发地质灾害。

任务 5.3 建设场地地质灾害危险性评估

5.3.1 建设场地地质灾害危险性评估基本要求

(1) 建设场地地质灾害危险性评估应依次进行现状评估、预测评估和综合评估，作出场地建设适宜性结论并提出地质灾害防治措施建议。

(2) 当地质灾害危险性差异明显时，尚应分区段进行地质灾害危险性评估。对线状工程一般应分段进行评估,弃渣工程应分坝区、填埋区、进出场路区和截排水区分别进行评估,水利水电工程应分坝区、库区、引水区和厂区分别进行评估。

5.3.2 建设场地地质灾害现状评估

现状评估应对评估区内已有各致灾地质体或致灾地质作用(如滑坡复活、危岩崩塌、泥石流形成、地面塌陷、地裂缝、地面沉降、斜坡及边坡失稳引发的滑坡和崩塌)的分布、类型、规模、特征、引发因素、形成机制及稳定性进行分析,并对其给拟建工程造成灾害的可能性、可能造成的损失大小和危险性进行评估。地质灾害可能造成的损失大小应按表5.15分级。

表5.15 地质灾害可能造成的损失大小分级

损失大小[a]	可能造成的直接经济损失[b]/万元	可能造成的直接经济损失占项目总投资的比例[b]/%	受威胁人数[b]/人
损失大	>5000	>30	>500
损失中等	5000~1000	30~10	500~100
损失小	<1000	<10	<100

a 损失大小判定的三因素中,有一个因素达到某较高等级的标准时,损失大小级别即为该等级。
b 地质灾害发生后可能造成的经济损失和受威胁人数,应是地质灾害涉及范围内可能造成的经济损失和受威胁人数;当有正式的地质灾害防治方案或明确具有地质灾害防治功能的建设工程方案时,可只考虑防治方案实施前地质灾害可能造成的损失。

建设场地地质灾害危险性应根据地质灾害发生可能性和可能造成的损失大小按表5.16进行判定。

表5.16 地质灾害危险性分级表

地质灾害发生可能性[a]	地质灾害可能造成的损失大小[b]		
	损失大	损失中等	损失小
可能性大	危险性大	危险性大	危险性中等
可能性中等	危险性大	危险性中等	危险性小
可能性小	危险性小		

a 地质灾害发生可能性按规范要求确定。
b 当地质灾害发生的可能性小时,不考虑损失大小。

5.3.3 建设场地地质灾害预测评估

预测评估应对评估区内工程建设形成或引发的各致灾地质体或致灾地质作用(如改造或加载后造成的滑坡复活、危岩崩塌、泥石流形成、地面塌陷、地裂缝、地面沉降、斜坡及边坡失稳)的分布、类型、规模、特征及稳定性进行分析,并对其给拟建工程和相邻建(构)筑物造成灾害的可能性、可能造成的损失大小和危险性进行评估。

地质灾害可能造成的损失大小和危险性分级应按表5.15和表5.16确定。

5.3.4 建设场地地质灾害综合评估

综合评估应根据地质灾害危险性现状评估、预测评估结果,对建设场地地质灾害发生可能性、可能造成的损失和危险性进行评估。

建设场地或场地内各区段地质灾害发生可能性应根据相应范围内各致灾地质体发生地质灾害的可能性进行综合判定。地质灾害可能造成的损失应是相应范围内各地质灾害可能造成的损失之和。地质灾害可能造成的损失大小的划分应符合表 5.15 的规定。地质灾害危险性分级应按表 5.16 确定。

5.3.5 建设场地地质灾害防治措施建议和建设场地适宜性

（1）对场地范围内未达到稳定要求的已有致灾地质体或建设中和建成后新形成的致灾地质体应提出地质灾害防治措施建议。

（2）建设场地或场地内各区段的适宜性应根据地质灾害危险性及地质灾害防治难度按表 5.17 确定。

（3）确需在适宜性差的场地进行工程建设时，应要求同时编制地质灾害防治方案或编制具有地质灾害防治功能的工程建设方案并对方案进行专门论证。

表 5.17　　　　　　　　　　建设场地适宜性划分

地质灾害危险性	地质灾害防治难度		
	难度大	难度中等	难度小
危险性大	适宜性差	适宜性差	基本适宜
危险性中等	适宜性差	基本适宜	适宜
危险性小	基本适宜	适宜	适宜

任务 5.4　矿山地质灾害危险性评估

5.4.1 矿山地质灾害危险性评估基本要求

（1）适用于固体矿产露天开采和地下开采矿山地质灾害危险性评估。露天开采矿山地质灾害危险性评估不包括开采境界内的地质灾害危险性评估；地下开采矿山地质灾害危险性评估不包括井下灾害的危险性评估。

（2）矿山地质灾害危险性评估应对评估范围内受采矿影响的和因采矿新产生的致灾地质体或致灾地质作用造成地质灾害的可能性、可能造成的损失大小及危险性进行评估，作出矿山开采适宜性结论并提出地质灾害防治措施建议。

（3）矿山工业广场、尾矿库、运输工程及其他矿山地面建设项目应根据建设场地地质灾害危险性评估要求进行评估。

（4）对采矿导致的地表水、地下水变化可能引发的地质灾害应进行分析评价。

5.4.2 露天开采矿山地质灾害危险性评估

（1）露天开采矿山采矿影响范围以矿山开采境界外延一定宽度确定，当采深小于 200m 时，外延宽度不小于实际采深，当采深大于 200m 时，外延宽度不小于 200m。采矿影响范围还应包括采矿可能引发的地质灾害影响范围。

（2）当评估区已有致灾地质体分布和类型、开采境界边坡高度和地质情况，保护对象分布和重要性等因素的差异较大时，应分区段进行地质灾害危险性评估。

（3）露天开采境界边坡、排土场及其他受开采影响的致灾地质体发生地质灾害的可能性应根据其在不利工况下的稳定性按表 5.6 确定。

（4）露天开采矿山各致灾地质体产生地质灾害后可能造成的损失应根据保护对象中的受威胁人数及财产价值分项统计。

（5）露天开采矿山或各区段地质灾害发生可能性应根据各致灾地质体发生地质灾害的可能性综合确定，地质灾害发生后可能造成的损失应是各致灾地质体发生地质灾害后可能造成的损失之和并按表 5.15 分级。

（6）露天开采矿山或各区段的地质灾害危险性应根据露天开采矿山或各区段地质灾害发生可能性和地质灾害发生后可能造成的损失大小按表 5.16 确定。

（7）露天开采矿山开采适宜性应根据地质灾害危险性及地质灾害防治难度按表 5.17 确定。

（8）对受采矿影响或因采矿新产生的未达到稳定性要求的致灾地质体应提出地质灾害防治措施建议。

（9）确需在适宜性差的矿山或区段进行开采时，应要求同时编制地质灾害防治方案或编制具有地质灾害防治功能的开采方案并对方案进行专门论证。

5.4.3　地下开采矿山地质灾害危险性评估

（1）地下开采矿山采矿影响范围应按矿体开采境界的边界角划定。

（2）采矿影响程度应分为强烈、较强烈和不强烈三种，已有保护性开采设计的区段采矿影响程度可定为不强烈。

（3）新建矿山采矿影响程度宜采用工程类比法确定，当矿山所在地不具备工程类比条件时可采用概率积分法或模糊综合评判法确定。

（4）采用概率积分法时，采矿影响程度应根据采矿地表移动变形值计算结果按表 5.18 确定。地表移动变形值的计算宜符合《建筑物、水体、铁路及主要井巷煤柱留设与压煤开采规程》（国家煤炭工业局 2000）的规定。

表 5.18　采矿影响程度按采矿地表移动变形值判定

采矿地表移动变形值	采矿影响程度		
	强烈	较强烈	不强烈
斜率 $i/(mm/m)$	$i>10$	$10 \geqslant i>3$	$i \leqslant 3$
曲率 $k/(\times 10^{-3}/m)$	$k>0.6$	$0.6 \geqslant k>0.2$	$k \leqslant 0.2$
水平变形 $\varepsilon/(mm/m)$	$\varepsilon>6.0$	$6.0 \geqslant \varepsilon >2.0$	$\varepsilon \leqslant 2.0$

注　采矿影响程度由强烈向不强烈推定，3 项中有一项首先满足某较高等级时，采矿影响程度即为该等级。

（5）地下开采矿山采矿影响程度的模糊综合评判法，采矿影响程度的模糊综合评判应根据模糊综合评判集中隶属度最大值所对应的采矿影响程度确定。采矿影响程度的模糊综合评判集应按下列公式计算，即

$$B = KR \qquad (5.2)$$

任务 5.4 矿山地质灾害危险性评估

$$\boldsymbol{B} = (b_1, b_2, b_3) \tag{5.3}$$

$$\boldsymbol{K} = (k_1, k_2, k_3, \cdots, k_{10}) \tag{5.4}$$

$$\boldsymbol{R} = [r_{ij}]_{10 \times 3} \tag{5.5}$$

$$b_j = \sum_{i=1}^{10} r_{ij} k_i \quad (j = 1, 2, 3) \tag{5.6}$$

式中 $\boldsymbol{B}$——采矿影响程度的模糊综合评判集;

$\boldsymbol{K}$——影响因素的权重矩阵;

$\boldsymbol{R}$——影响因素的隶属度矩阵;

k_i——第 i 个影响因素的权重,查表 5.19,$i=1$,2,$\cdots$,10;

r_{ij}——第 i 个影响因素对第 j 个影响程度的隶属度,查表 5.19,若影响因素 i 隶属于采矿影响程度 j,则 r_{ij} 取 1,反之取 0,$i=1$,2,$\cdots$,10,$j=1$,2,3;

b_j——采矿影响对第 j 个影响程度的隶属度,$j=1$,2,3;b_1 为采矿影响强烈的隶属度,b_2 为采矿影响较强烈的隶属度;b_3 为采矿影响不强烈的隶属度。

表 5.19 采矿影响程度的模糊综合评判

影响因素 i		权值 k_i	采矿影响程度 j		
			1	2	3
			强烈	较强烈	不强烈
1	开采深厚比	0.2	<120	120~200	>200
2	充分采动系数 n_1、n_2[a]	0.16	$n_1 \geq 1$,$n_2 \geq 1$	$n_1 < 1$ 且 $n_2 \geq 1$ $n_2 < 1$ 且 $n_1 \geq 1$	$n_1 < 1$ 且 $n_2 < 1$
3	采空区处理方法	0.16	全部陷落	局部充填	全充填
4	重复采动	0.12	重复二次及以上采动	重复一次采动	初次采动
5	矿石产量/(万 t/a)	0.08	>100	100~30	<30
6	矿层倾角 $\alpha/(°)$	0.08	$\alpha \geq 55°$	$15° < \alpha < 55°$	$\alpha \leq 15°$
7	地形坡角 $\beta/(°)$	0.08	$\beta \geq 30°$	$15° \leq \beta \leq 30°$	$\beta < 15°$
8	矿井排水量/(m³/h)	0.04	>1200	1200~300	<300
9	断层数目/条	0.04	>3	3~1	0
10	土层厚度 h/m	0.04	<5	5~10	>10

注 1. 开采深厚比中开采深度是指各开采层按开采厚度加权的平均埋深;开采厚度是指各开采层的开采厚度之和。
2. 断层数量是指采矿影响范围内地表出露的断层条数。断层数目是指矿界范围内覆岩中倾角大于 20°,垂直传断距大于 20m 的断层数目。

a $n_1 = iD_1/H_0$,$n_2 = iD_2/H_0$,式中 n_1、n_2 分别是走向、倾向充分采动系数;D_1、D_2 分别是开采的平均走向长度、倾向宽度,m,H_0 是最上开采层距地表的平均埋深,m,i 是与覆岩岩性有关的系数,坚硬岩层取 0.7,中硬岩层取 0.8,软弱岩层取 0.9。

(6) 对改扩建矿山或生产矿山,已达到充分采动对,继续开采的采矿影响程度按现状条件下的影响程度确定,未达到充分采动但现状条件下采矿影响强烈时,继续开采的采矿影响程度应定为强烈,未达到充分采动且现状条件下采矿影响较强烈或不强烈时,继续开采的采矿影响程度应根据新建矿山采矿影响程度的方法确定,但其结果不应低于现状条件下的采矿影响程度。

当矿山有地表变形实测资料时,现状条件下的采矿影响程度应按实测的地表变形值根据表 5.18 确定；当矿山无地表变形实测资料时，现状条件下的采矿影响程度应根据地面建（构）筑物因采矿产生的变形损坏等级参照砖混结构建（构）筑物损坏等级及采矿影响程度确定；当矿山既无地表变形实测资料又无建（构）筑物时，宜根据地面变形迹象调查结果综合确定。

（7）矿山地质灾害危险性评估应同时进行采矿地表移动致灾危险性判定和采矿影响范围内其他各致灾地质件致灾危险性判定。

（8）采矿地表移动致灾危险性应根据采矿地表移动致灾的可能性和可能造成的损失大小按表 5.15 确定，采矿地表移动致灾的可能性和可能造成的损失大小的确定应符合下列规定：

1）采矿影响强烈时，地表移动致灾的可能性大；采矿影响较强烈时，地表移动致灾的可能性中等；采矿影响不强烈时，地表移动致灾的可能性小。

2）采矿地表移动可能造成的损失大小按表 5.15 分级，表中受威胁人数只在采矿影响强烈时考虑，损失值根据保护对象的数量和损坏等级按当地的赔（补）偿标准确定，损坏等级可参照砖混结构建（构）筑物损坏等级及采矿影响程度划分确定。

（9）采矿影响范围内其他各致灾地质体（含矸石山）致灾危险性应根据相应致灾地质体致灾可能性和可能造成的损失大小按表 5.16 确定，相应致灾地质体致灾可能性和可能造成的损失大小应符合下列规定：

1）致灾地质体的可能性根据其在采矿影响下的稳定性按表 5.6 确定，在采矿影响下的稳定性根据致灾地质体在不利工况下的稳定性和采矿影响程度按表 5.20 确定。

表 5.20　　　　　　　　　致灾地质体在采矿影响下的稳定性

采矿影响程度	致灾地质体在不利工况下的稳定性			
	不稳定	欠稳定	基本稳定	稳定
强烈	不稳定	不稳定	不稳定	欠稳定或基本稳定
较强烈	不稳定	不稳定	欠稳定	基本稳定或稳定
不强烈	不稳定	欠稳定	基本稳定	稳定

2）致灾地质体可能造成的损失大小按表 5.15 分级。

（10）地下开采矿山的地质灾害危险性应根据其地质灾害发生可能性和地质灾害发生后可能造成的损失大小按表 5.16 确定。地下开采矿山地质灾害发生可能性应根据采矿地表移动致灾的可能性和各致灾地质件致灾的可能性综合确定，地质灾害发生后可能造成的损失应是采矿地表移动致灾可能造成的损失和各致灾地质体致灾可能造成的损失之和，损失大小应按表 5.15 分级。

（11）当矿山地质灾害危险性差异大时，应根据地面保护对象分布及重要性、致灾地质体分布及类型、矿山地质条件及生产技术条件等因素的差异进行分区段评估。

（12）地下开采矿山开采适宜性应根据地质灾害危险性和地质灾害防治难度按表 5.17 确定。

（13）确需在适宜性差的矿山或区段进行采矿时，应要求同时编制地质灾害防治方案或编制具有地质灾害防治功能的开采方案并对方案进行专门论证。

(14) 对采矿影响范围内未达到稳定性要求的致灾地质体应提出地质灾害防治措施建议；对保护对象应根据其重要性及特点提出相应的保护性措施建议。

任务 5.5　地质灾害危险性评估成果

5.5.1　地质灾害危险性评估成果的基本要求

(1) 规划区、建设场地和矿山地质灾害危险性评估成果应以评估报告方式提交。报告应附地质灾害危险性评估平面图、剖面图，必要时尚应附与地质灾害危险性评估有关的专项图件。

(2) 地质灾害危险性评估平面图应以地形地质图为背景，反映致灾地质体的分布。对规划区地质灾害危险性评估尚应反映规划方案，对建设场地地质灾害危险性评估尚应反映拟建工程概况，对矿山地质灾害危险性评估尚应反映矿山设计（开采）概况及地面保护对象。

(3) 当需分区段进行地质灾害危险性评估时，应编制综合分区段评估图和特征说明表。

(4) 致灾地质体应有专门的平面图、剖面图、照片或素描图，剖面图纵横比例尺应一致。当有勘探测试资料时应附勘探测试成果图表。

(5) 当有正式的地质灾害防治方案或具有地质灾害防治功能的工程建设方案与矿山开采设计方案时应附相应方案。

(6) 评估报告的文字、术语、代号、符号、数字和计量单位应符合国家有关标准的规定。

5.5.2　规划区地质灾害危险性评估报告

(1) 规划区地质灾害危险性评估报告应包括以下主要内容：
1) 前言（目的、任务、调查范围、执行的技术标准、评估工作概况）。
2) 规划项目基本情况。
3) 自然地理概况。
4) 地质环境。
5) 致灾地质体特征及地质灾害发生可能性分析。
6) 地质灾害危险性分区分级。
7) 地质灾害危险性分区评估。
8) 规划建议。
9) 结论与建议。

(2) 地质灾害危险性分区图应主要反映规划区内地质灾害形成的地质环境、致灾地质体分布及危险性分区等内容。平面图应配置具代表性的剖面图和危险性分区说明表，说明表应反映分区存在的主要环境地质问题、致灾因素、规划建议等。

(3) 地质灾害危险性分区平面图及剖面图中地质灾害危险性分区代号应符合表 5.21 的要求，亚区代号应以分区代号加阿拉伯数字下标表示。地质灾害危险性分区平面图中不同危险性等级的区域宜采用不同的颜色。

表 5.21　　　　　　　　地质灾害性分区代号

地质灾害危险性分区	分区代号
危险性小	A
危险性中等	B
危险性大	C

5.5.3　建设场地地质灾害危险性评估报告

（1）建设用地地质灾害危险性评估报告应包括以下内容：

1）前言（目的、任务、评估范围、调查范围、执行的技术标准、评估级别、评估工作概况）。

2）拟建项目基本情况。

3）自然地理概况。

4）地质环境。

5）地质灾害危险性现状评估。

6）地质灾害危险性预测评估。

7）地质灾害危险性综合评估。

8）地质灾害防治措施建议。

9）建设场地适宜性。

10）结论与建议。

（2）建设场地地质灾害危险性评估报告应附地质灾害危险性评估平面图和剖面图。分区段进行评估的建设场地地质灾害危险性评估报告应附反映地质灾害危险性的分区段评估图和反映各区段地质环境特征的典型纵、横剖面图。

（3）建设场地地质灾害危险性评估平面图及剖面图中地质灾害危险性分区代号应符合表 5.21 的要求，亚区代号应以分区代号加阿拉伯数字下标表示。建设场地地质灾害危险性评估平面图中不同危险性等级的区域宜采用不同的颜色。

5.5.4　矿山地质灾害危险性评估报告

（1）矿山地质灾害危险性评估报告应包括以下内容：

1）前言（目的、任务、评估范围、调查范围、保护对象概况、执行的技术标准、评估级别、评估工作概况）。

2）矿山基本情况。

3）自然地理概况。

4）地质环境。

5）矿床地质及矿山设计（开采）概况。

6）采矿影响程度分析（对地下开采矿山）。

7）矿山地质灾害危险性评估。

8）地质灾害防治措施建议。

9）矿山开采适宜性。

10）结论与建议。

（2）矿山地质灾害危险性评估报告应附矿山地质灾害危险性评估平面图、剖面图及地层综合柱状图。分区段进行评估的矿山地质灾害危险性评估报告应附反映地质灾害危险性的分区段评估图和反映各区段地质环境特征的典型纵、横剖面图。对地下开采矿山尚应附井上井下对照图。

（3）矿山地质灾害危险性评估平面图及剖面图中地质灾害危险性分区代号、亚区代号应符合建设场地地质灾害危险性评估报告的规定。矿山地质灾害危险性评估平面图中不同危险性等级的区域宜采用不同的颜色。

5.5.5 ×××大桥建设用地地质灾害危险性评估报告

5.5.5.1 前言

1. 项目由来及工程概况

拟建的×××大桥位于××市区东南部鸡喇街附近，其西端与南环路相连，东端与规划的×××开发区主干道——阳和大道相接，再往东延伸可与桂林—北海高速路相通。地理坐标：东经109°26′～109°27′，北纬24°16′～24°17′。

受××市城市投资建设发展有限公司的委托，承担了该工程建设用地地质灾害危险性的评估工作。

×××大桥宽30.50m，全长1156.522m，起点坐标（2685231.499，95609.901），终点坐标（2685231.499，94453.379）。设计部门对主桥提出3种梁式桥进行比选，比选结果，推荐采用7跨变高度连续梁，其孔跨布置为50m+75m+3×100m+75m+50m（方案一）。该方案主桥设8个墩，西岸引桥设4个墩（台），东岸引桥设7个墩（台）。×××大桥西引桥与鸡喇防洪堤及堤后抢险道成分离式立交，引道西侧设匝道与抢险道连接，东引桥与规划的×××滨江路设部分互通立交。×××大桥投资估算金额为16561.07万元。

2. 评估的目的与任务

进行建设用地地质灾害危险性评估是为了预防地质灾害的发生，为防治地质灾害提供依据。其任务是对评估范围内各类地质灾害的分布、规模进行调查，评估其对工程建设可能产生的危害及影响；对工程建设加剧、诱发地质灾害的可能性及工程建设本身可能遭受地质灾害的危险性进行预测评估；对建设用地的适宜性作出评价，并提出防治诱发地质灾害的措施。

3. 评估工作级别与范围

×××大桥是××市城市主干道的重要组成部分，是市区与河东×××经济开发区和×××经济开发区的主要交通纽带，也是××市对外交通的出口通道。××市把×××大桥工程列入"十五"期间重点建设的城市基础设施建设项目之一。因此，该项目可定为较重要的建设项目。

桥位横跨岩溶谷地、河槽、河流阶地等地貌单元，土体成因、分层较多，谷地两侧地表岩溶发育，还发育有地下河，河流西岸修筑防洪堤改变了原始的岸坡形态。由此，地质环境条件复杂程度可定为中等。

由上所述，根据项目的重要性和地质环境条件，确定本项目的地质灾害评估级别为二级。

根据工程特点和地质环境条件，野外调查范围以桥中轴线上游500m、下游300m和两端以工程起、终点外延300m为界；评估范围从桥中轴线向两侧各扩展120m，两端以甲方提供的地形图为界，即工程起、终点外延100m。

4．评估工作依据

评估工作依据主要包括：

- 国土资源部第3号令《建设用地审批管理办法》。
- 国土资源部第4号令《地质灾害防治管理办法》。
- 国土资源部《关于实行建设用地地质灾害危险性评估的通知》（国土资发［1999］392号文）及其附件《建设用地地质灾害防治管理办法》。
- 参照执行国家标准《岩土工程勘察规范》（GB 50021—2001）、《建筑地基基础设计规范》（GB 50007—2002）。
- 区政府第3号令《×××自治区地质灾害防治管理办法》。
- 委托书和甲乙双方就本项目签订的《技术服务合同书》。

5．评估工作概况

接受任务后，我院立即组织承担本项目的地质技术人员到实地对评估范围内的地形地貌、地层岩性与地质构造、地质灾害、地表水与地下水等进行了调查、访问，对典型的地貌、地下水排泄口和人工整治工程进行拍照，收集到了现场的真实资料。

另外，还收集到中铁大桥勘测设计院编写的《×××市×××大桥工程可行性研究报告》和《×××市×××大桥初勘工程地质报告》，×××水文地质工程地质队编写的《×××市区域水文地质工程地质调查报告》（比例尺为1∶5万～1∶10万），以及其他相关的水文地质工程地质资料。

上述实际资料和前人工作成果为本报告的编写提供了较丰富的基础性资料。

5.5.5.2 地质环境条件

（1）气象水文。××市属亚热带季风气候区，夏季炎热多雨。

（2）地形地貌。桥位区及周边附近地貌类型有河谷地貌和岩溶谷地地貌。

（3）地层岩性。桥位区出露和钻探揭露的地层有第四系全新统、更新统冲积层和第四系残积层以及石炭系上统威宁阶黄龙组上段。

（4）地质构造与地震。桥位区地处河表向斜西翼。河表向斜轴线方向北东向，为一平缓的箱状向斜，西翼岩层倾角8°～15°。

（5）岩溶发育特征。综合分析野外调查、区域研究成果和桥位初勘钻孔及物探电测深资料，桥位及周边附近岩溶发育有以下特征：×××西岸强岩溶发育带高于×××段×××枯水位，桥位处高程65～40m段白云岩岩溶弱发育。

从基岩面的起伏情况看，西岸引桥局部地段基岩面起伏稍大，其余地段起伏甚小，特别是河床地段。基岩面起伏大，说明溶沟（槽）发育，差异溶蚀明显；基岩面平坦，说明表面裂隙不发育，水对岩石以面状的均匀溶蚀为主。这从另一侧面反映了桥位区断裂不发育,岩溶也不甚发育,岩体完整性较好。

(6) 水文地质条件。桥位区有两种类型的地下水:一是上层滞水;二是赋存于白云岩中的裂隙孔洞(溶洞)水。

(7) 岩土工程地质特征。主要岩土层的工程地质特征如下:冲积软塑亚黏土,残积硬塑红黏土,微风化白云岩。

(8) 地质环境总体评价。由上所述,桥位横跨岩溶谷地、河床、二级阶地等地貌单元;土体分层较多,但其工程地质性能较好,强度较高;谷地两侧山体及山脚岩溶很发育,但强岩溶发育带深度受×××枯期水位控制,均高于桥位中轴线主桥和引桥段的基岩面高程,桥位地段浅层岩溶弱发育,岩层完整性较好。两岸引桥地段以硬塑黏性土为主,属中硬土,为Ⅱ类场地,河槽地段圆砾层薄,为Ⅰ类场地,属抗震有利场地。因此,桥位区地质环境条件的复杂程度为中等,桥位区的水文地质工程地质条件较好,有利于大桥的修建。

5.5.5.3 地质灾害危险性评估

1. 地质灾害危险性现状评估

经现场调查访问,评估范围内未发现崩塌、滑坡、地面塌陷、地裂缝等地质灾害。地质灾害危险性现状评估为没有危险性。

2. 地质灾害危险性预测评估

(1) 工程建设诱发地质灾害的可能性。工程建设诱发地质灾害的可能性有地基塌陷、地基沉降和江岸滑坡(坍塌)等。

地基塌陷:桥址初勘共施工了10个钻孔,两岸引桥地段钻入基岩深度5.10~12.05m,河床主桥地段钻入基岩15.80~25.45m,除个别孔外,孔位大多不在桥墩位置。尽管只有两个孔遇到充填溶洞、溶隙,但还不足以说明桥墩位置没有岩溶发育。桥墩基础底下浅埋溶洞在上部重压条件下,洞顶有可能失稳而产生塌陷。

地基沉降:黏性土特别是红黏土,浸水后随着状态的改变,土质软化,强度相应降低。红花电站蓄水后,桥位处正常江水位为77.72m,两岸引桥地段的地下水位将上升至82.00m左右。两岸引桥的桥墩如以土层作为基础持力层,随着地基土的软化,允许承载力的降低,地基将可能出现不同程度的下沉;当地基土的允许承载力降至小于基础底面的平均压力设计值时,地基还可能出现滑动而引起基础倾斜。

岸坡滑坡(坍塌):西岸桥位至下游(南面)×××脚约200m长的防洪堤外,堆有大量人工填土(调查时,施工堤内抢险道的弃土还在往外堆填),局部厚度达10m。由堆填土组成的岸坡稳定性差,如再加上×××电站蓄水的浸泡,极有可能沿填土与"老土"的接触界面产生土体滑坡(坍塌)。东岸为岩土组合岸坡,其上段的土质岸坡高度为14m左右,坡度约30°,岩性为亚黏土。根据岸坡形态、岸坡植被生长情况和阳和段的水文条件分析,该土质岸坡在天然状态下稳定性较好,但×××电站蓄水后长期受水浸泡,亦有可能产生规模大小不等的崩(坍)塌。

(2) 工程建设本身可能遭受地质灾害的危险性。由上所述,工程本身可能遭受的地质灾害主要有桥墩岩石地基塌陷和土体地基沉降。岩石地基失稳的程度主要取决于岩溶发育的特征、规模和充填物性质。地基突然塌陷轻则影响桥梁的正常使用,重则可造成生命财产损失；土体地基沉降过多则直接影响桥梁的正常使用，不均匀沉降过多或地基滑动，则会导致基础倾斜、桥墩倒塌。不论是地基塌陷还是地基沉降，都会使城市主干道的畅通受到影响，其危险性分级可定为中等。

3. 地质灾害危险性综合评估

主桥地段河床平坦，覆盖层厚度薄，基础持力层埋藏浅，强度高，没有危及基础稳定的溶沟、溶槽，场地稳定性好。两岸引桥（道）地段地形平坦开阔，覆盖层厚15～25m，以硬塑状黏性土为主，强度较高，未发现土洞、塌陷等不良地质现象。东岸岸坡在天然状态下稳定性较好，西岸岸坡已部分整治，天然状态下稳定性好。作为桥墩基础持力层的白云岩，处在区域地下水排泄基准面以下，浅层（地基受力层）岩溶弱发育，岩溶形态以溶孔、溶隙为主，发育大规模空溶洞的可能性较小。墩基下可能存在的浅埋溶洞，详勘时可以查明，并根据情况做相应处理，其对桥梁安全的潜在危险性完全可以避免。因此，桥位区的水文地质和工程地质条件都较好。考虑到×××谷地北侧山脚有地下河发育、南侧山体内有廊道式溶洞发育，并在1989年曾发生过洞内岩体垮塌，在评估区边线外300m处引发地面塌陷。因此，×××段评估外围的水文工程地质条件较差。地质灾害危险性综合评估结果为：主桥和东岸引桥段用地适宜性较好；西岸引桥和引道段用地适宜性一般。

5.5.5.4 地质灾害防治措施

针对本工程地质环境条件的实际情况，地质灾害的预防、治理工作应提前到工程的详勘、设计和施工阶段进行。

（1）主桥墩位如采用围堰明挖基础，详勘钻孔宜按基础轴线布置，每个墩位不少于两个孔；如采用孔桩基础，每个桩位均宜钻探。以微风化白云岩为基础持力层。

（2）引桥宜设计挖孔桩基础，以下伏微风化白云岩作为基础持力层，每个桩孔都宜钻探。

（3）在钻探控制深度范围内所遇到的空溶洞，应做灌浆处理；遇到的充填溶洞，应视充填物性质做相应处理，以确保地基安全。

（4）西岸填土岸坡应进行整治，坡度降至25°以下，并做全坡面的浆砌片石护坡；东岸上部的土质岸坡亦应做片石护坡。坡顶设置排水天沟。

5.5.5.5 结论与建议

（1）×××大桥为较重要的建设项目，桥位区地质环境条件复杂程度中等，地质灾害危险性评估级别为二级。

（2）桥位及周边评估范围内，未发现崩塌、滑坡、地面塌陷、地裂缝等地质灾害，地质灾害危险性现状评估为没有危险性。

（3）工程建设及下游×××电站蓄水后，可能诱发的地质灾害有桥墩基底岩石地基塌陷和基底土体地基沉降。两者都直接影响到大桥的正常使用，重者则危及车辆人员安全，预测评估为危险性中等。

（4）桥位区的水文地质和工程地质条件都较好，预测可能诱发的地质灾害只要在详勘、设计、施工中按相关技术要求予以注意（执行）是完全可以避免的。综合评估结果，桥位区建设用地适宜性，分为较好区（段）和一般区（段），较好区（段）长860m，一般区（段）长 520m。

（5）建议在桥位详勘开始时，结合墩基钻探，布孔验证物探测深异常段的性质，并用以指导后面的钻探布置工作。

项 目 小 结

地质灾害危险性评价又称地质灾害灾变评价。在查清地质灾害活动历史、形成条件、变化规律与发展趋势的基础上进行危险性评价，主要是对地质灾害活动程度和危害能力的分析评判。不同地质灾害的具体指标不同。反映地质灾害危害能力的基本标志是地质灾害事件的危害范围与危害强度；对于一个地区来说，则是不同强度危害区的分布情况。通过地质灾害危险性评价，确定地质灾害活动参数，圈定地质灾害危害范围，划分危害强度，编制地质灾害危险性分区图。其目的是为评价地质灾害破坏损失程度以及规划、部署、实施地质灾害防治工作提供科学依据。本节主要根据《地质灾害危险性评估技术要求（试行）》介绍了规划区、建设用地和矿山的地质灾害危险性评估。

思 考 题

1. 地质灾害危险性评估范围及等级如何确定？
2. 规划区地质灾害危险性评估的程序。
3. 建设用地地质灾害危险性评估的程序。
4. 矿山地质灾害危险性评估的程序。

拓 展 思 考

三峡地质灾害防治措施，地质灾害危险性评估分析。查阅一些文献，研究与试述三峡地质灾害的种类、治理的主要措施、地质灾害的危险性。

建 议 参 考 的 文 献

[1] 潘学标，郑大玮. 地质灾害及其减灾技术［M］. 北京：化学工业出版社，2010.
[2] 潘懋，李铁锋. 灾害地质学［M］. 北京：北京大学出版社，2012.
[3] 门玉明，等. 地质灾害治理工程设计［M］. 北京：冶金工业出版社，2011.
[4] 王明伟，等. 地质灾害调查与评价［M］. 北京：地质出版社，2008.
[5] 朱大奎，等. 环境地质学［M］. 北京：高等教育出版社，2000.
[6] Carla W. Montgomery. Environmental Geology［M］. Wm. C. Brown Publishers，1995.

项目 6 地灾治理工程预算编制

任务 6.1 地质灾害治理工程费用的组成

地质灾害治理工程费用由建筑工程费、独立费、预备费组成。建筑工程费由直接费、间接费、利润、税金组成。独立费由建设管理费、科研勘测设计费、建设及施工场地征用费、环境保护及水土保持费、其他组成；预备费由基本预备费、价差预备费组成。

地质灾害治理工程费用组成见图 6.1。

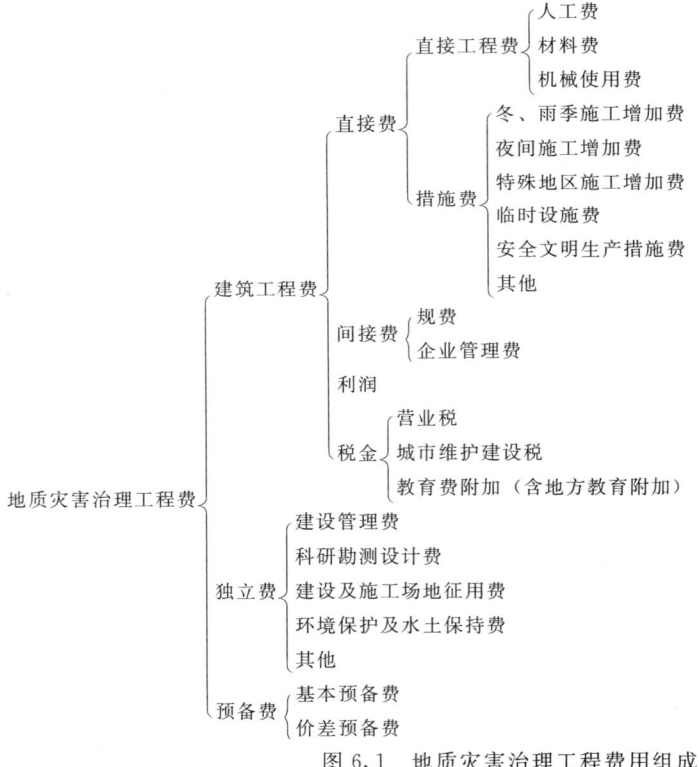

图 6.1 地质灾害治理工程费用组成

注：直接委托给财政拨款事业单位的项目不计算利润和税金。

6.1.1 建筑工程费

建筑工程费由直接费、间接费、利润和税金组成。

1. 直接费

直接费指建筑工程施工过程中直接消耗在工程项目上的活劳动和物化劳动。由直接工程费、措施费组成。直接工程费包括人工费、材料费、施工机械使用费。措施费包括冬雨季施工增加费、夜间施工增加费、特殊地区施工增加费、临时设施费、安全文明生产措施费和其他。

(1) 直接工程费：

1) 人工费。人工费是指列入预算定额的直接从事建筑安装工程施工的生产工人开支的各项费用，包括基本工资、辅助工资和工资附加费。

a. 基本工资：由岗位工资、年功工资以及年应工作天数内非作业天数的工资组成。

岗位工资：指按照职工所在岗位各项劳动要素测评结果确定的工资。

年功工资：指按照职工工作年限确定的工资，随工作年限增加而逐年增加。

生产工人年应工作天数内非作业天数的工资：包括职工开会学习、培训期间的工资，调动工作、探亲、休假期间的工资，因气候影响的停工工资，女工哺乳期间的工资，病假在 6 个月以内的工资及产、婚、丧假期的工资。

b. 辅助工资：指在基本工资之外，以其他形式支付给职工的工资性收入，主要是根据国家有关规定属于工资性质的各种津贴，包括地区津贴、施工津贴、夜餐津贴、节日加班津贴等。

c. 工资附加费：指按照国家规定提取的职工福利基金、工会经费。

2) 材料费。材料费指用于建筑工程项目上的消耗性材料费和周转性材料摊销费。包括定额工作内容规定应计入材料。

材料预算价格一般包括材料原价、包装费、运杂费、运输保险费和采购及保管费 5 项。

a. 材料原价：指材料指定交货地点的价格。

b. 包装费：指材料在运输和保管过程中的包装费和包装材料的折旧摊销费。

c. 运杂费：指材料从指定交货地点至工地分仓库或相当于工地分仓库（材料堆放场）所发生的全部费用。包括运输费、装卸费、调车费及其他杂费。

d. 运输保险费：指材料在运输途中的保险费。

e. 采购及保管费：指材料在采购、供应和保管过程中所发生的各项费用。主要包括材料的采购、供应和保管部门工作人员的基本工资、辅助工资、工资附加费、教育经费、办公费、差旅交通费及工具用具使用费，仓库、转运站等设施的检修费、固定资产折旧费、技术安全措施费和材料检验费，材料在运输、保管过程中发生的损耗等。

3) 施工机械使用费。施工机械使用费指消耗在建筑安装工程项目上的机械磨损、维修和动力燃料费用等。包括折旧费、修理及替换设备费、安装拆卸费、机上人工费和动力燃料费等。

a. 折旧费：指施工机械在规定使用年限内回收原值的台时折旧摊销费用。

b. 修理及替换设备费。

修理费：指施工机械在使用过程中，为了使机械保持正常功能而进行修理所需的摊销费用和机械正常运转及日常保养所需的润滑油料、擦拭用品的费用，以及保管机械所需的费用。

替换设备费：指施工机械正常运转时所耗用的替换设备及随机使用的工具附具等摊销费用。

c. 安装拆卸费：指施工机械进出工地的安装、拆卸、试运转和场内转移及辅助设施的摊销费用。部分大型施工机械的安装拆卸费不在其施工机械使用费中计列，包含在其他临时工程中。

d. 机上人工费：指施工机械使用时机上操作人员人工费用。

e. 动力燃料费：指施工机械正常运转时所耗用的风、水、电、油和煤等费用。

（2）措施费：

1）冬雨季施工增加费。冬雨季施工增加费是指在冬雨季施工期间为保证工程质量和安全生产所需增加的费用，包括增加施工工序，增设防雨、保温、排水等设施增耗的动力、燃料、材料以及因人工、机械效率降低而增加的费用。

2）夜间施工增加费。夜间施工增加费是指施工场地和公用施工道路的照明费用。

3）特殊地区施工增加费。特殊地区施工增加费是指在高海拔和原始森林等特殊地区施工而增加的费用。

4）临时设施费。临时设施费是指施工企业为进行建筑安装工程施工所必需的但又未被划入施工临时工程的临时建筑物、构筑物和各种临时设施的建设、维修、拆除、摊销等费用。例如，供风、供水（支线）、供电（场内）、夜间照明、供热系统及通信支线，土石料场，简易砂石料加工系统，小型混凝土拌和浇筑系统，木工、钢筋、机修等辅助加工厂，混凝土预制构件厂，施工排水，场地平整、道路养护及其他小型临时设施。

5）安全文明生产措施费。指施工企业为进行建筑工程施工所必需的但又未被划入施工临时工程中的大型施工安全措施费的安全文明生产措施费。该部分费用按照国家现行的建筑施工安全、施工现场环境与卫生标准和有关规定，购置和更新施工安全防护用品及设施、改善安全生产条件和作业环境所需要的费用。

6）其他。包括施工工具用具使用费、检验试验费、工程定位复测、工程点交、竣工场地清理、工程项目及设备仪表移交生产前的维护观察费等。其中，施工工具用具使用费是指施工生产所需，但不属于固定资产的生产工具、检验、试验用具等的购置、摊销和维护费。检验试验费是指对建筑材料、构件和建筑安装物进行一般鉴定、检查所发生的费用，包括自设试验室进行试验所耗用的材料和化学药品费用，以及技术革新和研究试验费，不包括新结构、新材料的试验费和建设单位要求对具有出厂合格证明的材料进行试验、对构件进行破坏性试验，以及其他特殊要求检验试验的费用。施工过程中对开挖基坑、边坡、清危可能存在的安全隐患以及在泥石流沟道内施工时对洪水（泥石流）的巡视、检测和预警等工作所发生的费用。

2. 间接费

间接费是指施工企业为建筑工程施工而进行组织与管理所发生的各项费用，是构成建筑产品成本，由规费和企业管理费组成。

（1）规费。规费是指政府和有关部门规定必须缴纳的费用。包括以下几种：

1) 社会保障费:
a. 养老保险费:指企业按规定标准为职工缴纳的基本养老保险费。
b. 失业保险费:指企业按照国家规定标准为职工缴纳的失业保险费。
c. 医疗保险费:指企业按照规定标准为职工缴纳的基本医疗保险费。
2) 住房公积金。指企业按照规定标准为职工缴纳的住房公积金。
3) 其他。包括企业按照规定标准为职工缴纳的工伤及生育保险费。

(2) 企业管理费。企业管理费是指施工企业为组织施工生产经营活动所发生的费用。包括现场管理费和企业总部管理费。

1) 现场管理费内容包括:
a. 现场管理人员的基本工资、辅助工资、工资附加费和劳动保护费。
b. 差旅交通费:指现场职工因公出差期间的差旅费、误餐补助费,职工探亲路费,劳动力招募费,职工离退休、退职一次性路费,工伤人员就医路费,工地转移费以及现场职工使用的交通工具、运行费、养路费及牌照费。
c. 办公费:指现场办公用具、印刷、邮电、书报、会议、水、电及烧水和集体取暖(包括现场临时宿舍取暖)用燃料等费用。
d. 固定资产使用费:指现场管理使用的属于固定资产的设备、仪器等的折旧、大修理、维修费或租赁费等。
e. 工具用具使用费:指现场管理使用的不属于固定资产的工具、器具、家具、交通工具和检验、试验、测绘、消防用具等的购置、维修和摊销费。
f. 保险费:指施工管理用财产、车辆保险费,高空、井下、洞内、水下、水上作业等特殊工种安全保险费等。
g. 其他费用:指上述未包含与现场施工管理有关的费用。

2) 企业总部管理费内容包括:
a. 管理人员的基本工资、辅助工资、工资附加费和劳动保护费。
b. 差旅交通费:指施工企业管理人员因公出差、工作调动的差旅费、误餐补助费、职工探亲路费、劳动招募费、离退休职工一次性路费及交通工具油料、燃料、牌照、养路费等。
c. 办公费:指企业办公用文具、纸张、账表、印刷、邮电、书报、会议、水电、燃煤(气)等费用。
d. 固定资产折旧、修理费:指企业属于固定资产的房屋、设备、仪器等折旧及维修等费用。
e. 工具用具使用费:指企业管理使用不属于固定资产的工具、用具、家具、交通工具、检验、试验、消防等的摊销及维修费用。
f. 职工教育经费:指企业为职工学习先进技术和提高文化水平按职工工资总额计提的费用。
g. 劳动保护费:指企业按照国家有关部门规定标准发给职工的劳动保护用品的购置费、修理费、保健费、降温防暑费、高空作业及进洞津贴、技术安全措施以及洗澡用水、饮用水的燃料费等。

h. 保险费：指企业财产保险、管理用车辆等保险费用。

i. 税金：指企业按规定交纳的房产税、管理用车辆使用税、印花税等。

j. 其他：包括技术转让费、设计收费标准中未包括的应由施工企业承担的部分施工辅助工程设计费、投标报价费、工程图纸资料费及工程摄影费、技术开发费、业务招待费、绿化费、公证费、法律顾问费、审计费、咨询费等。

k. 财务费用：指企业为筹集资金而发生的各项费用，包括企业经营期间发生的短期融资利息净支出、汇兑净损失、金融机构手续费、企业筹集资金发生的其他财务费用，以及投标和承包工程发生的保函手续费等。

l. 其他费用：指施工企业进退场补贴费。

3. 企业利润

企业利润指按规定应计入建筑工程费用中的利润。

4. 税金

税金是指国家对施工企业承担建筑工程作业收入所征收的营业税、城市维护建设税和教育费附加。上述税费，应分别根据国务院发布的《中华人民共和国营业税条例（草稿）》《中华人民共和国城市维护建设税暂行条例》《征收教育费附加的暂行规定》等文件规定的征用范围和税率计算。

6.1.2 独立费用

独立费用由建设管理费、科研勘测设计费、建设及施工场地征用费、环境保护及水土保持和其他费用组成。

1. 建设管理费

（1）项目建设管理费：

1）建设单位管理费。建设单位管理费是指为项目立项、筹建、建设等工作所发生的费用，包括建设单位人员费和项目管理费。

建设单位人员费包括建设单位聘用的不在原单位发工资的工作人员的基本工资、辅助工资、工资附加费、劳动保护费、教育经费、办公费、差旅交通费、会议费、交通车辆使用费、技术图书资料费、零星固定资产购置费、低值易耗品摊销费、工具用具使用费、修理费、水电费、取暖费等。

项目管理费是指建设单位从立项到工程竣工期间所发生的各种管理费用。主要包括在该工程建设过程中用于立项、视察工程建设所发生的会议和差旅等费用；建设单位为解决工程建设所涉及的技术、经济、法律等方面问题需要进行咨询所发生的费用；建设单位进行项目管理所发生的土地使用税、合同公证费等；在工程建设过程中，其他属于工程管理性质开支的费用。

2）工程验收费。指组织地质灾害治理工程竣工初步验收和最终验收所发生的各项费用。

3）勘查、可行性研究、初步设计、施工图审查费。指建设单位根据国家颁布的法律、法规、行业规定，对项目勘查和项目设计的安全性、可靠性、先进性、经济性进行评审所发生的有关费用，包括勘查、可行性研究、初步设计、施工图设计以及重大设计变更（含可行性研究估算、初步设计概算、施工图预算）等阶段进行评审。

（2）造价咨询费：

1）清单、控制价编制费。编制地质灾害治理工程招标清单和控制价所发生的费用。

2）清单、控制价审核费。审核地质灾害治理工程招标清单和控制价所发生的费用。

3）竣工结算审计费。对地质灾害治理工程竣工结算进行审计所发生的费用。

（3）招标代理服务费：

1）勘查、可研、初设招标（比选）服务费。为确定勘查单位而组织进行的招标或比选工作所发生的费用。

2）施工图设计招标（比选）服务费。为确定施工图设计单位而组织进行的招标或比选工作所发生的费用。

3）工程施工招标（比选）服务费。为确定地质灾害治理工程施工单位而组织进行的招标或比选工作所发生的费用。

4）监理单位招标（比选）服务费。为确定地质灾害治理工程工程监理单位而组织进行的招标或比选工作所发生的费用。

（4）工程建设监理费。指在工程建设过程中聘任监理单位，对工程的质量、进度、安全和投资进行监理所发生的全部费用。包括监理单位为保证监理工作正常开展而必须购置的交通工具、办公及生活设备、检验试验设备以及监理人员的基本工资、辅助工资、工资附加费、劳动保护费、教育经费、办公费、差旅交通费、会议费、技术图书资料费、固定资产折旧费、零星固定资产购置费、低值易耗品摊销费、工具用具使用费、修理费、水电费、采暖费等。其主要包括勘查、设计和施工阶段的监理。

2. 科研勘测设计费

科研勘测设计费是指为工程建设所需的科研、勘测和设计等费用。包括工程科学研究试验费和工程勘测设计费。

（1）工程科学研究试验费。指在工程建设过程中，为解决工程技术问题而进行必要的科学研究试验所需的费用。

（2）勘测设计费：

1）勘查费。为弄清地质灾害及危害对象等对地质灾害进行勘查所发生费用。

2）可行性研究和初步设计费。对已确定采取工程治理的地质灾害体，必须编制可行性研究报告和初步设计报告。

可行性研究报告必须提供治理效果相同，但治理思路或工程措施不同的两套或两套以上治理方案进行技术经济比较，对每个方案进行设计和投资估算，着重于大的、主要的分项工程。

初步设计是在可行性研究基础上，对优化组合后推荐的治理方案进一步深入研究，对技术可靠性、经济合理性、施工可行性、环境协调性进行分析，完善工程治理方案，细化分项设计，核定治理工程量，编制治理工程投资概算。初设阶段的投资概算则是直接作为投资依据。

完成上述工作所发生的费用为可行性研究和初步设计费。

3. 建设及施工场地征用费

它指根据设计确定的永久、临时工程征地所发生的征地补偿及应交纳的耕地占用税等。建筑物或构筑物以外的部分为临时占地及青苗补偿费。主要包括征用场地上的林木、作物的赔偿、建筑物迁建及居民迁移费等，其中属于地质灾害治理工程永久建筑物或构筑物的征地部分的费用为永久占地及青苗补偿费。除永久建筑物或构筑物以外的部分为临时占地及青苗补偿费。如果发生建筑迁建及居民迁移等，则为拆迁补偿费。

4. 环境保护及水土保持

防止由于地质灾害治理工程施工期产生的"三废"排放、噪声以及施工开挖、弃渣、占地等活动对地形、地貌、植被的影响、破坏，将破坏水质、噪声和大气污染，并对水土流失等生态环境产生影响，同时对土地资源利用、下游取水设施、社会经济等社会环境可能产生一定影响而增加的一次性费用。

5. 其他费用

（1）工程保险费。工程保险费是指在工程建设期间，为使工程能在遭受火灾、水灾等自然灾害和意外事故造成损失后得到经济补偿，而对建设工程保险所发生的保险费用。

（2）工程质量检测费。指地质灾害治理工程从开工后至竣工验收前由工程质量检测单位所进行的工程质量检测所发生的费用。

（3）监测费。指对地质灾害治理工程施工效果监测所需要的费用，由业主委托有地质灾害勘查甲级资质的单位实施。

6. 预备费

（1）基本预备费。其主要为解决在工程施工过程中，经上级批准的设计变更和国家政策性变动增加的投资及为解决意外事故而采取的措施所增加的工程项目和费用。

（2）价差预备费。由于地质灾害治理工程的工期较短，工程项目建设过程中，人工工资、材料上涨以及费用标准调整而增加的投资一般是能够预见的，因此，地质灾害治理工程不计算价差预备费。

任务6.2 项 目 划 分

6.2.1 地质灾害的种类

根据国务院公布的《地质灾害防治条例》规定，地质灾害包括自然因素或者人为活动引发的危害人民生命和财产安全的山体崩塌、滑坡、泥石流、地面塌陷、地裂缝、地面沉降等与地质作用有关的灾害。地质灾害治理工程就是针对上述地质灾害所采取专项地质工程措施，控制或者减轻地质灾害的工程活动。地质灾害治理工程主要为建筑工程，包括主体建筑工程和施工临时工程。各种地质灾害治理工程的项目组成如下。

1. 主体建筑工程

（1）崩塌治理工程。崩塌治理工程主要指针对危岩（石）体、崩塌堆积体等地质灾害的治理工程。其主要包括危岩（石）体清除、封填危岩（石）腔缝、危岩（石）体支顶、危岩（石）体锚固、柔性防护网、拦石墙等工程。

（2）滑坡治理工程。滑坡治理工程主要指针对滑坡、不稳定斜坡等地质灾害的治理工程。

1）排（截）水工程，主要包括排（截）水沟、盲沟、排水隧洞（廊道）、排水井（孔）等工程。

2）支（拦）挡工程，主要包括混凝土灌注抗滑桩、锚拉抗滑桩、格构锚固、抗滑挡墙、抗滑键、微型组合抗滑桩、桩板墙、加筋挡土墙等工程。

3）加固工程，主要包括预应力锚索（杆）加固、注浆加固等工程。

4）护坡工程，主要包括锚喷支护、砌石护坡、主动网、植被护坡等工程。

5）减载与压脚工程，主要包括削坡减载、土石压脚等工程。

6）土地复垦，指对滑坡治理等生产建设活动和滑坡灾害所毁损的土地，采取整治措施，使其达到可供利用状态的活动。主要包括土地平整、表土回填、土石埂等。

（3）泥石流治理工程：

1）固源工程，主要包括潜坝、谷坊群、挡墙等工程。

2）拦砂工程，主要包括重力式实体坝、格栅坝（格栅坝包括刚性格栅坝和柔性格栅坝，刚性格栅坝主要指切口坝、缝隙坝、桩林坝、梳齿坝等，柔性坝主要指钢索网格坝等）等工程。

3）排导工程，主要包括排导槽、防护堤等工程。

4）停淤场工程，主要包括防护堤、防冲墙、防冲墩等工程。

5）土地复垦，指对泥石流治理等生产建设活动和泥石流灾害所毁损的土地，采取整治措施，使其达到可供利用状态的活动。主要包括土地平整、表土回填、土石埂等。

（4）其他地质灾害治理工程。主要指针对地面塌陷、地裂缝、地面沉降等地质灾害的治理工程。

1）地表封闭防渗工程，主要包括防水材料封闭、回填抹面封闭等工程。

2）地面下加固处理工程，主要包括恢复原地下水位、控制地下水位、压浆阻水、回填夯实等工程。

2. 施工临时工程

施工临时工程指为辅助主体工程所必须修建的生产和生活用临时性工程。该施工临时工程未在主体建筑工程的措施费中计算，且需要单独设计。

本部分组成内容如下：

（1）导流工程，主要包括导流明渠工程、围堰、导流洞工程等。

（2）施工交通工程，主要包括施工现场内外为工程建设服务的临时交通工程，如公路工程（含施工便道）、便桥工程、转运站工程等。

（3）施工供电工程，主要包括从现有电网向施工现场供电的10kV及以上高压输电线路工程和施工变配电设施（场内除外）工程。

（4）施工房屋建筑工程，指工程在建设过程中建造的临时房屋，包括施工仓库、办公、生活及文化福利建筑及所需的配套设施工程。

（5）其他施工临时工程，指除施工导流、施工交通、施工场外供电、施工房屋建筑以外的施工临时工程。其主要包括施工供水（大型泵房及干管）、砂石料系统、混凝土拌和浇筑系统、大型机械安装拆卸、防汛、防冰、施工排水、施工通信、施工临时支护设施（含隧洞临时钢支撑）等工程。

3. 独立费用

独立费用由建设管理费、科研勘测设计费、建设及施工场地征用费、环境保护及水土保持和其他费用组成。

（1）建设管理费。包括项目建设管理费、造价咨询费、招标代理服务费、工程建设监理费。

（2）科研勘测设计费。包括工程科学研究试验费和工程勘测设计费。

（3）建设及施工场地征用费。包括永久和临时征地所发生的费用。

（4）环境保护及水土保持。包括环境保护及水土保持所发生的费用。

（5）其他费用。包括工程保险费、工程质量检测费、监测费。

6.2.2　项目划分

根据地质灾害的种类，其相应治理工程分别按崩塌［包括危岩（石）体、崩塌堆积体等］治理工程、滑坡（包括滑坡、不稳定斜坡等）治理工程、泥石流治理工程及其他地质灾害（包括地面塌陷、地裂缝、地面沉降等）治理工程划分，工程各部分下设一、二、三级项目，其中二、三级项目可结合地质灾害治理工程的具体情况做必要的增减。项目划分见表 6.1。

表 6.1　　　　　　　　　　项　目　划　分

第一部分　主　体　建　筑　工　程

Ⅰ　崩塌［包括危岩（石）体、崩塌堆积体等］治理工程

序号	一级项目	二级项目	三级项目	技术经济指标
	治理工程			
1		危岩（石）体清除		
			危石爆破	元/m³
			石方开挖	元/m³
2		封填危岩（石）腔缝		
			黏土回填	元/m³
			混凝土	元/m³
			灌浆孔	元/m³
			灌浆	元/t（m）
			排水孔	元/m

续表

序号	一级项目	二级项目	三级项目	技术经济指标
			砌石	元/m³
3		危岩（石）体支顶		
			土方开挖	元/m³
			石方开挖	元/m³
			混凝土	元/m³
			砌石	元/m³
			钢筋	元/t
			抹面	元/m²
			模板	元/m²
4		危岩（石）体锚固		
			锚杆	元/根
			锚索	元/束
5		柔性防护网		
			土方开挖	元/m³
			石方开挖	元/m³
			柔性防护网	元/m²
			锚杆	元/根
6		拦石墙		
			土方开挖	元/m³
			石方开挖	元/m³
			土石方回填	元/m³
			混凝土	元/m³
			砌石	元/m³
			排水孔	元/m
			抹面	元/m²
			模板	元/m²
Ⅱ	滑坡（包括滑坡、不稳定斜坡等）治理工程			
一	排（截）水工程			
1		排（截）水沟		
			土方开挖	元/m³
			石方开挖	元/m³
			土石方回填	元/m³

续表

序号	一级项目	二级项目	三级项目	技术经济指标
			混凝土	元/m³
			砌石	元/m³
			排水孔	元/m
			抹面	元/m²
			模板	元/m²
2		盲沟		
			土方开挖	元/m³
			石方开挖	元/m³
			反滤层	元/m³
			土石方回填	元/m³
			塑料管	元/m
3		排水隧洞（廊道）		
			土方开挖	元/m³
			石方开挖	元/m³
			土石方回填	元/m³
			混凝土	元/m³
			钢筋	元/t
			钢支撑	元/t
			喷射混凝土	元/m³
			锚杆	元/根
			模板	元/m²
			灌浆孔	元/m
			灌浆	元/t（m）
4		排水井（孔）		
			排水井孔	元/m
			井管	元/m
二	支（拦）挡工程			
1		混凝土灌注抗滑桩		
			土方开挖	元/m³
			石方开挖	元/m³
			混凝土	元/m³
			钢筋	元/t

续表

序号	一级项目	二级项目	三级项目	技术经济指标
			模板	元/m²
			机械成孔	元/m
2		锚拉抗滑桩		
			土方开挖	元/m³
			石方开挖	元/m³
			混凝土	元/m³
			钢筋	元/t
			模板	元/m²
			锚索	元/束
			桩机械成孔	元/m
3		格构锚固		
			土方开挖	元/m³
			石方开挖	元/m³
			土石方回填	元/m³
			混凝土	元/m³
			模板	元/m²
			锚杆	元/根
			锚索	元/束
4		抗滑挡墙		
			土方开挖	元/m³
			石方开挖	元/m³
			土石方回填	元/m³
			混凝土	元/m³
			砌石	元/m³
			排水孔	元/m
			反滤层	元/m³
			黏土封填	元/m³
			伸缩缝	元/m²
			抹面	元/m²
			反滤层	元/m³

续表

序号	一级项目	二级项目	三级项目	技术经济指标
			石笼	元/m³
5		抗滑键		
			土方开挖	元/m³
			石方开挖	元/m³
			土石方回填	元/m³
			混凝土	元/m³
			砌石	元/m³
			模板	元/m²
6		小口径组合抗滑桩		
			桩孔	元/m
			钢材	元/t
			钢筋	元/t
			灌浆	元/t（m）
7		桩板墙		
			土方开挖	元/m³
			石方开挖	元/m³
			土石方回填	元/m³
			混凝土	元/m³
			钢筋	元/t
			模板	元/m²
			桩机械成孔	元/m
8		加筋挡土墙		
			土方开挖	元/m³
			石方开挖	元/m³
			土石方回填	元/m³
			混凝土	元/m³
			钢筋	元/t
			聚丙烯土工带	元/kg
			模板	元/m²
三	加固工程			
1		预应力锚索（杆）加固		
			锚杆	元/根

续表

序号	一级项目	二级项目	三级项目	技术经济指标
			锚索	元/束
2		注浆加固		
			灌浆孔	元/m
			灌浆	元/t（m）
四	护坡工程			
1		锚喷支护		
			喷射混凝土	元/m³
			钢筋	元/t
			锚杆	元/根
2		砌石护坡		
			土方开挖	元/m³
			石方开挖	元/m³
			土石方回填	元/m³
			砌石	元/m³
			抹面	元/m²
			反滤层	元/m³
			排水孔	元/m
3		主动网		
			土方开挖	元/m³
			石方开挖	元/m³
			土石方回填	元/m³
			主动网	元/m²
4		植被护坡		
			土方开挖	元/m³
			石方开挖	元/m³
			土石方回填	元/m³
			乔木种植	元/株
			灌木种植	元/m²
			草皮种植	元/m²
			种草籽	元/m²
五	减载与压脚工程			
1		削坡减载	土方开挖	元/m³

续表

序号	一级项目	二级项目	三级项目	技术经济指标
			石方开挖	元/m³
			土石方回填	元/m³
2		土石压脚		
			土方开挖	元/m³
			石方开挖	元/m³
			土石方回填	元/m³
六	土地复垦			
		土地平整	土方开挖	元/m³
			石方开挖	元/m³
			土石方回填	元/m³
		表土回填	土方开挖	元/m³
			土方回填	元/m³
		土石埂	土方开挖	元/m³
			石方开挖	元/m³
			土石方回填	元/m³
			砌石	元/m³
Ⅲ	泥石流治理工程			
一	固源工程			
1		潜坝		
			土方开挖	元/m³
			石方开挖	元/m³
			土石方回填	元/m³
			混凝土	元/m³
			砌石	元/m³
			模板	元/m²
			抹面	元/m²
2		谷坊群		
			土方开挖	元/m³
			石方开挖	元/m³
			土石方回填	元/m³
			混凝土	元/m³
			砌石	元/m³

续表

序号	一级项目	二级项目	三级项目	技术经济指标
			模板	元/m²
			抹面	元/m²
3		挡墙		
			土方开挖	元/m³
			石方开挖	元/m³
			土石方回填	元/m³
			混凝土	元/m³
			砌石	元/m³
			排水孔	元/m
			反滤层	元/m³
			伸缩缝	元/m²
			抹面	元/m²
二	拦沙工程			
1		重力式实体坝		
			土方开挖	元/m³
			石方开挖	元/m³
			土石方回填	元/m³
			混凝土	元/m³
			砌石	元/m³
			模板	元/m²
			抹面	元/m²
			钢筋	元/t
			桩机械成孔	元/m
2		格栅坝		
			土方开挖	元/m³
			石方开挖	元/m³
			土石方回填	元/m³
			混凝土	元/m³
			砌石	元/m³
			模板	元/m²
			抹面	元/m²
			钢材	元/t

续表

序号	一级项目	二级项目	三级项目	技术经济指标
			高弹性钢丝网	元/m²
			钢筋	元/t
			桩机械成孔	元/m
三	排导工程			
1		排导槽		
			土方开挖	元/m³
			石方开挖	元/m³
			土石方回填	元/m³
			混凝土	元/m³
			砌石	元/m³
			模板	元/m²
			抹面	元/m²
			伸缩缝	元/m²
			涵管	元/m
2		防护堤		
			土方开挖	元/m³
			石方开挖	元/m³
			土石方回填	元/m³
			混凝土	元/m³
			砌石	元/m³
			模板	元/m²
			抹面	元/m²
			伸缩缝	元/m²
四	停淤场工程			
1		防护堤		
			土方开挖	元/m³
			石方开挖	元/m³
			土石方回填	元/m³
			混凝土	元/m³
			砌石	元/m³
			模板	元/m²
			抹面	元/m²

续表

序号	一级项目	二级项目	三级项目	技术经济指标
			伸缩缝	元/m²
2		防冲墙		
			土方开挖	元/m³
			石方开挖	元/m³
			土石方回填	元/m³
			混凝土	元/m³
			砌石	元/m³
			模板	元/m²
			抹面	元/m²
			伸缩缝	元/m²
3		防冲墩		
			土方开挖	元/m³
			石方开挖	元/m³
			土石方回填	元/m³
			混凝土	元/m³
			砌石	元/m³
			模板	元/m²
			抹面	元/m²
			伸缩缝	元/m²
五	土地复垦			
		土地平整	土方开挖	元/m³
			石方开挖	元/m³
			土石方回填	元/m³
		表土回填	土方开挖	元/m³
			土方回填	元/m³
		土石埂	土方开挖	元/m³
			石方开挖	元/m³
			土石方回填	元/m³
			砌石	元/m³
Ⅳ	其他地质灾害（地面塌陷、地裂缝、地面沉降等）治理工程			
一	地表封闭防渗工程			
1		防水材料封闭		

续表

序号	一级项目	二级项目	三级项目	技术经济指标
			土方开挖	元/m³
			石方开挖	元/m³
			土石方回填	元/m³
			防渗混凝土	元/m³
			防水砂浆抹面	元/m²
			氯丁橡胶板	元/m²
2		回填抹面封闭		
			土方开挖	元/m³
			石方开挖	元/m³
			土石方回填	元/m³
			防渗混凝土	元/m³
			防水砂浆抹面	元/m²
			氯丁橡胶板	元/m²
二	地面下加固处理工程			
		恢复原地下水位	土方开挖	元/m³
			石方开挖	元/m³
			土石方回填	元/m³
			防渗混凝土	元/m³
			防水砂浆抹面	元/m²
			氯丁橡胶板	元/m²
			灌浆孔	元/m
			灌浆	元/t（m）
			抽水	元/台时
		控制地下水位		
			土方开挖	元/m³
			石方开挖	元/m³
			土石方回填	元/m³
			防渗混凝土	元/m³
			防水砂浆抹面	元/m²
			氯丁橡胶板	元/m²
			灌浆孔	元/m
			灌浆	元/t（m）

续表

序号	一级项目	二级项目	三级项目	技术经济指标
			抽水	元/台时
		压浆阻水		
			土方开挖	元/m³
			石方开挖	元/m³
			土石方回填	元/m³
			防渗混凝土	元/m³
			防水砂浆抹面	元/m²
			氯丁橡胶板	元/m²
			灌浆孔	元/m
			灌浆	元/t（m）
		回填夯实		
			土方开挖	元/m³
			石方开挖	元/m³
			土石方回填	元/m³
			防渗混凝土	元/m³
			防水砂浆抹面	元/m²
			氯丁橡胶板	元/m²
			强夯场地	元/m²
			连砂石回填	元/m³

第二部分 施 工 临 时 工 程

序号	一级项目	二级项目	三级项目	技术经济指标
一	导流工程			
1		导流明渠工程		
			土方开挖	元/m³
			石方开挖	元/m³
			模板	元/m²
			混凝土	元/m³
			钢筋	元/t
			涵管	元/m
2		围堰		
			土方开挖	元/m³
			石方开挖	元/m³

续表

序号	一级项目	二级项目	三级项目	技术经济指标
			堰体填筑	元/m³
			砌石	元/m³
			防渗	元/m²
			堰体拆除	元/m³
			截流	
3		导流洞		
			土方开挖	元/m³
			石方开挖	元/m³
			模板	元/m²
			混凝土	元/m³
			钢筋	元/t
			模板	元/m²
			灌浆	元/t（m）
			封堵	
二	施工交通工程			
1		公路工程		元/km
2		便桥工程		元/座
3		转运站工程		元/座
4		交通索道		元/km
三	施工供电工程			
1		220kV供电线路		元/km
2		110kV供电线路		元/km
3		35kV供电线路		元/km
4		10kV供电线路		元/km
5		变配电设施（场内除外）		元/座
四	房屋建筑工程			
1		施工仓库		元/m²
2		办公、生活及文化福利建筑		
五	其他施工临时工程			

第三部分　独立费用

序号	一级项目	二级项目	三级项目	技术经济指标
一	建设管理费			
1		项目建设管理费		
			建设单位管理费	
			工程验收费	

续表

序号	一级项目	二级项目	三级项目	技术经济指标
			勘查、可行性研究、初步设计、施工图审查费	
2		造价咨询费		
			清单、控制价编制费	
			清单、控制价审核费	
			竣工结算审计费	
3		招标代理服务费		
			勘查、可研招标（比选）服务费	
			施工图设计招标（比选）服务费	
			工程施工招标（比选）服务费	
			监理单位招标（比选）服务费	
4		工程建设监理费		
二	科研勘测设计费			
1		工程科学研究试验费		
2		工程勘测设计费		
			勘查费	
			可行性研究和初步设计费	
			施工图设计费	
三	建设及施工场地征用费			
		临时占地及青苗补偿		
		永久占地及青苗补偿费		
		拆迁补偿费		
四	环境保护及水土保持			
五	其他			
1		工程保险费		
2		工程质量检测费		
3		监测费		

注 凡永久与临时相结合的项目列入相应永久工程项目内。

任务6.3 基础单价的编制

6.3.1 人工预算单价

1. 人工预算单价计算方法

(1) 基本工资:

基本工资(元/工日) = 基本工资标准(元/月) × 12月 ÷ 年应工作天数 × 1.068

(2) 辅助工资:

1) 地区津贴 (元/工日) = 津贴标准(元/月) × 12月 ÷ 年应工作天数 × 1.068

2) 施工津贴 (元/工日) = 津贴标准(元/天) × 365 × 95% ÷ 年应工作天数 × 1.068

3) 夜餐津贴 (元/工日) = (中班津贴标准 + 夜班津贴标准) ÷ 2 × 20%

4) 节日加班津贴 (元/工日) = 基本工资(元/工日) × 3 × 10 ÷ 年应工作天数 × 35%

(3) 工资附加费:

1) 职工福利基金 (元/工日) = [基本工资(元/工日) + 辅助工资(元/工日)] × 费率标准(%)

2) 工会经费 (元/工日) = [基本工资(元/工日) + 辅助工资(元/工日)] × 费率标准(%)

(4) 人工工日预算单价:计算公式为

人工工日预算单价 (元/工日) = 基本工资 + 辅助工资 + 工资附加费

(5) 人工工时预算单价为

人工工时预算单价(元/工时) = 人工工日预算单价(元/工日) ÷ 日工作时间(工时/工日)

1) 1.068 为年应工作天数内非作业天数的工资系数。

2) 人工预算单价按工资所在地的价格计算。

2. 人工预算单价计算标准

(1) 有效工作时间:

年应工作天数:250工日 (全年365天减去双休日104天、法定节日11天)。

日工作时间:8工时/工日。

年非作业天数:16天/年。

年有效工作天数:等于年应工作天数减去年非作业天数,为234天。

年应工作天数内非作业天数的工资系数:250 ÷ 234 = 1.068。

(2) 基本工资。根据《四川省最低工资保障规定》和地质行业的工资制度改革办法,并结合地质灾害治理工程特点分别确定了地质灾害治理工程分级工资标准,考虑到定额的综合水平,其中高级工的基本工资按工程所在地地方政府颁布的当年最低工资标准(包含个人应缴纳的社会保险费和住房公积金)计算,工长、中级工、初级工分别按照最低工资标准的1.1倍、0.8倍、0.54倍计算。基本工资、辅助工资及工资附加费标准见表6.2~表6.4。

表 6.2　　　　　　　　　　　基 本 工 资 标 准 表

序号	名称	单位	基本工资标准
1	工长	元/月	最低工资标准×1.1
2	高级工	元/月	最低工资标准
3	中级工	元/月	最低工资标准×0.8
4	初级工	元/月	最低工资标准×0.54

表 6.3　　　　　　　　　　　辅 助 工 资 标 准

序号	项目	地质灾害治理工程
1	地区津贴	按国家规定的各地区及边远地区津贴平均数计算
2	施工津贴	4.9 元/d
3	夜餐津贴	4.5 元/夜班，3.5 元/中班

表 6.4　　　　　工资附加费标准表（工长、高级工、中级工、初级工）

序　号	项　目	费率标准/%
1	职工福利基金	14
2	工会经费	2

【例 6.1】　计算 2014 年都江堰市某滑坡应急治理工程高级工、工长、中级工、初级人工预算单价，分别见表 6.5～表 6.8（2014 年都江堰最低工资标准为 1200 元）。

表 6.5　　　　　　　　　　工长人工预算单价计算表

工程名称：都江堰市向峨乡石翁村×××小区后山滑坡应急治理工程

编号	定额人工等级		工长
	项目	计算式	单价/元
1	基本工资	1200×1.1×12÷250×1.068	67.67
2	辅助工资	0+7.26+0.80+2.84	10.90
(1)	地区津贴	0×12÷250×1.068	0
(2)	施工津贴	4.9×365×0.95÷250×1.068	7.26
(3)	夜餐津贴	(3.5+4.5)÷2×20%	0.80
(4)	节日加班津贴	67.67×3×10÷250×35%	2.84
3	工资附加费	11.00+1.57	12.57
(1)	福利基金	(67.67+10.90)×14%	11.00
(2)	工会经费	(67.67+10.90)×2%	1.57
4	人工工日预算单价/[(元/工日)]	67.67+10.90+12.57	91.14
5	人工工时预算单价/[(元/工时)]	91.14÷8	11.39

注　工长基本工资=1200×1.1。

项目6 地灾治理工程预算编制

表6.6　　　　　　　　　　高级工人工预算单价计算表

工程名称：都江堰市向峨乡石翁村×××小区后山滑坡应急治理工程

编号	定额人工等级	高级工	
	项目	计算式	单价/元
1	基本工资	1200×1.0×12÷250×1.068	61.52
2	辅助工资	0+7.26+0.80+2.58	10.64
(1)	地区津贴	0×12÷250×1.068	0
(2)	施工津贴	4.9×365×0.95÷250×1.068	7.26
(3)	夜餐津贴	(3.5+4.5)÷2×20%	0.80
(4)	节日加班津贴	61.52×3×10÷250×35%	2.58
3	工资附加费	10.10+1.44	11.54
(1)	福利基金	(61.52+10.64)×14%	10.10
(2)	工会经费	(61.52+10.64)×2%	1.44
4	人工工日预算单价/[(元/工日)]	61.52+10.64+11.54	83.70
5	人工工时预算单价/[(元/工时)]	83.70÷8	10.46

表6.7　　　　　　　　　　中级工人工预算单价计算表

工程名称：都江堰市向峨乡石翁村×××小区后山滑坡应急治理工程

编号	定额人工等级	中级工	
	项目	计算式	单价/元
1	基本工资	1200×0.8×12÷250×1.068	49.21
2	辅助工资	0+7.26+0.80+2.07	10.13
(1)	地区津贴	0×12÷250×1.068	0
(2)	施工津贴	4.9×365×0.95÷250×1.068	7.26
(3)	夜餐津贴	(3.5+4.5)÷2×20%	0.80
(4)	节日加班津贴	49.21×3×10÷250×35%	2.07
3	工资附加费	8.31+1.19	9.50
(1)	福利基金	(49.21+10.13)×14%	8.31
(2)	工会经费	(49.21+10.13)×2%	1.19
4	人工工日预算单价/[(元/工日)]	49.21+10.13+9.50	68.84
5	人工工时预算单价/[(元/工时)]	68.84÷8	8.61

注　中级工基本工资=1200×0.8。

表6.8　　　　　　　　　　初级工人工预算单价计算表四

工程名称：都江堰市向峨乡石翁村×××小区后山滑坡应急治理工程

编号	定额人工等级	初级工	
	项目	计算式	单价/元
1	基本工资	1200×0.54×12÷250×1.068	33.22
2	辅助工资	0+7.26+0.80+1.40	9.46

续表

编号	定额人工等级 项目	初级工 计算式	单价/元
(1)	地区津贴	0×12÷250×1.068	
(2)	施工津贴	4.9×365×0.95÷250×1.068	7.26
(3)	夜餐津贴	(3.5+4.5)÷2×20%	0.80
(4)	节日加班津贴	33.22×3×10÷250×35%	1.40
3	工资附加费	5.98+0.85	6.83
(1)	福利基金	(33.22+9.46)×14%	5.98
(2)	工会经费	(33.22+9.46)×2%	0.85
4	人工工日预算单价/[(元/工日)]	33.22+9.46+6.83	49.51
5	人工工时预算单价/[(元/工时)]	49.51÷8	6.19

注 初级工基本工资=1200×0.54。

6.3.2 材料预算价格

1. 主要材料预算价格

对于用量多、影响工程投资大的主要材料，如水泥、砂、石、钢材、油料等，需编制材料预算价格。材料预算价格按工程所在地的价格计算。材料预算价格有两种计算方法，政府投资的项目采用计算方法二，其他投资的项目可以采用计算方法一。

计算方法一：

材料预算价格的计算公式如下：

材料预算价格=(材料原价+包装费+运杂费)×(1+采购及保管费率)+运输保险费

(1) 材料原价。按工程所在地区就近大的物资供应公司、材料交易中心的市场成交价计算。

(2) 包装费。应按工程所在地区的实际资料及有关规定计算。

(3) 运杂费。铁路运输按铁道部现行《铁路货物运价规则》及有关规定计算其运杂费。

公路及水路运输，按工程所在省、自治区、直辖市交通部门现行规定计算。

(4) 运输保险费。按工程所在省、自治区、直辖市或中国人民保险公司的有关规定计算。

(5) 采购及保管费。按材料运到工地仓库价格（不包括运输保险费）的3%计算。

计算方法二：

由于地质灾害治理工程的实施都是为了保护人民群众生命财产安全和经济社会安全稳定发展，因此其投资大多数是由国家投资（因工程建设等人为活动引发的地质灾害的治理除外），因此材料预算价需要根据工程所在地的政府造价信息部门颁布的材料信息价计算。四川省一般是参考《四川工程造价信息》上当地的信息价计算。信息价除包括材料原价、采购等费用外，还包括一定范围的运杂费。该信息价是针对工业与民用建筑制定，工程所在地相对集中在城区，运输较为方便。但地质灾害治理工程与工业与民用建筑不同，大多数都是分布在较为偏远的村镇或山区，交通运输不便，不能直接到达，材料运距的距离有可能超过材料信息价所包含的距离,还会发生多次转运,转运道路较窄,且路面状况较差。因此,材料预算价除了按照信息价计算外,还需要另外计算增加的运杂费,即超远运距的运杂费和转运的运杂费,同时还应考虑由于道路狭窄、路面状况差造成的运输效率下降所增加的费用。材料运杂费构成见图6.2。

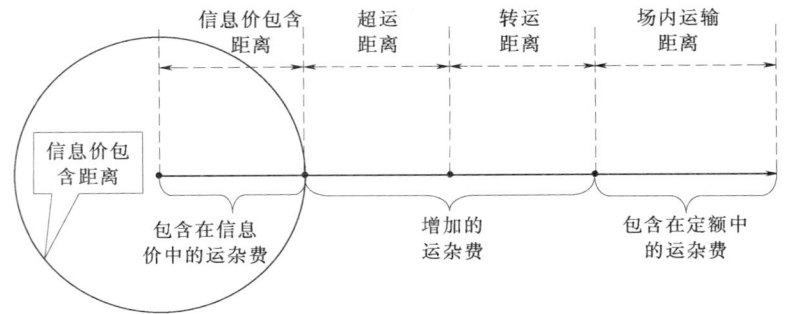

图6.2 图解材料运杂费

2. 材料预算价计算

(1) 材料预算价的计算公式:

$$材料预算价 = 材料信息价 + 增加的运杂费$$

1) 材料信息价。一般按照《四川工程造价信息》上公布的当地信息价计算,如果工程所在地政府造价信息部门有颁布的材料信息价,则按工程所在地政府造价信息部门颁布的价格计算。在特别偏远地区,如当地无材料信息价且无法购置材料时,可参考相邻地区的材料价格信息。

2) 运杂费。增加的运杂费指超远运距的运杂费和转运的运杂费。

a. 超远运距的运杂费计算。在计算地质灾害治理工程运杂费时应扣除信息价中所包含运输距离的费用,结合地质灾害治理工程的特点,该运输距离按5km计算。5km以外的运输距离按照超远运距计算;如材料的运输距离不足5km,则不再计算超远距离的运杂费。

超远运距的运杂费可按照预算定额的材料运输章节的相关内容计算。

如采用预算定额以外的运输方式,如铁路、航空、水路等运输材料,则按铁路、航空、航运等部门规定计算超远运距的运杂费。

b. 转运的运杂费计算。在材料运输不能一次性到达地质灾害治理工程的工地分仓库或相当于工地分仓库(材料堆放场),需要进行转运,转运过程中发生运输费、装卸费及损耗等费用为转运的运杂费。

转运的运杂费按预算定额的材料运输章节的相关内容计算。

(2) 其他材料预算价格可参考工程所在地区的政府造价信息部门颁布的材料信息价计算。

(3) 主要材料限价。主要材料限价,是作为取费基础的材料预算价格。超过限价部分的单独计算材料价差(只计取材料费和税金),不参与取费。四川地质灾害治理工程中主要材料限价见表6.9。

表6.9 主要材料限价表

序号	材料	限价/元
1	水泥/t	300
2	钢筋/t	3000
3	汽油/t	3600
4	柴油/t	3500
5	砂、卵石（碎石）、条、块石/m³	70
6	炸药/t	5000
7	板材/m³	1100

【例6.2】 计算2014年3月都江堰市向峨乡石翁村×××小区后山滑坡应急治理工程水泥预算价格。2014年3月42.5级普通硅酸盐水泥信息价为420元/t，都江堰市到向峨乡石翁村20km，4t载重汽车运输1km，胶轮车转运水泥50m，计算预算价格。4t载重汽车、胶轮车台时费见例题6.3，以限价计算。

1）2014年3月都江堰市水泥信息价为420元/t。

2）计算超远运距的运杂费：

人工装卸4t载重汽车运输水泥套增运1km，定额编码为[D100123]，都江堰市到向峨乡石翁村20km，扣除5km后，按15km计算超远运距的运杂费。查定额[D100123]"载重汽车载重量（t）4.0"消耗量为1.68台时，超远运距15km计算载重汽车载重量4.0t消耗量为（1.68台时×15=）25.2台时（见表6.10）。

表6.10 超远运距的运杂费计算

材料名称：水泥42.5　　　定额单位：100t

一		汽车运输			
定额组成：[D100123]｛定×15｝					
运输方法：人工装卸4t载重汽车运输增运1km水泥					
编号	名称	单位	数量	单价/元	合价/元
一	人工费				0
二	材料费				0
三	机械费				1360.55
(1)	载重汽车载重量（t）4.0	台时	25.2	53.99	1360.55
四	小计				1360.55

超远运距的运杂费=1360.55(元)÷100(t)=13.61(元/t)。

3）胶轮车转运水泥50m（表6.11）。

胶轮车转运水泥50m运杂费=600.81(元)÷100(t)=6.01(元/t)。

4）水泥预算价格=信息价+超远运距的运杂费+转运费=420+13.61+6.01=

439.62 元/t。

表 6.11　　　　　　　　　　胶轮车转运水泥 50m 运杂费计算

		材料名称：水泥 42.5		定额单位：100t	
二	人力胶轮车搬运				
定额组成：[D100041]					
运输方法：胶轮车运输水泥、钢材、火工产品搬运 50m 水泥					
编号	名称	单位	数量	单价/元	合价/元
一	人工费				524.91
(1)	初级工	工时	84.8	6.19	524.91
二	材料费				28.6
(1)	零星材料费	%	5	572	28.6
三	机械费				47.3
(1)	胶轮车	台时	52.56	0.9	47.3
四	小计				600.81

6.3.3 施工机械使用费

1. 施工机械台时费的组成

施工机械使用费应根据《四川省地质灾害治理工程概（预）算标准工程施工机械台时费定额》有关规定计算。对于定额缺项的施工机械，可按《2001 年全国统一施工机械台班费用编制规则》补充编制台时费定额。

施工机械台时费由一类费用和二类费用组成。

（1）一类费用。一类费用由折旧费、修理及替换设备费（含大修理费、经常性修理费、替换设备费）和安装拆卸费等组成。

1）基本折旧费：指机械在规定使用期内收回原始价值的台时折旧摊销费用。

2）修理及替换设备费：指机械使用过程中，为了使机械保持正常功能而进行修理所需的费用、日常保养所需的润滑油料费、擦拭用品费、机械保管费以及替换设备、随机使用的工具附具等所需的台时摊销费。包括以下几项：

a. 大修理费：指机械使用一定台时，为了使机械保持正常功能而进行大修理所需的台时摊销费用。部分属于大型施工机械的中修费合并入大修理费内一起计列。

b. 经常性修理费：包括中修费（属于大型施工机械不包括中修费）、小修费、各级保养费、润滑及擦拭材料费以及保管费等费用的台时摊销费。

c. 替换设备费：包括机械需用的蓄电池、变压器、启动器、电线、电缆、电器开关、仪表、轮胎、传动带、输送带、钢丝绳、胶皮管等替换设备和为了保证机械正常运转所需的随机使用的工具附具的摊销、维护费。

3）安装拆卸费：指机械进出工地的安装、拆卸、试运转和场内转移及辅助设施的摊销费用。不需要安装拆卸的施工机械，台时费中不计列此项费用。

(2) 二类费用。二类费用在施工机械台时费定额中以工时数量和实物消耗量表示，是施工机械正常运转时机上人工、燃料、动力费用，其数量定额一般不允许调整。但是因工程所在地的人工预算价、材料市场价格各异，所以此项费用按国家规定的人工工资计算办法和工程所在地的物价水平分别计算，又称可变费用。

1) 机上人工费：指机械使用时机上操作人员的工时消耗。包括机械运转时间、辅助时间、用餐、交接班以及必要的机械正常中断时间。台时费中人工费按中级工计算。

2) 动力、燃料费：指正常运转所需的风（压缩空气）、水、电、油及煤等。其中，机械消耗电量包括机械本身和最后一级降压变压器低压侧至施工用电点之间的线路损耗，风、水消耗包括机械本身和移动支管的损耗。

2. 施工机械台时费的计算

现执行 2013 年《四川省地质灾害治理工程概（预）算标准工程施工机械台时费定额及混凝土、砂浆配合比基价（试行）》及有关规定。

一类费用：按现行部颁规定，以金额形式表示，价格水平为 2013 年。

二类费用：将定额中的机上人工、燃料、动力消耗材料数量分别对应乘以人工预算单价、材料预算单价，合计值即为第二类费用。

计算公式分别为

$$一类费用 = 定额一类费用金额 \times 编制年调整系数 \tag{6.1}$$

$$二类费用 = 定额机上人工工时数 \times 中级工人工预算单价$$
$$+ \sum(定额动力、燃料消耗量 \times 动力、燃料预算价格) \tag{6.2}$$

一、二类费用之和即为施工机械台时费。

【例 6.3】 试计算载重汽车，载重量 4t 和胶轮车的台时费。已知：该工程的中级工人工工时预算单价为 8.61 元/工时，汽油预算价格为 9.45 元/kg，其中汽油限价为 3.6 元/kg。

解 载重量 4t 的台时费：查《四川省地质灾害治理工程概（预）算标准工程施工机械台时费定额及混凝土、砂浆配合比基价（试行）》编号 JX3003 可知，载重量 4t 的机械设备折旧费 7.04 元，机械设备修理费 9.84 元，一类费用小计为 16.88 元；二类费用中机上人工为 1.3 工时，汽油耗量为 7.2kg，汽油要以限价计算。则

一类费用＝定额金额＝16.88 元

二类费用＝1.3 工时×8.61 元/工时＋7.2kg×3.6 元/kg＝37.11 元

载重量 4t 的台时费（以限价计算）＝一类费用＋二类费用
＝16.88＋37.11＝53.99(元/台时)

汽油预算价格 9.45 元/kg，则计算载重量 4t 每台时的价差：

价差＝7.2kg×(9.45－3.6)元/kg＝42.12 元/kg

载重量 4t 的台时费（市场价）＝16.88＋37.11＋42.12＝96.11（元/台时）

胶轮车台时费：查《四川省地质灾害治理工程概（预）算标准工程施工机械台时费及混凝土定额》编号 JX3074 可知，胶轮车折旧费 0.26 元，机械设备修理费 0.64 元，一类费用小计为 0.9 元；二类费用无。

胶轮车台时费＝一类费用＋二类费用＝0.9＋0＝0.9(元/台时)

6.3.4 施工用电、水、风预算单价

1. 施工用电价格

如果施工用电直接接入市政或农村用电,则施工用电价格按照当地工程用电信息价格计算,其接入费用可在施工临时工程中计算。

如果采用现场柴油发电机发电,则采用下列式(6.3)计算,即

$$\text{柴油发电机供电价格} \atop \text{(自设水泵供冷却水)} = \frac{\text{柴油发电机组(台)时总费用} + \text{水泵组(台)时总费用}}{\text{柴油发电机额定容量之和} \times K}$$

$$\div (1-\text{厂用电率}) \div (1-\text{变配电设备及配电线路损耗率}) + \text{供电设施维修摊销费} \quad (6.3)$$

柴油发电机供电如采用循环冷却水,不用水泵,电价计算公式为

$$\text{柴油发电机供电价格} = \frac{\text{柴油发电机组(台)时总费用}}{\text{柴油发电机额定容量之和} \times K} \div (1-\text{厂用电率})$$

$$\div (1-\text{变配电设备及配电线路损耗率}) + \text{单位循环冷却水费} + \text{供电设施维修摊销费} \quad (6.4)$$

式中,K 为发电机出力系数,一般取 $0.8 \sim 0.85$;厂用电率取 $4\% \sim 6\%$;变配电设备及配电线路损耗率取 $5\% \sim 8\%$;供电设施维修摊销费取 $0.02 \sim 0.03$ 元/(kW·h);单位循环冷却水费 $0.03 \sim 0.05$ 元/(kW·h)。

【例 6.4】 2014 年 3 月,都江堰市向峨乡石翁村 xxx 小区后山滑坡应急治理工程施工用电,自备柴油发电。基本资料如下:

①自备柴油发动机 2 台,容量 250kW 1 台,台时费用 210.68 元/台时;200kW 1 台,台时费用 176.22 元/台时;2.2kW 潜水泵 2 台,供给冷却水,每台台时费用 13.52 元/台时;②发电机出力系数 0.80;③供电设施摊销费 0.03 元/kW·h。

解 台时总费用 $= 210.68 \times 1 + 176.22 \times 1 + 13.52 \times 2 = 413.94$(元)

台班总发电量 $= (250 + 200) \times 0.8 = 360$(kW·h)

按式(6.3)采用专用水泵供给冷却水,计算自发电的基本电价,厂用电率取 5%。

电价 $= 413.94 \div [360 \times (1-5\%)] \div (1-8\%) + 0.03 = 1.345$(元/kW·h)

2. 施工用水价格

如果施工用水直接接入市政或农村用水,则施工用水价格按照当地工程用水信息价格计算。如采用现场抽水设备抽水,则根据施工组织设计所配置的供水系统设备组(台)时总费用和组(台)时总有效供水量计算。

水价计算公式:

$$\text{施工用水价格} = \frac{\text{水泵组(台)时总费用}}{\text{水泵额定容量之和} \times K} \div (1-\text{供水损耗率}) + \text{供水设施维修摊销费}$$

$$(6.5)$$

式中,K 为能量利用系数,取 $0.75 \sim 0.85$;供水损耗率取 $8\% \sim 12\%$;供水设施维修摊销费取 $0.02 \sim 0.03$ 元/m³。

注:①施工用水为多级提水井中间有分流时,要逐级计算水价;②施工用水有循环用水时,水价要根据施工组织设计的供水工艺流程计算。

【例 6.5】 某工程施工生产用水设两个供水系统。甲系统设 150D30×4 水泵 3 台,其中备用 1 台,包括管路损失总扬程 116m,相应出水流量 150m³/(h·台);乙系统设 3 台

100D45×3 水泵,其中备用 1 台,总扬程 120m,相应出水量 90m³/(h·台)。两供水系统供水比例为 60:40,均为一级供水。已知水泵台时费分别为 96 元/台时和 75 元/台时。水量损耗率取 10%,维修摊销费取 0.03 元/m³,能量利用系数取 0.8,求综合水价。

解

甲系统的水价为:(96×2)÷[150×2×0.8×(1−10%)]+0.03=0.919(元/m³)

乙系统的水价为:(75×2)÷[90×2×0.8×(1−10%)]+0.03=1.187(元/m³)

综合水价为:0.919×60%+1.187×40%=1.026(元/m³)

取定综合电水价为 1.03 元/m³

3. 施工用风价格

施工用风价格由基本风价、供风损耗和供风设施维修摊销费组成,根据施工组织设计所配置的空气压缩机系统设备组(台)时总费用和组(台)时总有效供风量计算。

风价计算公式:

(1) 采用水泵供水冷却时,计算公式为

$$\text{施工用风价格} = \frac{\text{空气压缩机组(台)时总费用} + \text{水泵组(台)时总费用}}{\text{空气压缩机额定容量之和} \times 60\min \times K}$$
$$\div (1 - \text{供风损耗率}) + \text{供风设施维修摊销费} \tag{6.6}$$

(2) 采用循环水冷却时,不用水泵,计算公式为

$$\text{施工用风价格} = \frac{\text{空气压缩机组(台)时总费用}}{\text{空气压缩机额定容量之和} \times 60\min \times K} \div (1 - \text{供风损耗率})$$
$$+ \text{单位循环冷却水费} + \text{供风设施维修摊销费} \tag{6.7}$$

式中,K 为能量利用系数,取 0.70~0.85;供风损耗率取 8%~12%;单位循环冷却水费取 0.005 元/m³;供风设施维修摊销费取 0.002~0.003 元/m³。

【**例 6.6**】 某地灾治理工程施工用风,在两个施工点设置两个气压系统,总容量为 187m³/min,配置见表 6.12。其他资料:空气压缩机能量利用系数为 0.85,风量损耗率为 12%,供风设施维修摊销费为 0.002 元/m³,试计算施工用风价格。

表 6.12　　　　　　　　　　气 压 系 统 配 置 表

编号	施工机械名称及型号规格	单位	数量	预算单价/(元/台时)
1	固定式空压机 40m³/min	台	1	136.70
2	固定式风压机 20m³/min	台	6	76.19
3	移动式空压机 9m³/min	台	3	41.23
4	水泵 7kW	台	2	15.88

解

台时总费用=136.70×1+76.19×6+41.23×3+15.88×2=749.29(元)

台时总供风量=187×60×0.85=9537(m³)

基本风价=749.29÷9537=0.079(元/m³)

则施工用风价格=基本风价×[1÷(1−损耗率)]+供风设施维修摊销费
=0.079×[1÷(1−12%)]+0.002=0.09(元/m³)

6.3.5 混凝土材料单价

根据设计确定的不同工程部位的混凝土标号、级配和龄期，分别计算出每立方米混凝土材料单价，计入相应的混凝土工程单价内。其混凝土配合比的各项材料用量，应根据工程试验提供的资料计算，若无试验资料时，也可参照《四川省地质灾害治理工程概（预）算标准工程施工机械台时费定额及混凝土、砂浆配合比基价（试行）》混凝土材料配合比表计算。

《四川省地质灾害治理工程概（预）算标准工程施工机械台时费定额及混凝土、砂浆配合比基价（试行）》说明：

（1）水泥混凝土强度等级均以28天龄期用标准试验方法测得的具有95%保证率的抗压强度标准值确定，如设计龄期超过28天，按表6.13所列系数换算。计算结果如介于两种强度等级之间，应选用高一级的强度等级。

表6.13   强度等级折合系数表

设计龄期/d	28	60	90	180
强度等级折合系数	1.00	0.83	0.77	0.71

（2）混凝土配合比表系卵石、粗砂混凝土，如改用碎石或中、细沙，按表6.14系数换算。

表6.14   混凝土配合比系数换算表

项目	水泥	砂	石子	水
卵石换为碎石	1.10	1.10	1.06	1.10
粗砂换为中砂	1.07	0.98	0.98	1.07
粗砂换为细砂	1.10	0.96	0.97	1.10
粗砂换为特细砂	1.16	0.90	0.95	1.16

注 水泥按重量计，砂、石子、水按体积计。

（3）混凝土细骨料的划分标准为：

细度模数3.19~3.85（或平均粒径1.2~2.5mm）为粗砂。

细度模数2.5~3.19（或平均粒径1.6~1.2mm）为中砂。

细度模数1.78~2.5（或平均粒径0.3~0.6mm）为细砂。

细度模数0.9~1.78（或平均粒径0.15~0.3mm）为特细砂。

（4）埋块石混凝土，应按配合比表的材料用量，扣除埋块石实体的数量计算。

1）埋块石混凝土材料量＝配合表列材料用量×(1－埋块石率％)

1块石实体方＝1.67码方

2）因埋块石增加的人工见表6.15。

表6.15   埋块石增加的人工

埋块石率/%	5	10	15	20
每100m³埋块石混凝土增加人工工时	24.0	32.0	42.4	56.8

注 不包括块石运输及影响浇筑的工时。

(5) 有抗冻要求时，按表 6.16 所列水灰比选用混凝土强度等级。

表 6.16　　　　　　　　　　　抗渗、抗冻要求的水灰比

抗渗要求		抗冻要求	
抗渗等级	一般水灰比	抗冻等级	一般水灰比
W4	0.60～0.65	F50	<0.58
W6	0.55～0.60	F100	<0.55
W8	0.50～0.55	F150	<0.52
W12	<0.50	F200	<0.50
		F300	<0.45

（6）混凝土配合表的预算量包括场内运输及操作损耗在内。不包括搅拌后（熟料）的运输及浇筑损耗，搅拌后的运输和浇筑损耗已根据不同浇筑部位计入定额内。

（7）水泥用量按机械拌和拟定，若为人工拌和，则水泥用量增加 5%。

【例 6.7】 计算机械搅拌 C20 混凝土 42.5 级普通硅酸盐水泥二级配材料单价。已知：42.5 级普通硅酸盐价格采用例 6.2 计算预算单价，中砂 100 元/m³，碎石（综合）80 元/m³，水 0.5 元/m³。

解　查《四川省地质灾害治理工程概（预）算标准工程施工机械台时费定额及混凝土、砂浆配合比基价（试行）》，可知 C20 混凝土 42.5 级普通硅酸盐水泥二级配每立方米混凝土材料配合比：42.5 级普通硅酸盐水泥 261kg，粗砂 0.51m³，卵石 0.81m³，水 0.15m³。实际采用的是碎石和中砂，应按表 6.14 所列系数进行换算，进入混凝土以材料限价进行计算。见表 6.9 所列主要材料限价表。按例 6.2 计算 42.5 级普通硅酸盐预算价格采为 439.62 元/t。

换算后的混凝土配比：

其中：水泥 = 261×1.10×1.07 = 307.20(kg)

中砂 = 0.51×1.10×0.98 = 0.55(m³)

碎石 = 0.81×1.06×0.98 = 0.84(m³)

水 = 0.15×1.10×1.07 = 0.18(kg)

C20 混凝土单价为（进入混凝土以材料限价进行计算）：

261×0.3×1.10×1.07 + 0.51×70×1.10×0.98 + 0.81×70×1.06×0.98 + 0.15×0.50×1.10×1.07 = 189.63(元/m³)

C20 混凝土价差 = 261×1.10×1.07×(0.43962−0.3) + 0.51×1.10×0.98×(100−70) + 0.81×1.06×0.98×(80−70) = 67.80(元/m³)

42.5 水泥预算价格 439.62 元/t = 0.44 元/kg

任务 6.4　工　程　单　价　分　析

工程单价是指完成单位工程量（如 1t、1m³、100m³、1 台等）所耗用的直接费、间接费、企业利润、税金四部分费用的总和。工程单价是建筑产品特有的概念。工程单价由"量""价""费"三要素组成。"量"是为完成单位基本构成要素所需的人工、材料及机械

使用数量，可通过查定额等方法确定；"价"是各自的基础单价；"费"有措施费、间接费、企业利润和税金等，按取费标准确定。各个"量"与各自对应的"价"的乘积之和构成直接费，直接费与各项取"费"之和即构成建筑工程单价，这个过程称为工程单价编制或工程单价分析。

6.4.1 建筑工程单价的组成和计算

建筑工程单价由直接费、间接费、企业利润和税金四部分组成。

1. 直接费

直接费由直接工程费、措施费组成。

（1）直接工程费。包括人工费、材料费、施工机械使用费。

1) 人工费，按现行 2013 年《四川省地质灾害治理工程概（预）算标准治理工程预算定额》子目所需的全部人工数乘以人工预算单价计算得出的费用。

$$人工费=定额劳动量(工时)×人工预算单价(元/工时)$$

2) 材料费由主要材料费和其他材料费或零星材料费组成。

主要材料费，按现行《四川省地质灾害治理工程概（预）算标准治理工程预算定额》子目所需主要材料、构件、半成品及周转使用材料摊销量等的全部耗用量乘以相应材料预算价格。

$$主要材料费=\Sigma 定额主要材料用量×材料预算价格(或材料限价)$$

其他材料费或零星材料费定额中均以费率表示，其计算基数如下：其他材料费以主要材料费之和为计算基数；零星材料费以人工费、机械费之和为计算基数，即

$$其他材料费=主要材料费×其他材料费费率$$

$$零星材料费=(人工费+机械费)×零星材料费费率$$

3) 施工机械使用费由主要施工机械使用费和其他机械使用费组成。

主要施工机械使用费，按现行《四川省地质灾害治理工程概（预）算标准治理工程预算定额》子目所需主要施工机械的台（组）时数量乘以相应台时费。

$$主要机械使用费=\Sigma 定额主要机械使用量(台时)×施工机械台时费(元/工时)$$

其他机械费定额中以费率表示，其他机械费以主要机械费之和为计算基数，即

$$其他机械费=主要机械费×其他机械费费率(\%)$$

（2）措施费。根据工程性质分为泥石流工程、崩塌及滑坡治理工程、其他地质灾害治理工程 3 种取费标准。对于施工条件复杂，且由两个及以上距离为 5km 以上交通距离的崩塌、滑坡治理工程，可执行泥石流治理工程的费率标准。均按直接工程费的百分率计算，即

$$措施费=直接工程费×措施费费率$$

根据 2013 年《四川省地质灾害工程概（预）算标准编制与审查规定》（实行），措施费费率标准如下：

1) 冬、雨季施工增加费：指在冬、雨季施工期间为保证工程质量和安全生产所需增加的费用。包括增加施工工序，增设防雨、保温、排水等设施，增耗的动力、燃料、材料以及因人工、机械效率降低而增加的费用。

根据编规规定查工程所在地冬季气温区划分和雨量、雨季期划分选取费率。

为科学合理确定冬雨季施工增加费,依据四川省气象部门提供的全省 30 年资料(攀枝花市 13 年资料)对冬季气温和雨季期雨量区作了以下划分:

a. 冬季气温区的划分。根据气象部门提供的气温资料确定,每年秋冬第一次连续 5d 出现室外平均温度在 5℃ 以下,日最低温度在 −3℃ 以下的第一天算起,至第二年春夏最后一次连续 5d 出现同样温度的最末一天为冬季期。冬季期内平均气温在 −1℃ 以上者为冬一区,−1~4℃ 者为冬二区,−4~7℃ 者为冬三区。冬一区内平均气温低于 0℃ 的连续天数在 70d 内的为 Ⅰ 负区,70d 以上为 Ⅱ 负区;冬二区内平均气温低于 0℃ 的连续天数在 100d 以内为 Ⅰ 负区,100d 以上的为 Ⅱ 负区。

气温高于冬一区,但砖石、混凝土工程施工须采取一定措施的地区为准冬季区。准冬季区分两个负区,简称准一区、准二区。凡 1 年内日最低气温在 0℃ 以下的天数多于 20d 的,日平均气温在 0℃ 以下天数少于 15d 为准一区,多于 15d 的为准二区。冬季施工气温区具体划分如表 6.17 所列。

表 6.17　　　　　　　　　　四川省冬季施工气温划分

市、州(县)	气温区	
阿坝(若尔盖、阿坝、九寨沟)、甘孜(石渠、色达)	冬三区	
甘孜(甘孜、康定、白玉、炉霍)	冬二区	Ⅰ
阿坝(壤塘、红原、松潘)、甘孜(德格)	冬二区	Ⅱ
阿坝(黑水)、甘孜(新龙、道孚、泸定)	冬一区	Ⅱ
阿坝(汶川、小金、茂县、理县)、甘孜(巴塘、雅江、得荣、九龙、理塘、乡城、稻城)、凉山(盐源、木里)、广元(青川)	准一区	
阿坝(马尔康、金川)、甘孜(丹巴)	准二区	

表 6.17 中各县计冬季施工增加费(见表 6.18),其余各县不计此项费用。

表 6.18　　　　　　　　　　冬季施工增加费费率表

冬季气温期		准一区	准二区	冬一区	冬二区	冬三区
费率/%	泥石流治理工程	0.8	0.9	1.0	1.1	1.2
	崩塌、滑坡治理工程	0.6	0.7	0.8	0.9	1.0
	其他地质灾害治理工程	0.4	0.5	0.6	0.7	0.8

b. 雨量和雨季期划分。根据气象部门提供的降雨资料确定。凡月平均降雨天数在 10d 以上,月平均日降雨量在 3.5~5mm 之间为 Ⅰ 区,月平均日降雨量在 5mm 以上者为 Ⅱ 区。雨量和雨季期划分见表 6.19。

表 6.19　　　　　　　　　　四川省雨季施工雨量区及雨季期划分

市、州(县)	雨量区	雨季期(月数)
阿坝、乐山(峨边)、雅安(汉源)	Ⅰ	3
甘孜(九龙除外)、雅安(石棉)、泸州(古蔺)	Ⅰ	4
成都、攀枝花、自贡、绵阳、遂宁、德阳、广元、凉山、甘孜(九龙)、乐山(峨边除外)、眉山、资阳	Ⅱ	4

续表

市、州（县）	雨量区	雨季期（月数）
内江、广安（邻水除外）、雅安（汉源、石棉除外）、南充、泸州（古蔺除外）、巴中、宜宾	Ⅱ	5
达州、广安（邻水）	Ⅱ	6

计算方法：根据四川省冬季气温区划分和四川省雨量区及雨季期划分，结合地质灾害治理工程不同工程类别情况，制定出不同的冬雨季施工增加费费率，见表 6.20。

表 6.20　　　　　　　　　　雨季施工增加费费率表

	雨量区	Ⅰ	Ⅱ
费率/%	泥石流治理工程	1.0	1.2
	崩塌、滑坡治理工程	0.8	1.0
	其他地质灾害治理工程	0.6	0.8

2）夜间施工增加费：指施工场地和公用施工道路的照明费用，按直接工程费的 0.5% 计算。一班制作业的工程不计算此项费用。

地下工程照明费已列入定额内，照明线路工程费用包括在临时设施费中；施工辅助企业系统、加工厂、车间的照明，列入相应的产品成本中，均不包括在本项费用之内。

3）特殊地区施工增加费：指在高海拔、原始森林、酷热及风沙等特殊地区施工而增加的费用。其中高海拔地区的高程增加费，按规定直接计入定额，其他应按工程所在地区规定的标准计算，地方没有规定的不得计算此项费用。

4）临时设施费：以直接工程费为计算基础计算。计算费率见表 6.21。

表 6.21　　　　　　　　　　临时设施费费率

工程类别	临时设施费费率/%							
	土方工程	石方工程	砌石工程	混凝土工程	模板工程	钻孔灌浆及锚固工程	绿化	其他工程
泥石流治理工程	4.2	4.2	4.2	4.2	4.2	3.1	3.1	3.1
崩塌、滑坡治理工程	2.1	2.1	2.1	3.1	3.1	3.1	2.1	2.1
其他地质灾害治理工程	2.1	2.1	2.1	3.1	3.1	3.1	2.1	2.1

5）安全文明生产措施费：按直接工程费取 2% 计算。

6）其他：按直接工程费取 1.1% 计算。

2. 间接费

间接费由企业管理费和规费组成，见表 6.22、表 6.23。

根据工程性质不同分为泥石流工程、崩塌及滑坡治理工程以及其他地质灾害治理工程 3 种取费标准。对于施工条件复杂，且由两个及以上交通距离为距离 5km 以上的崩塌、滑坡治理工程，可执行泥石流治理工程的企业管理费和规费费率标准。计算基础为直接费。

任务 6.4 工程单价分析

表 6.22　　　　　　　　　　　　企　业　管　理　费　费　率

工程类别	取费基础	企业管理费费率/%							
		土方工程	石方工程	砌石工程	混凝土工程	模板工程	钻孔灌浆及锚固工程	绿化	其他工程
泥石流治理工程	直接费	13.8	13.8	13.8	8.8	9.8	10.9	10.9	10.9
崩塌、滑坡治理工程	直接费	6	9.9	9.9	6.9	8.9	10.9	7.9	7.9
其他地质灾害治理工程	直接费	6	9.9	9.9	6.9	8.9	10.9	7.9	7.9

表 6.23　　　　　　　　　　　　规　费　费　率

工程类别	取费基础	规费费率/%							
		土方工程	石方工程	砌石工程	混凝土工程	模板工程	钻孔灌浆及锚固工程	绿化	其他工程
泥石流治理工程	直接费	3.6	2.6	2.6	2.4	2.4	2.9	2.6	2.6
崩塌、滑坡治理工程	直接费	3.7	2.7	2.7	2.4	2.4	2.9	2.7	2.7
其他地质灾害治理工程	直接费	3.7	2.7	2.7	2.4	2.4	2.9	2.7	2.7

3. 企业利润

均按直接费与间接费之和的 7% 计算，即

企业利润＝(直接费＋间接费)×企业利润率(7%)

4. 税金

为了便于计算，在编制预算时，可按下列公式计算，即

税金＝(直接费＋间接费＋企业利润＋价差)×税率

若安装工程中含未计价装置性材料费，则计算税金时应计入未计价装置性材料费。

税金的税率标准：建设项目在市区的按 3.48%；建设项目在县城镇的按 3.41%；建设项目在市区或县城镇以外的按 3.28%。

【例 6.8】　2014 年 3 月都江堰市向峨乡石翁村×××小区后山滑坡应急治理工程人工挖孔桩 C20 混凝土 2 级配，采用水泥 42.5 级，中砂、碎石，衬砌厚度 30cm，施工方法为 0.4 搅拌机拌制混凝土，胶轮车运混凝土运距 100m，一班制作业。计算人工挖孔桩 C20 混凝土的工程单价。

已知资料：风（砂）水枪耗风量（$6m^3/min$）为 42.93 台时/元；振捣器（插入式，功率 1.1kW）为 3.56 台时/元；混凝土搅拌机出料（$0.4m^3$）为 42.57 台时/元。

项目 6 地灾治理工程预算编制

解 查《四川省地质灾害治理工程概（预）算（试行）》，人工挖孔桩衬砌厚度 30cm 定额编码为 [D040021]，胶轮车运混凝土，运距 100m 定额编码为 [D040137]，0.4 搅拌机拌制混凝土定额编码为 [D040127]。查 2013 年《四川省地质灾害工程概（预）算标准编制与审查规定》（实行）都江堰不计冬雨季施工增加费，雨量区为 II，雨季期数为 4；一班制作业不计算夜间施工增加费。计算过程如下：

其中 42.5 水泥、中砂、碎石 40mm 消耗量分析参考例 6.7，C20 混凝土单价参考例 6.7，以限价计算。

42.5 水泥＝103×261×1.1×1.07÷1000＝31.64(t)

中砂＝103×0.51×1.1×0.98＝56.63(m^3)

碎石 40mm＝103×0.81×1.06×0.98＝86.67(m^3)

价差：

水泥 42.5 为：439.62－300＝139.62 元/t

中砂为：100－70＝30 元/m^3

碎石为：80－70＝10(元/m^3)

人工挖孔桩 C20 混凝土 2 级配的工程单价为 43767.52÷100＝437.68 元/m^3。

建筑工程单价表见表 6.24～6.26。

表 6.24 建筑工程单价表一

项目名：护壁混凝土 C20　　　　　　　　　　　　　　　　定额单位：100m^3

定额组成：[D040021]

施工方法（工作内容）：人工挖孔桩衬砌厚度 30cm 混凝土，C20 混凝土 2 级配，水泥 42.5 级，振捣器（插入式）功率 1.1kW，风（砂）水枪耗风量 6.0m^3/min

编号	名称	单位	数量	单价/元	合计/元
一	直接费				30264.20
（一）	直接工程费				30242.43
1	人工费				5504.64
（1）	工长	工时	20.5	11.39	233.50
（2）	高级工	工时	75.8	10.46	792.87
（3）	中级工	工时	335	8.61	2884.35
（4）	初级工	工时	257.5	6.19	1593.92
2	材料费				19663.22
（1）	C20 混凝土 2 级配水泥 42.5	m^3	103	189.63	19531.89
（2）	水	m^3	67	0.5	33.50
（3）	其他材料费	%	0.5	19565.39	97.83
3	机械费				1280.03
（1）	振捣器（插入式）功率 1.1kW	台时	48.56	3.56	172.87
（2）	风（砂）水枪耗风量 6.0m^3/min	台时	24.37	42.93	1046.20

续表

编号	名称	单位	数量	单价/元	合计/元
(3)	其他机械费	%	5	1219.00	60.95
3	0.4搅拌机拌制混凝土	m³	103	29.5896	3047.73
4	胶轮车运混凝土运距100m	m³	103	7.2506	746.81
(二)	措施费	%	7.2	30242.43	21.77
1	冬季施工增加费			30242.43	
2	雨季施工增加费	%	1.0	30242.43	3.02
3	夜间施工增加费	%		30242.43	
4	特殊地区施工增加费			30242.43	
5	临时设施费	%	3.1	30242.43	9.38
6	安全文明生产措施费	%	2.0	30242.43	6.05
7	其他费	%	1.1	30242.43	3.33
二	间接费	%	9.3	30264.20	2814.57
(一)	企业管理费	%	6.9	30264.20	2088.23
(二)	规费	%	2.4	30264.20	726.34
三	企业利润	%	7	33078.77	2315.51
四	价差				6983.25
(1)	水泥42.5	t	31.64	139.62	4417.76
(2)	中砂	m³	56.63	30	1698.82
(3)	碎石40mm	m³	86.67	10	866.67
五	税金	%	3.28	42377.54	1389.98
六	小计				43767.52

表6.25　　　　　　　　　建 筑 工 程 单 价 表 二

项目名：胶轮车运混凝土运距100m　　　　　　　　　　　　　定额单位：100m³

定额组成：[D040137]

施工方法（工作内容）：装、运、卸、清洗

编号	名称	单位	数量	单价/元	合计/元
一	直接费				
(一)	直接工程费				725.06
1	人工费				616.52
(1)	初级工	工时	99.6	6.19	616.52

续表

编号	名称	单位	数量	单价/元	合计/元
2	材料费				41.04
(1)	零星材料费	%	6	684.00	41.04
3	机械费				67.50
(1)	胶轮车	台时	75	0.90	67.50

表 6.26　　　　　　　　　建 筑 工 程 单 价 表 三

项目名：0.4 搅拌机拌制混凝土　　　　　　　　　　　　　　　　　　　定额单位：100m³

定额组成：[D040127]

施工方法（工作内容）：场内配运水泥、骨料、投料、加水、加外加剂、搅拌、出料、清洗

号	名称	单位	数量	单价/元	合计/元
一	直接费				
（一）	直接工程费				2958.96
1	人工费				2059.98
(1)	中级工	工时	122.5	8.61	1054.72
(2)	初级工	工时	162.4	6.19	1005.26
2	材料费				58.02
(1)	零星材料费	%	2	2901.00	58.02
3	机械费				840.96
(1)	混凝土搅拌机　出料（m³）0.4	台时	18	42.57	766.26
(2)	胶轮车	台时	83	0.90	74.70

【例 6.9】 针对例 6.8 工程人工挖孔桩 C20 混凝土护壁成品工程量为 275.28m³，分析人工、水泥 42.5、中砂、碎石 40mm 的用量；把结果填入工料分析表（表 6.27）。

表 6.27　　　　　　　　　　　工 料 分 析 表

序　号	名称及规格	单 位	数 量
1	人工	工时	2986.33
2	水泥 42.5	t	87.10
3	中砂	m³	155.89
4	碎石 40mm	m³	238.59

解

(1) 人工分析：

1) 根据 0.4 搅拌机拌制混凝土分析，人工为 122.5+162.4=284.9(工时)

2) 根据胶轮车运混凝土运距100m分析，人工为99.6(工时)
3) 根据护壁混凝土C20分析，人工为20.5+75.8+335+257.5=688.8(工时)
人工挖孔桩护壁混凝土，人工为
$(284.9×1.03+99.6×1.03+688.8)×275.28÷100=2986.33$(工时)
（2）材料分析：
水泥42.5：$103×261×1.1×1.07÷1000×275.28÷100=31.64×275.28÷100=87.10$(t)
中砂：$103×0.51×1.1×0.98×275.28÷100=155.89$(m³)
碎石(40mm)：$103×0.81×1.06×0.98×275.28÷100=238.59$(m³)

任务6.5　地质灾害治理工程预算编制

6.5.1　主体建筑工程

建筑工程按下列方法编制：
（1）建筑工程预算按设计工程量乘以工程单价进行编制。
（2）建筑工程工程量应根据《四川省地质灾害治理工程概（预）算标准工程量计算规则（试行）》，按项目划分要求，计算到三级项目。

6.5.2　施工临时工程

1. 导流工程

按设计工程量乘以工程单价进行计算。

2. 施工交通工程

按设计工程量乘以单价进行计算，也可根据工程所在地区造价指标或有关实际资料，采用扩大单位指标编制。

3. 施工场外供电工程

根据设计的电压等级、线路架设长度及所需配备的变配电设施要求，采用工程所在地区造价指标或有关实际资料计算。

4. 施工房屋建筑工程

施工房屋建筑工程包括施工仓库和办公、生活及文化福利建筑两部分。施工仓库指为工程施工而临时兴建的设备、材料、工器具等仓库；办公、生活及文化福利建筑，指施工单位、建设单位（包括监理）及设计代表在工程建设期所需的办公室、宿舍、招待所和其他文化福利设施等房屋建筑工程。

不包括列入临时设施和其他施工临时工程项目内的电、风、水、通信系统，砂石料系统，混凝土拌和及浇筑系统，木工、钢筋、机修等辅助加工厂，混凝土预制构件厂，混凝土制冷、供热系统，施工排水等生产用房。

（1）施工仓库。建筑面积由施工组织设计确定，单位造价指标根据当地生活福利建筑的相应造价水平确定。

（2）办公、生活及文化福利建筑：

泥石流治理工程按一至二部分建安费的 2% 计算。

崩塌、滑坡治理工程按一至二部分建安费的 1.5% 计算。

其他地质灾害治理工程按一至二部分建安费的 1.0% 计算。

5. 其他施工临时工程

未包含在主体建筑工程的措施费和上述临时工程中，且进行了单独设计的大型临时工程（工程投资超过主体建筑工程 5% 或超过 10 万元）可按实际计算，其他一律按工程一至二部分建安费（不包括其他施工临时工程）之和的百分率计算。

泥石流治理工程按一至二部分建安费的 1% 计算。

崩塌、滑坡治理工程按一至二部分建安费的 0.8% 计算。

其他地质灾害治理工程按一至二部分建安费的 0.5% 计算。

6.5.3 独立费用

1. 建设管理费

（1）项目建设管理费：

1）建设单位管理费。建设单位管理费按一至二部分建安费之和为计费基数，采用差额定率累进法计算，最低 1 万元（见表 6.28）。

2）工程验收费。工程验收费按一至二部分建安费的 1.3% 计算，最低 5000 元。

3）勘查、可行性研究、初步设计、施工图审查费。根据《四川省地质灾害治理工程概（预）算标准勘察设计预算标准（试行）》中规定计算。

表 6.28　　　　　　　　　建设单位管理费计算

序号	计算基数/万元	费率/%	算例/万元	
			计算基数	建设单位管理费
1	≤100	3	100	100×3%=3
2	100～200	2.8	200	3+(200-100)×2.8%=5.8
3	200～500	2.6	300	5.8+(500-200)×2.6%=13.6
4	500～1000	2.4	1000	13.6+(1000-500)×2.4%=25.6
5	1000～3000	2.2	3000	25.6+(3000-1000)×2.2%=69.6
6	3000～5000	2	5000	69.6+(5000-3000)×2%=109.6
7	5000～10000	1.6	10000	109.6+(10000-5000)×1.6%=189.6
8	10000 以上	0.8	15000	189.6+(15000-10000)×0.8%=229.6

（2）造价咨询费。其主要包括清单、控制价编制费和审核费、竣工结算审核费，按《工程造价咨询服务收费标准》（川价发〔2008〕141 号）中第四、第六、第八、第九条的规定计算，其中竣工结算审核费中的审减审核费按审减额的 5% 计算，超过审减额 5% 以外的费用由编制单位承担。各单项工作费用最低 3000 元。

（3）招标代理服务费。招标代理服务费主要包括以下费用：

1）勘查、可研、初设招标（比选）服务费。

2）施工图设计招标（比选）服务费。

3）工程施工招标（比选）服务费。

4）监理单位招标（比选）服务费。

按《招标代理服务收费管理暂行办法》（计价格〔2002〕1980号）、《国家发展改革委办公厅关于招标代理服务收费有关问题的通知》（发改办价格〔2003〕857号）、《关于降低部分建设项目收费标准规范收费行为等有关问题的通知》（发改价格〔2011〕534号）的规定计算。

（4）工程建设监理费。其主要包括勘查、设计和施工阶段的监理。根据《四川省地质灾害治理工程概（预）算标准监理预算标准（试行）》中规定计算。

2．科研勘查设计费

（1）工程科学研究试验费。按建安工程费的0.2%计算。

（2）工程勘查设计费：

1）勘查费。根据《四川省地质灾害治理工程概（预）算标准勘察设计预算标准（试行）》中规定计算。

2）可行性研究和初步设计费。根据《四川省地质灾害治理工程概（预）算标准勘察设计预算标准（试行）》中规定计算。

3）施工图设计费。根据《四川省地质灾害治理工程概（预）算标准勘察设计预算标准（试行）》中规定计算。

3．建设及施工场地征用费

征地补偿标准按照四川省人民政府批复的各市州征地青苗和地上附着物补偿标准执行，并严格区分工程永久性征地和临时性用地。工程设计中需真实提供征用地的土地性质、征地数量和土地附属物实物量等资料。

4．环境保护及水土保持

按建筑工程和临时工程分投资合计的1%计算。

5．其他

（1）工程保险费。按工程一至二部分投资合计的0.45%计算。

（2）工程质量检测费。按一至二部分投资合计的0.08%计算。

（3）监测费。监测费指效果监测所发生的费用，按一至二部分投资合计的2%计算。

6.5.4 预备费

基本预备费按建筑工程费、临时工程费、独立费用之和的5%计取，价差预备费不计列。

6.5.5 预算文件的组成

1．编制说明

（1）工程概况。

（2）编制原则和依据：

1）预算（估算、概算）编制原则和依据。

2）基础单价计算：人工预算单价，主要材料预算单价，施工用的电、风、水、砂石料等基础单价的计算依据。

3）费用构成及取费标准。

（3）编制中其他应说明的问题。

（4）工程总预算（估算、概算）表。

2．工程部分预算表

（1）预算表：

1）总预算表。

2）建筑工程预算表。

3）施工临时工程预算表。

4）独立费用预算表。

（2）预算附表：

1）建筑工程单价汇总表。

2）主要材料预算价格汇总表。

3）次要材料预算价格汇总表。

4）施工机械台时费汇总表。

5）人工及主要材料数量汇总表。

6）建设及施工场地征用数量汇总表。

3．预算附件

（1）人工预算单价计算表。

（2）主要材料预算价格计算表。

（3）混凝土材料单价计算表。

（4）建筑工程单价表。

（5）本单位编制人员取得的相关机构组织的专业培训结业证书复印件（盖鲜章）、计算人工、材料预算价格依据的有关文件及其他。

6.5.6　地灾预算编制实例

2014年都江堰市向峨乡石翁村×××小区后山滑坡应急治理工程。

任务6.6　施　工　预　算　书

×××滑坡应急治理工程施工图预算书

一、预算书封面

×××滑坡应急治理工程
施工图预算书

编制单位：×××

编制日期：×××

封面、扉页

×××滑坡应急治理工程
施工图预算书

设　计　单　位：　　　　　　　　　（盖章）
设计资质等级：
资质证书编号：

法定代表人（签字或盖章）：
总工程师（签字）：
项目负责（签字）：
预算编制（签字）：

编制单位：×××
编制日期：2014 年 4 月 5 日

二、编制说明

编 制 说 明

1. 工程概况

×××滑坡应急治理工程所在地为×××石翁村;滑坡应急治理工程,保护×××小区24户居民;从×××市有乡村公路20km到达,材料运输胶轮车转运100m;主要治理措施采用抗滑桩工程、挡土板工程、土方外运。

2. 编制原则和依据

(1) 编制原则和依据。

(2) 基础单价计算:

1) 人工费单价。对基本工资、艰苦边远地区类别等进行说明。

2) 主要材料预算价格。对材料的来源或材料原价的依据、运距、运输方式等进行说明。

3) 施工用的电、风、水等基础单价的计算依据。

(3) 费用构成及取费标准。对工程类别、取费标准和计算方法等进行说明。

3. 编制中其他应说明的问题

主要对土石方运输距离、设计文件中要求的特定的施工工艺、新的工程措施的测算过程以及其他需要说明的内容进行说明。

4. 工程总预算(估算、概算)表(表6.29~表6.31)

表6.29　　　　　　　　总　预　算　表

工程名称:×××滑坡应急治理工程

序号	工程或费用名称	建安工程费/元	独立费用/元	合计/元	占一至五部分的百分率/%
	第一部分主体建筑工程	962912.70		962912.70	91.55
	第二部分施工临时工程	88821.62		88821.62	8.45
	第三部分独立费				
	一至三部分投资	1051734.32		1051734.32	
	基本预备费		52586.72	52586.72	
	静态总投资		1104321.04	1104321.04	
	价差预备费				
	建设期融资利息				
	总投资		1104321.04	1104321.04	

表 6.30 主体建筑工程预算表

工程名称：×××滑坡应急治理工程

序号	工程或费用名称	单位	数量	单价/元	合价/元
A	第一部分主体建筑工程				962912.70
A1	抗滑桩工程				839185.64
A1.1	人工挖桩孔土方	m^3	674.88	113.21	76403.16
A1.2	护壁混凝土 C20	m^3	275.28	437.68	120484.55
A1.3	桩芯混凝土 C30	m^3	399.6	501.39	200355.44
A1.4	钢筋制作与安装	t	49.433	7171.69	354518.15
A1.5	模板	m^2	1277.2	68.45	87424.34
A2	挡土板工程				103063.85
A2.1	人工挖沟槽土方	m^3	12.30	32.52	400.00
A2.2	挡板 C30	m^3	54.80	500.97	27453.16
A2.3	钢筋制作与安装	t	4.90	7171.69	35141.28
A2.4	模板	m^2	394.1	56.78	22377.00
A2.5	土方回填	m^3	200.9	24.46	4914.01
A2.6	反滤层	m^3	56.7	180.05	10208.84
A2.7	PVC 管	m	28.7	32.75	939.93
A2.8	黏土封底	m^3	15.4	105.82	1629.63
A3	土方外运				20663.21
A3.1	土方外运	m^3	547.08	37.77	20663.21

表 6.31 施工临时工程预算表

工程名称：×××滑坡应急治理工程

序号	工程项目及名称	单位	数量	单价/元	合价/元
	第二部分施工临时工程				88821.62
2	房屋建筑工程			0.00	80474.52
2.1	仓库	m^2	300	216.85	65055.00
2.2	办公生活及文化福利建筑（1.5%）	项	1027967.70	0.02	15419.52
3	其他临时工程			0.00	8347.10
3.3	其他临时工程	项	1043387.22	0.01	8347.10

5. 预算（估算、概算）附表

（1）建筑工程单价汇总表见表 6.32。

项目 6　地灾治理工程预算编制

表 6.32　　　　　　　　　　　　　建筑工程单价汇总表

序号	名称	单位	单价/元	其中							
				人工费	材料费	机械使用费	措施费	间接费	利润	价差	税金
1	人工挖桩孔	m³	113.21	72.67	1.04	14.22	5.45	9.06	7.17		3.60
2	护壁混凝土 C20	m³	437.68	55.05	196.63	12.80	0.22	28.14	23.15	69.83	13.90
3	桩芯混凝土 C30	m³	501.39	62.67	213.37	17.17	21.11	29.23	24.05	117.87	15.92
4	钢筋制作与安装	t	7171.69	900.61	3160.22	657.59	339.73	470.41	387.00	1028.37	227.76
5	模板	m²	68.45	17.21	22.76	8.96	3.52	5.93	4.09	3.80	2.17
6	人工挖沟槽土方	m³	32.52	24.76	0.50		1.57	2.60	2.06		1.03
7	挡板 C30	m³	500.97	63.69	213.38	33.46	22.36	30.96	25.47	95.75	15.91
8	土方回填	m³	24.46	14.54	0.90	3.56	1.18	1.96	1.55		0.78
9	反滤层	m³	180.05	31.02	72.11		6.39	13.80	8.63	42.37	5.72
10	PVC 管	m	32.75	5.96	18.97	0.30	1.56	2.84	2.07		1.04
11	黏土封底	m³	105.82	19.11	63.09		5.10	8.47	6.70		3.36
12	土方外运	m³	37.77	7.58	0.20	12.00	1.23	2.04	1.61	11.91	1.20

（2）主要材料预算价格汇总表见表 6.33。

表 6.33　　　　　　　　　　主要材料预算价格汇总表

序号	名称及规格	单位	预算价格/元	其中	
				信息价	增加的运杂费
1	42.5 普通硅酸盐水泥	t	439.62	420	19.62

（3）施工机械台时费汇总表见表 6.34。

表 6.34　　　　　　　　　　施工机械台时费汇总表

序号	名称及规格	台时费/元	其中				
			折旧费	修理及替换设备费	安拆费	人工费	动力燃料费
1	载重汽车载重量 4t	96.11	7.04	9.84		11.19	68.04
2	蛙式夯实机功率 2.8kW	24.7	0.17	1.01		14.24	6.30
3	电钻功率 1.5kW	4.23	0.38	0.57		0	3.28
4	混凝土搅拌机出料 0.4m³	42.56	3.29	5.34	1.07	9.256	21.67
5	胶轮车	0.90	0.26	0.64		0	

（4）人工及主要材料数量汇总表见表 6.35。

表 6.35　　　　　　　　　　人工及主要材料数量汇总表

序　号	名称及规格	单　位	数　量
1	工长	工时	1057.68
2	高级工	工时	2572.17
3	中级工	工时	6951.65
4	初级工	工时	13140.28
5	汽油	kg	1112.6
6	柴油	kg	1163.85
7	砂	m³	11.57
8	碎石	m³	392.58
9	黏土	m³	15.86
10	钢筋	t	55.42
11	水泥 32.5	t	20.71
12	水泥 42.5	t	150.19
13	卵石 40mm	m³	44.81
14	中砂	m³	233.95

三、预算（估算、概算）附件附表

人工预算单价计算表见例 6.1 的表 6.5～表 6.8。

主要材料预算价格计算表见例 6.2。

混凝土材料单价计算表见例 6.7。

表 6.36　　　　　　　　　　混凝土材料单价计算表

编号	混凝土标号	水泥强度等级	级配	预算量						单价/元
				水泥/kg	掺合料/kg	中砂/m³	碎石/m³	外加剂/kg	水/kg	
	C20（二）	42.5	二	307.20		0.55	0.84		0.18	189.63

进入混凝土以材料限价进行计算。

项　目　小　结

地质灾害治理工程项目勘查、设计、施工、监测、检测、监理各阶段的概（预）算及完工结算，都需要资金，保证地质灾害治理工程项目资金科学、合理使用是至关重要的。

思　考　题

1. 地质灾害治理工程费用的组成有哪些？
2. 基础单价是如何编制的？
3. 量、价、费如何确定？工程单价是如何编制的？

拓 展 思 考

从本部分最后的施工预算书的学习中,试分析一下,地质灾害治理工程预算编制和地质灾害治理工程概算编制有什么异同?

建 议 参 考 的 文 献

[1] 四川省财政厅,四川省国土资源厅. 四川省地质灾害治理工程设计概(预)算编制与审查规定,2013.

[2] 四川省财政厅,四川省国土资源厅. 四川省地质灾害治理工程概(预)算标准治理工程预算定额,2013.

参 考 文 献

[1] 门玉明，等．地质灾害治理工程设计［M］．北京：冶金工业出版社，2011．
[2] 王明伟，等．地质灾害调查与评价［M］．北京：地质出版社，2008．
[3] 陈洪凯，等．地质灾害理论与控制［M］．北京：科学出版社，2011．
[4] 潘学标，郑大玮．地质灾害及其减灾技术［M］．化学工业出版社，2010：96-103．
[5] 潘懋，李铁锋．灾害地质学［M］．北京大学出版社，2012．
[6] 崔鹏．我国泥石流防治进展［J］．中国水土保持科学，2009，7（5）：7-13．
[7] 张杰，李慧丽．高速公路滑坡治理中的方案设计——以四川雅泸高速公路磨房沟古滑坡为例［J］．公路工程，2011，36（2）：94-97．
[8] 殷志强，徐永强，等．四川都江堰三溪村"7·10"高位山体滑坡研究［J］．工程地质学报，2014，22（2）：309-318．
[9] 殷跃平，张作辰，张开军．我国地面沉降现状及防治对策研究［J］．中国地质灾害与防治学报，2005，16（2）：1-8．
[10] 郑铣鑫，武强，侯艳声，等．城市地面沉降研究进展及其发展趋势［J］．地质论评，2002，48（6）：612-618．
[11] 赵常洲，龚固培，王晖．地面沉降成因与危害［J］．西部探矿工程，2006（1）：261-263．
[12] 王国良．地面沉降危险性分级标准初探．上海地质，2006（4）：39-42．
[13] 张阿根，刘毅，龚士良．国际地面沉降研究综述［J］．上海地质，2000（4）：1-7．
[14] 姚书灵，高金川，等．几种典型成因类型的地面沉降机理分析及其防治对策［M］．台声，2006，（1）：243-244．
[15] 刘毅．上海市地面沉降防治措施及其效果［J］．火山地质与矿产，2000，21（2）：107-111．
[16] 武强，陈佩佩．地裂缝灾害研究现状与展望［J］．中国地质灾害与防治学报，2003，14（1）：22-27．
[17] 米丰收，张芝霞．西安地裂缝灾害及其防治措施［J］．水土保持研究，2001，8（1）：155-159．
[18] 陈立伟．地裂缝扩展机理研究［D］．西安：长安大学，2007．
[19] 冯跃封．广西、四川等西南地区地面塌陷成因分析［J］．城市地质，2011，6（1）：37-39．
[20] 中国建筑科学研究院，等．（GB 50007—2002）建筑地基基础设计规范［S］．北京：中国建筑工业出版社，2002．
[21] 中华人民共和国国土资源部．（DZ/T 0221—2006）崩塌·滑坡·泥石流监测规范［S］．北京：中国标准出版社，2006．
[22] 中华人民共和国国土资源部．（DZ 0238—2004）地质灾害分类分级（试行）［S］．北京：中国建筑工业出版社，2004．
[23] 中华人民共和国国土资源部．地质灾害危险性评估规范（征求意见稿），2007．
[24] 中华人民共和国国土资源部．（DZ/T 0218—2006）滑坡防治工程勘查规范［S］．北京：中国标准出版社，2006．
[25] 中华人民共和国国土资源部．（DZ/T 0222—2006）地质灾害防治工程监理规范［S］．北京：中国标准出版社，2006．
[26] 中华人民共和国国土资源部．（DZ/T 0219—2006）滑坡防治工程设计与施工技术规范［S］．北京：中国标准出版，2006．
[27] 中华人民共和国国土资源部．（DZ/T 0220—2006）泥石流灾害防治工程勘查规范［S］．北京：

中国标准出版社，2006.

[28] 中华人民共和国国土资源部．（DZ/T 0219—2002）岩土体工程地质分类标准［S］．北京：中国建筑工业出版社，2004.

[29] 南京水利科学研究院，等．土工试验方法标准（GB/T 50123—1999）．北京：中国建筑工业出版社，1999.

[30] 四川省财政厅，四川省国土资源厅．四川省地质灾害治理工程设计概（预）算编制与审查规定，2013.

[31] 四川省财政厅，四川省国土资源厅．四川省地质灾害治理工程概（预）算标准治理工程预算定额，2013.